大洋洲地区优势矿产资源潜力评价

姚仲友　王天刚　王国平 等　著

科 学 出 版 社
北　京

内 容 简 介

本书在划分大洋洲地区的构造单元和成矿区带的基础上，系统分析大洋洲地区的地质矿产特征，并在此基础上对区域矿产分布时空规律和成矿系列进行总结，最终针对区内的优势矿种分别圈定找矿远景区，并开展部分远景区的成矿预测。

全书共七章二十八节，按照区域构造单元和成矿区带为主线，系统阐述澳大利亚中西部前寒武纪克拉通、澳大利亚东部古生代造山带和西南太平洋中新生代火山岛弧区的地质、矿产特征（第二～第四章），主要特色体现在对三个一级成矿区带进行系统的三级成矿区带划分，并以此为纲分别对其地质背景和成矿特征进行总结。在总结区内成矿作用的基础上，初步建立了大洋洲地区的成矿系列（第五章），并针对大洋洲地区的铁、锰、铜、铝、金、镍、铀、稀土、铅锌、金刚石等矿种的分布规律进行分析，圈定相应的远景区，并进行成矿预测（第六～第七章）。

本书可供在大洋洲地区从事矿产资源勘查开发单位和企业阅读与参考。

图书在版编目(CIP)数据

大洋洲地区优势矿产资源潜力评价/姚仲友等著. —北京：科学出版社，2015.6

ISBN 978-7-03-045042-5

Ⅰ.①大… Ⅱ.①姚… Ⅲ.①矿产资源-资源潜力-资源评价-大洋洲 Ⅳ.①P617.6

中国版本图书馆CIP数据核字（2015）第132215号

责任编辑：陈岭啸 王腾飞 / 责任校对：钟 洋

责任印制：徐晓晨 / 封面设计：许 瑞

科学出版社出版

北京东黄城根北街16号

邮政编码：100717

http://www.sciencep.com

北京京华虎彩印刷有限公司印刷

科学出版社发行 各地新华书店经销

*

2015年7月第 一 版 开本：787×1092 1/16

2016年3月第二次印刷 印张：17

字数：400 000

定价：168.00元

（如有印装质量问题，我社负责调换）

奥克泰迪铜金矿露天采场（姚仲友 摄影）

澳大利亚卡尔古利金矿露天采场（姚仲友 摄影）

巴布亚新几内亚波尔盖拉金矿露天采场（姚仲友 摄影）

巴布亚新几内亚拉姆镍矿剖面（姚仲友 摄影）

巴布亚新几内亚利希尔岛金矿露天采场（姚仲友 摄影）

新西兰玛萨希尔金矿露天采场（姚仲友 摄影）

中澳地质学家联合开展勘查方法技术交流（姚仲友 摄影）
（澳大利亚高勒地块Paris银矿勘察现场）

中澳地质学家联合考察（姚仲友 摄影）
（澳大利亚高勒地块岩层剖面）

序　一

矿产资源是社会经济发展的物质基础。随着我国工业化、城镇化、农业现代化进程的加快，中国经济总量已居世界第二，成为世界矿产品的主要需求国家。经济全球化进程的持续推进，寻求全球资源配置是实现社会经济长期、快速和可持续发展的重要保障。而大洋洲地区则是我国实施全球资源配置战略的优先地区之一。

中国地质调查局南京地质调查中心等单位在国土资源部中央地质勘查基金管理中心的统一部署和中国地质调查局科技外事部指导下，完成了“大洋洲地区重要成矿带成矿规律与优势矿产资源潜力分析”课题。该课题从47°S～30°N、110°E～160°W，纵贯南北半球，围绕我国紧缺的铁、锰、铜、铝、金、镍、铀、稀土等矿产，贯彻“两种资源、两个市场”的国家资源战略和我国矿业地勘单位“走出去”的迫切要求，具有引领国人从事境外矿业选项和资金投向的现实意义。

该课题，历时三年多的艰苦努力，通过国际合作平台和产学研相结合的模式，系统收集和广泛整理了大洋洲地区地质矿产和勘查资料，结合实地路线地质调查、典型矿床考察和综合研究，取得了丰硕成果。主要内容包括：划分了澳大利亚中西部前寒武纪克拉通、澳大利亚东部古生代造山带、西南太平洋中新生代火山岛弧区等3个一级构造单元、12个二级构造单元和40个三级构造单元；确定了澳大利亚中西部前寒武纪克拉通成矿域、澳大利亚东部古生代造山带成矿域及西南太平洋中新生代火山岛弧区成矿域3个重要成矿域及其次级成矿区带；厘定了前寒武纪克拉通成矿系列、古生代造山带洋陆转换成矿系列、中新生代洋壳及岛弧成矿系列3个成矿系列；优选了13个找矿预测区。上述成果对于深化大洋洲地区重要成矿带成矿规律研究，促进“走出去”勘查境外矿产资源取得实效等具有重要的指导作用。

众所周知，大洋洲地区各国的地质、矿产工作程度不一，形成的资料参差不齐，采用的地质工作方法、理论体系也有所不同，以往的研究工作侧重情报和资料的收集与分析，成效有限。十分可喜的是，该课题组突破以往工作方法，按照统一技术要求与思路收集、梳理大洋洲地区资料，在实地考察和地质矿产系列图件编制的基础上开展综合研究，对与成矿有关的重大地质问题进行了重点研究，从而集成为具有国际影响的大成果，为政府和企业决策提供了强有力的支撑。

《大洋洲地区优势矿产资源潜力评价》专著的出版，为进一步开展境外地质成矿规律综合研究提供了新的有一定借鉴意义的工作思路、方法和实例，同时培养了一批具有创新意识和国际化视野的地学人才。在此，我热忱祝贺这一系列研究成果的取得，并向为境外地质矿床研究作出贡献的专家学者们表示由衷敬意！

2015. 1. 20

序　二

矿产资源是国民经济和社会发展的重要物质基础。随着我国经济的不断发展，对矿产资源的需求不断增加，为了保障矿产资源的安全供应，实施“两种资源，两个市场”和地勘矿业“走出去”两大战略势在必行。大洋洲地区位于太平洋西南部，与我国同属亚太地区，有海路相通，交通便利。大洋洲地区的矿产资源量巨大，是我国企业“走出去”进行矿业开发的理想对象。

我国矿业地勘单位在竞争激烈的国际矿业市场面前，各种问题正不断凸显，暴露了国际矿业开发经验不足的问题。因此要求公益性事业单位等服务部门必须面对这一国际形势，为我国企业“走出去”进行服务和指导，从而在国际矿业市场中占得应有席位。作为公益性事业单位，中国地质调查局南京地质调查中心不失时机地参与到这一工作中。

该书通过对大洋洲地区具有代表性的成矿带和典型矿床的研究，详细论述了优势矿产资源的成矿特征和控制因素，对其资源潜力进行了评价，并结合我国企业在该地区从事矿产资源勘查开发的经验，探讨了我国企业“走出去”的相关方针和对策。

中国地质调查局南京地质调查中心境外地质调查院根据商务部的商业地质规划部署，国土资源部中央地勘基金中心、中国地质调查局科技外事部下达的地质调查任务，对境外某些国家或地区提出商业地质规划和部署，协助组织、协调、管理与督办境外地质调查工作的落实。目前已经在大洋洲、拉美地区、中国周边邻国等国家或部分地区（如菲律宾、蒙古、俄罗斯、哈萨克斯坦等）开展基础性研究，建立矿产地数据库。探索“政府搭台、地质先行、工商联动、快速引导”境外矿产勘查模式，实现地质调查工作成果的快速转化。

对大洋洲优势矿产资源的成矿地质背景、成矿区带的划分、矿床类型和优势资源的评价，结合澳大利亚、巴布亚新几内亚及新西兰等国投资环境及我国地勘矿业“走出去”工作现状等进行综合分析，认为澳大利亚和巴布亚新几内亚的铁、锰、铜、铝、镍以及具有战略意义的金、铀、稀土等矿产的资源储量潜力巨大，与我国形成良好的矿产资源互补性。南京地质调查中心顺应时势，以极大的勇气和智慧开展大洋洲地区优势矿产资源潜力评价工作，既是前所未有的巨大挑战，也是必须履行的义务。

通过项目合作，一方面，落实政府间地质矿产合作协议，开展区域地质调查国际合作，为企业矿业权登记和后续勘查提供依据和基础。另一方面，南京地调中心将通过与地勘单位及企业签署战略合作协议，为企业地勘单位在“走出去”过程中提供全面的技术支撑和信息服务。

我相信《大洋洲地区优势矿产资源潜力评价》一书的出版可服务不同层面、满足不同层次的需求，必将引起地质同仁们的广泛关注和兴趣，并可把境外地质矿产研究引向深入。

裴荣富

2015.1.18.

前　言

大洋洲地区地处印澳板块、太平洋板块及欧亚板块的邻接地区，区内从太古代至今经历了漫长的构造演化历史。通过研究区域地层、构造和岩浆岩特征等资料，厘定了大洋洲地区的构造单元，包括澳大利亚中西部前寒武纪克拉通、澳大利亚东部古生代造山带、西南太平洋中新生代火山岛弧区等3个一级构造单元。澳大利亚中西部前寒武纪克拉通岩石组合以前寒武纪为主，该地区的构造运动主要与中西部克拉通的聚合过程有关，该构造单元是澳大利亚大陆的基底；澳大利亚东部古生代造山带岩石组合以古生代为主，其形成与古生代时期作为冈瓦纳大陆一部分的澳大利亚前寒武纪克拉通的相互作用有关；西南太平洋中新生代火山岛弧区岩石组合以中新生代为主，该地区的构造运动与印澳板块、太平洋板块和欧亚板块的相互作用有关。

大洋洲地区的优势矿产资源是铁、锰、铜、铝、金、镍、铀、稀土等。澳大利亚中西部前寒武纪克拉通的成矿时代主要为太古代和元古代，成矿过程与克拉通的生长有关。主要的成矿系列包括克拉通内部与绿岩带有关的金、铜、镍矿床成矿系列；克拉通边缘与海相沉积作用有关的铁、金、锰矿床成矿系列；造山带中与褶皱造山过程有关的金、铜、铅锌矿床成矿系列；盆地、克拉通内部或边缘与表生风化作用有关的铀、稀土、铝土矿床成矿系列；陆内深断裂带与基性、超基性、碳酸盐岩浆有关的铜、镍、铂族元素、铀、稀土、钒钛磁铁矿矿床成矿系列；陆内伸展过程中与岩浆、沉积作用有关的铜、金、铀、铅锌矿床成矿系列。澳大利亚东部古生代造山带的成矿时代主要为古生代，成矿多与古太平洋板块和印澳板块相互作用有关，主要的成矿系列包括与岛弧岩浆活动有关的铜、金矿床成矿系列；弧后盆地与中酸性火山岩有关的铜、铅锌矿床成矿系列；褶皱造山带中与花岗岩有关的钨、锡、锑、金矿床成矿系列；造山带中与褶皱造山过程有关的金矿床成矿系列。西南太平洋中新生代火山岛弧区的成矿作用时代多集中在中-更新世，成矿作用多与洋壳活动有关，主要的成矿系列包括与岛弧岩浆活动有关的铜、金矿床成矿系列和与洋壳的表生风化作用有关的镍、钴、铬矿床成矿系列。

通过对大洋洲地区的成矿地质条件分析，加之成矿模式、找矿模型的研究，优选了14个找矿战略选区。

本书是“大洋洲地区重要成矿带成矿规律与优势矿产资源潜力分析”（项目编码：201130D06200123）项目的主要成果，该项目为中央地勘基金国外矿产资源专项，所属计划项目为“全球重要成矿带成矿规律与优势矿产资源潜力分析研究”。该项目在中国地质调查局南京地质调查中心主持下，山东省地质矿产勘查开发局和山东省地质测绘院、江苏省有色金属华东地质勘查局资源调查与评价研究院及中矿资源勘探股份有限公司参与下，经50多位研究人员，历时三年多的艰苦努力，通过国际合作平台和产学研相结合的模式，以优势的铁、锰、铜、铝、金、镍、铀、稀土等为主攻矿种，系统收集和广泛整理大洋洲地区地质矿产和勘查资料，结合实地路线地质调查、典型矿床考察和综合研究，以构造单元研究为主线系统总结了区域地质、成矿作用和典型矿床特征，并在此基础上初步总结了区域构造演化过程与成矿作用的关系以及优势矿产资源的分布规律，并对优势矿产资源潜力进行了评估，圈定了部分远景区。

全书共分七章二十八节，主要编写者为姚仲友、王天刚、王国平、陈刚、朱意萍、杨艳、赵晓丹、赵宇浩、雷岩、张少云、晏久平、齐立平等，其具体编写分工如下：前言、结语，姚仲友；第一章，姚仲友、王天刚、王国平、杨艳、雷岩、张少云、晏久平、齐立平、李红军；第二章，姚仲友、王天刚、朱意萍、赵晓丹、赵宇浩、齐立平、孔红杰；第三章，姚仲友、王天刚、朱意萍、赵晓丹、赵宇浩、张少云、汪传胜、张定源；第四章，姚仲友、王天刚、朱意萍、赵晓丹、赵宇浩、晏久平、李文光；第五章，王天刚、姚仲友、赵宇浩；第六章，姚仲友、王天刚、陈刚、赵宇浩；第七章，姚仲友、王国平、陈刚、黄智才、李红军。全书约40余万字，插图137幅，附表26个。全书由姚仲友、王天刚统编、定稿。

各章初稿完成后由顾连兴教授、芮行健研究员、戚建中研究员、陆志刚研究员、宋学信研究员、邱瑞照研究员等专家进行审阅和修改。全书图件由朱意萍、赵宇浩、赵晓丹、陈刚等清绘。参加出国考察的还有马春、匡福祥、李旭、赵书泉、赵环金等。

国土资源部中央地质勘查基金管理中心李钟山博士、郑镝博士、连长云博士［时任中国地质调查局科技外事部副主任（主持工作）］、刘大文博士以及中国地质科学院地质研究所卢民杰副所长等对本书给予大力支持及技术指导，南京地质调查中心主任曲亚军教授级高级工程师、总工程师邢光福研究员、董永观研究员、余根峰及曾勇教授级高级工程师等十分重视此项目，从多方面给予业务指导并提供保障。对巴布亚新几内亚矿产资源局（MRA）时任地调部长 Leonard Cranfield 在笔者对巴布亚新几内亚进行野外地质考察过程中给予的热情而周到的帮助，表示由衷的感谢！

作　者

2014年5月1日

目　录

第一章　大洋洲地区地质矿产概况

第一节　大洋洲自然地理

大洋洲地处亚洲和南极洲之间，西临印度洋，并与南北美洲隔太平洋遥相对峙。项目研究区纵跨南北半球，47°S～30°N，共跨纬度约 77°；横跨东西半球，110°E～160°W，共跨经度约 90°，包括美拉尼西亚、密克罗尼西亚、波利尼西亚三大岛群和澳大利亚大陆、塔斯马尼亚岛、新几内亚岛（伊里安岛）、新西兰的南岛与北岛等在内约 10 000 多个岛屿的区域，大陆海岸线共长约 19 000 km（图 1-1）。陆地总面积约 897 万平方公里，约占世界陆地总面积的 6%，岛屿面积约为 133 万平方公里，其中新几内亚岛最大，为世界第二大岛。人口 2900 万人，约占世界人口的 0.5%，是除南极洲外世界上面积最小、人口最少的大洲。

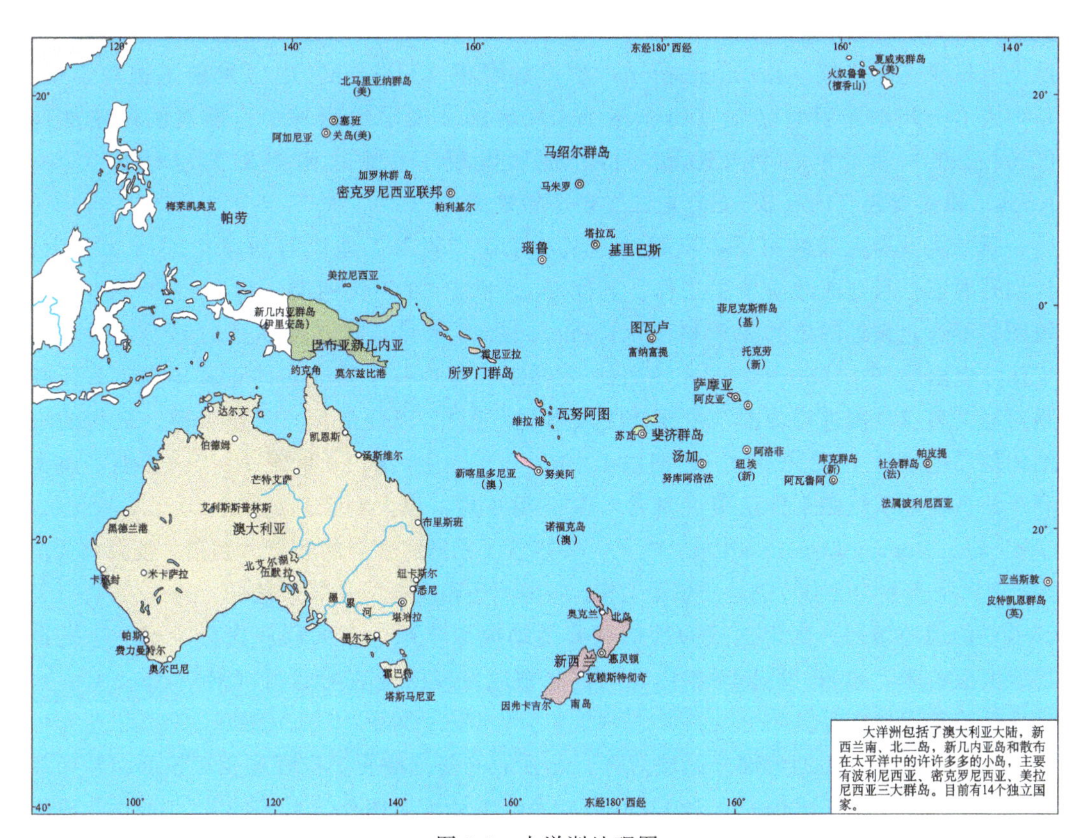

图 1-1　大洋洲地理图

大洋洲地区共有十四个国家：澳大利亚、新西兰、巴布亚新几内亚、斐济、基里巴斯、马绍尔群岛、密克罗尼西亚、瑙鲁、帕劳、萨摩亚、所罗门群岛、汤加、图瓦卢、瓦努阿图，此外还包含美国的海外州——夏威夷和美、英、法、澳、新等国的其他属地。

第二节 大洋洲地质工作程度

大洋洲地区因各个国家经济状况和自然环境的差异，地质工作程度不一，总体上澳大利亚地质工作程度最高，巴布亚新几内亚次之，新西兰和其他国家地质工作程度较为薄弱。

澳大利亚的地质调查工作始于19世纪早中期。1823年政府官员詹姆斯·麦克布里安（James McBrien）在新南威尔士州地质调查任务中于巴特斯特（Bathurst）以东的鱼河附近发现了金矿，由此拉开了地质调查和寻找金矿的序幕。1841年，调查人员在新南威尔士州的格伦·奥斯蒙德（Glen Osmond）发现了铅矿。19世纪50年代，由于有更多金矿的发现，澳大利亚东南部地区掀起了淘金热。19世纪后半叶，随着地质调查活动的开展，相继在塔斯马尼亚岛的比斯科夫（Bischoff）山附近地区发现了锡矿，昆士兰州罗克汉普顿（Rockhampton）附近的摩根（Morgan）山区发现了铜和金矿，新南威尔士州的布罗肯希尔（Broken Hill）地区发现了银铅锌矿；西澳的库尔加迪（Coolgardie）和卡尔古利（Kalgoorlie）地区发现了金矿；南澳的艾恩诺布（Iron Knob）和铁贵族（Iron Baron）地区发现了铁矿床等。

第二次世界大战结束后，当时的澳大利亚矿产资源、地质与地球物理局（BMR）计划开展了一系列的地质填图工作。其间于20世纪50年代初期，将1∶250 000地质填图扩展到北领地的拉姆·章格尔（Rum Jungle）区域，也正是从那时起系统的填图工作才全面展开。1956年，国家填图处（NMD）作为一个独立实体正式成立，其任务是对澳大利亚全国进行填图（主要是区域地质填图），以促进国家经济发展。最初的填图比例尺主要是1∶250 000，后期以1∶100 000为主，到20世纪70年代初期，澳大利亚的系统地质填图工作已接近完成。1992年8月，澳大利亚地质调查局（Australian Geological Survey Organisation）成立，并接管了BMR的全部职能。目前，澳大利亚全国已基本完成1∶100 000的地质填图工作，某些州还相继开展并部分完成了1∶50 000、1∶25 000的地质填图。由于二战后地质调查活动成果丰硕，澳大利亚先后发现了一批世界级大型矿床，如20世纪40年代晚期在北领地发现的麦克阿瑟河（McArthur River）世界级铅锌银矿床等。

相对于澳大利亚的大部分区域而言，北领地的基础地质工作程度相对较低。除局部区域有早期的1∶15 000～1∶100 000原始手绘编译地质图外，系统的1∶100 000地质填图工作主要在最近20年才开展起来，迄今为止仅完成派恩克里克（Pine Creek）造山带、塔纳米（Tanami）、滕南特克里克（Tennant Creek）等区域，全区大部分仍属空白区。区内1∶250 000地质填图尽管已全部完成，但部分图幅也是近几年才填制完成的。此外，全区 1∶2 500 000 地形地质、地球物理和成矿规律图及主要地质区划的 1∶500 000～1∶1 000 000 地质图，也都主要完成于 21 世纪初期。

新西兰的地质构造十分复杂，但基础研究工作极为薄弱，目前进行了包括全国重力勘测图在内的大量绘图工作，其目的在于开发国家的煤炭、矿产、石油及地热水资源，所有的公司（主要是在这里调查的外国石油公司）都必须把数据资料、岩石、样本以及地震记录磁带等存放在政府的有关部门。目前国内的 1∶250 000 地质填图工作已经基本完成。

巴布亚新几内亚自 1977 年以来，1∶250 000 系列地质图大部完成，完成单位为该句应该成：澳大利亚地质调查局和巴布亚新几内亚矿产资源局。近年来巴布亚新几内亚在地质勘查研究方面的最大手笔当推历时六载、耗资达 5000 万欧元的欧盟矿业部门支持项目（MSSP）（图 1-2，图 1-3），项目周期为 2006～2011 年，由英国地质调查局（BGS）、南非地质调查局（CGS）、德国 DMT（Deutsche Montan Technologie）公司和巴布亚新几内亚矿产资源局（MRA）联合实施，对巴布亚新几内亚基础地质调查工作起到了重要的推动作用，该计划对巴布亚新几内亚尾矿处理政策、深海钻探、人员培训、航空物探、地质填图、矿产资源潜力评价、数据库建设、硬件配置等方面进行了全方位的资助，在高地地区和巴布亚半岛地区完成了大约 9 万平方公里的航空物探、17 幅 1∶100 000 地质填图和 4.5 万平方公里近 7000 个样品的水系沉积物测量工作。

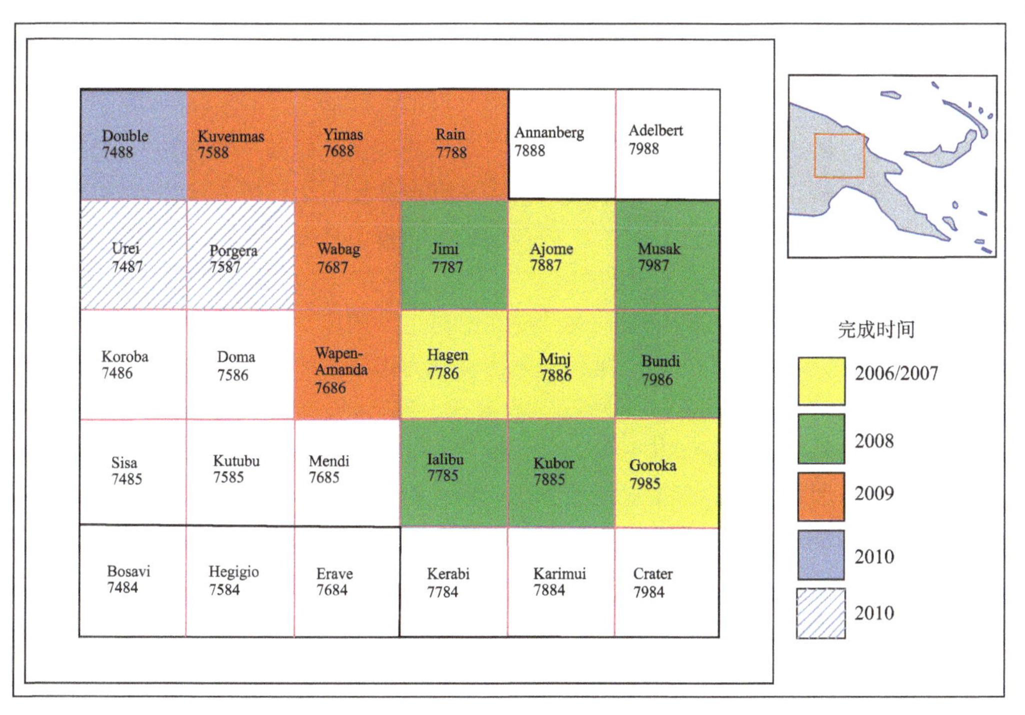

图 1-2 巴布亚新几内亚 MSSP 项目完成的 1∶100 000 的地质填图范围

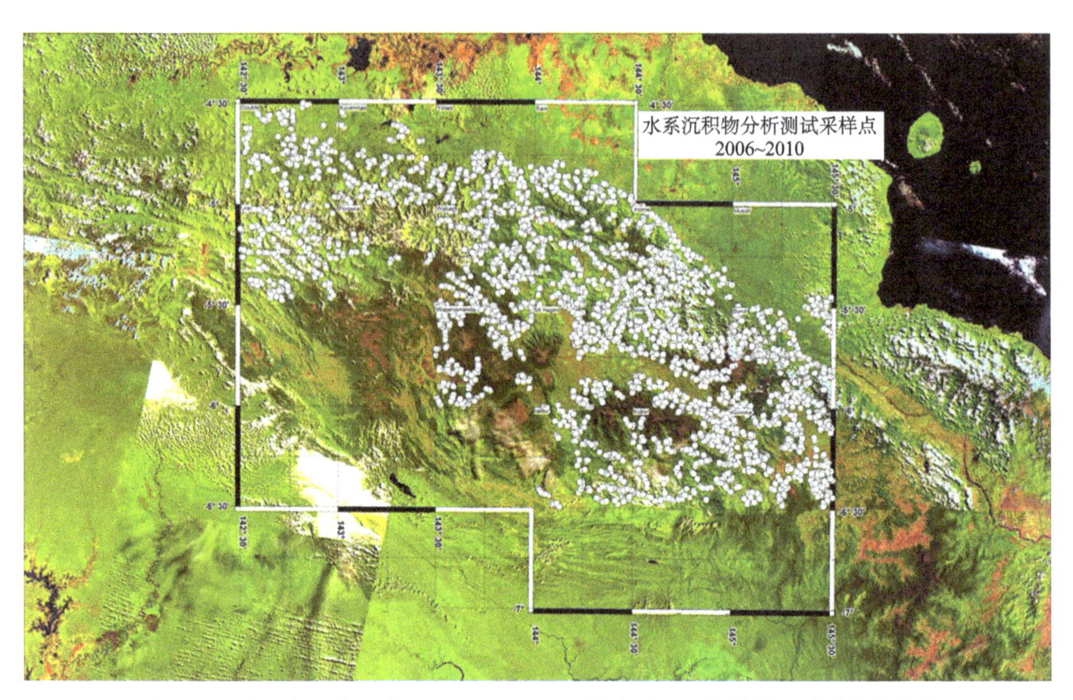

图 1-3　巴布亚新几内亚高地地区 1∶10 000 的水系沉积物分析测试采样点分布

第三节　大洋洲矿产资源开发历史及现状

大洋洲地区矿产资源勘查开发进行较早，最早受殖民地时期“淘金热”的影响，澳大利亚和巴布亚新几内亚等地开始了最早的矿产资源开发，之后随着区内各国政治上的独立，大力发展矿产资源产业，目前区内各国的矿产资源开发在各国经济中都占有举足轻重的地位。

澳大利亚是传统的矿业开采国，有“坐在矿车上的国家”之称，是仅次于美国和加拿大的世界第三大矿产品生产国。澳大利亚拥有极为丰富的矿产资源，主要矿产品有铝土矿、钛铁矿、金红石、锆石、金刚石、蓝宝石、铀、铅、锌、金、铁矿石、铜、镍、银、煤炭、锡和稀土金属等。其中铝土矿、钛铁矿、金红石、锆石、独居石、金刚石、蓝宝石、蛋白石和绿玉髓的产量居世界首位，铀、铅和锌产量居世界第二位，金和铁矿石产量居世界第三位，铜、镍和银产量居世界第四位，钴产量居世界第五位，煤炭和锡产量居世界第六位，是世界主要矿产生产国和出口国之一。澳大利亚以出口矿产品来支持国内经济的增长，矿产品产量中 80%以上供出口。出口对象主要为日本、中国、韩国以及欧美地区国家等。出口的矿产品主要有煤炭、铀、铁矿石、铝（铝土矿、氧化铝和铝）、黄金、重砂矿物、铅、锌、铜、镍、钴、锰、金刚石和其他宝玉石等，国内唯有石油不能自给。我国从澳大利亚进口短缺的富铁矿石和铜精矿，其中铁矿石进口量的 60%以上来自澳大利亚。澳大利亚矿业的繁荣主要依赖于该国持续对矿产勘查的重视。

在最近 20 多年里，澳大利亚是世界各国勘查费用投入最多的国家，尤其进入 90 年代，勘查费用更是逐年上升，其结果是不断发现新矿床，储量不断增加，储量基础不断增强。

澳大利亚政府对矿业勘探相当重视，对矿石勘探项目的投入巨大且投入额逐年增加。澳大利亚政府在增加勘探支出的同时，也注重提高勘探技术的科技含量。2007 年，政府启动了新一代矿产勘探计划——“玻璃地球”计划，利用三维可视化和地质模拟等技术，使大陆表层 1 km 以内的地域像“玻璃一样透明”，从而大大提高了勘探效率与准确性。

巴布亚新几内亚土著人几千年前就已经采矿及进行石器和赭石交易，早期的勘探是在第一次世界大战前。从 19 世纪 70 年代开始，淘金者沿澳大利亚东海岸向北迁移行进到巴布亚新几内亚诸岛，发现了多处金矿点（图 1-4）。

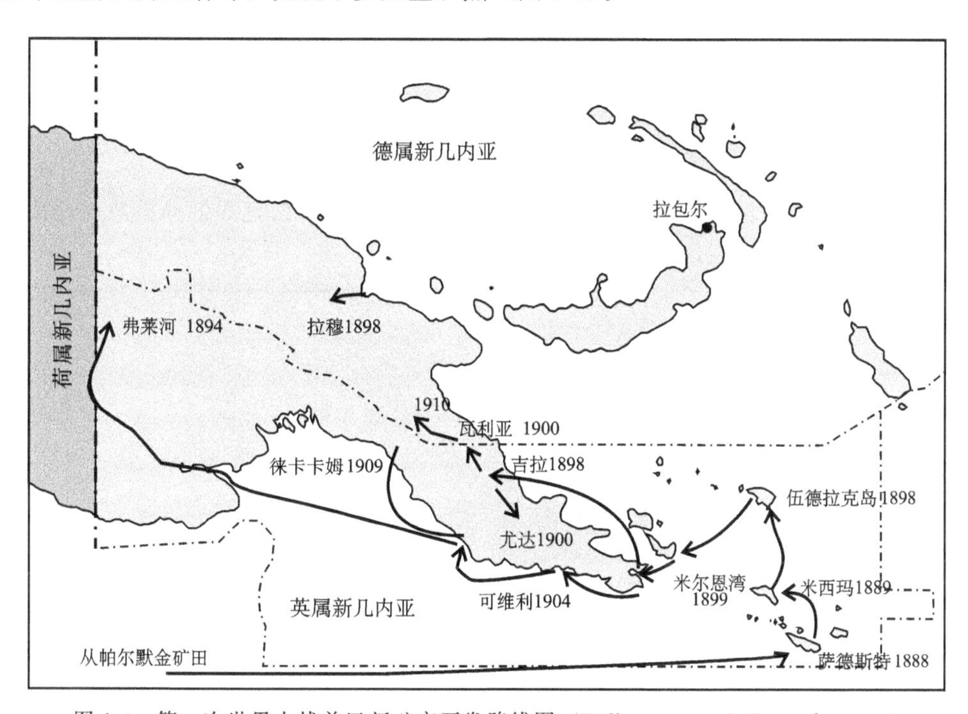

图 1-4 第一次世界大战前巴新矿产开发路线图（Williamson and Hancock，2005）

第二次世界大战结束后，巴布亚新几内亚的探矿进入新高潮，波尔盖拉金矿，巴布亚超镁铁质带红土镍钴矿床相继在 20 世纪 50 年代被发现。20 世纪 50 年代后期澳大利亚地质调查局的地质学家发现了潘古纳金矿。并在后来通过编制巴布亚新几内亚全国 1∶250 000的地质图，掀起新一轮探寻斑岩铜-金矿热潮，并相继发现了延德拉铜矿、拉穆镍钴矿、弗里达河铜矿、利希尔岛金矿等。1987 年股灾使 20 世纪末采矿业进入低迷时期，直到 21 世纪初，国际金属价格上升再次引发采矿热，一批新矿床被发现，如凯南图、海登山谷等。

新西兰国土面积虽不大，但矿产资源很丰富，已知的矿产有金、银、铁砂、锰、铬、铜、铅锌、钨、锑、汞、硫、煤、石油、天然气、地下热水、粘土和玉石矿等，其中以金、银、铁砂、煤、石油、天然气、地热和玉石等矿产的资源远景较好。新西兰低温热液型金、银、锑、汞矿的远景最好，主要的金银矿床分布于北岛的中奥克兰地区，据说金的远景储量尚有约 2488 t。砂金矿主要分布于南岛地区。全国正在开采的金矿点有 600 余处（主要为砂金矿），申请开采的金矿点还有 500 余个。砂金矿主要属冰川堆积的河床阶地砂金矿床，其矿源层为中生代的哈斯特片岩。砂金矿床具有分布广、含金层厚、品位富（一般品味 0.3～1 g/t，高的可达 3～4 g/t）等特点，有较好的发展前景。

新西兰玉石矿资源也较丰富，主要有两种类型的玉石矿床，一种是河床阶地砂矿床，其特点是常与砂金矿床共生，可综合开采；另一种是产于蛇纹岩中的原生玉石矿床。两种玉石矿床均为软玉。该国开发利用玉石矿产的历史悠久，尤其是毛利人对玉石的利用，有力地促进了新西兰玉器业的发展。

第四节　大洋洲地质概况

大洋洲处于 4 个板块的交汇处，主体属于印澳板块，南面是南极洲板块，北面是亚欧板块，东面是太平洋板块（图 1-5）。

图 1-5　大洋洲所处的大地构造位置

从现代大洋洲地质构造格架看，其主体是以澳大利亚西部为中心向四周地层逐渐变新，中心为西澳大利亚太古代克拉通，向东依次为澳大利亚太古代-元古代克拉通，东澳大利亚古生代造山带，新西兰古生代-中生代造山带，向北为巴布亚新几内亚新生代造山带，最外围为西南太平洋中新生代火山岛弧。

一、澳大利亚

澳大利亚地层主要分为两部分，中西部为澳大利亚地盾区，下部为太古代至元古代的结晶基底，其上为沉积盖层；东部为古生代塔斯曼造山带（图 1-6）。

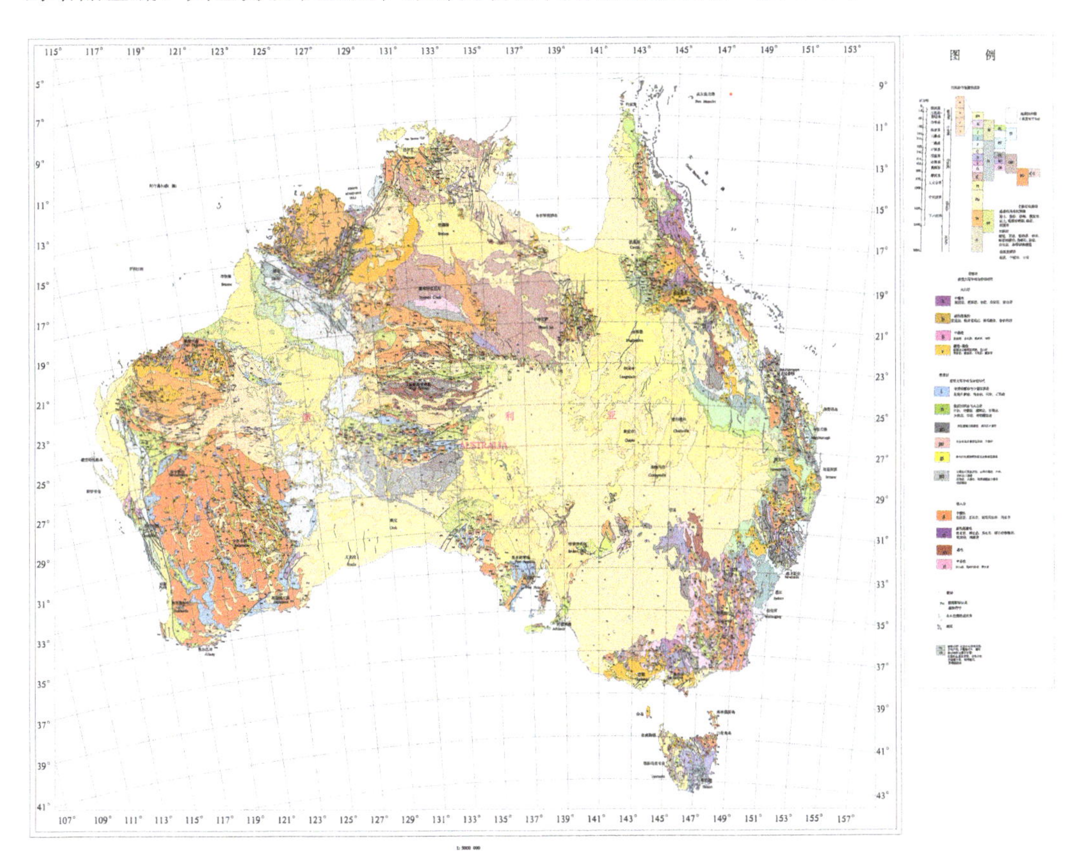

图 1-6　澳大利亚地质图

中西部由太古代至元古代的结晶基底组成，出露的地层主要为前寒武纪变质岩。太古宇主要分布于西部克拉通的皮尔巴拉和伊尔岗地块，为基性和超基性火山岩组成的绿岩带及花岗片麻岩带。早元古代最早的沉积盖层发育于皮尔巴拉南部的哈默斯利盆地和加斯科因地块，主要为一套巨厚的含铁沉积建造。中元古代沉积盖层在北部克拉通出露，主要为碳酸盐岩建造。在维多利亚盆地稳定的碳酸盐沉积一直持续到晚元古代。晚元古代的沉积盖层主要发育于阿德莱德褶皱带，为砂岩、泥质岩、碳酸盐岩、蒸发岩和冰川漂砾，在沉积岩中发现了晚前寒武纪的动物化石。奥菲瑟、阿马迪厄斯和恩加利亚盆地也有含冰碛层的砂岩和碳酸盐沉积，这一期冰碛层可与塔斯曼岛和金伯利盆地的年龄在7.25亿～6.7亿年的冰川沉积对比。

澳大利亚的显生宙地层主要分布在东部沿海一带，可划分为6个沉积建造。下面三段为海相地层：①寒武系—中奥陶统，从中部含盐沉积到东部的复理石和蛇绿岩；②晚奥陶统—中泥盆统，复理石、硬砂岩和燧石，向西变为碳酸盐岩；③晚泥盆统—石炭系，相变趋势同上。上面三段为海陆交互相和陆相；④二叠系—三叠系，是一套含舌羊齿植物化石的含煤建造和冰川沉积组合，可与印度同时代的地层进行对比；⑤侏罗纪—早白垩世时澳大利亚成陆，形成一些坳陷，如东部的苏拉特盆地、中西部的坎宁盆地和尤克拉盆地，西部边缘的珀斯盆地和卡那封盆地都有砂岩、泥岩及石油和天然气等可燃有机岩沉积；⑥晚白垩统—早第三系为陆相沉积。

澳大利亚岩浆活动在全国范围内广泛出露。在西澳大利亚克拉通内出露同构造花岗岩，其岩性主要为富钠花岗岩，为酸性、中酸性岩类与围岩同时经受区域变质；晚构造花岗岩，是区域构造期后呈岩基或岩株侵入到早期花岗岩和绿岩带中，花岗岩同位素年龄值为27亿～26亿年，同时还有大量超基性岩侵入；皮尔巴拉地块发育有火山期后的小侵入体及钾钠质系列的花岗岩类岩株和岩墙；南澳大利亚克拉通主要出露花岗岩及花岗闪长岩；澳大利亚东部造山带岩浆活动分为晚古生代、中生代和新生代三期，主要有超基性、基性、中性、中酸性和酸性岩浆岩，尤以新生代的火山岩广泛分布，古生代经历了多次褶皱造山运动，出露相应的向东变新的火山侵入岩带。

二、新西兰

新西兰出露的地层以古生界和中生界为主（图1-7）。前寒武系仅在南岛阿尔卑斯断层西侧零星出露，为变质的沉积岩，可与澳大利亚阿德莱德褶皱带的晚前寒武系对比。

新西兰大面积出露古生代至中生代的硬砂岩建造，厚度超过5000 m。其上覆盖一套巨厚的硬砂岩，时代为石炭-二叠纪。三叠-侏罗系地层分布于新西兰南岛向斜核部和北岛背斜的核部，为快速堆积的砂岩及砾岩，厚度可达8000～10000 m。白垩系主要分布于北岛的霍克湾和奥克兰一带，属稳定的滨海相砂页岩沉积。新西兰的新生界主要为火山岩，火山活动一直持续至今，火山喷发物从钙碱性安山岩系列发展为玄武岩系列，厚度可达300～500 m。强烈的火山作用因太平洋板块和印澳板块反向俯冲而形成了火山弧，同时有强烈的地震活动。

新西兰地质构造活动强烈，火山活功频繁，断裂构造发育，北东走向的南阿尔卑斯大断层为主干断裂，由它派生的次一级断裂构造，把新西兰陆地切割成许多断块。

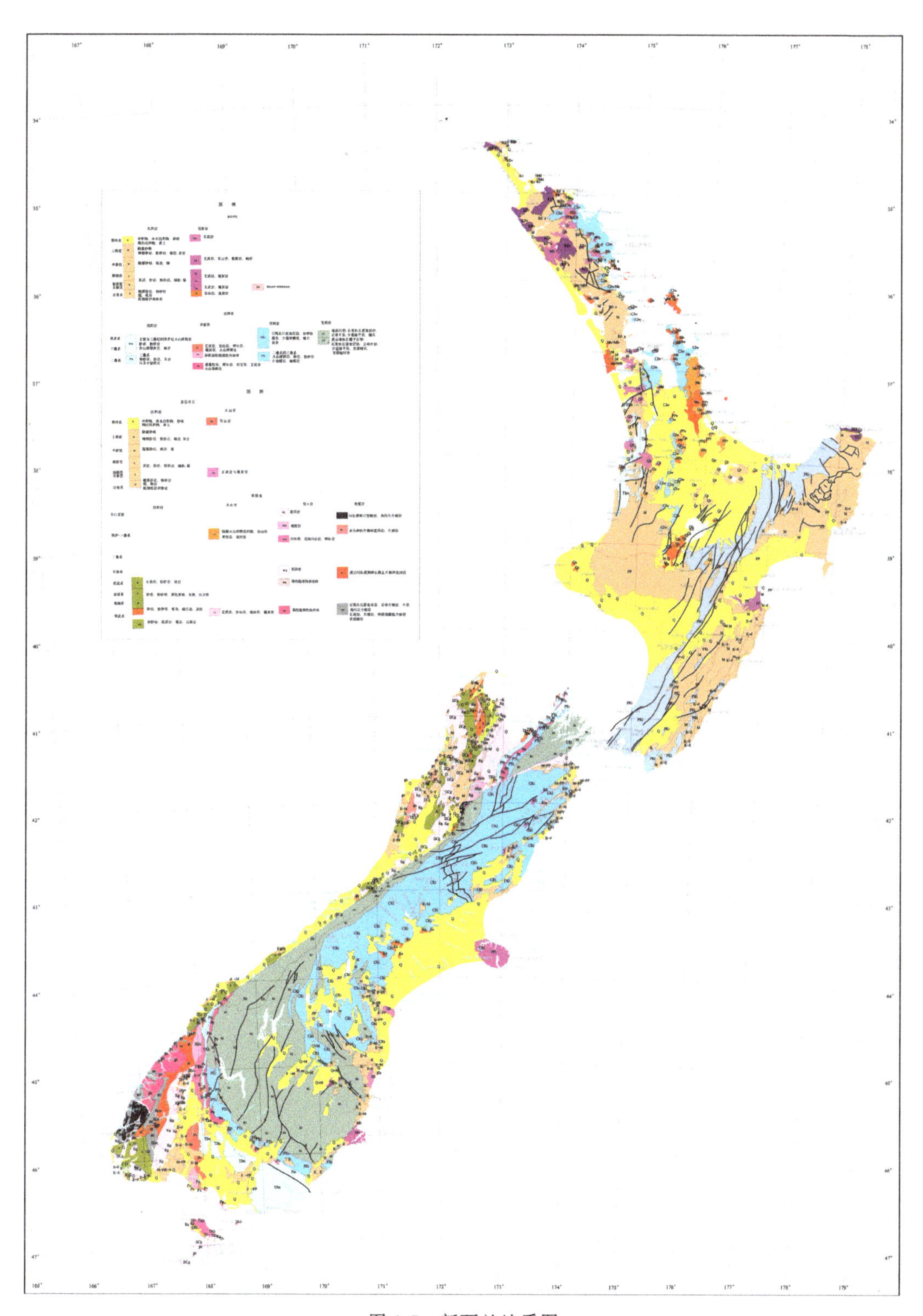

图 1-7　新西兰地质图

不同时期侵入的各类岩浆岩主要分布于南岛的西海岸地区，主要侵入岩有超基性岩、辉长岩、正长岩和少量花岗岩等。海西期的基性-超基性岩构成了南岛西部的蛇绿岩套。中新生代火山喷发作用形成的各种火山岩分布广泛，尤以北岛的北部地区最发育。

三、巴布亚新几内亚

巴布亚新几内亚出露地层主要为中生界-第四系，呈近东西向弧形展布。另有零星的元古界、中新元古界及古生界出露。古生界和中生界以海相碎屑岩为主。石炭至二叠系的碳酸盐岩和古生物群落，显示特提斯洋特色。新生界分布广泛，岩性、岩相复杂多样，以海相、海陆交互相碎屑沉积及火山碎屑沉积为主（图 1-8）。

由于巴布亚新几内亚地处印澳板块和太平洋板块交接部位，所以地质构造岩浆活动十分复杂。区内火山岩、侵入岩出露广泛，时代主要以新生代为主，岩性为基性到中性。在巴布亚新几内亚造山带及外围岛弧区都有分布。

伊里安岛南部属澳大利亚地台，北部为活动及弧-陆碰撞的产物，两者以中央山脉为界，伊里安岛与澳大利亚之间的阿拉弗拉海为陆表海。

四、其他地区

美拉尼西亚、密克罗尼西亚和波利尼西亚等群岛大多是太平洋板块中新生代的火山岛弧。

第五节　大洋洲矿产资源概况

大洋洲虽然占有的陆地面积在七大洲中排名最后，但是陆地上的矿产资源相当丰富，有镍、铝土矿、金、铬、磷酸盐、铁、银、铅、煤、石油、天然气、铀、钛、铜、稀土和锰等（图 1-9），特别是其中的镍、铝土矿、金、铁、铀、铜、稀土、锰等在世界上占有非常重要的地位，储量和产量都位居世界前列，而且随着勘探技术的进展，该地区海底的矿产资源也被大量发现，特别是现代海底块状硫化物矿床的勘探取得了重大的突破。

大洋洲地区最重要的资源国家和地区是澳大利亚、巴布亚新几内亚、新西兰等（表 1-1）。澳大利亚是大洋洲地区陆地面积最大的国家，出产丰富的矿产资源。根据澳大利亚地球科学局的资料显示，在已探明的具备经济价值的矿藏中，澳大利亚排名世界首位的有褐煤、铅、镍、金红石、钽、铀、锌、锆石。同时，铝土矿、铜、金刚石、金、钛铁矿、铁矿石、锂、锰、银、钛等其他主要矿产也占据了世界产量的大部分。尽管澳大利亚已发现具备了世界级的矿产资源，但其矿藏资源前景远远没有详尽勘查。

巴布亚新几内亚具有丰富的铜、金、镍资源，由于该国独特的大地构造位置，斑岩-夕卡岩-浅成低温热液型铜金矿床十分发育，红土型镍矿化也十分发育，三类资源的探明储量均位居世界前列。同时该国的油气资源也极为丰富，特别是在该国的高地地区，正在建设一个规模巨大的液化天然气项目。

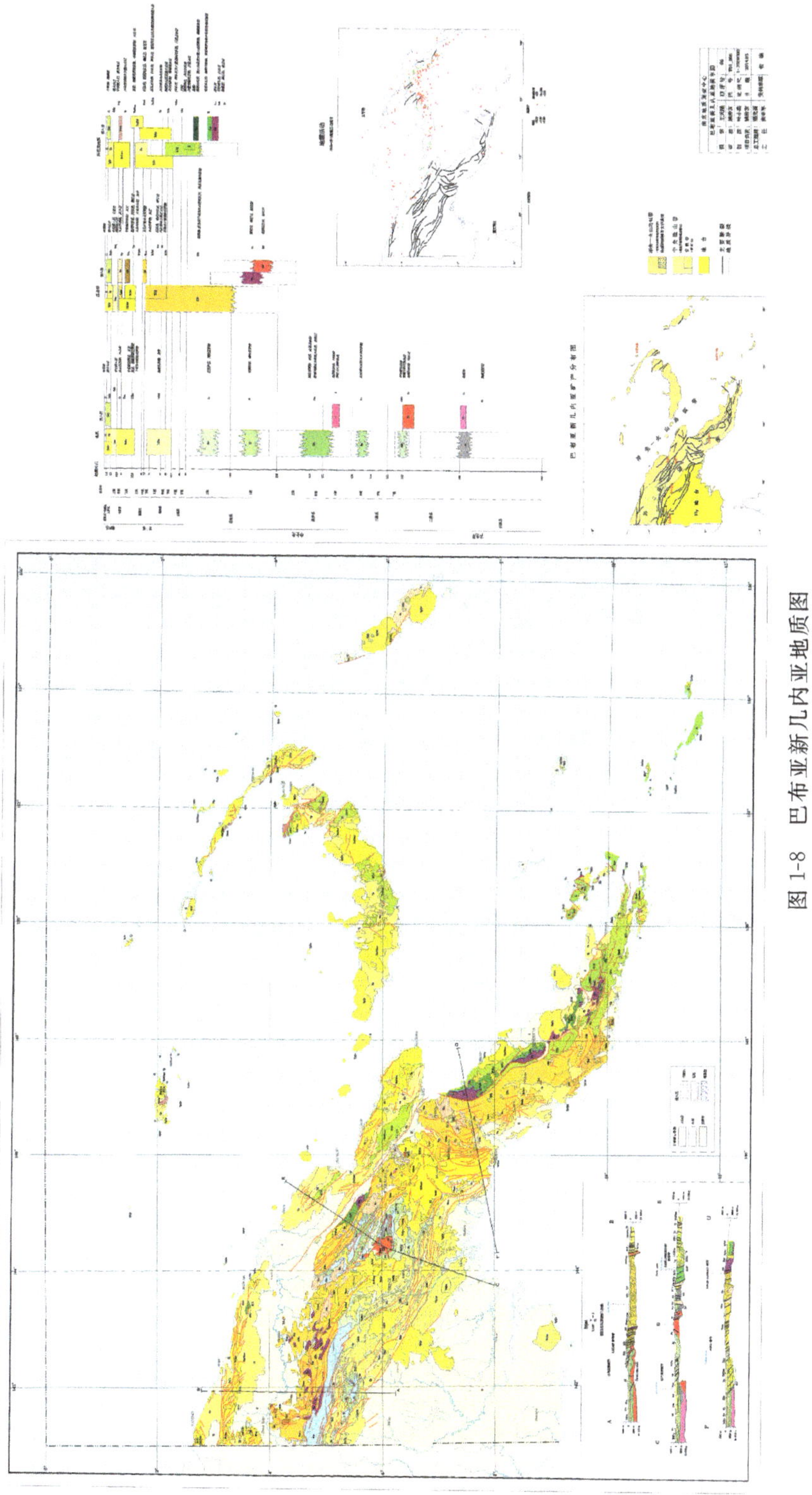

图 1-8　巴布亚新几内亚地质图

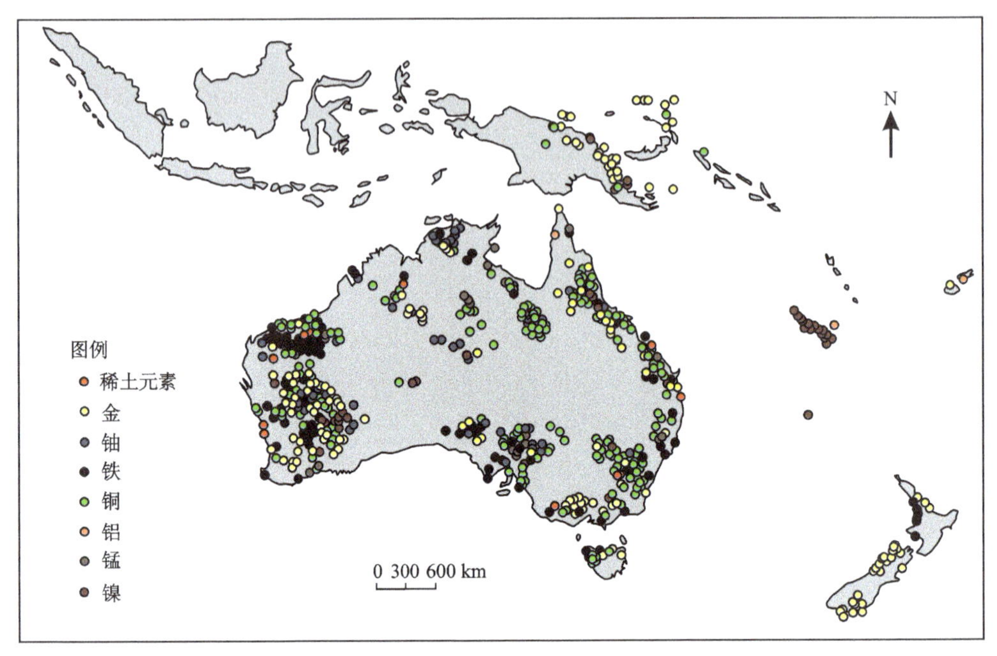

图 1-9 大洋洲地区矿产资源分布示意图

表 1-1 大洋洲地区优势矿种简表

序号	国家（地区）	优势矿种
1	澳大利亚	铝土矿、铁、锰、金、银、铜、铅锌、镍、铌、钽、铀、锆、稀土、煤、石油、天然气、磷酸盐、钛
2	新西兰	金、银、铁、磷酸盐、铝土矿、菱镁矿、煤、石灰石
3	巴布亚新几内亚	金、铜、镍、钴、银、石油、天然气
4	斐济	金、铝土矿、铁、锰、铜
5	马绍尔群岛	钴、锰、磷酸盐
6	帕劳	铜、铁、铝土矿、磷酸盐
7	波利尼西亚	磷酸盐、镍、铬
8	美拉尼西亚	镍、铬、金
9	瑙鲁	磷酸盐
10	萨摩亚	石灰石、高岭土
11	基里巴斯	磷酸盐
12	汤加	铜、金、锰、锌（海域）
13	所罗门群岛	磷酸盐、铝土矿、镍、铜、金
14	新喀里多尼亚	镍、铬

新西兰的矿产资源主要以金为主，此外还出产大量的海滨砂矿铁矿。此外，在大洋洲其他地区例如新喀里多尼亚的镍矿和铬矿也很丰富。波利尼西亚、密克罗尼西亚和美拉尼西亚三个岛屿的矿产较少，仅个别较大的火山岛上有少许金矿，珊瑚岛上的主要矿

产为磷酸盐。

如前所述，大洋洲地区的成矿作用十分发育，特别是铁、锰、铜、铝、金、镍、铀、稀土等优势矿产资源都发育多种成矿作用，具体见表1-2。

表1-2　大洋洲地区矿床类型划分

矿种	构造背景	矿床类型	典型矿床
富铁矿	被动大陆边缘	沉积变质型	芒特维尔贝克
			汤姆普莱斯
			哈默斯利
			帕拉布杜
			雅儿古
锰	大陆边缘	沉积型	格鲁特岛
铜	岩浆弧	斑岩型-矽卡岩-浅成低温热液型	奥克泰迪
			利希尔岛
			波尔盖拉
			芒特莱松
			玛萨希尔
	陆内裂谷	铁铜氧化物型	奥林匹克坝
	造山带	变质型	芒特艾萨
	弧后盆地	块状硫化物型	奎河
			索尔瓦拉
铝土矿	大陆边缘	红土型	达令山
镍	克拉通内绿岩带	科马提岩型	芒特基斯
			卡姆巴尔达
	大陆边缘	红土型	拉穆
金	克拉通内绿岩带	绿岩带型	戈登迈尔
	造山带	造山型	麦克雷斯
铀	克拉通	不整合面型	兰杰
		钙结砾岩型	伊利列
		砂岩型	贝弗利
稀土	克拉通	碳酸盐型稀土矿	威尔德山
		与花岗岩侵入体有关	诺兰

第六节　大洋洲构造单元及成矿带划分

大地构造单元划分又叫大地构造分区，指一个大区域尺度的地壳物质组成、岩石构造组合，以及地球物理和地球化学场明显不同于相邻地域，这样的一个区域就是一个大地构造单元，它既反映了地壳物质组构上大地构造环境（或大地构造相）的时空属性，又具有不同构造阶段的时空层次属性。通过大地构造单元的划分可直接服务于资源预测需求，为划分成矿区带和研究成矿规律服务。

在板块构造-地球动力学理论指导下，以地层特征、侵入岩浆活动为基础，以成矿规律和成矿预测的需求为基点，以不同规模相对稳定的古老陆块区和不同时期的造山系大地构造相分析为主线，以特定区域主构造事件形成的优势大地构造相的时空结构组成和存在状态为划分构造单元的基本原则对区内的大地构造单元进行了划分。

根据大洋洲地质和构造演化特征，可将大洋洲分为 3 个一级构造单元、12 个二级构造单元和 40 个三级构造单元（表 1-3，图 1-10）。

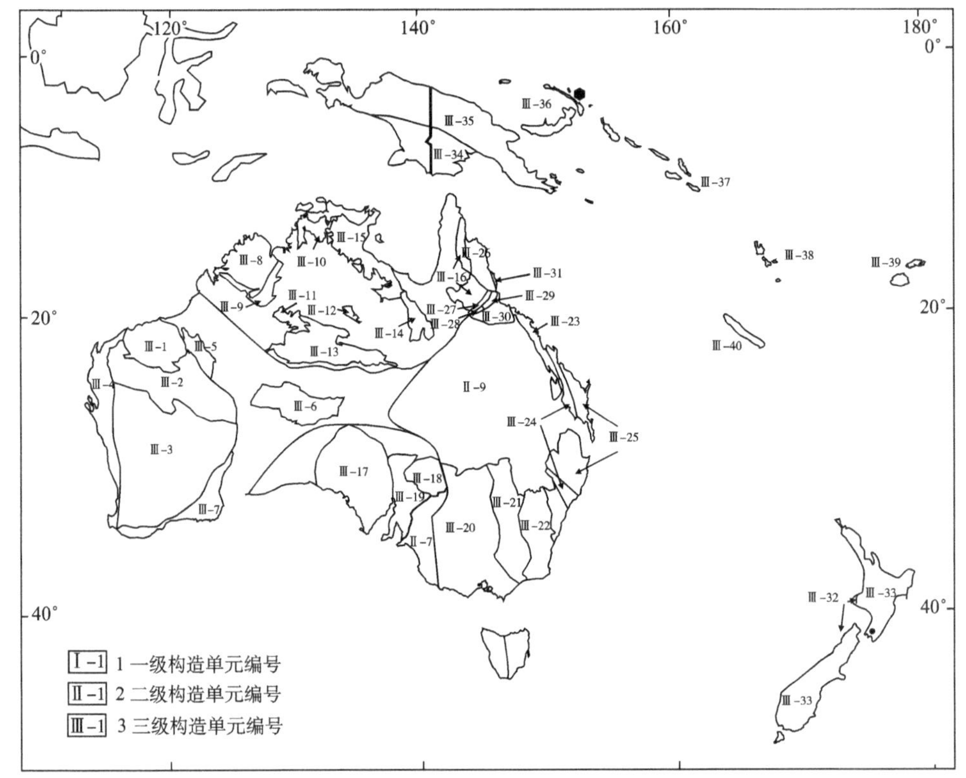

图 1-10 大洋洲地区构造单元划分简图

澳大利亚中西部前寒武纪克拉通，该地区在太古代—元古代时期经过一系列碰撞造山运动由多个太古代—元古代地块固结在一起形成稳定的克拉通，形成过程与太古代—元古代的超级大陆或超级克拉通的汇聚和裂解过程有关，该构造单元可以划分为 4 个二级构造单元和 19 个三级构造单元，其余部分被盆地沉积物覆盖。

澳大利亚东部古生代造山带，该区域形成于晚元古代到古生代，与冈瓦纳超级大陆东部边缘与古太平洋板块的俯冲碰撞作用有关，该地区经历了多期多旋回的构造运动，该地区可能存在部分前寒武纪冈瓦纳超级大陆基底，该地区可分为 5 个二级构造单元和 12 个三级构造单元。

西南太平洋中新生代火山岛弧区，与印澳板块与太平洋板块的俯冲碰撞作用有关，其中的新西兰具有冈瓦纳超级大陆亲缘性，主要由古生代到中生代的造山带以及新生代的火山岛弧区组成，主要划分为 3 个二级构造单元和 9 个三级构造单元。

表 1-3　大洋洲地区构造单元划分表

一级	二级	三级	一级	二级	三级
Ⅰ-1 澳大利亚中西部前寒武纪克拉通	Ⅱ-1 西澳克拉通	Ⅲ-1 皮尔巴拉地块	Ⅰ-2 澳大利亚东部古生代造山带	Ⅱ-5 拉克兰造山带	Ⅲ-22 东带
		Ⅲ-2 南回归线造山带		Ⅱ-6 新英格兰造山带	Ⅲ-23 岩浆弧
		Ⅲ-3 伊尔岗地块			Ⅲ-24 弧前盆地
		Ⅲ-4 平贾拉造山带			Ⅲ-25 增生混杂岩带
	Ⅱ-2 中澳结合带	Ⅲ-5 派特森造山带		Ⅱ-7 德拉梅里亚造山带	
		Ⅲ-6 玛斯格雷夫造山带		Ⅱ-8 北昆士兰造山带	Ⅲ-26 霍奇森地区
		Ⅲ-7 阿尔巴尼—弗雷泽造山带			Ⅲ-27 格林维尔地区
	Ⅱ-3 北澳克拉通	Ⅲ-8 金伯利地块			Ⅲ-28 格雷夫溪地区
		Ⅲ-9 金利奥波德—霍尔斯克里克造山带			Ⅲ-29 卡米尔溪地区
		Ⅲ-10 派恩克里克造山带			Ⅲ-30 查特斯堡地区
		Ⅲ-11 塔纳米造山带			Ⅲ-31 巴纳德地区
		Ⅲ-12 滕南特克里克造山带		Ⅱ-9 汤姆森造山带	
		Ⅲ-13 阿伦塔造山带	Ⅰ-3 西南太平洋中新生代火山岛弧区	Ⅱ-10 新西兰	Ⅲ-32 西部省
		Ⅲ-14 芒特艾萨造山带			Ⅲ-33 东部省
		Ⅲ-15 麦克阿瑟盆地		Ⅱ-11 巴布亚新几内亚	Ⅲ-34 弗莱地台
		Ⅲ-16 乔治敦—科恩造山带			Ⅲ-35 巴布亚新几内亚造山带
	Ⅱ-4 南澳克拉通	Ⅲ-17 高勒地块			Ⅲ-36 新几内亚群岛
		Ⅲ-18 柯纳莫纳地块		Ⅱ-12 新生代岛弧区	Ⅲ-37 所罗门群岛
		Ⅲ-19 阿德莱德褶皱带			Ⅲ-38 瓦努阿图群岛
Ⅰ-2 澳大利亚东部古生代造山带	Ⅱ-5 拉克兰造山带	Ⅲ-20 西带			Ⅲ-39 斐济群岛
		Ⅲ-21 中带			Ⅲ-40 新喀里多尼亚岛

根据大洋洲的构造单元划分方案，一级、二级、三级构造单元分别对应成矿域、成矿省和成矿区带。结合区域地质、矿产特征，根据成矿体系理论和我国矿产资源潜力评价相关标准以及世界主要成矿区带划分标准可以将大洋洲分为 3 个一级成矿域、12 个二级成矿省和 40 个三级成矿区带（表 1-4），具体为：

① Ⅰ-1 澳大利亚中西部前寒武纪克拉通成矿域，位于澳大利亚中西部，可分为 4 个二级成矿省和 19 个三级成矿区带；

② Ⅰ-2 澳大利亚东部古生代造山带成矿域，可分为 5 个二级成矿省与 12 个三级成矿区带；

③ Ⅰ-3 西南太平洋中新生代成矿域，可分为 3 个二级成矿省及 9 个三级成矿区带。

表 1-4　大洋洲地区成矿区带划分表

<table>
<tr><th>成矿域</th><th>成矿省</th><th>成矿区带</th></tr>
<tr><td rowspan="19">Ⅰ-1 澳大利亚中西部前寒武纪克拉通成矿域</td><td rowspan="4">Ⅱ-1 西澳克拉通成矿省</td><td>Ⅲ-1 皮尔巴拉地块铁铜金镍锰多金属成矿区</td></tr>
<tr><td>Ⅲ-2 南回归线造山带金铜铁铅锌成矿带</td></tr>
<tr><td>Ⅲ-3 伊尔岗地块金镍铝铁铀稀土多金属成矿区</td></tr>
<tr><td>Ⅲ-4 平贾拉造山带稀土钛锆砂矿成矿带</td></tr>
<tr><td rowspan="3">Ⅱ-2 中澳活动带成矿省</td><td>Ⅲ-5 派特森造山带金铜铅锌成矿带</td></tr>
<tr><td>Ⅲ-6 玛斯格雷夫造山带铜镍铅锌成矿带</td></tr>
<tr><td>Ⅲ-7 阿尔巴尼—弗雷泽造山带镍钴石膏成矿带</td></tr>
<tr><td rowspan="9">Ⅱ-3 北澳克拉通成矿省</td><td>Ⅲ-8 金伯利地块金刚石铝土铜成矿区</td></tr>
<tr><td>Ⅲ-9 金利奥波德—霍尔斯克里克造山带金铜铅锌金刚石成矿带</td></tr>
<tr><td>Ⅲ-10 派恩克里克造山带铁金铀成矿带</td></tr>
<tr><td>Ⅲ-11 塔纳米造山带金成矿带</td></tr>
<tr><td>Ⅲ-12 滕南特克里克造山带金成矿带</td></tr>
<tr><td>Ⅲ-13 阿伦塔造山带金钼铀稀土成矿带</td></tr>
<tr><td>Ⅲ-14 芒特艾萨造山带铜铅锌铀多金属成矿带</td></tr>
<tr><td>Ⅲ-15 麦克阿瑟盆地锰铜铅锌铁成矿区</td></tr>
<tr><td>Ⅲ-16 乔治敦—科恩造山带金锡成矿带</td></tr>
<tr><td rowspan="3">Ⅱ-4 南澳克拉通成矿省</td><td>Ⅲ-17 高勒地块铜金铁铀成矿区</td></tr>
<tr><td>Ⅲ-18 柯纳莫纳地块铜铅锌金银成矿区</td></tr>
<tr><td>Ⅲ-19 阿德莱德褶皱带铁金铜成矿带</td></tr>
<tr><td rowspan="14">Ⅰ-2 澳大利亚东部古生代造山带成矿域</td><td rowspan="3">Ⅱ-5 拉克兰造山带成矿省</td><td>Ⅲ-20 西部金成矿带</td></tr>
<tr><td>Ⅲ-21 中部金成矿带</td></tr>
<tr><td>Ⅲ-22 东部金铜铅锌锡成矿带</td></tr>
<tr><td rowspan="3">Ⅱ-6 新英格兰造山带成矿省</td><td>Ⅲ-23 东部岩浆弧金铜铅锌成矿带</td></tr>
<tr><td>Ⅲ-24 弧前盆地金锑成矿带</td></tr>
<tr><td>Ⅲ-25 增生楔金铜铅锌成矿带</td></tr>
<tr><td colspan="2">Ⅱ-7 德拉梅里亚造山带成矿省</td></tr>
<tr><td rowspan="6">Ⅱ-8 北昆士兰造山带成矿省</td><td>Ⅲ-26 霍奇森金铜钨锡成矿区</td></tr>
<tr><td>Ⅲ-27 格林维尔金铜铅锌成矿区</td></tr>
<tr><td>Ⅲ-28 格雷夫溪金铜铅锌成矿区</td></tr>
<tr><td>Ⅲ-29 卡米尔溪金铜铅锌成矿区</td></tr>
<tr><td>Ⅲ-30 查特斯堡金铜铅锌成矿区</td></tr>
<tr><td>Ⅲ-31 巴纳德金铜铅锌成矿区</td></tr>
<tr><td colspan="2">Ⅱ-9 汤姆森造山带成矿省</td></tr>
</table>

续表

成矿域	成矿省	成矿区带
Ⅰ-3 西南太平洋中新生代成矿域	Ⅱ-10 新西兰成矿省	Ⅲ-32 西部金铜镍钨锡铁成矿区
		Ⅲ-33 东部金钨铜镍铁成矿区
	Ⅱ-11 巴布亚新几内亚成矿省	Ⅲ-34 弗莱地台油气成矿区
		Ⅲ-35 巴布亚新几内亚造山带金铜镍钴成矿带
		Ⅲ-36 新几内亚群岛金铜成矿区
	Ⅱ-12 斐济等新生代岛弧区成矿省	Ⅲ-37 所罗门群岛金铜成矿区
		Ⅲ-38 瓦努阿图群岛金铜成矿区
		Ⅲ-39 斐济群岛金铜成矿区
		Ⅲ-40 新喀里多尼亚镍钴成矿区

第二章　澳大利亚中西部前寒武纪克拉通成矿域地质矿产特征

第一节　概　　述

澳大利亚中西部前寒武纪克拉通位于澳大利亚中西部地区，占澳大利亚大陆面积的2/3，由多个古元古代陆核及其周边古中元古代的缝合带组成。主要分为四个部分：西澳克拉通、北澳克拉通、南澳克拉通，以及它们之间的由古元古代—中元古代派特森造山带、中元古代玛斯格雷夫造山带和阿尔巴尼—弗雷泽造山带组成的中澳结合带（图2-1）。该地区的岩石多为前寒武纪基底，上覆古生代以来的沉积物。区内矿产资源丰富，与前寒武纪岩石相关的金、镍、铁等矿产资源储量巨大。

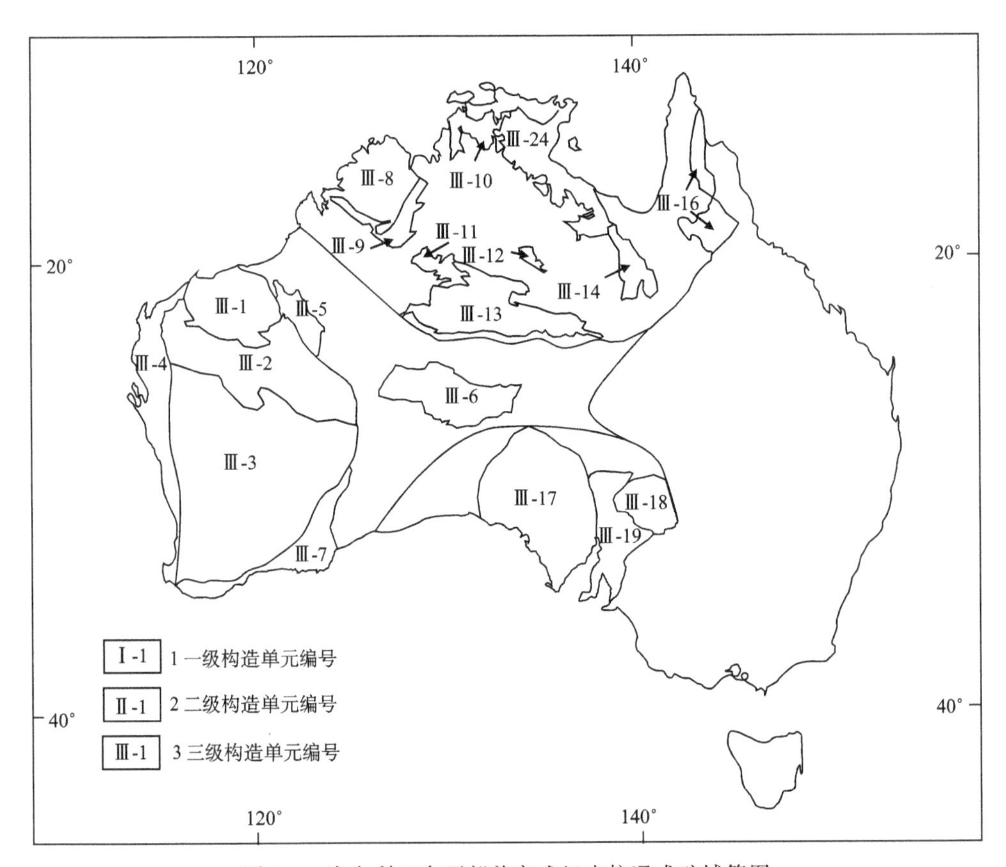

图 2-1　澳大利亚中西部前寒武纪克拉通成矿域简图

第二节　西澳克拉通

西澳克拉通位于澳大利亚中西部前寒武纪克拉通的西部，由皮尔巴拉地块、伊尔岗地块、南回归线造山带、平贯拉造山带四个三级构造单元组成（图 2-1）。该地区是澳大利亚矿产资源最为丰富的地区，澳大利亚主要的铁、金、镍资源均产自该成矿省，铝土矿、铀、稀土资源也十分丰富。该成矿省基底为伊尔岗和皮尔巴拉两个太古代地块，基底岩石主要为太古代的变质火山岩、侵入岩，其上覆盖太古代到元古代的变质沉积物，以含条带状铁建造和太古代绿岩带为特征，部分地区盖有显生宙沉积物和煤层，主要矿产资源为铁、金、镍、铜、铅锌、铀、铝土矿等，矿床形成多与前寒武纪超级大陆的裂解和增生有关。

一、皮尔巴拉地块（Ⅲ-1）

皮尔巴拉地块由两部分组成（图 2-2）：一块位于地块北部的古老花岗绿岩区，占整个地块出露面积的 1/3；另一块位于地块南部的，为哈默斯利盆地，不整合接触在花岗绿岩区之上，分布一套年轻的火山沉积地层，占整个地块出露面积的 2/3。这两部分都是 2.4Ga 前形成的，除了哈默斯利盆地在南回归线造山运动时期经历了局部的强烈破坏，其他区域未经历过大的区域地质破坏作用。

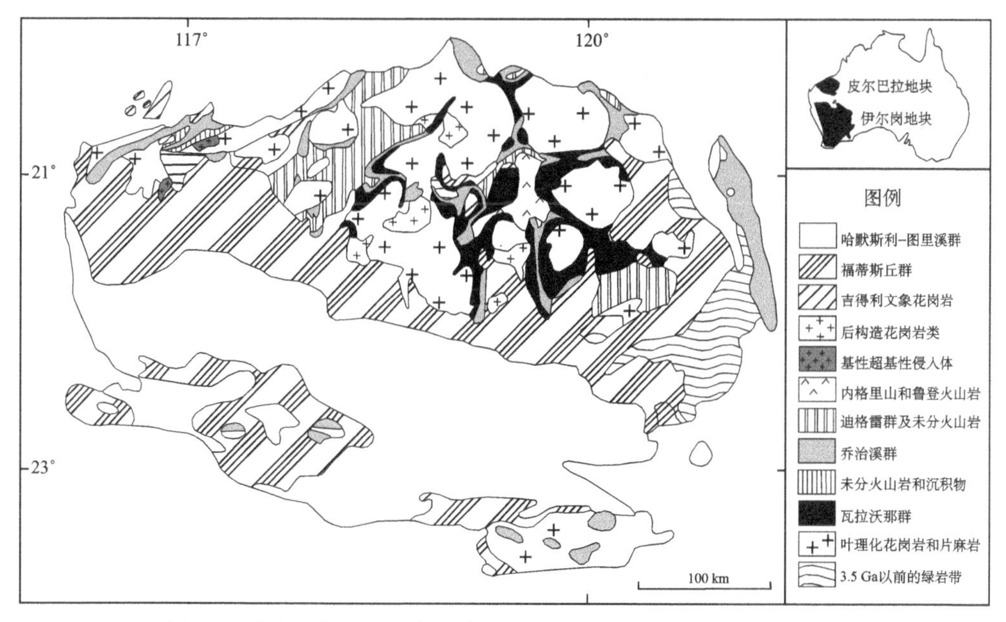

图 2-2　皮尔巴拉地块北部花岗-绿岩带地质简图（Hickman，1981）

（一）地层

地块北部的花岗绿岩区广泛出露（3.6～2.8 Ga）的花岗绿岩，总面积是60 000 km^2，均为皮尔巴拉超群绿岩（表2-1），包括变质玄武岩、砂岩、页岩、粉砂岩、燧石、BIF和长英质火山岩；基性、超基性岩床，角闪岩；泥质、砂质超基性片岩。花岗绿岩区的60%的区域由花岗岩类岩石组成，且主要发育在背斜顶部和穹隆，横穿向斜构造100 km，且被绿岩分隔开。

表2-1 皮尔巴拉超群地层岩性表

群	地层	岩性	地层厚度/m
	Negri火山岩	玄武岩，安山岩	200
	Louden火山岩	玄武岩，超铁镁岩	1000
维姆溪群	路谢尔板岩	板岩，少量凝灰岩	200
	曼斯卡普里火山岩	长英质火山岩	500
	瓦拉姆比玄武岩	气孔玄武岩	200
乔治溪群	蚊子溪组	砂质-泥质片岩	5000
	拉拉卢克砂岩	砂岩，砾岩	3000
	霍尼伊特玄武岩	玄武岩（枕状）	1000
	克里维勒组	条带含铁建造	1000
	查特利斯玄武岩	玄武岩（和辉绿岩）	1000
	科博依组	变质沉积岩	1500
瓦拉沃拉群	魏曼组	流纹岩	1000
	由罗玄武岩	玄武岩（和科马提岩）	2000
	帕诺拉玛组	长英质火山岩	1000
	阿皮克斯玄武岩	玄武岩（和高镁玄武岩，科马提岩）	2000
	塔组	燧石，玄武岩	500
	杜福尔组	长英质火山岩	5000
	阿达山脉玄武岩	玄武岩	2000
	麦菲组	碳酸盐岩，片岩，燧石	100
	北星玄武岩	玄武岩	2000

地块南部的哈默斯利盆地是布鲁斯山超群的沉积区域，基底岩石厚度不超过10 km，面积100 000 km^2。布鲁斯山超群是一个稳定的构造区域，位于皮尔巴拉地块古老的花岗绿岩区之上，它的形成时间是较晚的。在北部，该超群不整合接触在花岗绿岩区之上；南部的边界是一个复杂的拱形构造区域，且向南部凸出。此弯曲边界从东部和西部的边界处一直持续到北部。该超群从下至上可划分为福蒂斯丘群（Fortescue）、哈默斯利群（Hamersley）、图里溪群（Turee Creek）（Trendall，1983；Taylor，et al.，2001）（图2-3）。

福蒂斯丘群由基性火山岩和成熟度较低的碎屑岩及少量化学沉积物组成，时代最早为 2750 Ma。该群由四组地层构成，最大厚度超过 4.5 km，最底层为芒特罗伊玄武岩，为发育杏仁状构造和斑状构造的变质玄武岩，底部含凝灰岩、集块岩和碎屑沉积物（Blake，1984）；上部为哈迪砂岩，由粗粒长石砂岩、细粒砂屑岩和页岩组成，在底部还含有一些亚长石砂岩、粗砂岩和砾岩，总厚度超过 1 km；上部为芒特乔火山岩，由枕状玄武熔岩和玄武质火山碎屑岩组成；最上部为纪日纳赫组（Jeerinah），由互层的玄武质熔岩和碎屑及化学沉积物组成，辉绿岩侵入到最上层的地层中，该组地层在盆地东部地区含有约 3～4 m 厚的燧石铁建造条带，为其标志层。

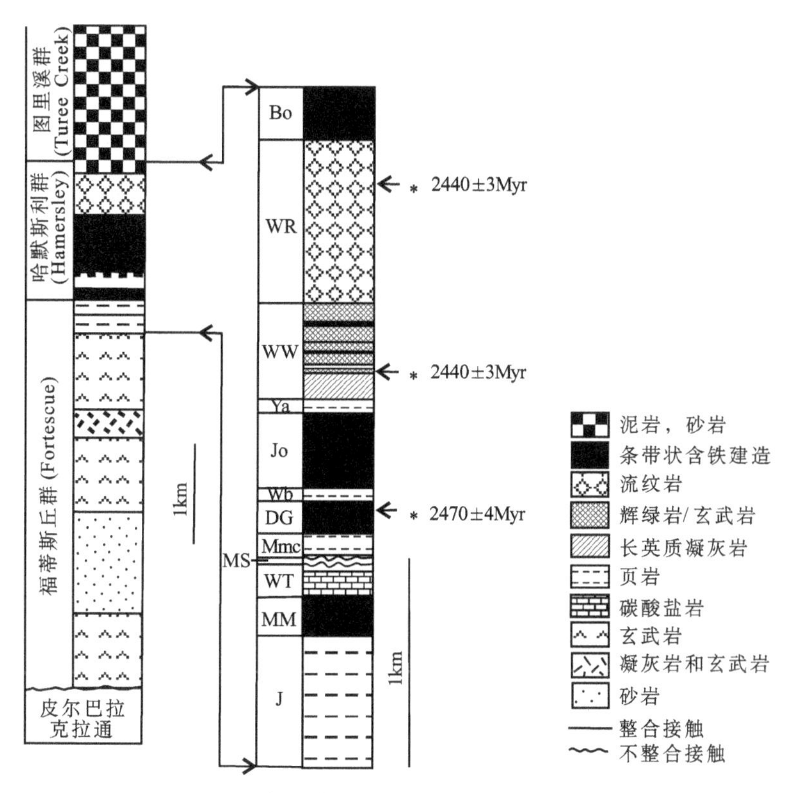

图 2-3 哈默斯利省地层柱状图及 SHRIMP 年龄

Bo：布尔吉达组（Boolgeeda）；WR：温佳拉组（Woongarra Rhyolite）；WW：威利—沃利组（Weeli Wolli）；Ya：彦地克吉纳段（Yandicoogina）；Jo：乔费尔段（Joffre）；Wb：维尔贝克段（Whaleback）；DG：谷峡谷段（Dales Gorge）；Mmc：姆克雷斯组（Mount McRae）；MS：希尔维亚山组（Mount Sylvia）；WT：威特努姆组（Wittenoom）；MM：马拉曼巴组（Marra Mamba）；J：纪日纳赫组（Jeerinah）

哈默斯利群形成时代大约为 2.5 Ga，与下伏福蒂斯丘群的纪日纳赫组（Jeerinah）呈整合接触，厚约 2500 m，由一系列的 BIF 建造（条带状含铁建造）、白云岩、火山碎屑岩、页岩和酸性火山岩组成，并被辉绿岩岩株和岩脉侵入。该群由下至上可分为马拉曼巴组（Marra Mamba）、威特努姆组（Wittenoom）、希尔维亚山组（Mount Sylvia-Mcrae）、姆克雷斯组（Mount McRae）、布罗克曼组（Brockman）、威利-沃利组（Weeli Wolli）、温佳拉组（Woongarra Rhyolite）、布尔吉达组（Boolgeeda），共 8 组。

马拉曼巴组是下部的主要含铁层，由 BIF 建造和互层的碳酸盐岩和页岩组成；威特努姆组由含锰的页岩、燧石和白云岩以及少量的 BIF 建造组成；希尔维亚山组由互层的 BIF-燧石和页岩组成，为不整合接触带。姆克雷斯组地层主要岩性为页岩。

布罗克曼组是中部的主要含矿层，厚度 500～620 m，含多层 BIF、燧石，由下至上可分为四段：谷峡谷段（Dales Gorge），厚约 150 m，由 BIF 和燧石组成；维尔贝克段（Whaleback），约 50 m，可分为两部分，下部为四组互层的页岩和 BIF，上部为互层的页岩和燧石；乔费尔段（Joffre），厚约 360 m，主要由 BIF 组成，含少量页岩条带；彦地克吉纳段（Yandicoogina），约 60 m，由互层的燧石和页岩组成，在盆地西部被后期的辉绿岩脉侵入，该层已经富集到可采品位。

威利-沃利组是中上部的主要非含矿层位，由长英质凝灰岩、辉绿岩以及 BIF、页岩和白云岩组成，厚约 450 m，该层仅小部分富集到可采品位；温佳拉组地层厚度变化较大，290～730 m，主要为流纹岩，含少量英安岩，地层中还含有少量的凝灰岩和 BIF。

布尔吉达组是上部的含矿层位，含铁建造地层厚约 225 m，主要为互层的 BIF 与少量燧石、页岩。

图里溪群整合覆于哈默斯利群之上，厚约 3000～5000 m。该群以碎屑沉积为主，并且碎屑沉积物形成了一个向上逐渐变粗的沉积旋回，其中底部主要由绿色粉砂岩、细粒杂砂岩和细粒砂岩组成。

（二）构造

地块北部褶皱构造不发育，南部哈默斯利盆地的区域构造，大体可分为北部、中部和南部三个构造带。构造带的总体走向为北西西向或近东西向。自古元古代含铁建造形成后，产生了轻至中等褶皱作用，形成了开阔、不对称的向斜构造（沈承珩等，1995）。三个构造带的褶皱均呈复式褶皱分布，褶皱的强度由北向南逐渐增强，其特点是北部变形较弱，褶皱相对平缓、敞开，轴部走向呈北北西向，中部褶皱开阔，南部变形较强，褶皱紧闭，矿化也主要发生在该地区。南部可进一步划分为西南部的雁列式敞开褶皱地区和东南部的呈东西向展布的紧闭褶皱地区（Harmsworth，et al.，1990）。西南部雁列式敞开褶皱地区由一系列大尺度的褶皱构成，轴线走向为东西向，长度 10～100 km，褶皱两翼分布一些小规模的次级褶皱，走向 115°～120°，两种褶皱类型的重叠在该地区形成雁列式敞开排列，可能代表了由南向西南方向主应力方向的变化。东南部地区，直到图里溪向斜的东部，主要表现为一系列紧闭的东西走向褶皱，褶皱两翼最宽 10 km，轴线从直立到陡倾到缓倾。

断裂构造多发生于哈默斯利盆地边缘，盆地内部较少。盆地东部以北东向断裂为主，少有北西向断裂交叉，而盆地西部边缘以北西向断裂为主，少有北东向断裂，在盆地的南中部断裂显著呈北东与北西向两组交叉（沈承珩等，1995）。盆地内部大断裂多发育为平行于褶皱轴的近东西向断裂，小断裂的分布则较普遍，且明显地破坏了铁矿层。从地质构造分布来看，褶皱构造受南北向横压力的不均衡控制，显示了地质构造作用的差异性，张性断裂与压扭性剪切断裂交替重复。该区在早元古代至古近纪早期长期隆起，在隆起期间沉积盖层不整合覆盖其上（沈承珩等，1995）。

（三）岩浆活动

区内岩浆活动主要出露在皮尔巴拉地块北部的花岗绿岩带内，岩浆活动以花岗岩类杂岩体为主，占整个花岗绿岩区面积的 60%。花岗岩类杂岩体主要有三种类型：早期片麻花岗岩、混合岩化花岗岩和叶理化的斑状花岗岩。

叶理化的斑状二长花岗岩、花岗闪长岩最占主导地位，形成大规模的花岗岩穹隆，包括肖花岗岩类杂岩体、尤勒花岗岩类杂岩体、埃德加山脉花岗岩类杂岩体和科鲁纳唐花岗岩类杂岩体等多个大规模岩体。片麻状的石英闪长岩主要在古老的绿岩带残片中发育，而混合岩化花岗岩如正长花岗岩和伟晶岩则发育较晚，并且伴随锡矿化作用，此外，片麻状花岗岩和混合岩化花岗岩还常在绿岩夹层一起出现。

此外，太古宙时期的辉长岩和辉绿岩体侵入到皮尔巴拉地块的很多区域之中，它们已经发生变质和蚀变，但是原先的火成岩结构保留了下来。辉绿岩岩床侵入到玄武岩中，因此，很难从玄武岩中辨认出辉绿岩。辉长岩和辉绿岩在化学成分上与被侵入的拉斑玄武岩很类似，一般认为它们与玄武岩是同期同源的。

（四）区域成矿特征

区内成矿作用以太古代绿岩带以及条带状铁建造有关的成矿作用为主，特别是与条带状铁建造（BIF）有关的沉积变质型铁矿床十分发育，此外北部花岗绿岩带地体内与科马提岩有关的岩浆型镍矿和绿岩带型金矿化作用也十分发育。

1. 沉积变质型铁矿

（1）成矿特征

该类型矿化主要分布在地块南部的哈默斯利盆地内（图 2-4），区内成矿类型大部分为受变质沉积改造型铁矿床（苏必利尔型含铁建造）。该矿区已发现不同规模的铁矿床 100 多处，其中有些单个铁矿床规模达到 1×10^9 t 以上，如汤姆普莱斯山矿床（Mount Tom Price，9×10^8 t，铁品位 64%）和芒特维尔贝克矿床（Mount Whaleback，1.4×10^9 t）等。该铁矿区的含铁建造呈层状产于古元古代哈默斯利群布罗克曼组（Brockman）和马拉曼巴组（Marra Mamba）的条带状含铁建造（BIF）中。矿区分布有汤姆普莱斯、芒特维尔贝克、帕拉布杜等超大型的低硫赤铁矿型铁矿床，以及罗布河地区的针铁矿型古河道铁矿等。盆地内矿石矿物主要为赤铁矿，但结构变化较大，有微板状赤铁矿石、假象赤铁矿石和针铁矿石三类，按照矿物组成可将矿石分为三类：①高品位的赤铁矿石。②假象赤铁矿-针铁矿石。③两类矿物混合矿石。这三种类型的铁矿石都是次生的。

赤铁矿石，大型矿床中高品位的赤铁矿石常与假象赤铁矿石和微板状赤铁矿石伴生。该类型矿石大多在布罗克曼含铁建造的底层谷峡谷段（Dales Gorge）中发育，且主要分布在芒特维尔贝克矿床和汤姆普莱斯山矿床。富铁矿层主要在哈默斯利盆地南部沿麦克拉斯（McGrath）海沟分布。在约 1850 Ma 期间，哈默斯利盆地南部地区被再次

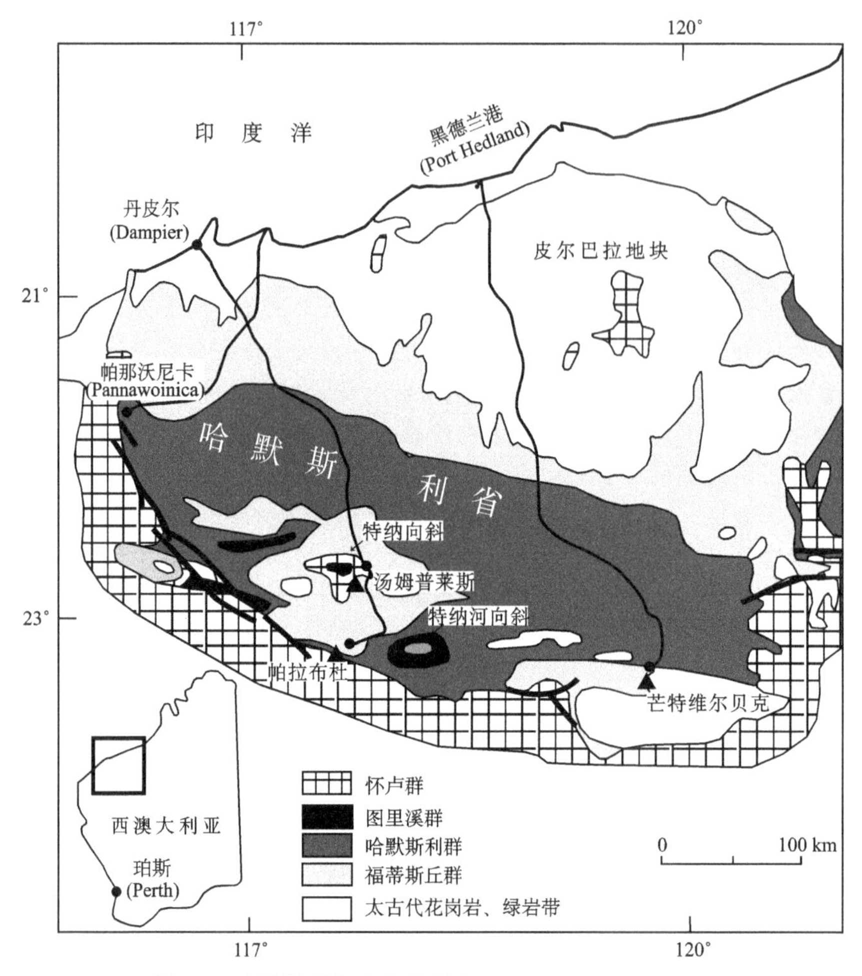

图 2-4 哈默斯利盆地地质略图（Taylor, et al., 2001）

埋深并经历了低级变质作用，这导致原来交代基质的针铁矿石转化为次生赤铁矿石，且大多数呈微板状，其形成时代大约为 1800±200 Ma。特别是该类型矿体较假象赤铁矿—针铁矿石矿体深部延伸大（>400 m）。

假象赤铁矿—针铁矿石，主要见于一些新出露的由于淋滤作用形成的 BIF 矿体中。在该类型矿石中，磁铁矿被氧化为赤铁矿，含铁硅质岩和一部分碳酸盐岩被氧化，其他的碳酸盐岩和石英被风化淋滤，这类矿石形成时间更晚且未经历变质，针铁矿的形成可能与中生代流水通道有关。矿石主要赋存在马拉曼巴和布罗克曼含铁建造表生矿床中。磷进入针铁矿晶格中，使磷灰石的原始含量发生变化，因此矿石中磷的含量可以反映铁矿石成分的一些信息。根据目前该类型铁矿石产品数据显示，布罗克曼含铁建造中磷含量普遍较高（约 0.1%），说明矿石中针铁矿含量较高，而马拉曼巴含铁建造的磷含量较低（约 0.06%），且碳酸盐和硅酸盐含量较布洛克曼组地层高，说明拉曼巴组地层中赤铁矿石含量较布罗克曼组地层的赤铁矿含量高。由于大量的针铁矿较含高品位的赤铁矿石易形成团块状的易碎矿石，因此该类型矿石的矿体上部为较硬的赤铁矿盖层，盖层以下矿石均较软。

混合型矿石，由于中新生代时期剥蚀作用沿着麦克拉斯海沟边缘发生，使很多 BIF 建造被剥蚀，这就导致在显生宙时期矿床经历二次富集。沿帕拉伯杜山脉和奥普莎玛山脉形成很多铁矿床的矿石类型均为混合型。该类型矿石组成从较纯高品位的微板状赤铁矿石到晚期的假象赤铁矿-针铁矿石，有时两类矿石亦同时存在。

高品位赤铁矿矿床是与前寒武纪含铁建造有关的铁矿矿床中最具经济价值的一种类型，对其成因的研究一直以来都是矿床学研究的热点之一。研究显示，该类型矿床的成因主要与三种地质作用有关，分别为：①早期同生或成岩作用；②流体参与的蚀变和交代作用，包括深部热液流体或岩浆流体或浅部大气水和盆地卤水；③古近纪的表生作用，伴有或没有后继的中生代或新生代埋藏变质作用。

（2）芒特维尔贝克铁矿

矿床位于西澳洲北部的皮尔巴拉地区的哈默斯利盆地内，盆地距珀斯约 1100 km。地理坐标范围 116°06′～120°30′E，21°18′～23°24′S，矿区内主要城市有黑德兰港、卡拉萨和纽曼，与珀斯有飞机通航。矿区内为典型的半干旱性气候，夏季平均温度 40℃，冬季平均温度 20℃，年降雨量 250～350 mm。

该矿床主要赋存于哈默斯利群的布罗克曼组地层内（图 2-5），矿床最初拥有矿石资源超过 1.8×10^9 t，是澳大利亚现在最大的单矿体，矿石含铁 64%，磷含量较低，矿

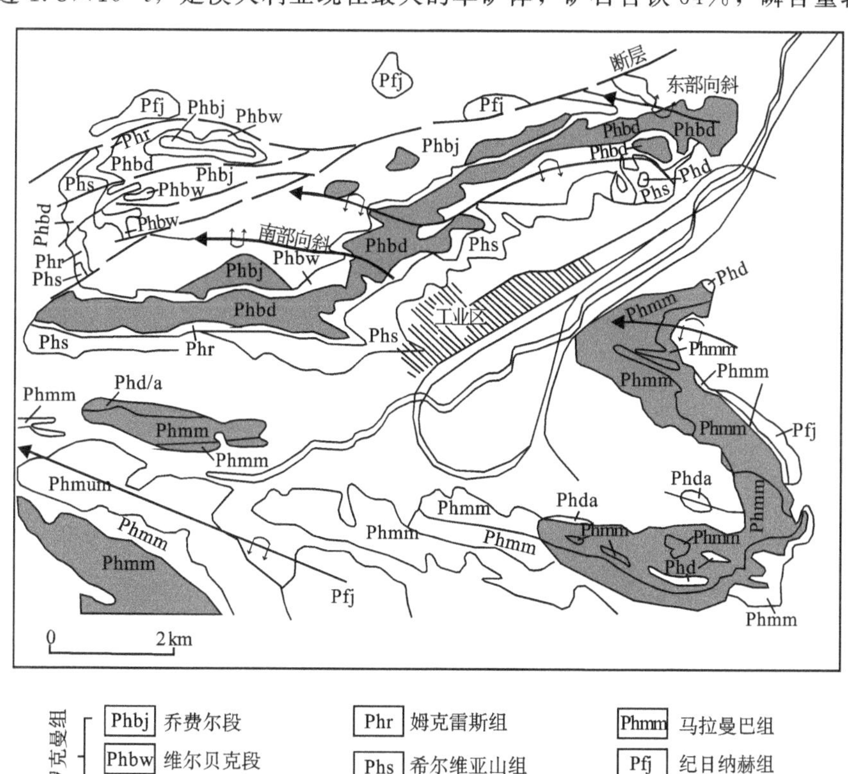

图 2-5　芒特维尔贝克区域地质简图（Hughes，1990）

石为坚硬的微板状赤铁矿。矿床剩余资源量为 9.25×10^8 t，平均品位 64.1%，含磷 0.053%、硅 4.3%、铝 1.7%。矿体高于地表 240 m，长 5.5 km，露天采坑宽 1.5 km，深 300 m，目前可采储量的 70%均在地下水线以下。

该矿床构造复杂，矿体被向西倾状的、倒转的东部向斜和南部向斜限定。矿床北部界限被南东倾斜的芒特维尔贝克断裂截断，该断裂将布罗克曼组含铁建造置于南部而较古老的建造置于北部而形成并置的两个建造。芒特维尔贝克断裂有正断层性质，该断裂还伴生有若干低角度分支正断层，它们切穿了矿体。矿区主构造为 D2 期，D3 期低角度正断层均源自芒特维尔贝克断层并切穿矿体。

矿化主要发育在布罗克曼组的乔费尔段和姆克雷斯页岩最上部的燧石层内。

矿床的成因为沉积变质型。

（3）汤姆普莱斯矿床

汤姆普莱斯矿床（Mount Tom Price）位于汤姆普莱斯镇西南方向 7 km。该矿床长 7.5 km，平均宽度 0.6 km（最宽 1.6 km），深度超过 600 m，资源量达到 9×10^8 t，铁矿石平均品位 63.9%，磷含量约为 0.05%。该矿床约 90%的铁矿石赋存在布罗克曼组谷峡谷段中地层，还有一小部分赋存在与谷峡谷段呈不整合接触的乔费尔段中（图 2-6）。谷峡谷段中的矿石主要为中等坚硬至坚硬的小板状赤铁矿-假象赤铁矿石，而在乔费尔段中，矿石发育的范围稍小，主要呈松软薄纹层的小板状，局部含较多的针铁矿。在姆克雷斯页岩地区科尼尔白云岩段上部也有大量铁富集。

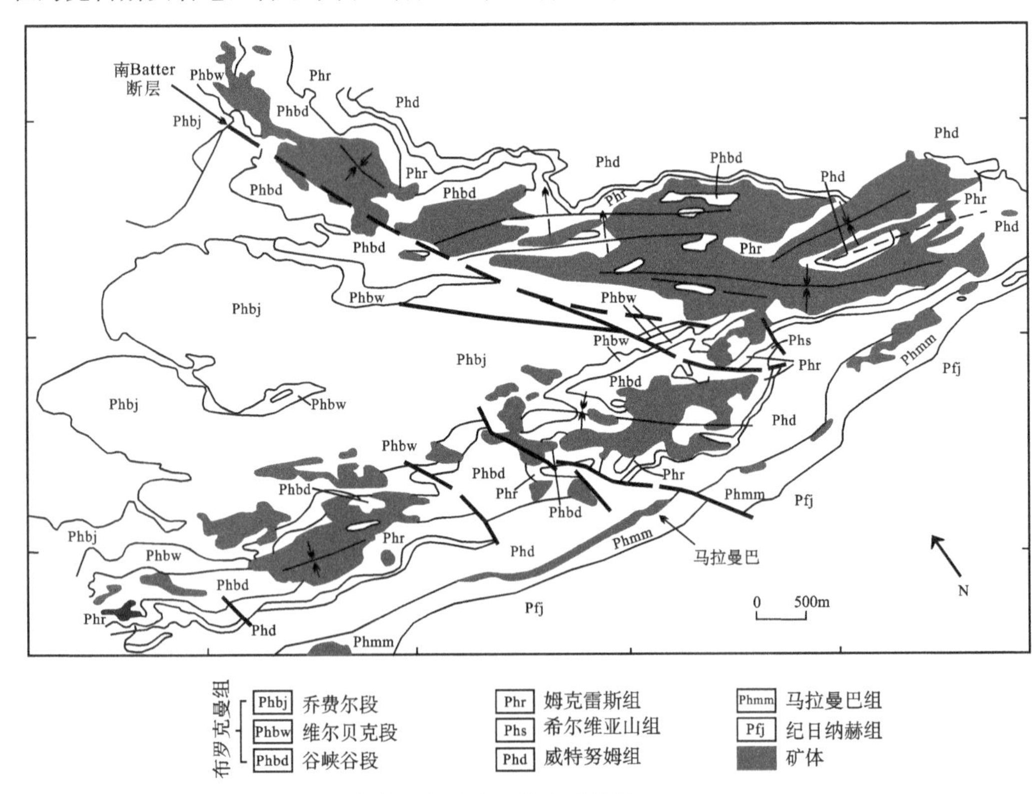

图 2-6 汤姆普莱斯矿床区域地质简图（Hughes，1990）

矿床区域上位于特纳斯山向斜北翼东部闭合部位的一个复向斜中。区内发育有平行于褶皱轴的大型冲断层、断裂，以及许多未闭合向斜、背斜及伴生断裂。近于直立的粒玄岩岩墙穿过矿床并与矿体的主轴大致平行，局部遭受强烈的绿泥石-赤铁矿-滑石蚀变。北部矿床中沿南 Batter 断裂热液蚀变表现为菱镁矿-白云石脉、页岩和 BIF 中强烈的滑石蚀变（Dalstra and Guedes，2004）。Thorne 等（2004）完整记录了穿过北部矿床一条矿化的热液蚀变带，该带从磁铁矿-菱铁矿-铁硅酸盐的远源蚀变带，渐变成赤铁矿-铁白云石-磁铁矿中间蚀变带，最终渐变成代表主要矿带假象赤铁矿-微板状赤铁矿-磷灰石矿石的近源蚀变带。对中间蚀变带赤铁矿-铁白云石脉中铁白云石的流体包裹体研究表明，其具有极高盐度（H_2O-$CaCl_2$）的假次生包裹体（23.9％，$CaCl_2$当量）及次生包裹体（24.4％，$CaCl_2$当量），其均一化温度分别为 253℃和 117℃（Thorne，et al，2004）。

该矿床高品位赤铁矿主要由假象赤铁矿和微板状赤铁矿石组成，同时这些矿石多保留了原始 BIF 含铁建造的中等层理或微层理。这些矿石是松散多孔的，含有较低的 SiO_2、Al_2O_3、P、Na_2O 和 K_2O。微板状赤铁矿石可从较硬—中等硬度的块状赤铁矿石或假象赤铁矿-微板状赤铁矿石变化为松散状矿石。在现代地表下部（0～40m），磁铁矿石微板之间的孔隙被次生针铁矿充填，后者部分脱水后又成为赤铁矿；在南澳大利亚的埃尔达克（Iron Duke）铁矿床中也见有类似的结构（Clout，2003）。

通过对汤姆普莱斯矿床铁矿石的岩石学和地球化学分析，在 BIF 含铁建造和高品位铁矿石之间可划分出 3 条深层蚀变带，分别为：①末端的磁铁矿-菱铁矿-黑硬绿泥石；②中部的赤铁矿-磁铁矿-铁白云石-云母-绿泥石和③与其邻近的假象赤铁矿-微板状赤铁矿石-磁铁矿-磷灰石蚀变带（Thorne，et al.，2004）。

（4）帕拉伯杜矿床

帕拉伯杜矿床（Paraburdoo）位于哈默斯利盆地的最南部，帕拉伯杜镇西南 8 km。该矿床铁矿石（Fe 品位为 64％，P 含量约为 0.08％）储量达 3×10^8t。

矿床主矿体被断层分为西部矿床和东部矿床（图 2-7）。矿体东西走向长 3 km，宽 0.7～1.1 km。在矿床的南侧，赋存在乔费尔段中的矿体向下延伸最大，达到300 m。矿体的北部边界位于科尼尔硅质岩组的底部，南部边界可见 BIF 和彦地克吉纳段（Yandicoogina）页岩。矿床中富矿层主要赋存在乔费尔段和谷峡谷段中，其中有一部分含铁建造还赋存在科尼尔硅质岩、维尔贝克页岩和彦地克吉纳页岩组中，极少部分富矿岩石赋存在剖面底部的威利-沃利组中。矿床南部哈默斯利群以大角度下倾，并被怀卢群不整合覆盖。断层切割了哈默斯利群和怀卢群底部的不整合面。含矿岩石主要受到褶皱、断层和辉绿岩的影响。矿石中磷的含量有变化，在矿体的西北部磷含量最高，西南部含量最低，并且矿石中磷的含量随着深度的增加而增加。

（5）成矿控制因素

通过对哈默斯利盆地富铁矿的成矿地质特征和成矿模式的探讨，总结出以下控矿要素：①成矿时代，前寒武纪（成铁纪的矿胚层或矿源层为富铁矿形成提供基础），这与世界上其他大型、超大型富铁矿床如巴西卡拉加斯铁成矿区、“铁四角”成矿区以及西澳哈默斯利铁成矿区等的富铁矿床成矿时代相同；②构造，断层和褶皱等构造特征有利

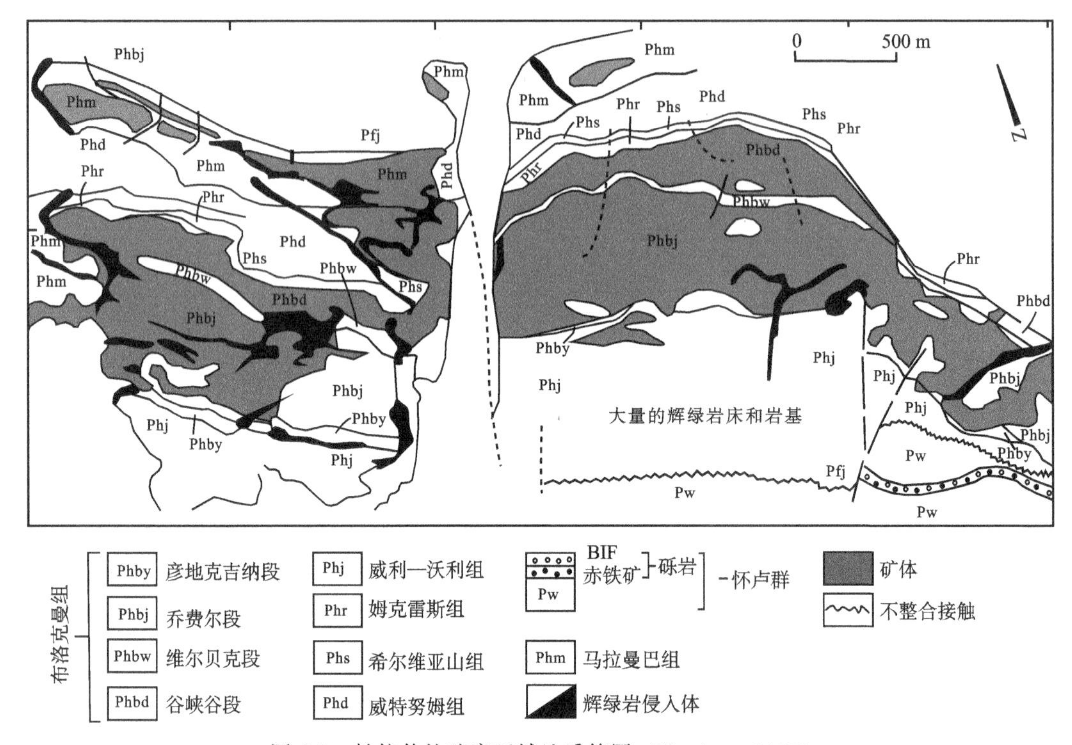

图 2-7　帕拉伯杜矿床区域地质简图（Hughes，1990）

矿体的富集，表现在一些铁矿床中赤铁矿矿物沿着构造面理结晶生长，如澳大利亚哈默斯利铁矿以及巴西“铁四角”区和卡拉加斯区等，因此认为较大规模的富铁矿床的分布受到褶皱等构造作用的控制较明显；③流体，流体不但是铁的物质来源，同时也可以作为运移载体，成矿流体沿着断层或其他构造不连续面通过深层或热液方式富集成矿，如汤姆普莱斯和芒特维尔贝克矿床等；④后期表生的风化淋滤作用，与构造作用类似，表生的风化淋滤作用有利于铁的二次富集。以上讨论的成矿控制要素均是前寒武纪富铁矿床共有特征，其可为在世界范围内寻找相似富铁矿床提供基本依据（姚春彦等，2014）。

二、伊尔岗地块（Ⅲ-3）

伊尔岗地块地层以太古代为主，主要由两个花岗片麻岩地体（西南花岗片麻岩地体和西北花岗片麻岩地体）和三条花岗绿岩带地体组成，分别为穆奇森省地体、南部克罗斯省地体和东部黄金省地体（图 2-8）。

（一）地层

区内不同地体的地层具有显著不同的特征：

西南花岗片麻岩地体由混合片麻岩、花岗岩等构成。其界线大体上相当于广布的麻粒岩段包围的区域。一般说来，变质岩石只局限在麻粒岩地区。大部分片麻岩含有石

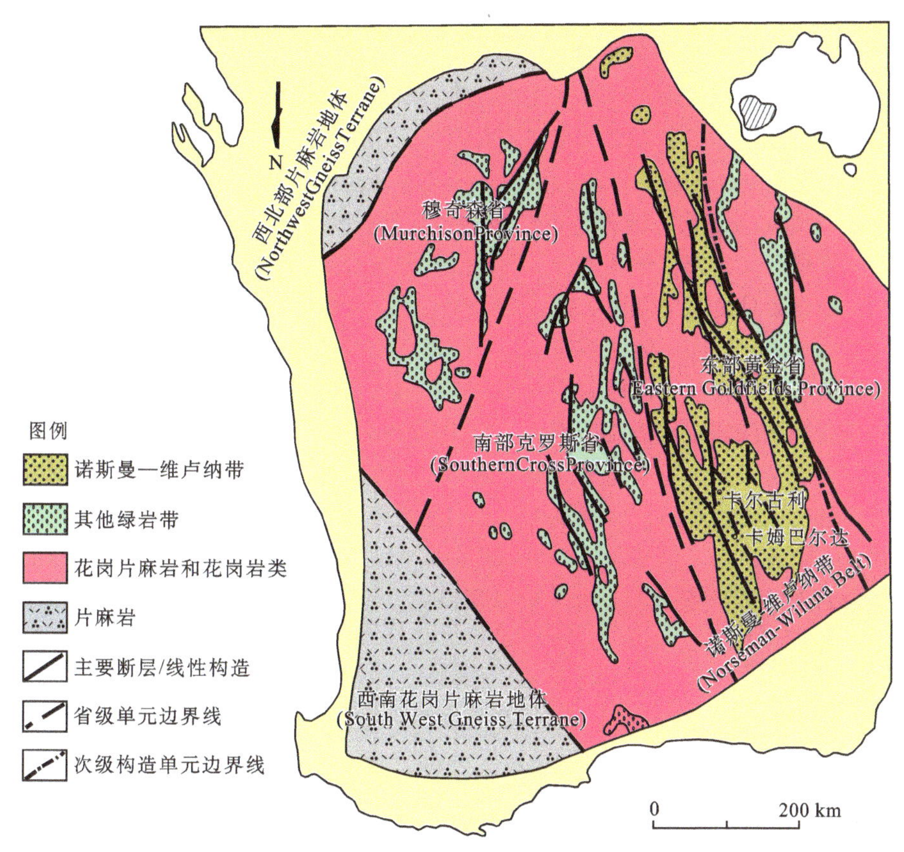

图 2-8　伊尔岗地块地质简图（Myers，1993）

英、微斜长石和黑云母，并带有大量的香肠状褶皱。区内岩石类型以片麻岩为主，主要岩石有矽线石-蓝晶石片岩、红柱石-石英白云母黑云母片岩、堇青石-矽线石片岩、镁铁闪石和角闪片岩、钙硅质片岩，含有透闪石和钙铝榴石，在石英岩中含有绿色的铬铁白云母。变质的镁铁岩和超镁铁岩在变质沉积岩中作为整合的岩床，而在片麻岩中作为孤立的异离体存在。镁铁岩由斜长石和角闪石—闪石构成，具片状或麻粒变晶状（麻粒岩）结构。局部含有角闪石和石榴子石的橄榄—苏长岩是主要的超镁铁岩类。

西北片麻岩地体内主要出露 Mecbcrrie 片麻岩和 Dugel 片麻岩。Mecbcrrie 片麻岩由一系列二长花岗岩变质形成，Dugel 片麻岩来源于浅色同造山花岗岩和侵入到 Mecbcrrie 片麻岩内的二长花岗岩。

穆奇森花岗绿岩带地体以南北向和北东向火山成因岩带和椭圆形的多孔状花岗岩体为特征。区内火山成因的岩带分为两个岩石组合：第一岩组的岩石多为镁铁质火山岩，岩石主要由枕状和多孔状的玄武岩、玄武碎屑岩、条带状燧石、带状含铁建造和蛇纹石化橄榄岩、透闪片岩和变辉长岩构成；第二组为长英质火山-沉积岩石，由流纹岩和英安岩流、凝灰岩、集块岩及相伴的粉砂岩和多源砾岩构成。在塔利林（Tallering）长英质火山岩层下伏以特殊的细粒石英阳起石片岩，夹少量斜长石、榍石、电气石和绿帘石，层厚 700 m。它们可能是中性的凝灰岩。

南部克罗斯花岗绿岩带地体分布在穆奇森地体的东部，呈近南北向纵贯伊尔岗地块。区内在平成矿省主要分布本省南北走向、大规模火山成因的岩带和不连续的花岗岩体为特征。不连续的花岗岩体可能表示现代的侵蚀面处于较高的构造水平上。区内火山岩带以南部拉文肖普（Ravenshorpe）区为特征，岩性为枕状拉斑玄武岩、玄武岩、高镁玄武岩和橄榄岩，夹有燧石、条带状含铁建造、硬砂岩和含有石英闪长岩砾石的多源砾岩，也有部分地区的火山岩带是由两个巨厚的镁铁岩组构成的，之间有一条带状含铁建造和泥质板岩薄岩组把二者分隔开。在地体北部地区以长英质、中性和镁铁质的混合岩组为特征，其中包括有熔岩流、碎屑岩和火山成因的沉积岩，夹燧石层和具强磁的厚层含铁建造。

东部黄金花岗绿岩带地体位于南部克罗斯省的东部，以诺斯曼-威鲁纳岩带西侧呈南北走向的花岗岩走廊为界，与南部克罗斯地体分成两个构造单元。本省与南部克罗斯基本相似，主要分布以南北走向，大规模火山成因的岩带和不连续的花岗岩体为特征。虽然总的说来岩带是南北向的，但是岩带内的构造则以北北西向为主。区内花岗绿岩带最为典型的地区为中西部的诺斯曼-威鲁纳绿岩带（图 2-9），可划分为八个相当于岩组一级的岩序。

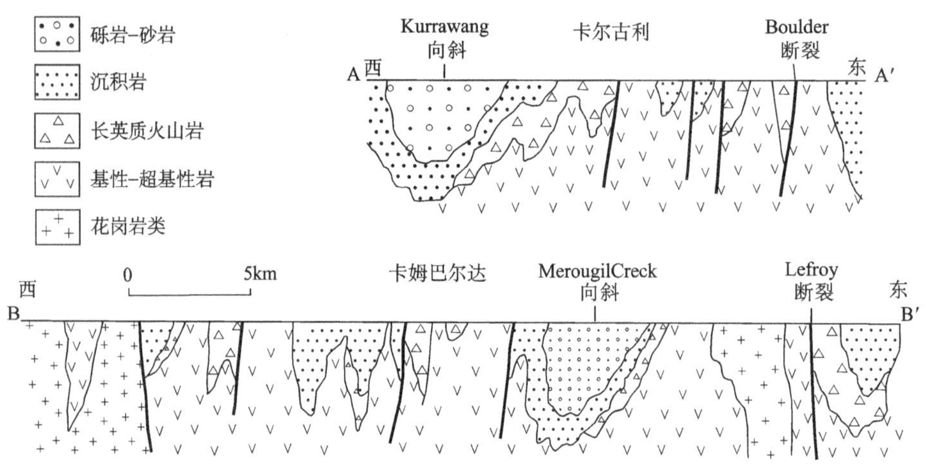

图 2-9　诺斯曼-威鲁纳（Norseman-Wiluna）带内典型地段：卡尔古利（Kalgoorlie）和卡姆巴尔达（Kambalda）绿岩层序东西向剖面简图（齐立平，等，2014）

第 1 岩序的盘尼绍（Penneshaw）层是最老的岩层，由少量的拉斑玄武岩、酸性岩屑凝灰岩与硬砂岩和页岩构成。

第 2 岩序的诺加尼厄群（Noganyer Group），为沉积岩层，但经鉴定的条带状含铁建造、砾岩、砂岩、石墨板岩、黑云母红柱石片岩和云母片岩。在条带状含铁建造的顶板上，局部地方产有金矿脉。诺加尼厄群的底部被花岗岩侵入。

第 3 岩序区内具有重要经济意义的岩序。在多数地方该岩序含有三套蚀变的拉斑玄武岩和超基性岩的互层，但在诺斯曼为单一的拉斑玄武岩岩序，厚达 11 000 米，只夹一层超镁铁岩流与镁铁岩和超镁铁岩互层的有薄层燧石和石墨板岩。本岩序的岩石出露在诺斯曼巨大背斜的核部、维基姆尔萨穹丘周围和艾德瓦兹（Edwards）至斯伯格维里

(Spargoville) 间的背斜状山脊上。该岩序也出露于卡姆巴尔达穹丘和库尔卡迪区。在多数地区，岩序的底部被花岗岩侵入。在诺斯曼区该岩序以下为原生厚层条带状含铁建造。第 3 岩序中普遍存在薄层黑色页岩和燧石层，特别是顶部以富硫化物的黑色燧石标志层为特征。

第 4 岩序由玻璃碎屑凝灰岩、粗粒火山碎屑岩构成，含有均粒长石碎屑的沉积岩和厚层喷出和侵入的石英-长石斑岩。在斯伯格维里区，酸性角砾岩和集块岩沿走向很明显地过渡为砾岩。

第 5 岩序主要岩类是细至粗粒的硬砂岩、粗砂岩、页岩、碳酸质页岩和燧石层，本岩序出露在维基姆尔萨和道迪罗克斯以东及斯伯格维里 (Spargoville) 和皮奥尼耶 (Pe′oneer) 穹丘以东。

第 6 岩序主要为超镁铁熔岩、高镁玄武岩和少量的拉斑玄武岩，在耶尔米阿 (Yilmia) 山区、银迪尼 (Eundynie) 区和科恩湖 (Cowan) 附近出露良好。该岩序的底部通常以超镁铁熔岩为界，该熔岩流向上过渡为富镁的玄武岩和少量拉斑玄武岩。在一些地方，例如在哈耶斯 (Hayes) 山区，其底部以燧石和黑色页岩为标志，并似乎不整合在第 5 岩序上。岩序的顶部以燧石页岩层为界。燧石页岩向上过渡为第 7 岩序的沉积岩。

第 7 岩序在马里恩 (Marion) 山以东 4km 的露头看得最清楚，由长石质硬砂岩、凝灰岩、石英长石斑岩、流纹岩流和火山碎屑岩和砾岩构成。

第 8 岩序是该区内出露层位最高最年轻的太古代岩序，在当地称为库拉旺 (Kurrawang) 层或库拉旺砾岩层。主要岩类为多源砾岩，具交错层的硬砂岩和卵石硬砂岩。砾岩的砾石中有富钠斑岩、条带状含铁建造、石英岩、基性火山岩、花岗岩和片麻岩。对水流方向的形迹调查说明砾石主要来源于西和西北方向。

(二) 构造

西北片麻岩地体主要构造方向为北东东至南西西向，而西南花岗片麻岩地体的构造方向主要为北东至南西向，两个地体的构造层理多为陡倾或者近垂直，区内的交叉和拉伸线理向南西到南南西倾伏。

穆奇森地体构造以多条的花岗绿岩带为特征，因此区内的构造多在花岗绿岩带之间发育，主要分为五期变形：D1 期变形为最早期变形，表现为褶皱化和断层发育；D2 期变形表现为东西向的紧闭褶皱；D3 期表现为北北西到北北东向的褶皱化；D4 期表现为剪切带和断层，主要在绿岩带内发育；D5 期也为断裂剪切变形，走向为南东向，主要在地体北部发育。

南部克罗斯地体的以北北西向构造为主，可分为四期：D1 表现为褶皱变形；D2 表现为开阔的东西向褶皱变形；D3 表现为紧闭的直立褶皱；D4 表现为左旋和右旋均有的断层发育。

东部黄金地体内的构造形式以北北西向褶皱为主，在这些褶皱之上叠加着东西向到北东东向交错褶皱。主要的区域构造方向北北西向，由于切过地块东部的许多横冲断层或不连续断层而变得更加明显。

（三）岩浆活动

西北片麻岩地体内 Mecberrie 片麻岩和 Dugel 片麻岩两组片麻岩中都夹有层状钙长辉长岩杂岩体，被称为 Manfred 杂岩体。

穆奇森地体内、南部克罗斯地体与东部黄金省地体的岩浆活动具有相似的特征，以东部黄金省地体的岩浆活动最为发育。区内侵入岩可分为两期，一期是沉积岩和喷出岩同时侵入的，另一期是在早期火山岩喷出后侵入的。后者变质程度浅，而且有明显的交切现象。

东部黄金省地体内超镁铁质岩浆活动主要表现为巨大的粗粒厚层状辉长岩床沿着第3岩序和第4岩序的边界侵入，并侵入到第6岩序中，该分异的岩床具有特殊意义，因为它们是主要金矿床的有利围岩。区内的花岗岩侵入体分为两类：一种是巨大的整合的花岗岩岩基，另一种是不整合的小花岗岩岩体。

区内巨大的花岗岩岩基较有代表性的是库尔卡迪、道迪罗克斯、维基姆尔萨和皮奥尼耶穹丘，侵入到太古代岩石中，而且其中的大多数侵位到巨大背斜的核部，花岗岩基呈略显延长状，并与附近的沉积岩/火成岩区域的走向基本一致，但是有些花岗岩体是不整合的，根据长石斑晶和捕虏体呈板状或线状的流动方向证明是侵入的。在皮奥尼耶穹丘的边缘区域较老的深度变质花岗片麻岩残体作为捕虏体存在于花岗岩当中。蒙加里（Mongari）花岗岩是典型的小岩体，不整合地侵位到远离大岩基的太古代岩序中。类似的小花岗岩体还有很多分布在伯尼瓦尔、芬尼和道迪罗克斯等地。

此外区内还侵入大量基性超基性岩墙群，包括有苦橄岩、辉石岩，或是富含钛和铁的拉斑玄武岩岩浆。

（四）区域成矿特征

该地块是澳大利亚最为重要的矿产资源基地，区内的金、镍、铀、铝土、稀土等资源十分丰富。区内绿岩带型金矿化、与科马提岩有关的镍矿化、红土型铝土矿化、钙结砾岩型铀矿化等矿化作用十分发育。

1. 绿岩带型金矿

（1）成矿特征

区内该类型矿化分布广泛，特别是东部黄金省地体的诺斯曼—威鲁纳绿岩带，金的产量约占澳大利亚总产量的40%左右，带内有大小金矿2000余个，归属于20余个矿田（图2-10）。

区内绿岩带型金矿根据矿床的构造式样及其矿化类型可进一步分为：剪切带中的蚀变晕±石英脉型、纹层状石英脉型、石英网脉型。

剪切带中的蚀变晕±石英脉型，剪切带的原岩通常是拉斑质玄武岩（如戈登迈尔、Gwalia“多子”矿等矿床），有时也见于花岗质岩石中（Porphyry 矿和 Lawlers 等矿床）和其他岩石中。形成的镁铁质蚀变糜棱岩或长英质蚀变糜棱岩。蚀变以碳酸盐化为主，铁硫化物普遍存在。剪切带蚀变晕±石英脉型是诺斯曼—威鲁纳成矿带中最重要的一种类型。

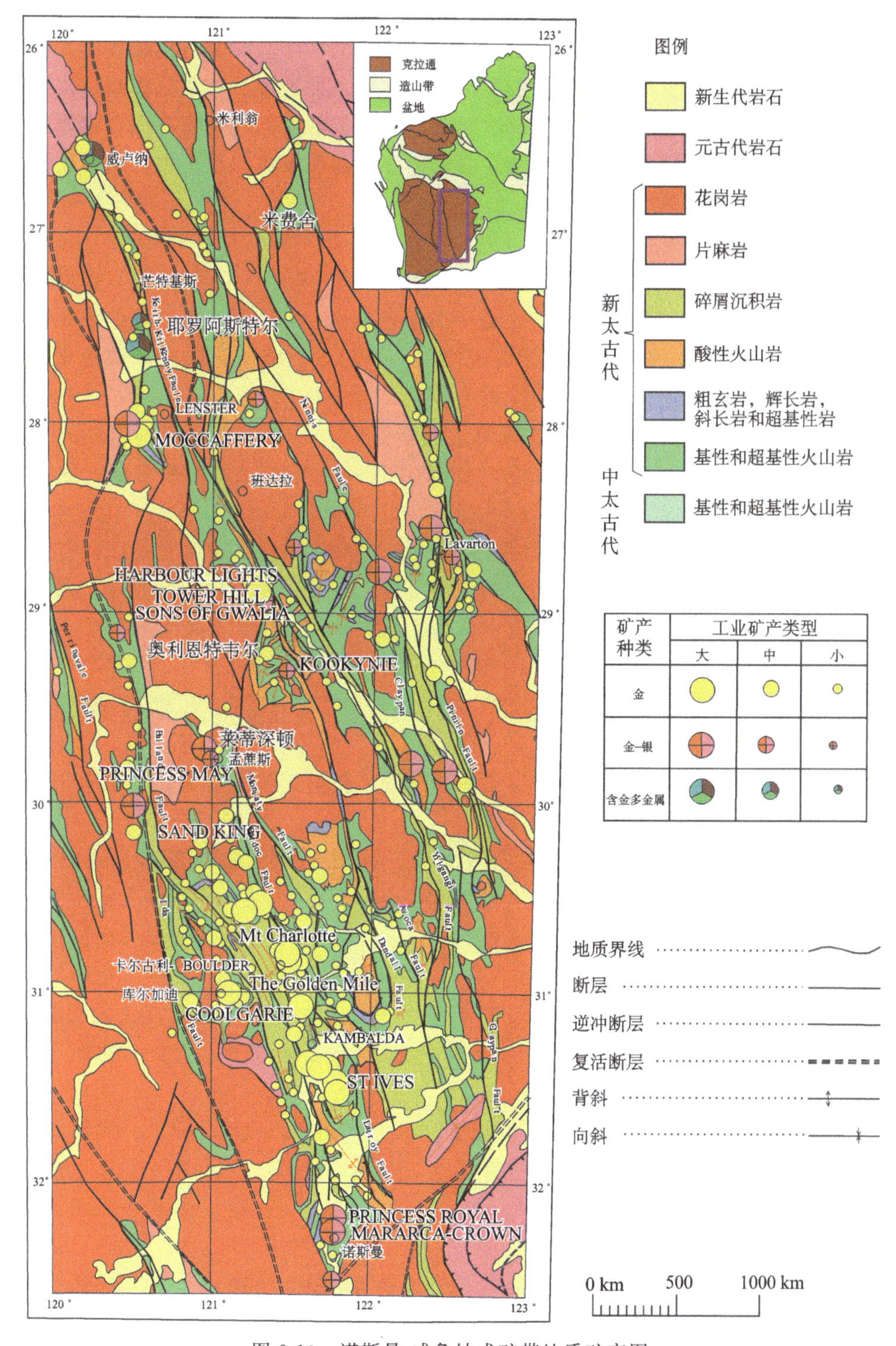

图 2-10　诺斯曼-威鲁纳成矿带地质矿产图

纹层状石英脉型，呈层状连续延伸的石英脉，厚1～10 m，延长有时可大于1 km，其围岩一般为拉斑质玄武岩、超基性岩石。大都与构造相伴，绿泥石化较碳酸盐化更为普遍，铁硫化物零星分布，是该成矿带中比较重要的一种类型。该矿化类型以诺斯曼的矿床具代表性。纹层状脉已被褶皱和石香肠化，受构造的控制几乎所有的金都出现在脉体内，在脉内形成倾伏富矿体，特别是在层状很好的部位。矿化出现在拉斑质玄武岩系列的特定部位内，总体呈层控特征。

石英网脉型，由一系列不连续的石英细脉构成，单个石英脉一般2～20 cm，带宽超过10 m，走向和深度延伸可达数百米，对容矿岩石具有一定的选择性，多出现在拉斑质粗玄岩岩床内的花斑单元中（如夏洛特山金矿），而相邻的层位中很少成矿，层控特点明显（较高的铁质含量），但都受构造控制。蚀变以碳酸盐化为主，铁硫化物普遍存在。也是该成矿带中比较重要的一种类型。

矿床一般产在太古宙绿岩带内及其附近的岩体内，尤其产在次角闪岩相的变质区内，与断层或地壳规模的剪切带（>100 km）相伴生，分布在主断裂裂缝、次级断裂或断裂交叉的部位。

矿体以产在基性—超基性火山岩系为主，占产量的70%，随后是BIF，占产量的15%，花岗岩类、斑岩类和其他类型占的产量更少。在诺斯曼—威鲁纳带中，氧化物相条带状铁建造比较少见，较大型的金矿床实际上仅限制在铁镁质容矿岩石中。

主要容矿岩石有拉斑质玄武岩、粒玄岩、超基性岩、花岗质岩石，条带状铁建造容矿岩石有含燧石赤铁岩（赤铁石英岩）、含赤铁页岩（千枚岩、片岩）、碳酸盐相铁建造。

矿床产出的有利的构造部位，在绿岩带分叉处、汇合处及倒换处，一般有利规模较大的金矿形成，是成矿非常有利的场所。

矿化蚀变以出露范围广、蚀变强、种类多，且具有明显的垂直和水平分带为特征。绝大多数金矿床具有明显的带状蚀变晕，包括一条由铁硫化物或毒砂-钾云母（±钠长石）-铁白云石-白云石组成的内带和一条由绿泥石-方解石组合构成的较宽的外带。

在大多数矿床中，大部分金赋存在铁硫化物或毒砂中，而不是在有关的石英脉中。赋存在硫化物颗粒内的一些金微粒通常沿小的裂隙分布，或产于硫化物的表面。

（2）戈登迈尔金矿

戈登迈尔金矿位于西澳大利亚州首府珀斯以东约595 km，地理坐标121°29′E，30°47′S。由珀斯到卡尔古利有高等公路和铁路连接，卡尔古利市有机场，可通往珀斯。卡尔古利金矿位于卡尔古利市东侧，由一条公路与市区分开，交通十分便利，矿床属于Newmount和Barrick公司所有。

戈登迈尔金矿位于卡尔古利金矿区内，是世界著名的黄金产地之一，产于太古宙绿岩带内，为绿岩带型金矿。矿区内产出戈登迈尔（Golden Mile，>1200t Au）、夏洛特山（Mount Charlotte，70t Au）、波西山（Mount Percy，2t Au）等大规模金矿床以及12个小规模金矿床。

矿区位于伊尔岗地块东部金矿省中的三个次级成矿带之一的北北西向的太古代诺斯

曼—威鲁纳绿岩带内，区域面积约为 20 km²，区域北西和东南方向以拉明顿和阿德莱德断裂为界（图 2-11）。

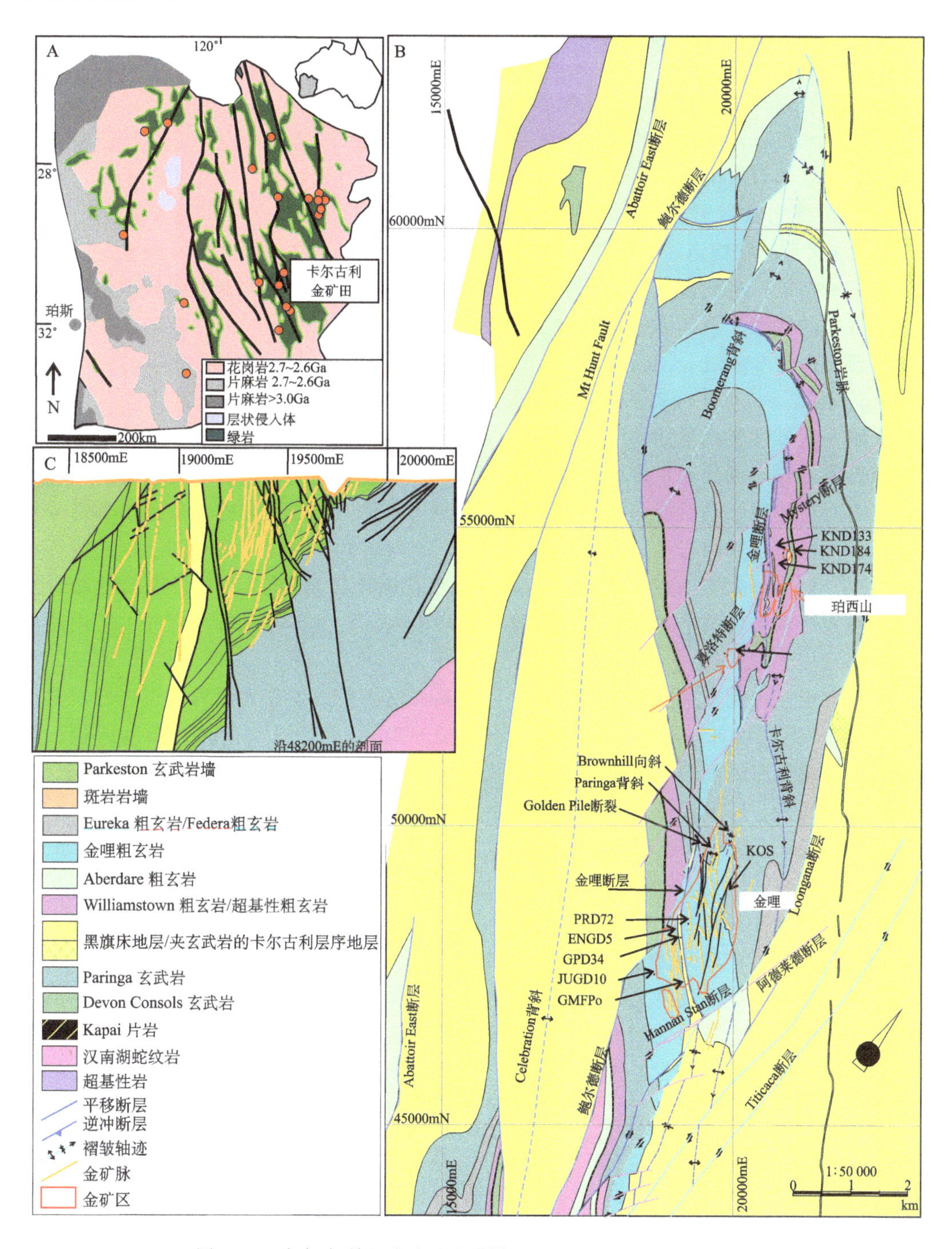

图 2-11 卡尔古利金矿矿区地质图（Vielreicher, et al., 2005）

区内地层主要由下部厚约 3.3～4 km 的基性—超基性火山岩地层及基性岩床组成，上覆约 1 km 的火山-沉积地层，下部的基性岩床因为产状较为连续，因此被认为是地层的一部分，其中最为重要的是戈登迈尔辉绿岩。

区内最古老地层为超基性的汉南湖蛇绿岩，厚约 700 m，形成时代为 2.71～2.70 Ga，岩性为苦橄岩到橄榄岩，含少量薄层黑色含硫化物泥岩；该组地层上覆为德文玄武岩，地层厚约 200 m，为高镁玄武岩，具球粒状结构，枕状到块状构造，夹少量黄铁矿化的炭质泥岩，底部与汉南湖蛇绿岩接触部位逐渐变为橄榄玄武岩；上覆卡派片岩，厚仅 1～5 m，是德文玄武岩顶部的标志层，为黑色含硫化物泥岩；帕林加玄武岩，厚约 850 m，枕状到块状构造，从下到上逐渐由镁质转变为拉斑质，含少量沉积物，镁质玄武岩具球粒结构；玄武岩上覆为黑棋组夹页岩的酸性火山碎屑岩和卡尔古利组地层（黑棋组夹页岩的酸性火山碎屑岩碎屑锆石年龄为 2686±5～2666±6 Ma，卡尔古利组地层沉积年龄至少为 2658±3 Ma，因位于卡尔古利东南部切穿并侵入地层中的斑岩时代为 2658±3 Ma)。

区域构造事件包括早期的地层褶皱化以及与之相关的北西北向断层，断层主要沿地层接触界线发育，例如卡尔古利向斜、卡尔古利背斜、戈登迈尔断层和鲍尔德断层。

区内所有地层均被后期分异的辉绿岩岩床侵入，其中以拉斑质的戈登迈尔辉绿岩最为重要。戈登迈尔辉绿岩可分为十层，上部与下部两层为冷凝边，从下到上依次为辉绿岩（3、4、5、6、9 层）、富铁辉绿岩（7 层）和花岗斑岩（8 层）。戈登迈尔辉绿岩沿帕林加玄武岩和上覆的卡尔古利组地层接触部位侵入。除戈登迈尔辉绿岩外，区内还侵入其他辉绿岩岩床。

区内在卡尔古利南部到卡姆巴尔达地区沿莱弗洛伊断层发育大量后期斑岩脉，宽约 0.5～10 m，斑晶以具环带或双晶的斜长石（An0-21）、钾长石、角闪石和港湾状石英为主，岩脉多发育绿泥石化，少量发育云母-碳酸盐化，岩性为二长闪长岩-花岗闪长岩-石英闪长岩系列，除此以外还发育少量更后期的煌斑岩脉，并伴随着热液活动。

戈登迈尔矿床是区内规模最大的矿床，矿区面积约 5 km^2，矿体较多，长 30～1800 m，宽 0.01～10 m，垂向上延伸 30～1160 m，金品位最高可达 1250 g/t。矿体主要分布在戈登派克和阿德莱德断裂之间的卡尔古利向斜中，围岩为戈登迈尔辉绿岩，两断裂之间的戈登迈尔断层将矿床分为东部和西部两部分。

矿床矿化以含金石英脉为主，脉体赋存于 D2 期形成的剪切带中，根据走向不同可分为三组，但矿脉总体走向为北西北，并向南西向陡倾，小部分矿脉走向北东，向北西或南东陡倾（图 2-12）。矿化主要发生在石英脉中。在脉体接触的围岩部分（5 cm 以外）金克拉克值与背景值一致，金矿化在石英脉中变化较大，仅有 50%的石英脉发育金矿化。矿化以富含锑化物为特征。剪切带内岩石多为角砾或碎裂结构，地表氧化带向下延伸 0～70 m，平均 30 m。

破碎蚀变岩型矿化作用也有发育，主要在分布在剪切带之间的角砾岩中发育，角砾主要来源于围岩，并含断层泥等，被皮壳状自形石英、碳酸盐和石膏胶结充填。与角砾岩有关的脉体规模较小，主要为石英脉和碳酸盐脉。

矿床内不同矿化类型具有不同的蚀变特征，石英脉型矿化具有三种蚀变类型，石英

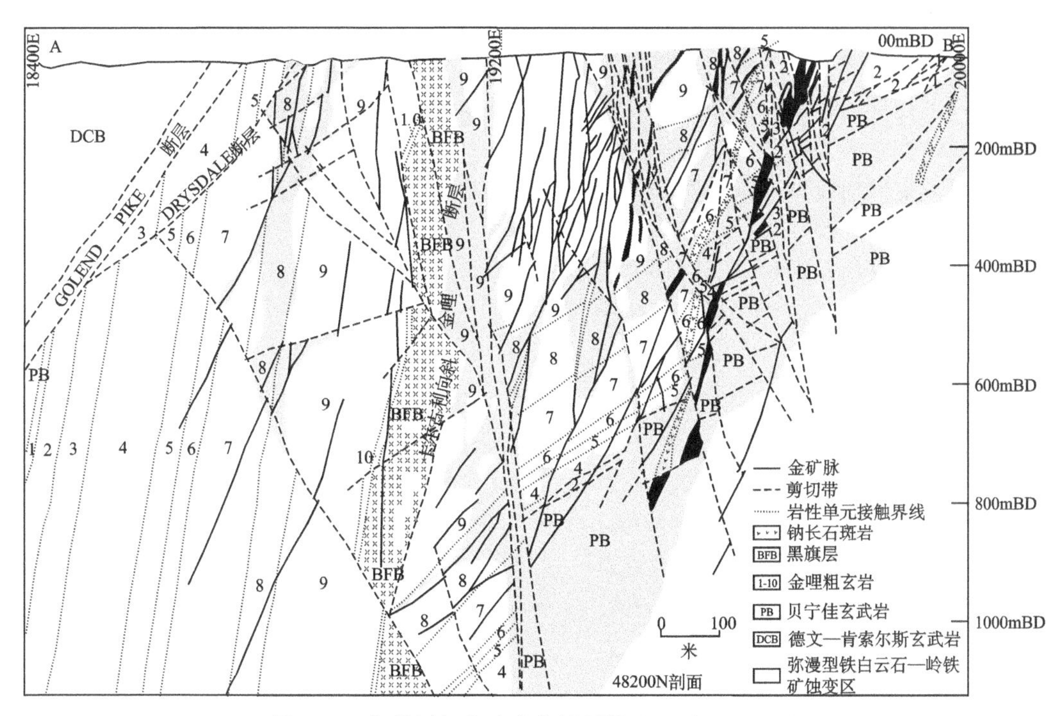

图 2-12　戈登迈尔金矿矿床剖面图（Hughes，1990）

脉中的热液蚀变具有独特的分带特征，且无论石英脉的规模、围岩类型、深度如何，均表现出相似的蚀变分带特征，角砾岩型矿化也表现出相似的蚀变特征。

矿石矿物主要为自然金和含金、银的碲化物，硫化物以黄铁矿为主。自然金与黄铁矿关系密切，颗粒大小约 0.5～20 mm，分布在黄铁矿内部或周围，也有一部分以充填物的形式充填黄铁矿集合体的裂隙；也有一部分自然金产于硅酸盐-碳酸盐中，并与碲汞矿伴生，充填角砾岩的裂隙中；在角砾岩中的脉体中还产出大颗粒的自然金。黄铁矿在围岩中呈半自形产出，颗粒大小 0.05～2 mm，并交代钛铁矿、磁铁矿或铁碳酸盐矿物，并常包含碳酸盐、金红石、磷灰石、绿泥石、绢云母和石英等矿物。碲化物常呈浸染状、自形集合体、脉状充填物或与黄铁矿伴生的形式产出，主要矿物为碲汞矿、碲金矿、碲金银矿。

（3）成矿控制因素及找矿标志

根据典型矿床研究，总结该类型矿床找矿控制因素如下：

矿源层，主要为赋存在太古代地块绿岩带中的拉斑质玄武岩或粗玄岩，其次为条带状铁建造单元，它们不仅含金的克拉克值高，而且具有相当的规模。

多期次深大断裂带，大多数矿床显示强烈的构造控制，矿石位于剪切带、断裂、裂隙或裂隙网脉内或附近。除了构造控制外，矿床也具层控特征，因为常与容矿岩密切相关，在矿田规模（如卡尔古利），或矿区规模（如金哩矿的碲化物矿床）的矿床可被沉积系列或超基性岩硫化物矿系列（如亨特矿）覆盖。

构造部位，在绿岩带分叉处、汇合处及发生褶皱的核部，一般有利于形成规模较大的金矿，是成矿非常有利的场所。

在大多数矿床中，大部分金赋存在铁硫化物或毒砂中，而不是在有关的石英脉中。赋存在硫化物颗粒内的一些金微粒通常沿小的裂隙分布，或产于硫化物的表面。

其找矿标志如下：

绿岩带中的构造蚀变带、剪切蚀变带是选区标志，尤其在绿岩带分叉处、汇合处及发生褶皱的核部。

太古代地块绿岩带中的拉斑质玄武岩、粗玄岩和条带状含铁建造是找矿的标志。

碳酸盐化＋黄铁矿化（磁黄铁矿化）蚀变组合（可伴有绿泥石化、绢云母化）是次角闪岩相区的找矿标志。

绿岩带中具有多期断裂活动，又密集分布在矿源层附近，是选择找矿靶区的良好依据。

早期区域性碳酸岩化作为圈定找矿靶区的标志，晚期各种强蚀变，特别是碲化物的出现是矿体定位的标志。

构造蚀变带中遇到高铁含量的岩石。

含铁硫化物的石英脉。

2. 与科马提岩有关的镍矿

（1）成矿特征

该类型矿床主要分布在伊尔岗地块内，并且大多集中在东部黄金省和南部克罗斯省两个花岗绿岩带地体内（表 2-2），其含矿科马提岩的年龄分别为 2710～2700 Ma 和约 3000～2900 Ma。其次为皮尔巴拉地块，其弱矿化的科马提岩层通常比伊尔岗地块矿化的科马提岩层要更老（约 3460～2880 Ma）和更薄一些。

表 2-2 伊尔岗科马提岩型镍硫化物矿床主要地质特征（Hoatson，et al.，2006）

特征	东部金属成矿省	南部克罗斯金属成矿省
Ni 资源量/X104 t（占资源量比例）	11.89（96%）	0.44（4%）
典型矿床	卡姆巴尔达、基思山	马吉海斯、艾米利安
同位素年龄/Ma	2710～2700	3000～2900
地球动力学环境	与地幔柱有关的张性盆地	与地幔柱有关的张性盆地、裂谷
岩浆成分（AUDK 或 ADK）	AUDK、ADK	ADK、AUDK
主要的火山岩相	CSF、DCSF	TDF、CSF
基底岩石	长英质和镁铁质火山岩	火山碎屑岩、氧化相铁质建造
变形和（或）再活化强度	中—高	中等

区域金属量增大 ←

AUDK（$Al_2O_3/TiO_2=15\sim25$）：铝为亏损的科马提岩（Munro 型）；ADK（$Al_2O_3/TiO_2<15$）铝亏损的科马提岩（Barberton 型）。表中这两种类型都有，但主要的化学类型还是前一个。

b. TDF：薄层分异岩流；CSF：具有内通道的复合席状岩流；DSCF：纯橄榄岩复合席状岩流

伊尔岗地块镍硫化物矿床类型大体可分为两类：一类是产在火山橄榄岩中的矿床（以卡姆巴尔达矿床为代表）；另一类是产在侵入的纯橄榄岩中的矿床（以芒特基斯矿床为代表）。前者矿化产于橄榄岩-纯橄榄岩岩流里，矿体位于超镁铁质火山建造的底部。后一类矿化产于次整合的纯橄榄-橄榄岩透镜体中，大多数矿体位于中部橄榄岩补堆积岩-中堆积岩岩带里。

伊尔岗地块镍硫化物矿床成因类似岩浆型铜镍硫化物矿床，其矿化均与镁铁质和超镁铁质岩浆有关。高镁和超镁的科马提岩建造的岩浆是在岩浆演化的早期阶段（高温阶段）借助地幔上层物质的熔融并在含水流体的作用下形成的，含矿岩浆和矿床主要依靠的是地幔原始物质中硫化物。形成芒特基斯山的岩体相当于巨大的熔岩通道或熔岩岩管，其经历了一个长时间的科马提岩熔岩的连续喷发和流动（图 2-13 中剖面 A-B），矿石矿物在很大的透镜状熔岩通道中结晶而成，硫化物比例和镍含量在硫饱和情况下随熔岩中含硫化物的流体分凝的共结比例变化而变化。卡姆巴尔达矿床是在岩流进一步流动过程中

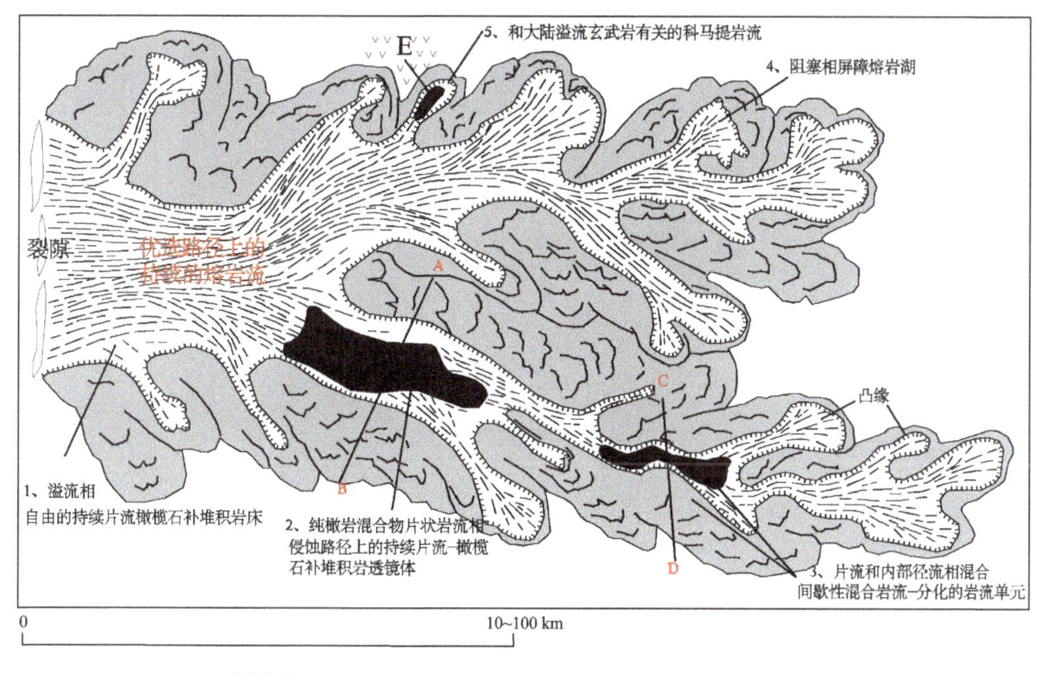

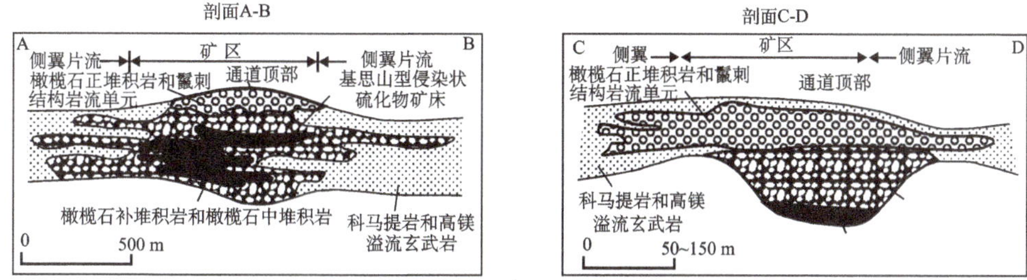

图 2-13　科马提岩持续喷发而发育成膨胀的岩流田的剖面示意图（Hoatson, et al., 2006）

图上示出了几个矿床镍矿化与各个科马提岩岩相之间的空间关系：芒特基斯矿床——剖面 A-B，卡姆巴尔达矿床——剖面 C-D

形成的，熔岩通道底部的含硫化物层受到热侵蚀和/或物理侵蚀，不混溶的硫化物被流体带走，流体从科马提岩中提取 Ni、Cu 和 PGE，最终因流变、流动速度的变化和熔岩流动通道方向的改变等使硫化物流体聚集在底部接触带上（图 2-13 中剖面 C-D）。

（2）卡姆巴尔达镍矿

卡姆巴尔达位于东部黄金省卡尔古利地体绿岩带的南部，区内分布有 Ken、Lunnon、McMahon、Hunt、Juan、Fisher、Durkin、Victor、Long、Coronet 和 Gellatly-Wroth 等镍矿床，现累计探明镍储量为 1.389×10^4 t，平均品位 3.30%。矿床单个矿体规模从非常小至超过 5×10^4 t。在 Gresham 和 Loftus-Hills 统计的 18 个富矿体中，有 5 个矿石储量超过 2.8×10^4 t，4 个超过 $1.4\times10^4\sim2.8\times10^4$ t，7 个不到 0.5×10^4 t。

卡姆巴尔达地区地层主要为卡尔古利群、Black Flag 群和 Merougil 群（图 2-14）。卡尔古利群由卡姆巴尔达组科马提岩和 Lunnon 玄武岩组、Devon Consols 组和 Paringa 玄武岩组组成。这些科马提岩—玄武岩岩系上覆为 Black Flag 群长英质火山岩—火山碎

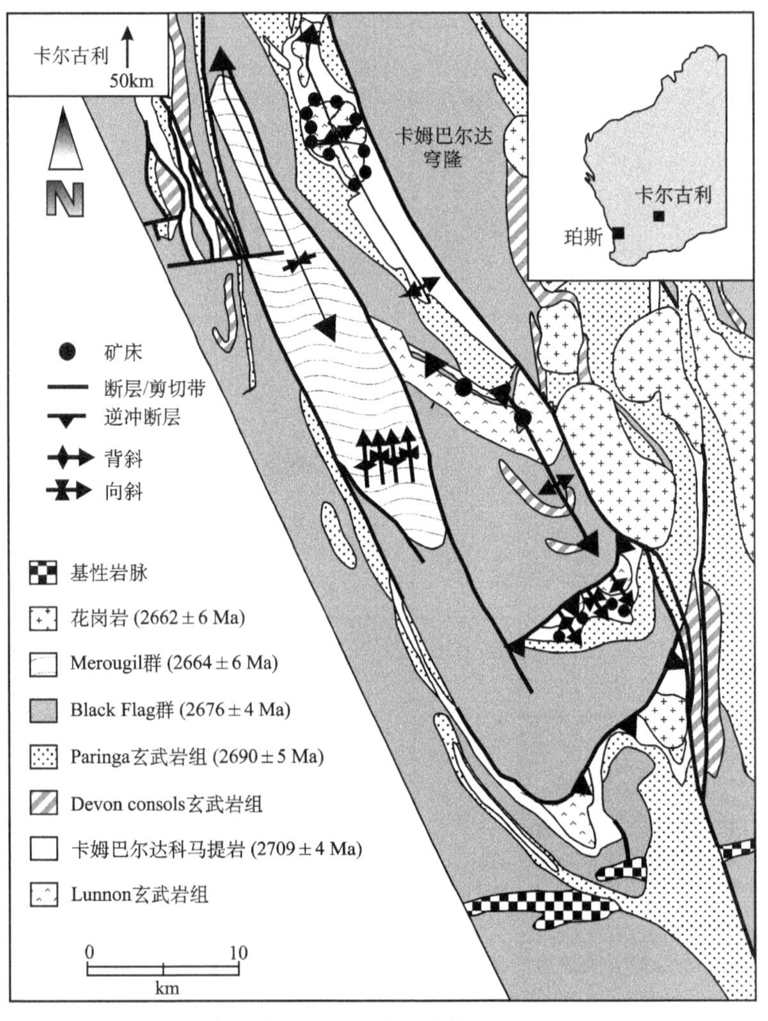

图 2-14 卡姆巴尔达地区区域地质简图（Hughes，1990）

屑岩和碎屑沉积岩。Merougil Beds 群不整合于 Black Flag 群之上。卡姆巴尔达地区火山岩系经历了多期构造变形作用、酸性岩体侵入以及绿片岩相区域变质作用。科马提岩普遍水化形成以蛇纹石为主的矿物组合，随后又进一步蚀变为滑石和碳酸盐矿物组合。

与镍矿最为紧密的岩层主要为 Lunnon 玄武岩组（下盘）和卡姆巴尔达组（赋矿岩石和上盘）（图 2-14）。Kambalda 组可划分为下部成矿的 Silver Lake 段和上部不成矿的 Tripod Hill 段。Silver Lake 段由 6 个厚 40～100 m 的高镁（可达 45%）科马提岩岩流组成，并夹有薄层硫化物化沉积物。这些沉积物主要为橄榄石正堆积岩和中堆积岩。根据科马提岩岩性单元的侧向变化、岩流成分和岩流中所夹沉积物的分布可以归为两个岩相：熔岩通道相（成矿环境）和席状岩流相（非成矿环境）。成矿通道相代表了活动熔岩流中岩流聚集的主要部位，由大量的厚层原始岩流组成，缺乏沉积物夹层，而席状岩流相以薄层（10～20 m）、演化程度更高和薄层沉积物夹层常见为特征。

镍矿床矿化可以分为三种类型，即接触矿化（contact ore）、上盘矿化（hangingwall ore）和错位矿体（offset ore）。接触矿化是矿区的主要矿化类型，占矿床镍资源的 80%，一般呈连续的带状富矿体，长可达 2.5 km、宽 300 m，一般 5～10 m 厚，主要出现在下盘玄武岩和上盘超镁铁质岩序列的接触部位或其附近，受通道相底部超镁铁岩-玄武岩接触部位的槽状凹陷构造控制，偶尔也产于接触带中的沉积物上层及层内，或者是超镁铁质岩序列的下部。上盘矿化通常出现在下盘玄武岩-超镁铁质岩接触带偏 100 m 范围内，一般呈层状展布，部分矿体中硫化物高度富集。当原接触带矿体或上盘矿体由于断层作用发生位移或进入断层面可形成错位（水平错断）矿体，这类矿体规模较小，且数量较少，富含镍黄铁矿。

矿石根据其结构特征可以分为块状矿石（硫化物含量≥80%）、基质硫化物（海绵陨铁状矿石）或网脉状矿石（硫化物含量为 40%～80%）和浸染状矿石（硫化物含量 10%～40%）。硫化物矿体（磁黄铁矿、镍黄铁矿、黄铁矿、黄铜矿）在垂向上具有一定的分带特征，底部为块状矿石，上覆海绵陨铁状矿石以及浸染状—滴状矿石。块状矿石受到多期变形作用改造，其构造形迹特征可以反映区域的变形序列。

块状矿石和浸染状矿石最主要的矿物为磁黄铁矿、镍黄铁矿、黄铁矿、黄铜矿、磁铁矿和铬铁矿，一般在浸染状矿石中会出现少量的针镍矿、硫镍矿。岩浆后的地质作用过程包括构造、变质、侵入和风化等事件对于矿化类型也有一定的影响，包括矿体的错位、局部的活化（细脉状硫化物）、变质交代（枕状熔岩内或角砾间硫化物）、热液溶蚀和再沉淀（脉状硫化物）、红土氧化富集（表生硫化物—氧化物）。

（3）芒特基斯镍矿

芒特基斯矿床位于卡尔古利地体北部 Agnew-Wiluna 绿岩带北部，是世界上储量最大的科马提岩型镍矿床，Ni 金属量 6×10^4 t，品位 0.57%，属于赋存在纯橄岩中部，以低品位（0.5%～1.5%）、规模大、发育浸染状矿化为特征的镍硫化物矿床。这类矿床曾经被归为“侵入纯橄岩相关的矿床”“纯橄岩赋矿的矿床”。对于与成矿有关科马提岩的成因也有喷出科马提岩缓慢冷却、蛇纹石化纯橄榄岩岩墙、次火山岩床侵入或者熔岩补给带等观点。

芒特基斯地区从底部到顶部主要分布有三套超镁铁质岩序列（图 2-15），分别为：

①芒特基斯超镁铁质岩石单元（MKU）（Mount Keith Ultramafic unit）。该单元主要由橄榄石、正堆积岩和中堆积岩以及相关的透镜状橄榄石补堆积岩组成，发育规模大、低品位的浸染状矿化，芒特基斯镍矿床便赋存其中；②Cliffs 超镁铁质岩石单元（CLU）（Cliffs Ultramafic unit）。该单元发育典型的鬣刺结构，由具鬣刺结构的含辉石岩流、层状辉长质岩石和橄榄石正堆积岩组成，在通道相复合科马提岩岩流的底部发育有块状硫化物矿化；③Monument 超镁铁质岩石单元（MU）（Monument Ultramafic unit）。该单元主要由大量不成矿的薄层具鬣刺结构的分异橄榄岩岩流组成。这三个超镁铁质岩带被变形的长英质和镁铁质（成分上为英安岩至富镁拉斑玄武岩）岩石序列相互隔离。

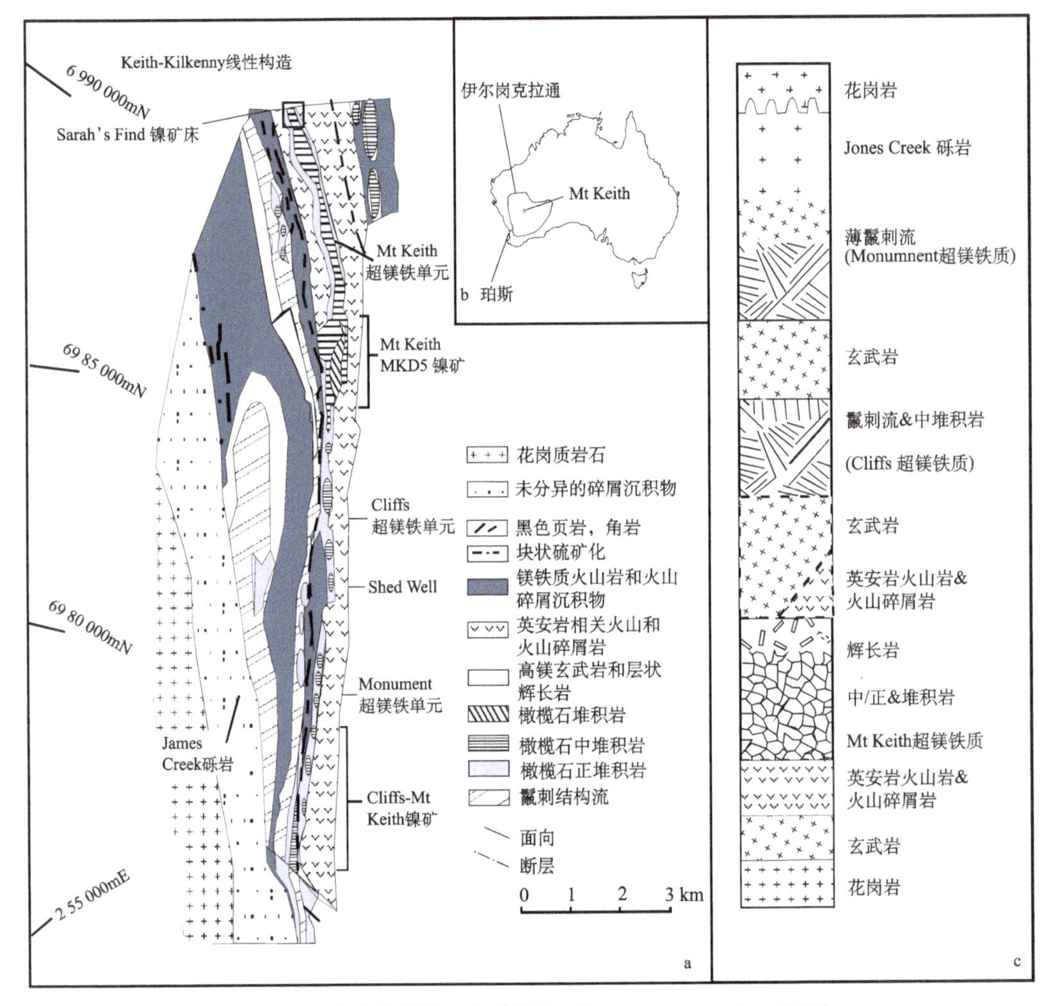

图 2-15　芒特基斯镍矿地质简图（Rosengren，et al.，2008）

芒特基斯矿床赋矿寄主岩厚约 650 m，由底部的橄榄石正堆积岩、上覆厚层贫橄榄石补堆积岩以及发育层状矿化的橄榄石补堆积岩、橄榄石中堆积岩组成（赋矿层位）。这一岩系侧向和垂向上过渡为上部的橄榄石正堆积岩、具鬣刺结构的熔岩和少量超镁铁质和辉长质岩石（图 2-16）。超镁铁质寄主岩石 Al 不亏损，Al_2O_3/ TiO_2约为 20，与球粒状陨石近似，橄榄石成分 Fo87 至 Fo94。芒特基斯矿床科马提岩岩层与绿岩带南部的 Perseverance 矿床和北部的 Honeymoon Well 矿床都可以对比。

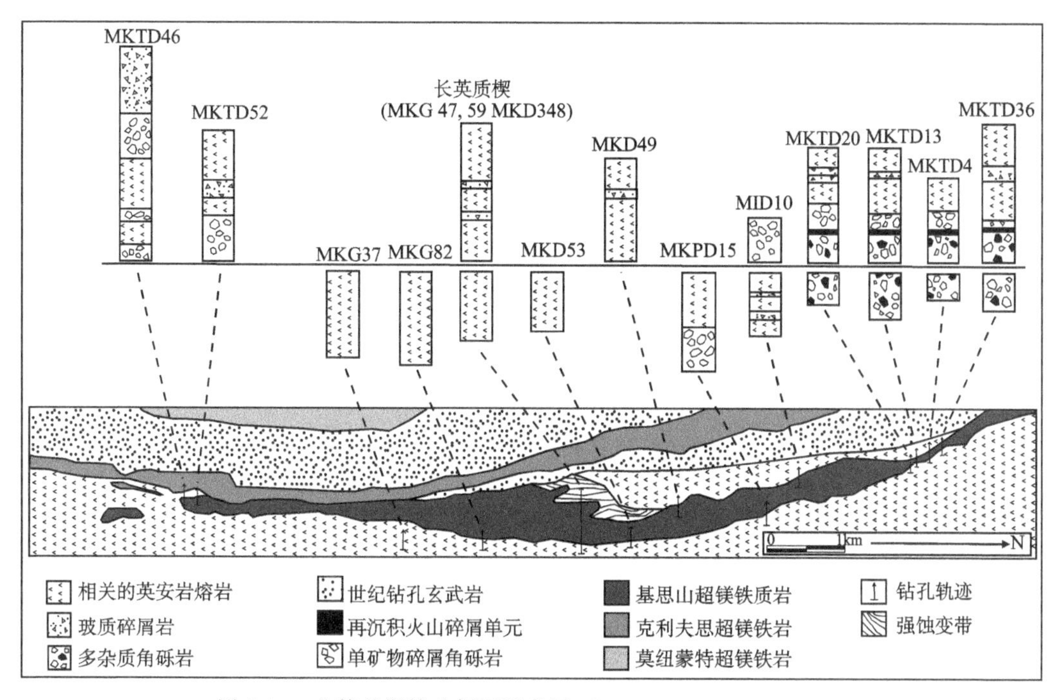

图 2-16　芒特基斯镍矿剖面示意图（Rosengren，et al.，2008）

芒特基斯矿床大部分镍矿化产于中部橄榄石补堆积岩-中堆积岩中。硫化物为浸染状，呈层状，镍品位 0.1%～1.0%，平均 0.57%。在品位高于 1%的矿石中磁黄铁矿、镍黄铁矿、磁铁矿、黄铁矿、黄铜矿和铬铁矿为主要矿物，而在品位低于 1%的矿石中出现有针镍矿、硫镍矿、斜方硫镍矿和辉镍矿。表生矿物一般包括紫硫镍矿、黄铁矿和白铁矿。多样的矿物种类是原始岩浆作用、次生热液作用和表生风化作用共同作用的结果。镍硫化物的富集发生在残留富硫化物熔体完全结晶前的橄榄石再平衡过程中，也可以发生在伴随绿片岩相变质作用过程中的橄榄石蛇纹石化。在岩石类型及分布、岩石结构和全岩地球化学基础上芒特基斯寄主岩代表着一个大规模的熔岩通道或熔岩管，经历了一个周期较长的连续喷发和科马提岩熔岩流动过程。

（4）成矿控制因素

根据区域成矿特征，总结其成矿控制因素如下（关志红等，2014）：

①太古代克拉通花岗岩-绿岩带裂谷地区具有科马提岩岩浆侵入，如 Yilgarn，Pilbara；

②花岗岩-绿岩带：近平行线性及弯曲状绿岩岩系，拉长的、卵形、圆顶状花岗岩岩体，同时代的科马提岩、玄武岩（拉斑玄武岩）、长英质火山岩，变质沉积岩，成矿省范围的剪切体系，线性构造模式；

③克拉特内部拉伸裂谷环境：（a）强地壳拉伸条件下深水中形成的裂谷相绿岩岩

系，大量的硫化页岩和黑硅岩（如卡姆巴尔达和芒特基斯地区）；(b) 弱地壳拉伸条件下较浅水中形成的地台相绿岩岩系，火山碎屑岩及氧化的铁建造（如 Forrestania 地区）；

④含有厚橄榄石堆积岩单元、区域延伸（走向 10～100 km）的科马提岩岩系；

⑤成矿时代：晚太古代（2700 Ma）；

⑥大多数重要成矿都与铝不亏损科马提岩有关（$Al_2O_3/TiO_2=15\sim25$），而铝亏损科马提岩（$Al_2O_3/TiO_2<15$）通常矿化较差。

3. 红土型铝土矿

(1) 成矿特征

该类型矿床主要产于伊尔岗地块的西南花岗片麻岩地体内，由于地块内的片麻岩铝含量较高，在经历了中新生代的风化作用后，铝在区内进一步富集形成了红土型铝土矿化。

(2) 达令山矿集区

该矿集区位于澳大利亚西澳州首府珀斯市东南约 100 km，行政区划隶属珀斯市。西南距班伯里港口约 110 km，南距铁路站点约 10 km，区内交通十分便利。达令山铝土矿是世界最大的氧化铝生产地，产量占世界的 17%，占澳大利亚 63%，是澳大利亚的重要铝土矿产出地，也是该区铝土矿最典型的矿床。在矿区的附近有 3 个正在生产的世界级铝土矿矿山及 1 个已经关闭的矿山，年铝土矿开采总量在 2×10^7 t 左右。该区是世界铝土矿分布最集中的地区之一，铝土矿储量超过 1×10^{10} t，且具品位高、易开采等特点。

达令山铝土矿处于伊尔岗地块的西南花岗片麻岩地体内，与珀斯盆地相邻，近南北向分布。矿层分布在海拔 200～335 m 的红土带中，赋存于花岗岩、片麻岩风化形成的红土型风化壳残积层第二亚层中，分布于山脊、残丘的宽缓地带及缓坡上，在平面上呈不规则面状、长条状，产状近水平（图 2-17）。矿区长 500 km、宽 60 m，面积达 3×10^4 km^2，由一系列矿囊、矿层组成，包括贾拉达尔等 6 个重要矿山，铝土矿储量超过 1.03×10^9 t。一般采用露天开采，汽车运输。

区内构造以断裂构造为主，同时发育少量的褶皱构造。断裂构造主要有北西向、近南北向、近东西向及北东向 4 组。其中呈北西向展布的断层在区域内最发育，贯穿整个伊尔岗地块及珀斯盆地，总体走向 32°～34°，各断裂近平行排列，倾向北东，倾角 30°～45°。近东西向的断层主要发育在矿区的西部地区，为伊尔岗地块与珀斯盆地交汇的部位，其中最大的断层为珀斯断层，分布在矿区的西部，贯通整个中西部地区南北，断层倾向西，倾角 60°～80°，为正断层，该断层控制铝土矿分布的西部边界，在断层的东部为铝土矿发育的西南板块，在断层的西部为珀斯盆地。近东西向的断层主要分布在矿区的南部伊尔岗地块的南部与布瑞莫盆地交汇的地区，倾向南，倾角 30°～60°，均为正断层，北东向的断层不发育，主要分布在矿区的东部地区，走向 25°～40°，断层的性质为正断层，少量为走向断层。

区内出露的主要岩浆岩为太古代的花岗岩，呈面状产出，主要分布在区内的东北及

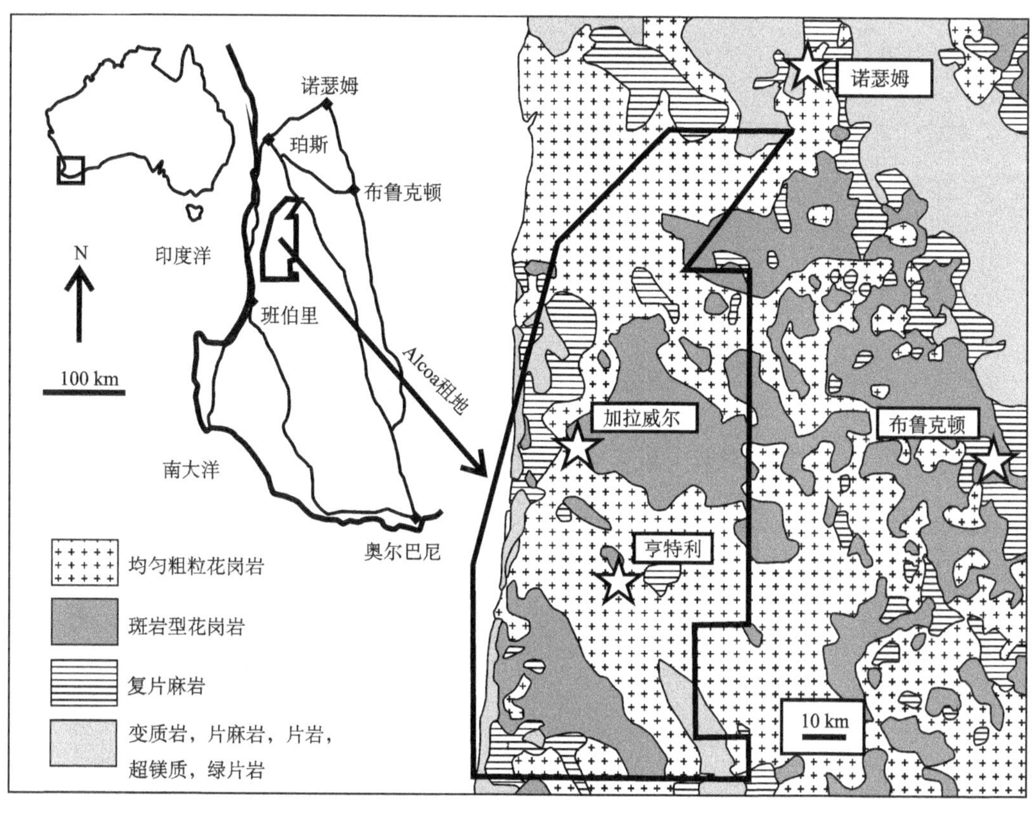

图 2-17　达令山铝土矿区域地质图（Kew，et al.，2008）

西南地区，大面积分布，区内还有少量脉岩出露，岩性主要为花岗闪长岩、二长花岗岩、闪长岩、辉绿岩等，岩体一般穿插于绿岩带地层，时代晚于绿岩带地层。

区内铝土矿的含矿层位为第四系的红土层，由上至下分为三个亚层（图 2-18）：

第一亚层为表土层＋红土砾石层＋硬壳层，覆盖于铝土矿层的上部，为紫红色、土黄色、紫灰色的粘土，具泥质结构，土状构造，为矿体的顶板，厚度 0.5～3 m；

第二亚层为铝土矿层，结核状三水铝石层＋颗粒状三水铝石层，上部为褐红色、紫红色含粘土的铝土矿，具泥状、胶状结构，结核状、块状、片状、粒状构造。结核大小一般在 2～8 mm 之间，最大 10 mm，由上至下逐渐变大。下部为褐红色、灰紫色含粘土质颗粒状、块状铝土矿，结核表面圆滑，内部发育有大小不等的空洞。矿物成分主要为三水铝石，少量的一水铝石，次要矿物为赤铁矿、针铁矿等。结核状三水铝石带与颗粒状三水铝石带界限呈渐变关系。该层厚度 2～8 m。

第三亚层相当于杂色带，主要为含泥质沙砾，底部为少量花岗岩、石英角砾等。该层为铝土矿的直接底板。

矿体赋存于花岗岩、片麻岩风化形成的红土型风化壳残积层第二亚层中，分布于山脊、残丘的宽缓地带及缓坡上，在平面上呈不规则面状、长条状，产状近水平。矿体与顶、底板界线不十分清晰。矿体的分布与红土带的分布基本吻合，矿体厚度一般在 2～

5 m，由于地形地貌的原因在矿区的东部及南部矿体厚度较大，在矿体的西部和北部矿体的厚度变薄。

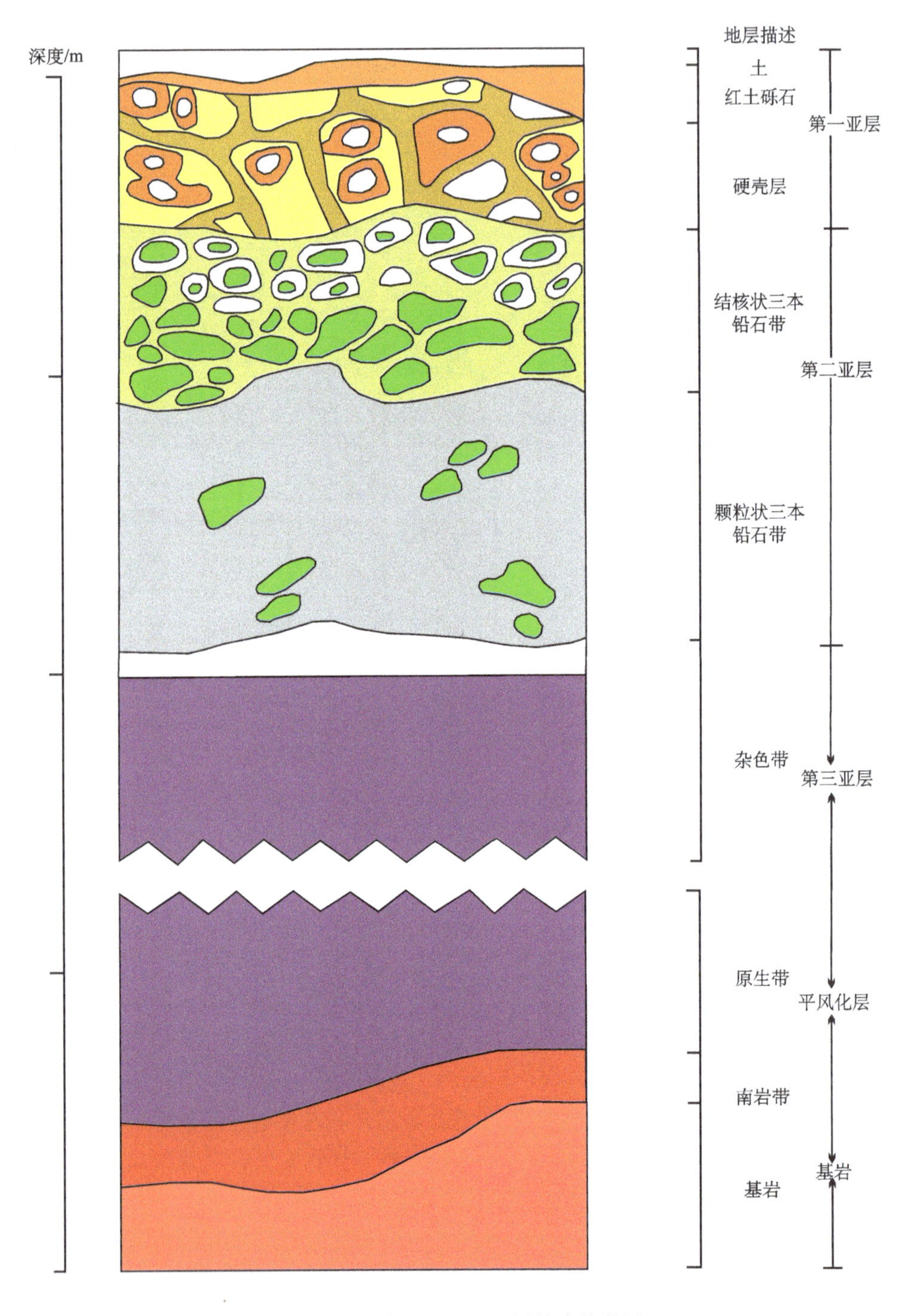

图 2-18　达令山地区红土层综合柱状图

矿石组分简单，主要为单一型三水铝石矿石和风化型三水铝石矿石，含量一般>50%，次为针铁矿，含量10%～30%，石英含量5%～20%，赤铁矿含量2%～10%，磁铁矿含量2%左右，高岭石含量1%左右，勃姆石含量1%左右。

主要矿物特征如下：

三水铝石：细小鳞片状—片状集合体，片径0.01～0.36 mm，底正突起，具有一组解理，可见聚片双晶，干涉色为一级灰白。有铁染，与褐铁矿混生在一起，呈不规则细脉状、斑点（块）状，部分集合体呈条纹状、豆粒状、团粒状包裹于褐铁矿中。

赤铁矿：不透明-半透明黑红色、红褐色，反射光下分别为红褐色、铁黑色，隐晶状，多呈不规则状、浸染状产于三水铝石间。

石英：形粒状、棱角状，粒径0.05～0.99 mm，呈不规则团块状不均匀分布在粘土质、铁质矿物间。有的颗粒中具有裂纹，裂纹间由三水铝石充填。

粘土：因有铁染呈黄褐色，显微鳞片状集合体，颗粒很细，分布于铁质及三水铝石中。

Al_2O_3品位变化在40%～50%，平均43.1%，垂向由上向下的变化为低—高—低，可溶Al_2O_3品位变化在30%～41%，平均31.6%；SiO_2含量在3.6%～9.8%，平均8.1%，在垂向上的变化为高—低—高；可反应SiO_2含量在1.3%～4.8%，平均3.2%；烧失量含量在18.8%～23.6%，平均20.7%。各主要成分在平面及垂向变化不大。

矿石类型有四种，分别为块状铝土矿矿石、结核状铝土矿矿石、片状铝土矿矿石和粒状铝土矿矿石。

本矿床矿体的顶板为残坡积层、含铁质粘土层。

残坡积层：岩性为黄褐色、褐红色含砾腐殖土，呈松散土状，局部含少量结核状铝土矿及少量褐铁矿，厚度一般0.5～2 m。该层为本矿床矿体的主要顶板。

含铁质粘土层：岩性为紫红色、黄红色含铁质粘土层，厚度一般为1～2 m，含铁质粘土层仅局部地段有分布。

本矿床直接底板为残积层第三亚层，岩性主要为紫红色粘土，局部为风化、半风化花岗岩、片麻岩；间接底板为新鲜花岗岩、片麻岩，粘土与矿体界线清楚，与下部岩层呈渐变关系。

紫红色粘土：主要矿物成分为高岭石，含量50%～65%，次为褐铁矿，含量35%～45%，少量石英、长石，含量0～4.1%。

风化、半风化花岗岩、片麻岩：一般为黄色、黄红，氧化强的为紫红色。具泥质结构，土状构造、块状构造。矿物成分：斜长石45%，石英30%～35%，磁铁矿5%～25%。

本矿床属于红土型风化壳型铝土矿，主要赋存在由花岗岩、片麻岩风化形成的红土带中。

4. 钙结砾岩型铀矿

(1) 成矿特征

该类矿化是覆于太古宙花岗岩-绿岩基底上的古元古代克拉通盆地内的新近纪—第

四纪的石英卵石砾石层中的古砂矿成因的铀矿床。含矿主岩是河流—三角洲相的石英卵石砾石层，被粘土和钙质所胶结。此类矿床矿石的品位很低（0.01%～0.13%），但资源量巨大（几万吨至20万吨甚至50万吨）。

（2）伊利列铀矿

伊利列铀矿床位于澳大利亚西部的太古代伊尔岗地块北部，西澳首府珀斯东北约650 km处，位于芒特基斯镍矿西约60 km，地理坐标119°55′E，27°12′S。自芒特基斯镍矿去伊利列铀矿，有公路相通，交通尚可。

矿床探明品位大于0.13%的铀储量4.65×10^4 t。伊利列铀矿化局限于新近纪至第四纪表生河谷堆积物和干盐湖沉积物——钙结砾岩中（图2-19）。河谷深切到基底的太古宙花岗岩和绿岩中。河谷堆积和干盐湖沉积中都有铀矿化（图2-20）。主要铀矿物为钒钾铀矿，分散在土状钙结砾岩中，充填小裂隙和孔隙，取代砾岩的粘土基质。铀矿化的面积很大，在河谷中宽几百米，长几千米，厚1～5 m，干盐湖矿化伸展几平方千米，厚度小于1～5 m。伊利列铀矿为钙结砾岩型铀矿。

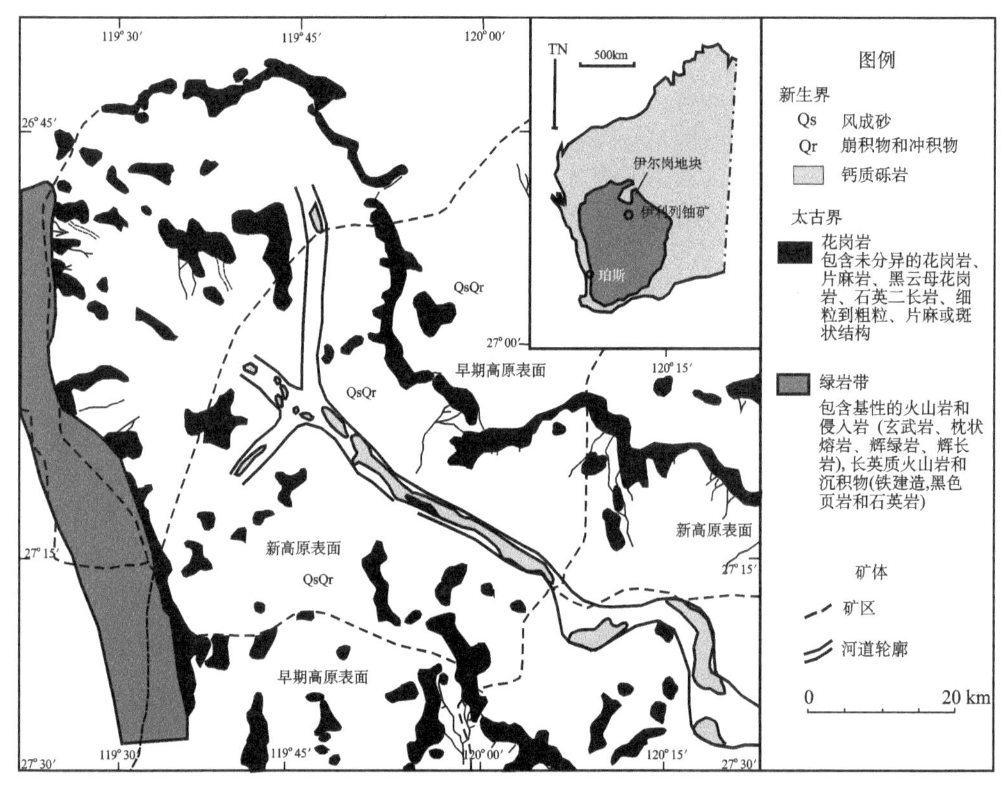

图2-19　伊利列铀矿区地质简图（Cameron，1990）

5. 碳酸盐岩型稀土矿

（1）成矿特征

该类矿化与富碱碳酸盐岩有关，位于碱性岩带或深大断裂附近。原生的稀土碳酸盐

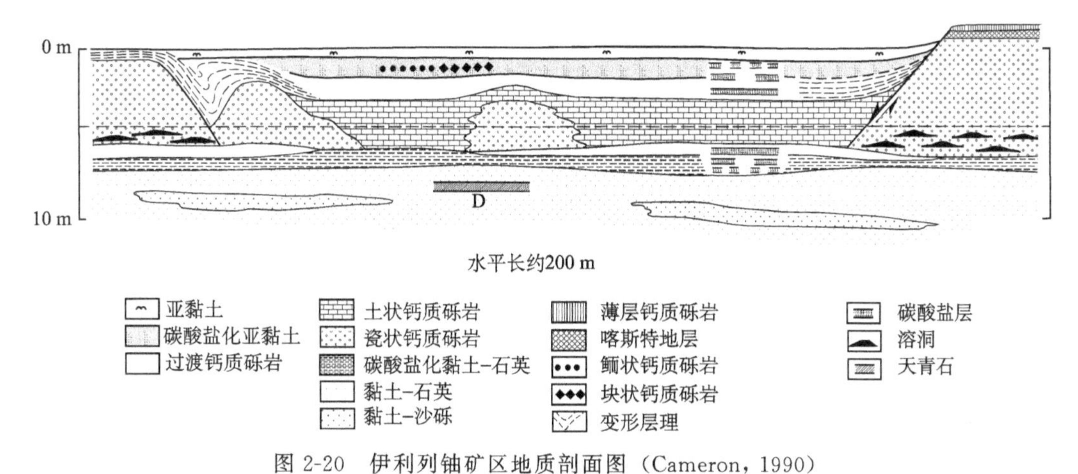

图 2-20　伊利列铀矿区地质剖面图（Cameron，1990）

岩矿床，经过长期的风化作用，形成厚大的红土型风化壳。风化壳内稀土等有用矿物富集，形成了高品位的稀土碳酸盐岩风化壳矿床。该类矿床含稀土的铁碳酸盐—磁铁矿—赤铁矿岩脉以透镜状和扁豆状体出现，典型矿床如韦尔德山稀土矿。

（2）韦尔德山稀土矿床

韦尔德山（Mount Weld）矿床位于西澳州卡尔古利（Kalgoorilie）东北 250 km 的拉沃顿镇（Laverton）以南 35 km，地理坐标：122°33′E，28°26′S。是一个超大型高品位的稀土铌钽矿床，同时还富含 Sr、Ti、Zr 及磷酸盐。

韦尔德山矿床是通过航空磁测发现的。20 世纪 60 年代在该地发现一明显磁异常，显示存在一大型圆形构造，该构造被第四纪冲积层覆盖。此后开展了更详细的航空磁测，解释圆形磁异常是由一直径约 4 km 的直立圆柱体引起的，后又得到重力数据模拟的验证，经岩心钻探证实碳酸盐岩的存在。此后勘查工作很少开展，直至 20 世纪 80 年代，勘查发现重要的磷灰石资源，并作为肥料矿产进行了评价。1988 年以后，才正式开展以稀土为主的勘查活动。2002～2008 年对矿区的稀土和稀有金属又开展了补充勘探、资源评价和矿石选冶试验。

韦尔德山碳酸盐岩体侵入于东部黄金省地体的太古代火山沉积岩系内，在空间上与延伸很深的拉沃顿线性构造有关。碳酸盐岩体围岩包括太古宙镁铁质火山岩、蛇纹岩、中性火山岩及变质沉积岩，变质作用属以动力变质为主的绿片岩相。此外，区内可见元古宙未变质岩脉侵入于花岗质类及火山沉积岩类地层内，其中一条粗玄质岩脉沿北西向切割碳酸盐岩体（图 2-21）。三叠纪的区域冰川作用冲走了韦尔德山地区原有的风化壳及地表沉积物，只保留少量的冰碛岩及河冰沉积物。晚白垩世至早第三世在碳酸盐岩体及附近发育很厚的红土风化壳及冲积物。

韦尔德山碳酸盐岩体形态上呈一陡倾的圆柱体，直径达 4 km，岩体周围发育宽约 500m 的围岩角砾岩化和霓长岩化环带蚀变，这种蚀变呈现渐变性，由钾质富云母岩逐渐转变为镁铁质火山岩围岩。富云母岩由角砾状细粒含铁金云母组成。

本区碳酸盐岩主要类型为黑云碳酸盐岩，其次有镁云碳酸盐岩、方解石镁云碳酸盐

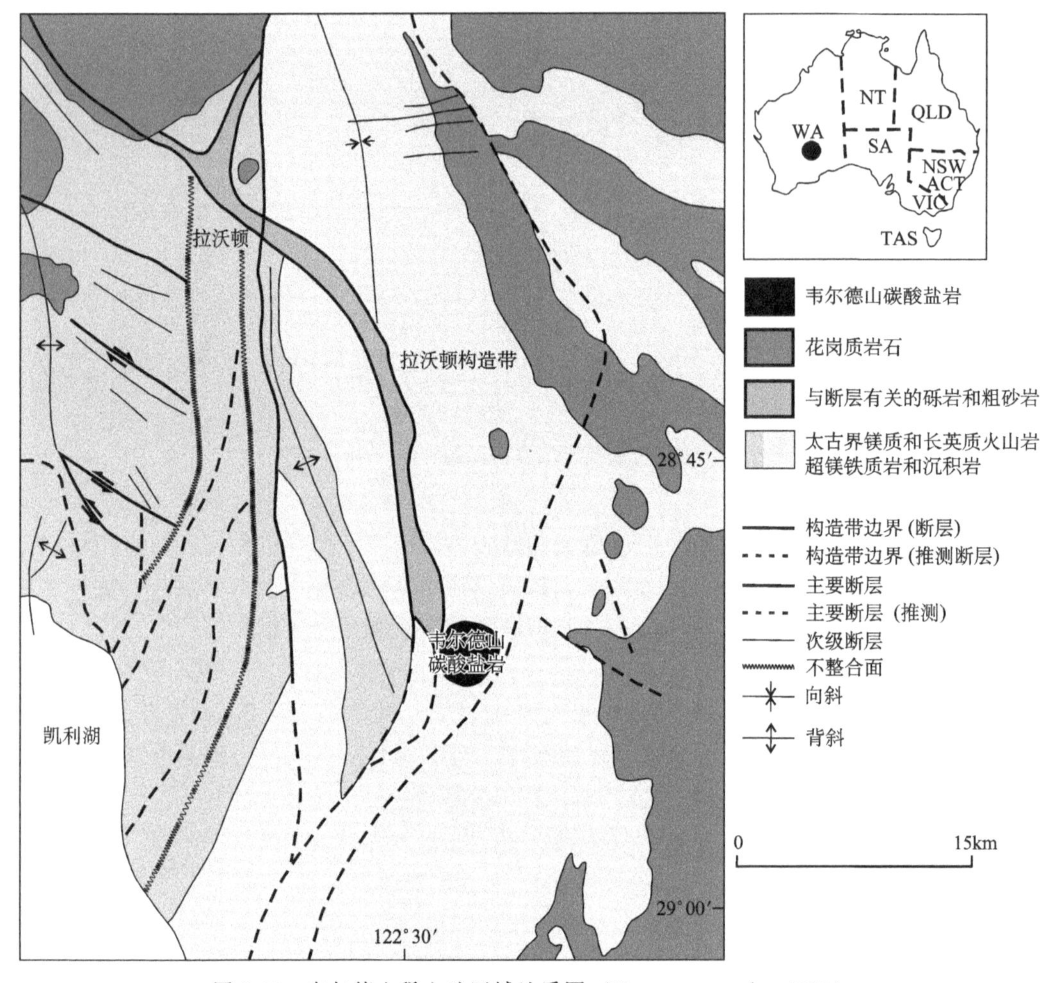

图 2-21　韦尔德山稀土矿区域地质图（Hoatson，et al.，2011）

岩、白云石黑云碳酸盐岩，局部地段发育磷灰石岩和云母岩。岩体中有磷灰石-磁铁矿-黑云母-烧绿石堆积。

本区矿床是由碳酸盐岩经中生代后期至新生代的风化作用形成的，在岩体之上形成很厚的红土风化层，它直接发育在成熟的岩溶地形上，在风化壳之上又覆盖湖泊和河流沉积。风化壳的形成过程包括碳酸盐岩的溶解、残余矿物的富集以及表生矿物的生成，风化壳矿化深度达 30～75 m，厚者深至 100 m 以上。

风化壳矿床的主要矿石矿物为独居石、水磷钇矿、烧绿石、锆英石、斜锆石、金红石、钛铁矿和磷灰石。

红土风化层由上部表生层和下部残留层构成。表生层富含不溶磷酸盐、铝磷酸盐、粘土类、纤磷钙铝石族矿物、富含 REE、U、Th、Nb、Ta、Zr、Ti、V、Cr、Ba 和 Sr 的含 Fe-Mn 氧化物，其中纤磷钙铝石族矿物经电子探针分析，含 Ce_2O_3 4.1%～12.9%、Nb_2O_5 2.4%～12.2%、Ta_2O_5 0.3%～0.7%、SrO 2.7%～9.7%、BaO

0.9%～7.3%。表生层主要由原地土壤物质组成，但也有通过沉积搬运的风化壳物质，表生层长期红土化使残留的碳酸盐岩原生矿物发生变化，磷灰石和烧绿石被假象纤磷钙铝石族矿物交代，磁铁矿氧化形成磁赤铁矿、赤铁矿和针铁矿，蛭石则风化形成粘土。REE、Nb、Ta、Ba、Sr则沉淀进入纤磷钙铝石族矿物内。此外，表生层还发育方铈石（CeO_2）稀土表生矿物，出现次生独居石和水磷钇矿，在表生方解石中含有轻稀土。

表生层下面为富含原生磷灰石的席状残留层，由于碳酸盐岩的迁移淋失，残留层主要由磷灰石、独居石、钛铁矿、金红石、斜锆石、锆英石、磁铁矿和烧绿石等残余矿物组成。

由上可见，稀土矿化分布几乎遍及整个碳酸盐岩风化壳，稀土赋存于含铁氧化物、残余矿物（独居石、磷灰石）和次生表生矿物中。大部分稀土结合在表生层的次生表生矿物中。在风化壳中心部位稀土最富，REO含量高达45%，主要赋存在次生独居石集合体内。本区次生独居石的特点是相对更富含LREE，而贫于Th（0.07%）和U（0.003%），因而放射性明显偏低，仅为海滨砂矿中独居石的1/50以下。

韦尔德山整个矿区可划分出数个矿段，其中稀土储量最大的两个矿段分别为Central Lanthanide矿段（REO矿石量9.88×10^6 t，品位10.7%）和Duncan矿段（REO矿石量7.62×10^6 t，品位4.2%）（Hoatson，et al.，2011）。此外，还圈出Crown铌钽矿段和Swan磷酸盐矿段（图2-22）。

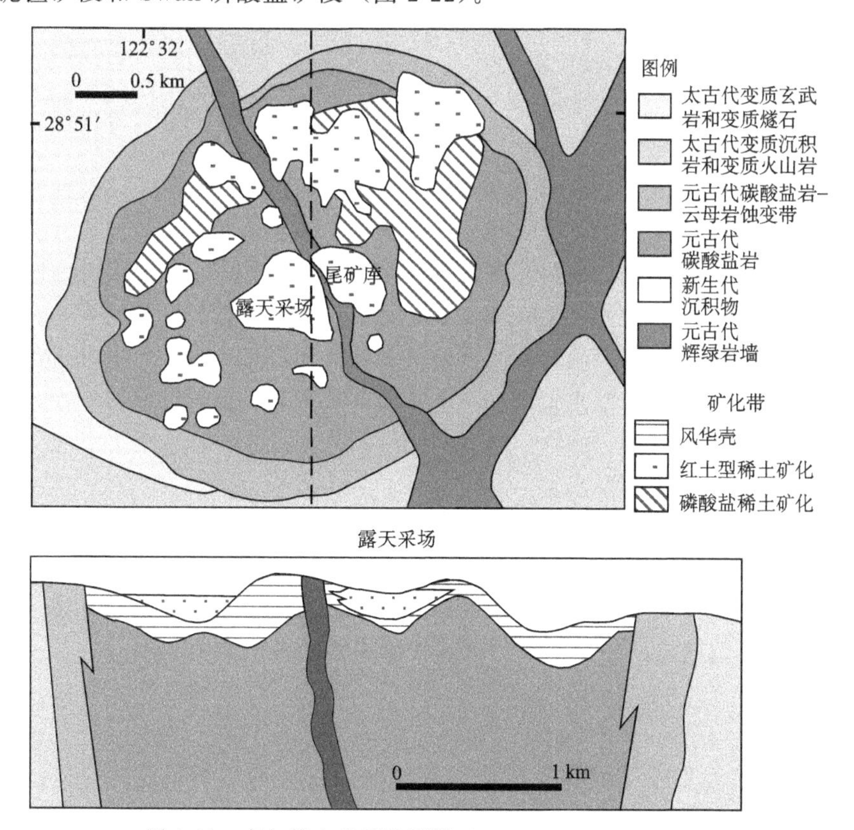

图2-22　韦尔德山矿区地质图（Hoatson，et al.，2011）

韦尔德山超大型稀土矿床发育在元古代碳酸盐岩侵入体之上的厚层红土风化层内，红土是在热带气候条件下碳酸盐岩原岩经历了强烈的化学风化作用的产物。一些富 Ca、Mg 矿物淋滤流失，而保留在原地的残积物富含不活动元素，如 Al、Fe、Ni 等，当原岩为富含 REE 的碳酸盐岩时，就有可能形成红土型稀土矿。研究表明，韦尔德山未风化原生碳酸盐岩富含稀土，REO 含量为 0.1%～0.2%，主要赋存于碳酸盐岩稀土矿物和含稀土矿物内，包括磷灰石（含 REO 平均 0.5%），独居石和直氟碳钙铈矿，少量来自含微量稀土的其他硅酸盐和碳酸盐矿物，如长石、方解石和白云石等。由于地下水长期活动造成碳酸盐岩淋滤和流失，原生磷灰石和少量氧化物、硫化物和硅酸盐逐渐堆积，并伴随有碳酸盐岩原生矿物的交代、分解和氧化，次生矿物的结晶和铁帽的形成。因此，地下水的长期持续淋滤和再沉淀作用是导致稀土富集成矿的主要原因。

6. 火山成因块状硫化物矿床

（1）成矿特征

该类矿化在该地区较为普遍，主要赋存在太古代的中基性火山岩中，矿床品位较高，规模相对较小，具有较好的经济价值。

（2）斯卡德尔斯锌铜矿床

斯卡德尔斯（Scuddles）矿床位于珀斯以北 510 km，产于西澳大利亚穆奇森地体内的戈尔登格罗夫（Golden Grove）地区的太古宙火山岩中，是一个典型的火山成因块状硫化物（VMS）矿床。该矿床 1990 年已开始投产，已探明储量为矿石 1.2×10^7 t，平均品位：8% Zn、1.8% Cu、0.6%Pb、0.9×10^{-6}%Au 和 65×10^{-6}%Ag，即含 Zn 9.6×10^5 t、Cu 2.16×10^5 t、Pb 7.2×10^4 t、Au 10.8 t、Ag 780 t。

戈尔登格罗夫地区位于穆奇森地体的南部。区内地层主要是由弱变质的拉斑玄武质、长英质火山岩、泥质和长英质沉积岩及条带状含铁建造组成的。戈尔登格罗夫地区的 VMS 矿床均产于沃里达山绿岩带的铁帽山组岩层内（图 2-23）。矿化为层控的，表现出典型的 VMS 金属分带性。主要的硫化物为闪锌矿、黄铁矿、黄铜矿，含少量的磁黄铁矿、方铅矿。斯卡德尔斯组可分为两个透镜体，南部的主透镜体和北部的中央透镜体，二者相距 150 m，其间为非矿化。矿化体向西陡倾斜，顶端埋深 120 m，走向长度 900 m，向北倾伏。

三、南回归线造山带（Ⅲ-2）

南回归线造山带处在皮尔巴拉地块和伊尔岗地块之间，为两个地块的缝合带。形成于 2.0～1.6 Ga，区内出露地层主要为太古代到中新元古代（图 2-24）。

（一）地层

造山带的基底地层位于西部，由位于北部的太古代的加斯科因（Gascoyne）杂岩体和南部的哥伦堡（Glenburgh）地体层。哥伦堡地体由太古代到早元古代的片麻岩、达尔加林加（Dalgaringa）超岩套的花岗岩和钙硅质片麻岩，角闪岩和姆吉（Moogie）

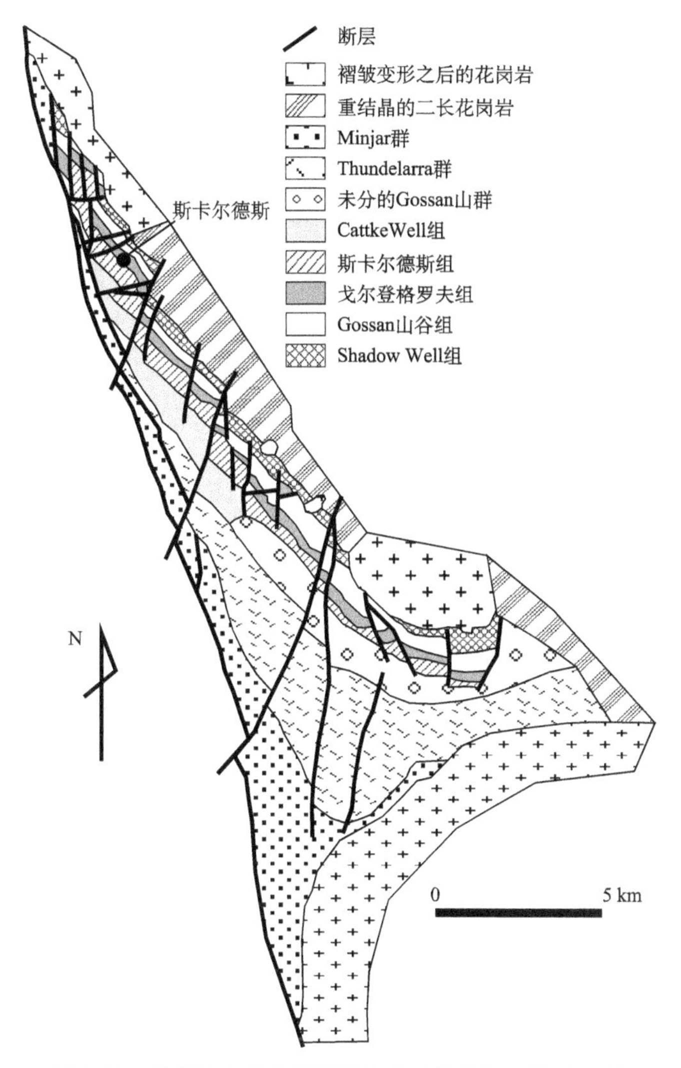

图 2-23　沃里达山绿岩带区域地质（施俊法，等，2005）

变质岩中的泥质变质沉积岩组成（Occhipinti, et al., 2004）；加斯科因杂岩体包括泥质和砂屑片岩、钙硅质片岩、角闪岩和石英岩。

造山带上部的盖层十分发育，主要表现为元古代盆地沉积。造山带南缘发育古元古代耶里达（Yerrida）盆地、布莱恩（Bryah）盆地、帕德博里（Padbury）盆地和艾拉里迪（Earaheedy）盆地，盆地主要是硅质碎屑和化学沉积岩石，包括石英砂岩、蒸发岩、叠层碳酸盐岩、页岩和粒状铁矿石（Pirajno, et al., 2004），此外基性火成岩在耶里达和布莱恩盆地中发育。

造山带北缘发育阿什伯顿盆地，盆地的主要地层为元古代威鲁（Wyloo）群，为易变形的低品位沉积和火山岩组成，盆地厚度为 12 km。该盆地之上被后期形成的较年轻盆地，如布莱尔（Blair）盆地、明尼山（Mount Minnie）盆地、布雷斯纳罕（Bresnahan）盆地、埃德蒙德（Edumnd）盆地和科利尔（Collier）盆地不整合覆盖：布莱尔盆

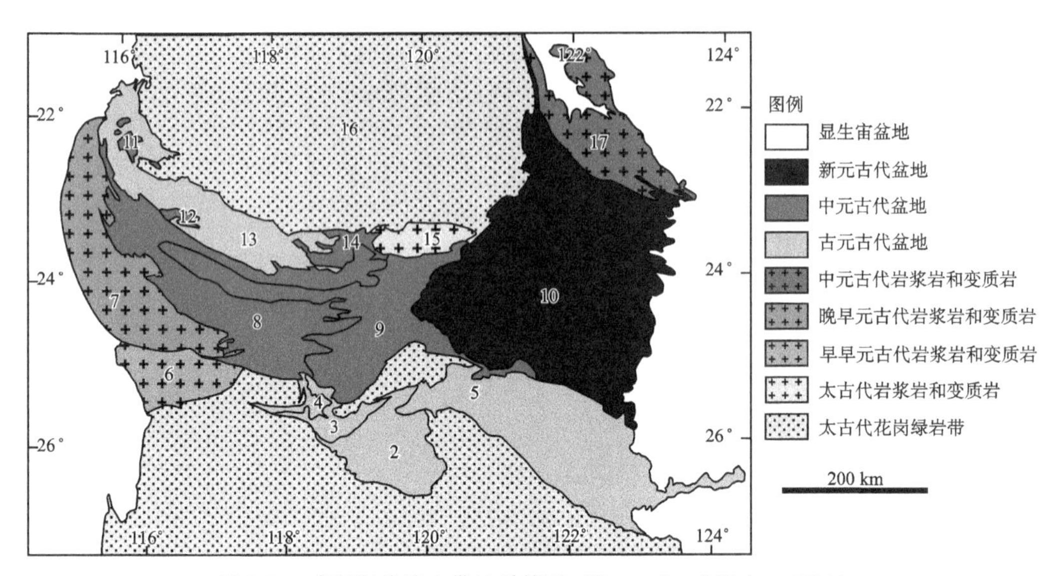

图 2-24　南回归线造山带地质简图（Cawood and Tyler，2004）

图中构造单元编号：1 伊尔岗地块，2 耶里达盆地，3 布莱恩盆地，4 帕德博里盆地，5 艾拉里迪盆地，6 哥伦堡地块，7 加斯科因杂岩体，8 埃德蒙德盆地，9 科利尔盆地，10 奥菲瑟盆地，11 明尼山盆地，12 布莱尔盆地，13 阿什伯顿盆地，14 布雷斯纳罕盆地，15 西尔维尼亚基底地区，16 皮尔巴拉地块，17 派特森造山带

地和明尼山盆地不整合覆盖在阿什伯顿盆地上，分别包含南回归线群和明尼山群，主要为硅质碎屑岩层序；布雷斯纳罕盆地内发育一系列硅质碎屑岩为主的盆地沉积物；中元古代埃德蒙德和科利尔盆地地层不整合覆盖了南回归线造山带的大量古元古代块段，包括造山带中部被掘出的加斯科因杂岩体，岩性为细粒级硅质碎屑岩和碳酸盐沉积岩，厚约 4～10 km。

（二）构造

南回归线造山带经历一系列构造变形运动，包括沿造山带北缘的约 2200 Ma 的奥赛米尔（Ophthalmian）造山运动、影响南缘的 2000～1960 Ma 的哥伦堡造山运动、影响整个造山带的 1830～1780 Ma 的南回归线造山运动、1670～1620 Ma 发生的未定构造热事件和导致埃德蒙德和科利尔盆地层序变形的 1070～750 Ma 的埃德蒙德造山运动（图 2-25）（Cawood and Tyler，2004）。

奥赛米尔造山运动影响了阿什伯顿盆地北部和南哈默斯利盆地，形成奥赛米尔褶皱带和麦格拉斯地槽，以西到北西走向、北向褶皱和逆冲断层为特征，出露的受该事件影响的岩石单元变质程度最高达绿片岩相（Tyler and Thorne，1990）；哥伦堡造山运动中发生的中到高程度变形变质影响了伊尔岗地块北缘，哥伦堡地块、帕德博里盆地和布莱尔盆地，表现为两期变形，第一期变形主要在哥伦堡地块内，与角闪岩到麻粒岩相变质相关，第二次变形影响到伊尔岗地块北缘，岩石变质达到角闪岩相（Occhipinti，et al.，2004）；南回归线造山运动的影响延伸到从皮尔巴拉地块到伊尔岗地块的造山带，表现为大量的花岗岩侵入、变形和中高程度变质，到前陆盆地沉积，伴随褶皱和逆冲断

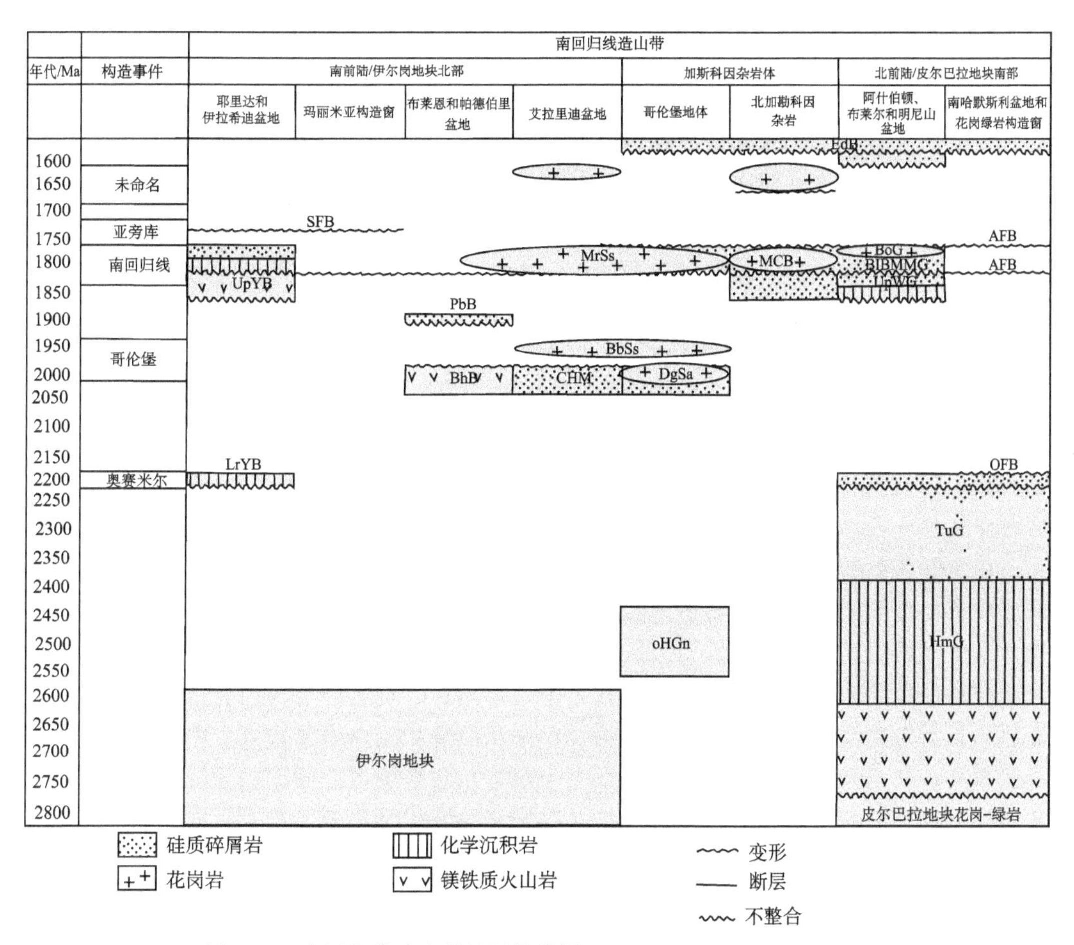

图 2-25　南回归线造山带地层柱状图（Cawood and Tyler，2004）

层带变形（Occhipinti，et al.，2004）；1670～1620 Ma 的造山运动表现为变形呈不均一化，向剪切带局部化，伴随深成现象；埃德蒙德造山运动使埃德蒙德盆地和科利尔盆地变形。

（三）岩浆活动

区内岩浆活动十分发育。

区内最早期的岩浆活动为太古代的达尔加林加超岩套的花岗岩侵入，由石英闪长岩、花岗闪长岩、英闪岩和二长花岗岩组成，地球化学和同位素数据表明超岩套形成于安第斯型俯冲带内（Sheppard，et al.，2004）。

加斯科因杂岩体中部和北部变质岩被明尼溪（Minnie Creek）花岗岩基侵入。

此后 1965～1945Ma，Bertibubba 超岩套的花岗岩侵入哥伦堡地体。1830～1780 Ma 的 Moorarie 超岩套的花岗岩和结晶花岗岩也在南回归线造山运动时，侵入了伊尔岗克拉通—哥伦堡地体边界。

（四）区域成矿特征

区内金属矿化十分发育，出产铜、铅锌、铁、金、银、锰、稀土和铌钽等多种金属矿产资源，重要的矿床类型有块状硫化物型铜铅锌矿化、密西西比河谷型铅锌矿化、造山型金矿化和沉积变质型铁矿等。

其中块状硫化物型铜铅锌矿化是区内最为重要的、分布最广泛的矿化类型，在阿什伯顿盆地、埃德蒙德盆地和科利尔盆地内有发育，矿化赋存在区内的长英质火山岩中。

四、平贾拉造山带（Ⅲ-4）

造山带的基底为北安普敦杂岩体、鲁文（Leeuwin）杂岩体和穆林加拉（Mullingarra）杂岩体，被珀斯盆地的厚层显生宙沉积岩盖层覆盖，但从一些钻孔中取得了岩石样品。

在北安普敦杂岩体中识别出了三个主要的岩石单元：麻粒岩、花岗岩和混合岩。它们形成了大型开阔褶皱，有着向南西陡倾的北到北西向的轴。多数的岩石变质到麻粒岩相，或由麻粒岩相退化而来。

穆林加拉杂岩体由泥质、含泥质和长英质片麻岩、石英岩及角闪岩透镜体构成。片麻岩包含大量的结晶花岗岩脉，并被一个小体积的斑状花岗岩体侵入。黑云母，连同拉长的石英、长石和石榴石，共同定义了一个组构，它是中型北倾伏褶皱的轴面。这些褶皱被伴有细褶皱劈理及相关花岗岩和结晶花岗岩轴面岩脉的开阔褶皱再次褶曲。

鲁文杂岩体由强烈变形的深成火成岩石构成，主要为中粒条带状花岗片麻岩，它由石英、长石、黑云母和单斜辉石构成，含或不含普通角闪石和石榴石。它具有花岗变晶结构，并含薄层结晶花岗岩。杂岩体内还分布成层的斜长岩—辉长岩侵入体残余以香肠构造整合层与含石榴石花岗片麻岩薄层相间的形式产出。

区内构造主要为达令断裂，是平贾拉造山带和伊尔岗克拉通之间边界。该断裂开始活动时间为 2.5～2.4 Ga，最近期的重要活动发生在 430～130 Ma（早志留纪到早白垩纪），当时它形成了一个大型裂谷带的东部边缘，通过这个裂谷带，印度被从大洋洲分裂出去。

该造山带内金属矿化相对不发育，仅产出少量的海滨砂矿。

第三节　北澳克拉通

北澳克拉通位于中西部克拉通的北部，包含晚太古代到古元古代的克拉通地块以及一系列轮廓不清的造山带分为 9 个三级构造单元（图 2-26）。该地区基底岩石为太古代到元古代变质火山岩、侵入岩，上覆后期陆相、海相、冰川沉积物，由多期造山带、克拉通、盆地组成，主要矿产资源为金、铜、铅锌、磷酸盐、稀土、铀、金刚石和钨等。

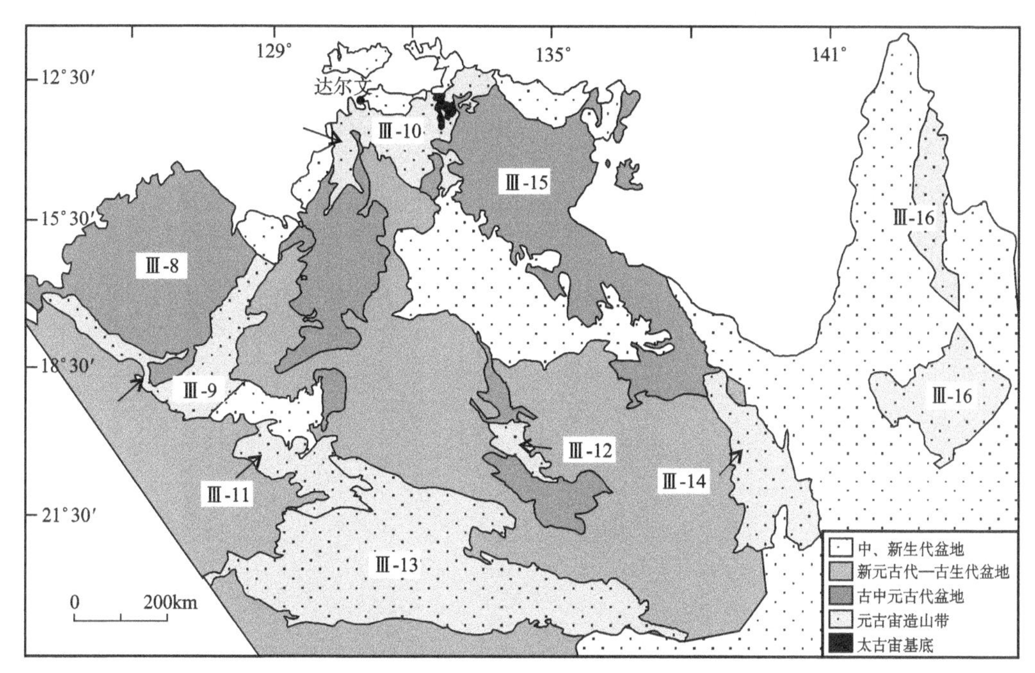

图 2-26　北澳克拉通构造单元简图（Crispe，et al.，2007）

一、金伯利地块（Ⅲ-8）和金利奥波德—霍尔斯克里克造山带（Ⅲ-9）

该地区由金伯利地块及其周围的金利奥波德造山带和霍尔斯克里克造山带组成，两个造山带形成一个连续出露的 V 形条带（图 2-27）。

（一）地层

区内基底地层主要分布在金利奥波德—霍尔斯克里克造山带内，被称为胡珀（Hooper）和蓝博（Lamboo）杂岩体，分别对应金利奥波德造山带和霍尔斯克里克造山带，围绕金伯利地块的西南和东南边缘形成了宽阔的线状区带。

胡珀和蓝博杂岩体含变质沉积岩、镁铁质和长英质火山岩、镁铁质和长英质侵入岩，以及高级变质岩（图 2-28），两个杂岩体有很多相似之处。

金伯利地块内的地层出露从早元古代到新元古代，主要包括斯皮瓦群（Speewah）、金伯利群和堡垒群（Bastion），除此之外盆地内还有些非正式命名的地层，包括局部分布的克罗赫斯特群（Crowhurst）、科隆博（Colombo）砂岩和一些元古代时期的孤立的沉积岩和火山岩。此外，在盆地的中南部和南部，晚元古代冰成岩不整合接触在地层之上，在盆地的东部和更靠南部的区域以及在霍尔斯克里克造山带的东部边缘也发育类似的冰成岩。有关金伯利盆地的地层岩性特征见表 2-3。

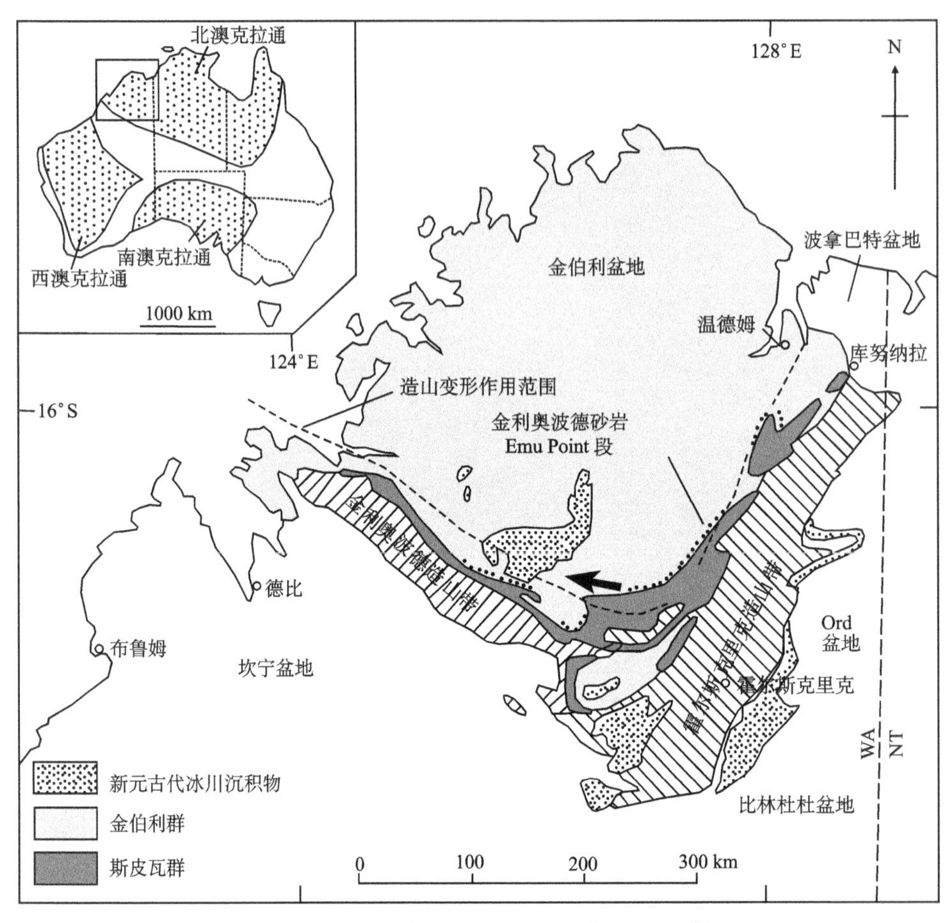

图 2-27　金伯利地块和金利奥波德—霍尔斯克里克造山带地区地质简图（Williams，2005）

表 2-3　金伯利盆地地层表（Australia，1990）

地层单元		岩性及厚度/m	地层特征
	科隆博砂岩	石英砂岩，含卵石状燧石角砾岩；900	不整合接触在克罗赫斯特群和金伯利群之上；与 Parker 山脉砂岩有关
	Revolver-Creek 组	杏仁状玄武岩，石英砂岩，粉砂岩，长石砾岩；1200	不整合接触在 Whitewater 火山岩和 CarrBoyd 群之间，与金伯利群相当
克罗赫斯特群	Hibberson 白云岩	粉红色或黄色白云岩，鲕粒白云岩和白云质角砾岩；25	叠层石普遍发育
	Collett 粉砂岩	紫色、绿色层状粉砂岩，少量白云岩透镜体或互层；60	整合地层
	Liga 页岩	绿色易碎页岩和含云母粉砂岩；45	整合地层
	Hilfordy 组	紫色、白色石英砂岩粉砂岩，页岩，砂岩互层；30	整合接触在 Pentecost 砂岩之上，局部含海绿石

续表

地层单元		岩性及厚度/m	地层特征
堡垒群	Cockburn 砂岩	石英砂岩，少量含云母砂岩，页岩，大于 500	交错层理，波痕
	Wyndham 页岩	绿色页岩，粉砂岩，砂岩，钙质砂岩；700	泥裂，波痕层理，黑色方解石结核
	Mendena 组	石英砂岩和粉砂岩、白云岩互层；110～150	整合接触在 Pentecost 砂岩之上，波痕交错层理
金伯利群	Pentecost 砂岩	石英长石砂岩，铁质粉砂岩和砂岩，海绿石砂岩；420～1350	广泛分布的产状一致的标准层，交错层理，粘土块
	Elgee 粉砂岩	红色块状粉砂岩，砂岩，绿色页岩；40～480	有特色的块状粉砂岩
	Teronis 地层	白云岩，红色页岩，细粒砂岩；0～140	在 Elgee 粉砂岩基底局部分布；叠层石大量分布
	Warton 砂岩	石英长石砂岩，少量页岩；60～600	交错层理，波痕，粘土块
	Carson 火山岩	拉斑玄武岩，长石砂岩，粉砂岩，燧石；60～1140	玄武岩普遍蚀变为细碧岩
	金利奥波德砂岩	含长石石英砂岩和细砂岩，砾岩，含云母粉砂岩；0～1340	交错层理，该地层内存在不整合面，地层的下部整合接触在斯皮瓦群之上
斯皮瓦群	Luman 粉砂岩	含云母粉砂岩，页岩，少量砂岩；0～95	泥裂，波痕，交错层理
	Lansdowne 长石砂岩	长石石英砂岩，长石砂岩，含云母粉砂岩；30～500	交错层理，波痕，粘土块，一些产状一致的岩层
	Valentine 粉砂岩	绿色的绿泥石粉砂岩，流纹岩质火山灰石和凝灰岩；80～360	在局部，火山灰石是标识物
	Tunganary 组	长石石英砂岩，长石砂岩，细砂岩，绿色粉砂岩，交错层理，波痕；砂岩中发育水流冲刷现象，含云母砂岩；80～360	粉砂岩中发育递变层理
	O'Donnell 组	石英砂岩，细砂岩，石英杂砂岩，上覆于酸性火山岩（Whitewater 火山岩）之上，绿色页岩和粉砂岩；30～523	两个不同的岩层，侧面地层有明显的变化
	MoolaBulla 组	长石砂岩，杂砂岩，砾岩，粉砂岩；超过 3000	不整合接触在霍尔斯克里克群和金利奥波德砂岩之间，可能与斯皮瓦群相当
	Redrock 岩层	石英砂岩，红色粉砂岩，砾岩；超过 2000	不整合接触在霍尔斯克里克群和 Parker 山脉砂岩之间，与斯皮瓦群或金伯利群相当

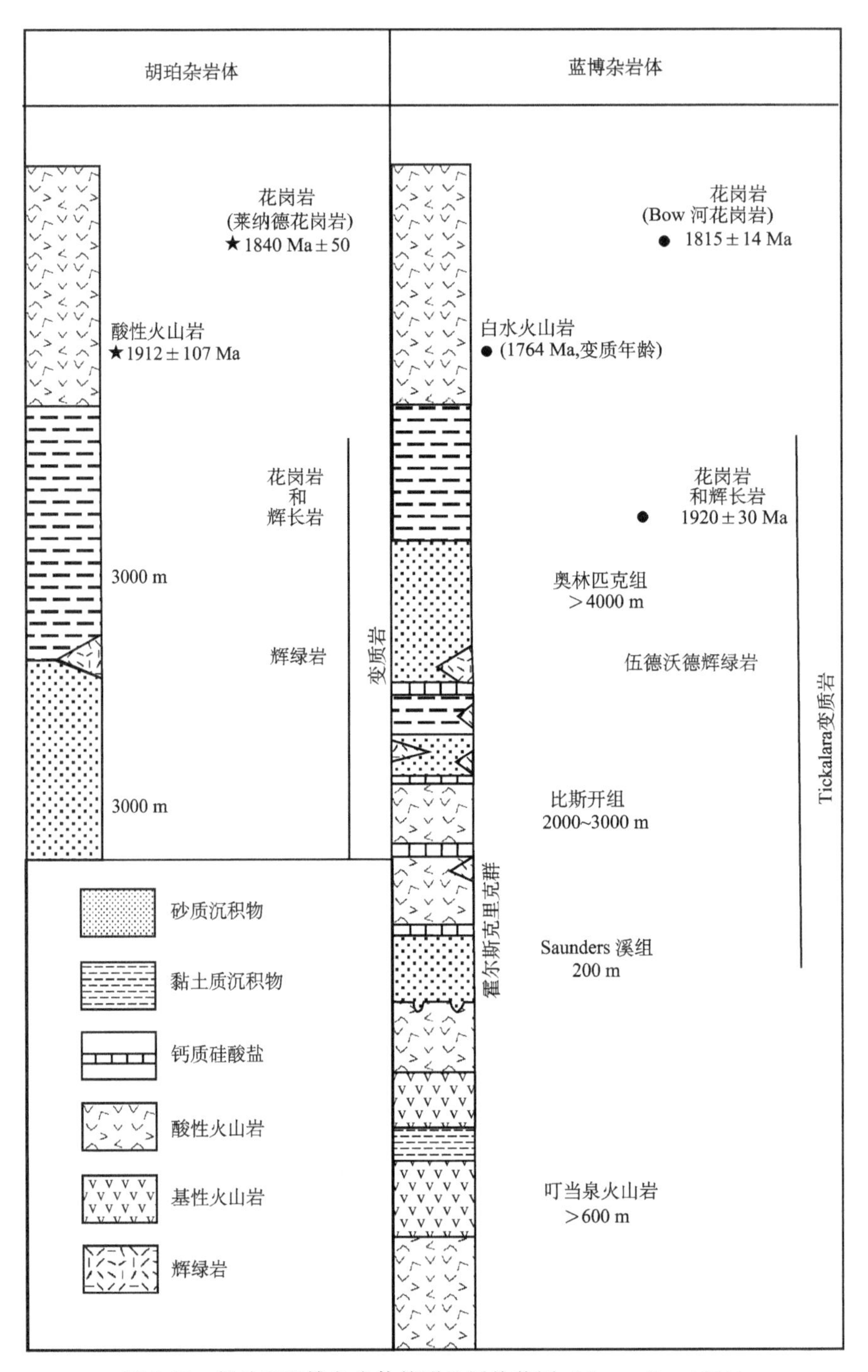

图 2-28　胡珀和蓝博杂岩体简明地层柱状图（Australia，1990）

（二）构造

金利奥波德—霍尔斯克里克造山带以发育大型走向断裂为特征。霍尔斯克里克断裂是霍尔斯克里克造山带内规模最大的断裂并在北部形成了蓝博杂岩体的东边界，该断裂向西南分裂为许多共轭断层，如安吉洛断裂和伍德沃德断裂，它们以不连续石英脉的形式较差地出露。

金利奥波德造山带内的一些大型断裂被认为是蓝博杂岩体中断裂的延续，但它们有不同的走向（西至北西），其中最重要的就是桑迪克里克剪切带（Sandy Creek Shear Zone），它可能超过 200 km，走向西北西，断裂接近直立，影响到了杂岩体内的所有岩石单元。

在两个造山带汇合处发育小金断裂（Little Gold Fault）：格林韦尔断裂（Greenvale Fault）的西部延伸和格利登断裂（Glidden Fault），两条断裂均发生弯曲。

金伯利盆地内构造变形以褶皱为主，褶皱的轴部很陡峭，走向是北向到北东向和西向到北西向。在西北部这些褶皱受到改造，由北西倾向的一系列紧闭褶皱和逆掩褶皱形成了一个独特的褶皱带，它与北西走向的胡珀杂岩体平行。

金伯利盆地内断层走向方向有三组：北东向，北西向和北向。蓝博杂岩体附近的断层走向是北东向的，北西向断层和金利奥波德造山带的破坏作用是紧密联系在一起的，该作用是西南方向的，垂直于地面或者向东北微倾斜。金伯利高原中央的北向断层和北西向断层长达 100 km，但是断层位移一般都比较短。

（三）岩浆活动

金伯利地块内的岩浆活动以 Hart 辉绿岩、Wotjulum 斑岩和 Fish Hole 辉绿岩为代表。Hart 辉绿岩为拉斑玄武岩质辉绿岩、辉长岩和花斑岩，侵入到金伯利群；Wotjulum 斑岩为灰黑色石英长石斑岩，侵入到 Yampi 地区的金伯利群上部，与 Hart 辉绿岩年龄一样；Fish Hole 辉绿岩为绿帘石化杏仁状辉绿岩，侵入到 Rcd Rock 岩层。

蓝博杂岩体内的岩浆侵入活动十分发育，最早期为 1835～1805 Ma 的 Sally Downs 超岩套，表现为 16 个独立的花岗岩侵入体和同期的辉长岩侵入体；在此后区内还侵入 San Sou 二长花岗岩。杂岩体内最为重要的岩浆活动为后期的层状基性—超基性侵入体，可分为七组，侵入时间分为三期，分别为 1855 Ma、1845 Ma 和 1830 Ma。

（四）区域成矿特征

区内矿产资源十分丰富，出产金刚石、金、贱金属、铜镍铂族元素、铀矿、稀土矿、铌钽矿和钨矿等多种矿产资源，主要的矿化包括与钾镁煌斑岩有关的金刚石矿化、与碳酸盐岩有关的稀土矿化、与岩浆活动有关的铜镍铂族元素矿化。

1. 与钾镁煌斑岩有关的金刚石矿

（1）成矿特征

该类矿化主要在金伯利盆地接近两个造山带的地区发育，矿化大多发育在金伯利岩和钾镁煌斑岩内部，典型矿床如阿盖尔金刚石矿。

(2) 阿盖尔金刚石矿

阿盖尔金刚石矿产于西澳大利亚金伯利高原北部，是世界上最大最富的超大型金刚石矿床之一。其中，阿盖尔 AK-1 钾镁煌斑岩岩筒，位于库努纳拉镇以南约 150 km。岩筒矿石储量 6.1×10^7 t，平均品位 6.8 g/t，金刚石储量 4.148×10^8 克拉。

AK-1 岩体，为橄榄钾镁煌斑岩（图 2-29），含斑晶橄榄石 10%～25%，小斑晶金云母 15%～30%，其中金红石达 7%。基质由金云母及少量镁钛矿、榍石、钙钛矿和磷灰石等组成。岩筒呈不规则状位于河谷的底部，由于钾镁煌斑岩比砂岩和石英岩围岩软而被剥蚀，斯摩克河和莱姆斯通河冲积砂矿的金刚石均直接来自 AK-1 岩筒的剥蚀。

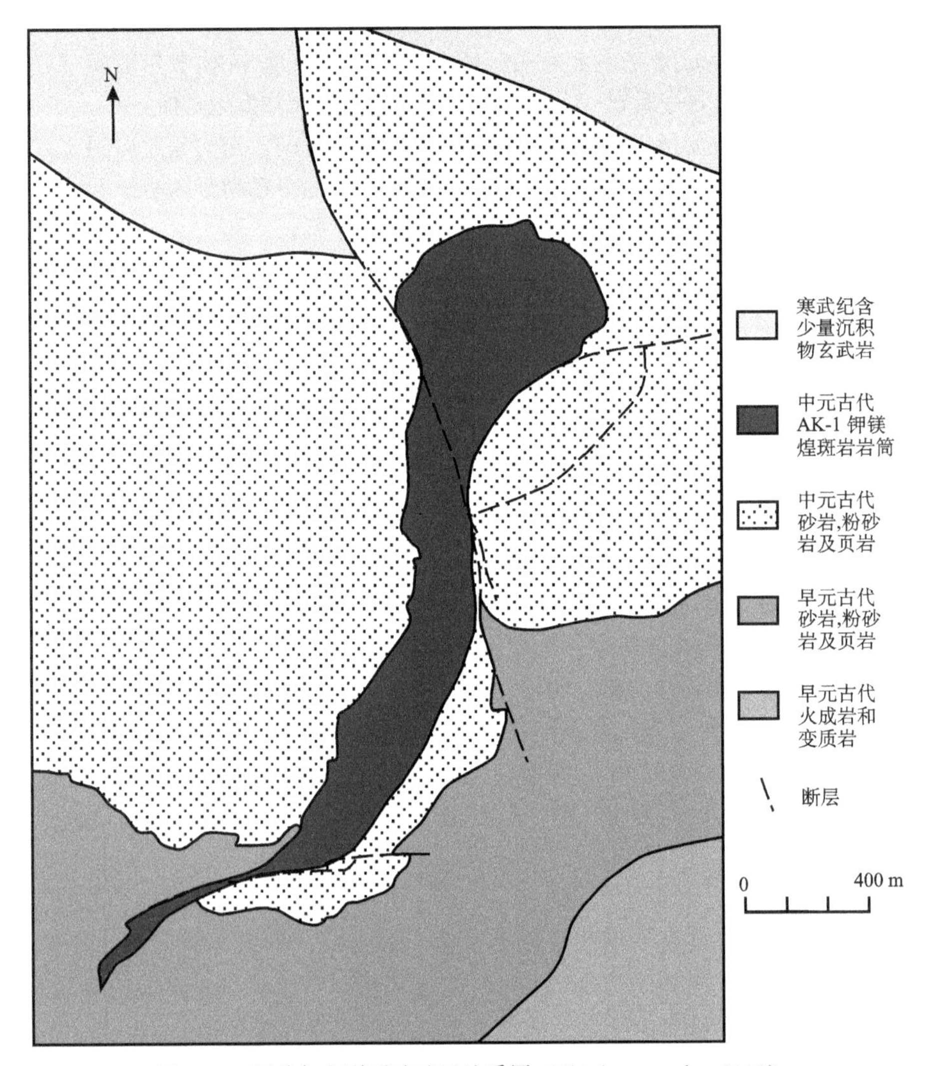

图 2-29 阿盖尔金刚石矿矿区地质图（Shigley, et al., 2001）

2. 与碳酸盐岩有关的稀土矿化

该类型矿化在区内仅见少量矿点，矿化赋存在碳酸盐岩和碱性侵入体中，目前最为重要的矿点为 Cummins 山脉矿床，矿床的矿化受到侵入体的控制，该侵入体接近垂直，核部为富云母辉石岩，外部为辉石岩，核部发育大量的碳酸岩脉，并被风化形成了矿床。

3. 与岩浆活动有关的铜镍铂族元素矿

该类矿化在蓝博杂岩体的基型超基性侵入体内十分发育，目前发现了大量的矿点。该类矿化主要与 1855 Ma 的第一组和 1845 Ma 第五组的侵入体有关，而在其他几组基性侵入体内也发现了少量矿化。

二、派恩克里克造山带（Ⅲ-10）

派恩克里克可分为中部低级变质区和东西部高级变质的利希菲尔德（Litchfield）地区和尼布瓦（Nimuwah）地区（图 2-30）。

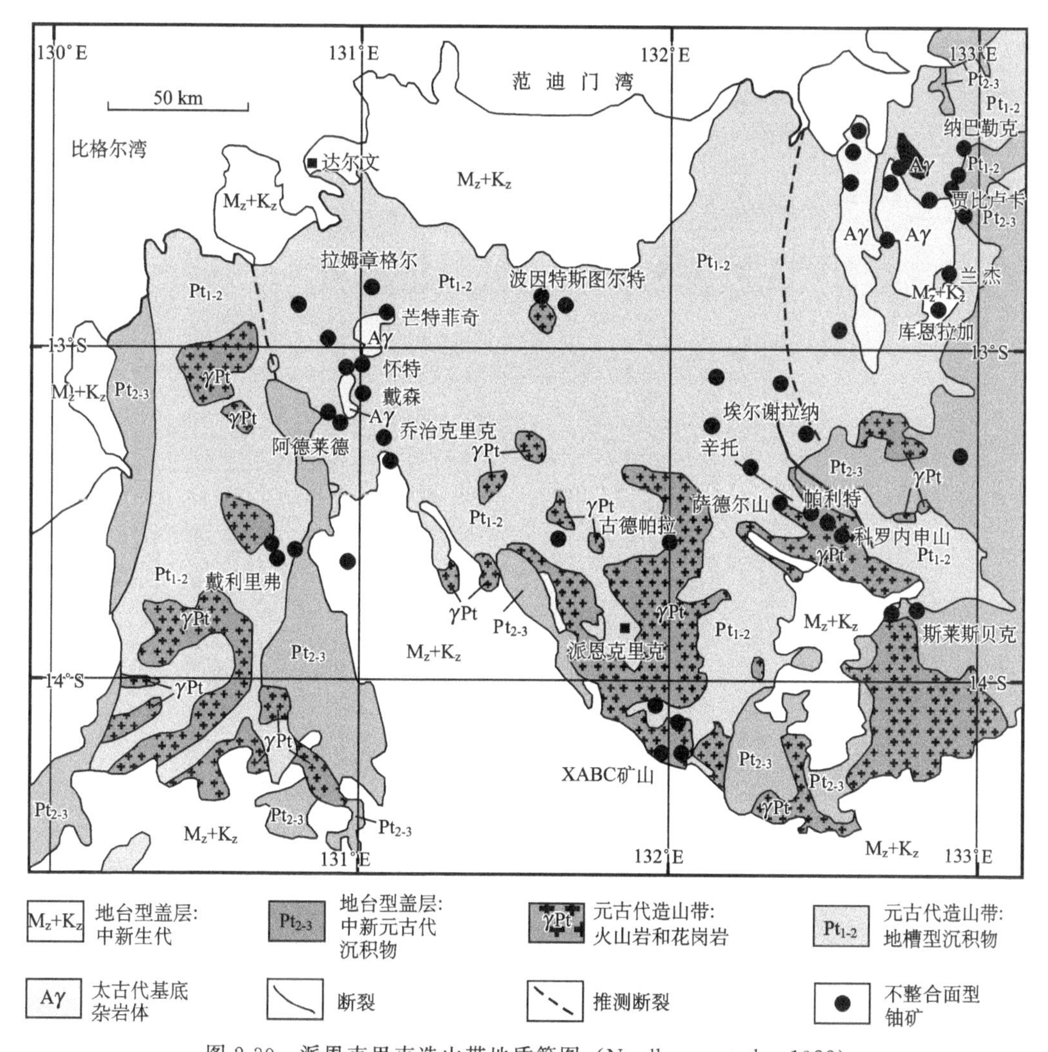

图 2-30　派恩克里克造山带地质简图（Needham, et al., 1988）

（一）地层

矿集区结晶基底的原岩可能为太古代的表壳岩系，西部出露于利希菲尔德、拉姆章格尔（Rum Jungle）和沃特豪斯（Waterhouse）等地区，东部见于纳纳姆布（Nanambu）和尼布瓦等地区，表现为灰色片麻岩、混合岩和花岗岩等杂岩体。

区内元古代地层出露最为广泛，具体特征参见图 2-31。

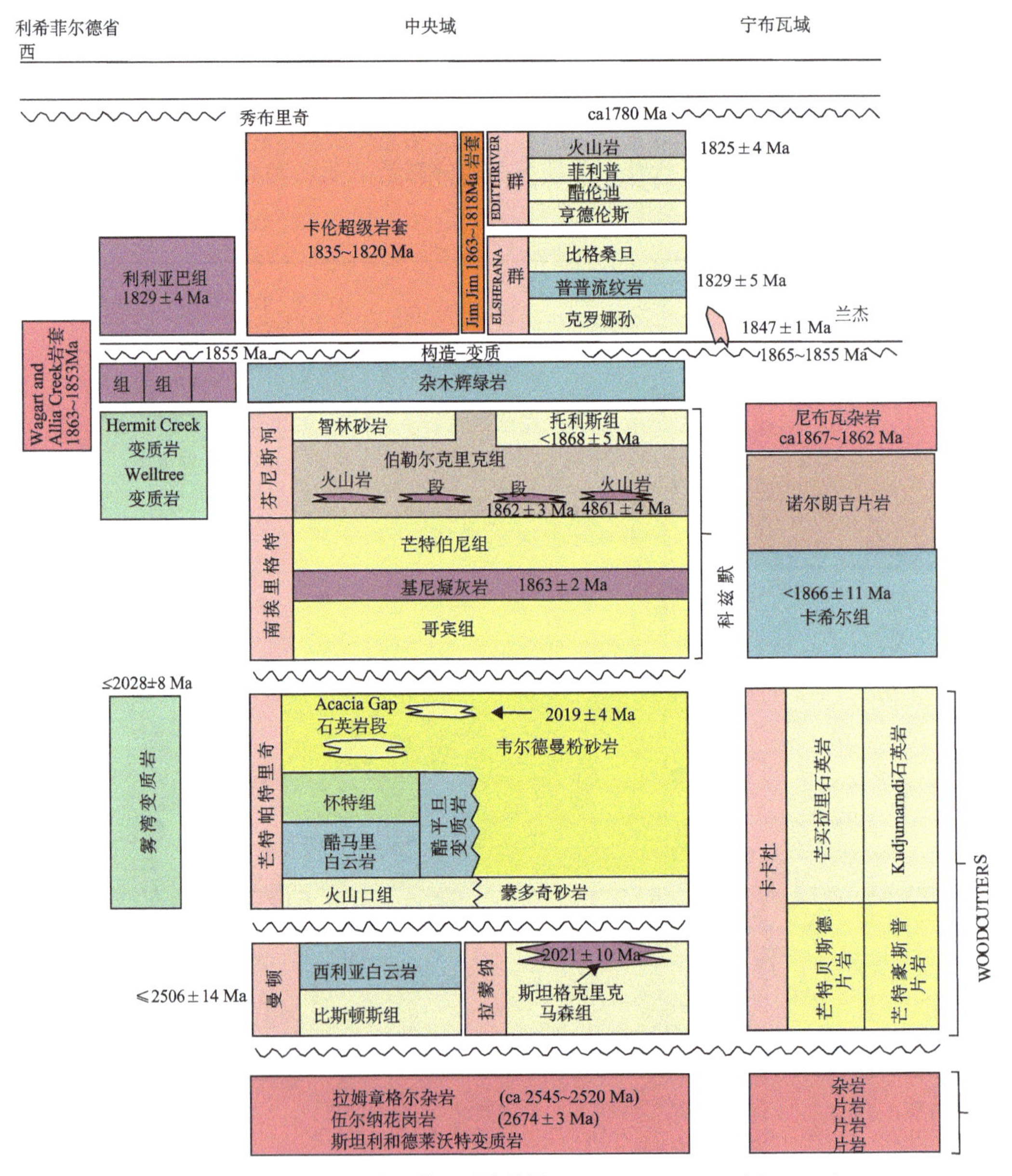

图 2-31　派恩克里克造山带地层柱状图（Hollis and Wygralak，2012）

区内显生宙的沉积盖层由中生代白垩系和新生界组成。海相白垩系位于矿集区北部，陆相白垩系被剥蚀残留于全矿集的各个地段。新生代有古近纪、新近纪和第四纪，前二者多为古河道的砂砾岩，后者多为沙漠堆积，红土残积层和现代冲积层，风化作用自白垩纪开始，延续到现代。

（二）构造

区内构造事件十分活跃，最为重要的一期为 1855 Ma 时期的构造事件，以区域发生低压高温变质事件和岩浆侵入活动为特征。

（三）岩浆活动

区内岩浆活动十分活跃。在利希菲尔德地区，克斯摩（Cosmo）超群在 1863～1850 Ma 被 S 型花岗岩侵入，并伴随区域构造事件。

在中部地区，同造山到晚造山的 Cullen 超岩套于 1835～1820 Ma 侵入。

（四）区域成矿特征

区内出产铀、金、铁等多种矿产资源，特别是以不整合面型铀矿化最为重要，其他造山型金矿化和沉积变质型铁矿化局部发育。

1. 不整合面型铀矿

（1）成矿特征

该类型矿化主要发育在派恩克里克造山带内，区内矿化作用普遍，已被划分为阿利盖特河，拉姆章格尔和南阿利盖特等 6 个矿田。

① 阿利盖特河矿田：该矿田由 4 个主要矿床组成，它们是纳巴勒克、贾比卢卡(Jabiluka)、兰杰和库恩加拉。其中 3 个超大型矿床（U_3O_8储量大于 3×10^4 t），1 个大型矿床（U_3O_8储量大于 3000 t），拥有高品位 U_3O_8，储量 2.158×10^5 t，引起了世界的注意。

矿田赋存于两个混合岩杂岩体之间的南北向复向斜中。杂岩体由遭受了花岗岩化的古元古代沉积岩组成，可能还包含有太古宙的内核。含矿围岩是花岗片麻岩、绿泥石片岩，局部为含碳质、黄铁矿或石榴石的片岩。白云岩常伴随矿床附近，但不是容矿围岩。区域变质作用达到角闪岩相。伴随铀矿化而发育的强烈的铁镁交代作用就叠加在角闪岩相带之上。

贾比卢卡矿床是石英—绿泥石化角砾岩，在片岩层的其他层位里也有矿，特别是在含碳的片岩层里，常位于不对称向斜的翼部；在兰杰矿床的含矿岩石也很相似，但是矿带产在一个塌陷构造中；纳巴勒克矿床含矿主岩为绿泥石化的角砾岩带，多数矿体产于古元古代变质岩系的下段。

原生铀矿化是沥青铀矿，伴生了少量铁、铜和铅的硫化物。次生铀矿化是硅镁铀矿、镁磷铀云母和脂铅铀矿。还有钙铀云母、硅铅铀矿、黄磷铅铀矿、准铜铀云母、板铅铀矿和菱铀矿等。

关于矿床成因有三种观点。其一是热液成因，依据是在大多数矿床的周围有广泛的交代作用，铀同硫化物、碲化物、金和难熔矿物（如钛铀矿等）共生，一些隐伏矿体埋藏很深，矿体周围缺乏氧化作用的条件，在矿体下部的混合岩中有沥青铀矿脉和蚀变带。其二是同生沉积，叠加蚀变，依据是矿体和矿化带多位定于不整合面上覆岩系的底部和下部，矿化与底砾岩，角砾岩层及透镜体有密切的关系，热液蚀变作用的水源多数为天水、地表水，而不是岩浆水。其三是两期矿化，据希尔斯等人的资料，第一期与混合岩形成时间一致，混合岩形成时间为 1700 Ma，原生沉积的沥青铀矿形成时间为 1850 Ma；第二期生成时间大约在 870 Ma，相当于新元古代早期。一些学者将此类矿床类型划入不整合面型。

② 拉姆章格尔矿田：该矿田含芒特菲奇、戴森、怀特、南拉姆章格尔等多个矿床。产于古元古代沉积变质岩系所组成向斜内。该向斜两侧各分布一个太古代穹形花岗岩杂岩体，向斜又遭受褶皱和断裂复杂化。

大多数矿床位于上覆的戈尔登戴克群变质泥质岩和下伏的库马里群白云岩的岩层界面上，或在该界面的不远处。含矿化的主岩是绿泥石化和绢云母化的板岩和片岩，有时是砾岩或黑色页岩。在芒特菲奇铀矿主岩是白云岩。铀矿体大致与周围的变质沉积岩层理相整合，有时呈条带状纹理协调产出。

在所有的矿床中原生铀矿物均为沥青铀矿，通常呈烟灰状产出，具胶体结构。次生矿物广泛分布，主要有铜铀云母、钙铀云母、磷铀矿、镁磷铀云母、硅镁铀矿和脂铅铀矿等。

③ 南阿利盖特矿田：该矿田包括埃尔谢拉纳、萨德尔山、辛托、帕利托和科罗内申山等多个矿床，它们由许多小而富的透镜状矿体组成。产于古元古代沉积变质岩和上覆的新元古代卡本塔里亚群沉积岩及火山岩中。铀矿化主岩有含燧石铁质粉砂岩、炭质页岩、白云岩等，通常沿剪切带和裂隙带分布，形成沥青铀矿浸染体、脉体和块体。在科罗内申山矿床，含矿主岩是火山集块岩构成的火山颈。在萨德尔山部分矿体产在火山凝灰岩中。在辛托矿床部分矿体则产于闪长岩。

原生矿化一般都是沥青铀矿，多数矿体伴生有金。在不同的矿床中可见各种硫化物，包括方铅矿、黄铜矿、黄铁矿、红砷镍矿、辉砷镍矿、硒铅矿和碲汞矿。在科罗内申山可见含大量黄铁矿的页岩，在罗克霍尔见到黄铁矿和白铁矿，在帕利托有磷灰石和电气石等。如同其他矿田和矿床一样，次生矿物包括一系列的铀酰磷酸盐。

（2）兰杰铀矿

兰杰铀矿产于阿里盖特河矿田内，地理位置于澳北达尔文市以东 250 km，贾比卢卡以东约 7 km，在贾比卢卡飞机场东侧，并与各大城市有公路相通，交通方便。地理坐标 132°54′E，12°40′S。矿山业主为澳大利亚能源资源公司（ENERGY METALS LIMITED）。1980 年开始露天开采，在 2003～2004 年达到矿山投产以来最高水平，5544 t。

铀矿主要分布在元古界砂岩建造与新元古界变质砂泥质岩建造的不整合面之下（图 2-32）。矿床矿化主要赋存于绿泥石片岩、块状白云岩的溶洞塌陷构造中。

断裂构造是主要的控矿构造，它分为贯通基底的切层构造和顺层构造（图 2-33）。切层构造切穿不同的岩性层位，形成复杂的矿体形态，但以脉状为主；顺层断裂沿层间

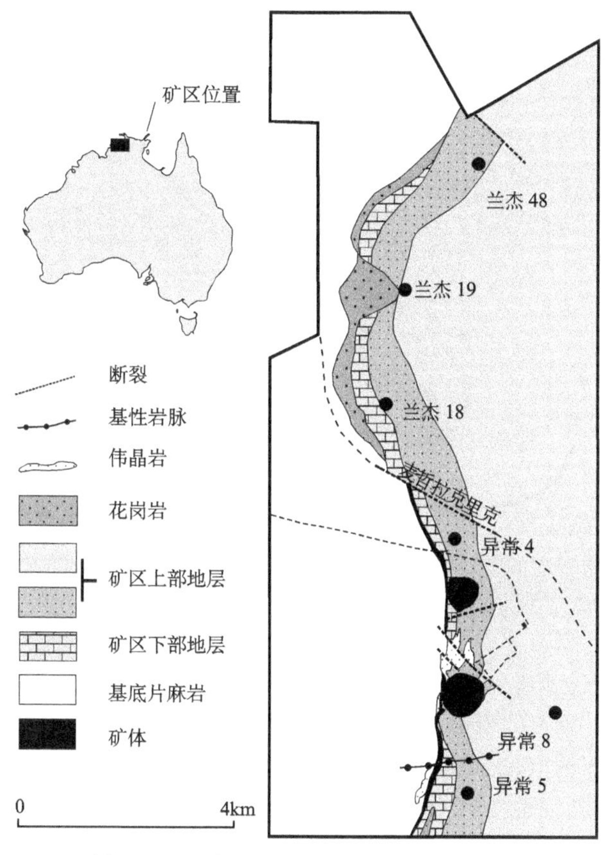

图 2-32　兰杰铀矿区地质图（Hein，2002）

发育，沿不整合的界面发育，受其控制的矿体产状较稳定。在碳酸盐岩发育地区，由于熔岩作用形成的塌陷角砾岩带也是该矿化产出的有利部位。

三、塔纳米造山带（Ⅲ-11）

（一）地层

区内地层发育太古代基底，元古代地层以古元古代的塔纳米群、韦尔（Ware）群、芒特查尔斯（Mount Charles）组、帕吉（Pagree）砂岩和柏林杜杜（Birindudu）群组成（图 2-34）。

区内太古代基底的死河杂岩（Billabong）为花岗片麻岩，年龄为 2514Ma。塔纳米群可分为上下两部分，下段戴德布洛克组为砂岩、粉砂岩、燧石、富铁粉砂岩和少量火山碎屑岩层；上部为浊流沉积的砂岩、粉砂岩，被称为基利基利（Killi Killi）组，此外在部分地区弗德斯（Ferdies）段和凯利（Callie）段与戴德布洛克组对应，其岩性也相似。韦尔群为酸性火山岩、粗粒砂岩和少量粉砂岩、玄武岩，包括芒特温内克（Mount Winnecke）组、南尼哥特（Nanny Goat）火山岩、威尔逊（Wilson）组和世纪

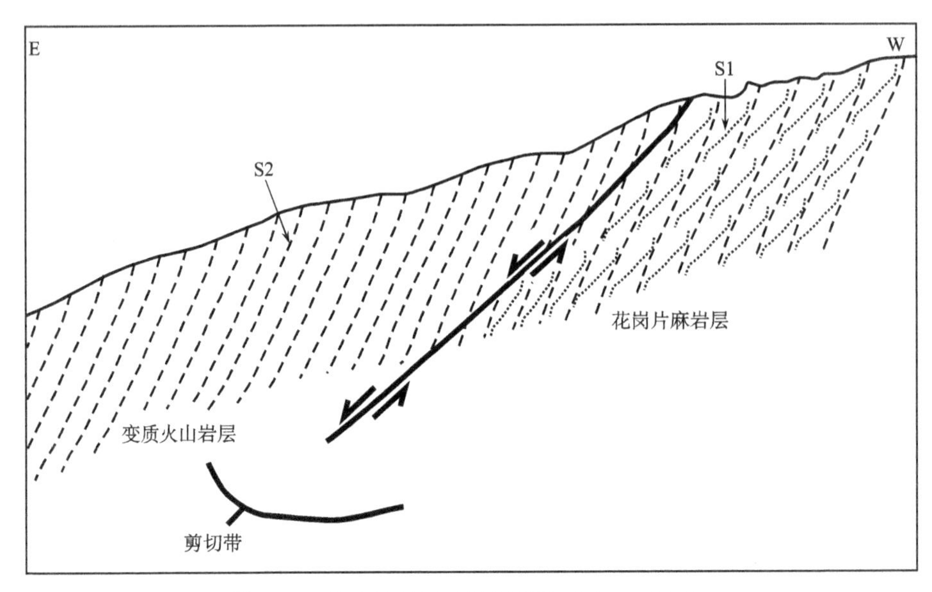

图 2-33　兰杰铀矿区地质剖面图（Hein，2002）

(Century) 组。芒特查尔斯组为互层的玄武岩和细粒到粗粒的碎屑沉积物，是区内金矿化的重要赋矿地层。帕吉砂岩为厚层的砾岩、卵石砾岩、砂屑岩和少量粉砂岩。柏林杜杜群从下到上由加德纳（Gardiner）砂岩、塔尔伯特维尔（Talbot Well）组和库玛里（Coomarie）砂岩组成（图 2-35）。

（二）构造

区内构造变形事件可分为六期（图 2-35）：第一期表现为等斜到紧闭褶皱，轴向为北西到南东向；第二期表现为北东到北北东向的褶皱变形；第三期表现为近南北到北西向的褶皱变形；第四期表现为北东东到东西向的褶皱变形；第五期表现为北到北西向的断层的大规模发育，控制着区域的金矿化分布；第六期表现为所有后期的断层、逆冲断层等构造变形事件，叠加在之前的构造事件之上。

（三）岩浆活动

区内的岩浆活动表现为早期的基性岩脉侵入到塔纳米群中，仅在钻孔内可见。稍晚期的为博斯德（Birthday）岩套，侵入到塔纳米东北部地区，岩性为斑岩和黑云母中粗粒二长花岗岩、花岗闪长岩，发育微文象结构和蠕虫结构，侵入岩高度富钾，为过铝质。弗雷德里克（Frederick）岩套稍晚侵入，为黑云母中细粒等粒二长花岗岩到正长花岗岩，岩石为过铝质钙碱性。格林姆韦德（Grimwade）岩套与弗雷德里克岩套近乎同时侵入，但是范围更广，由二长花岗岩到正长花岗岩，包括少量斑岩组成。区内最晚期的岩浆侵入伴随着斯坦基威斯造山运动侵入了费德勒斯（Fiddlers）湖花岗岩（图 2-35）。

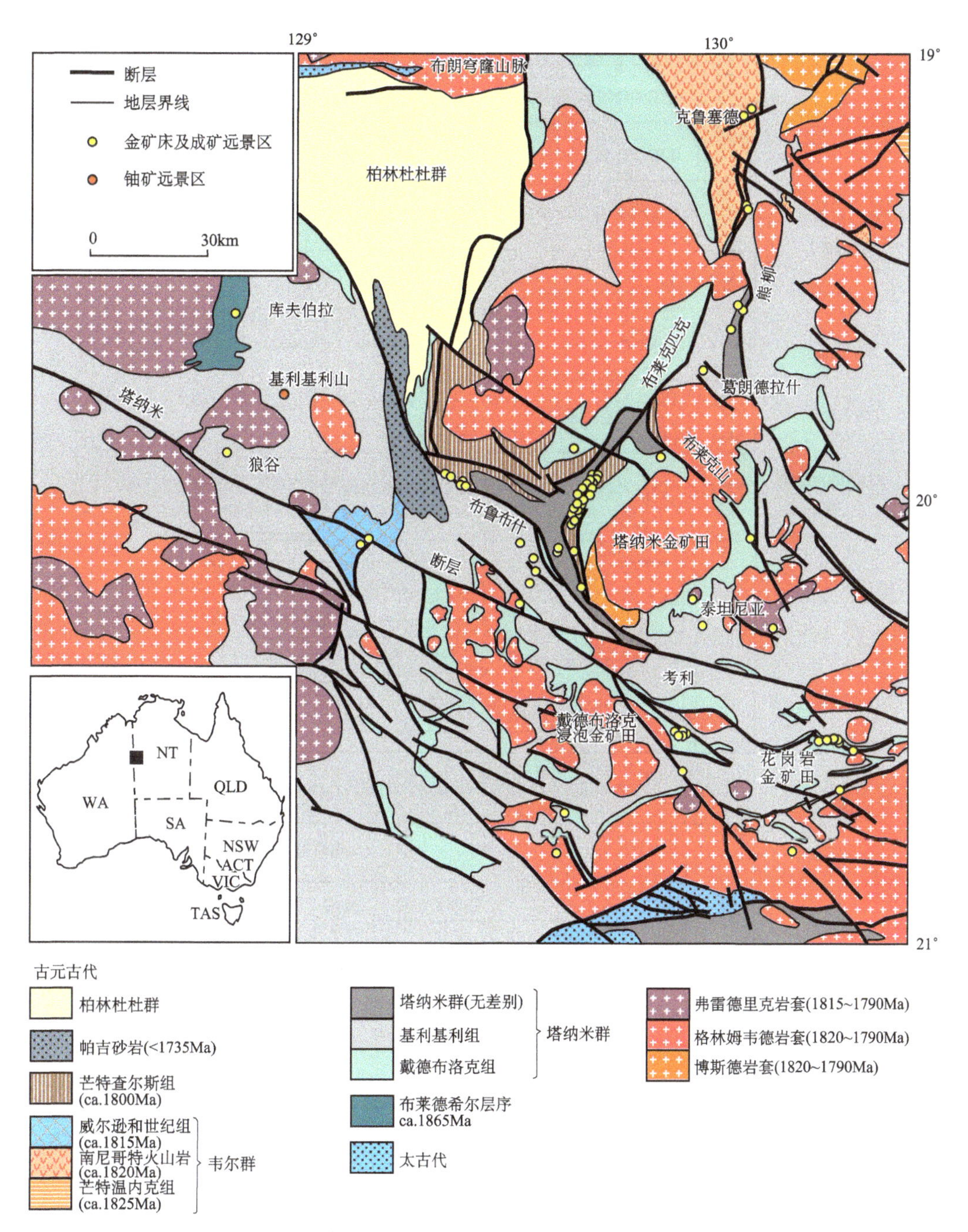

图 2-34 塔纳米地区地质简图（Crispe，et al.，2007）

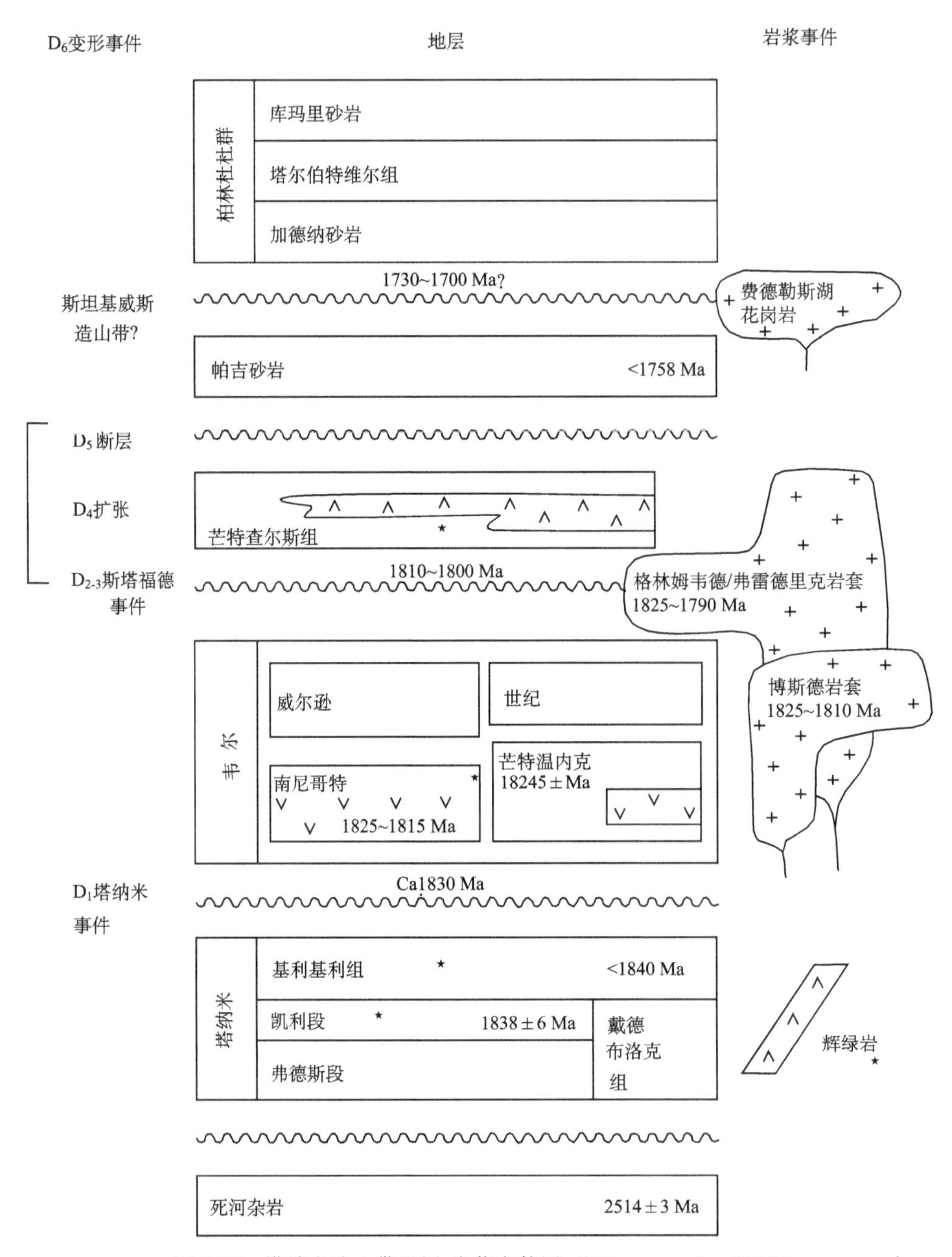

图 2-35 塔纳米造山带地层-岩浆事件图（Crispe, et al., 2007）

（四）区域成矿特征

区内是澳大利亚北部省最为重要的金矿产区，矿化类型为造山型金矿化。

区内的造山型金矿化主要赋存在沉积岩和基性岩浆岩，矿化时间为1805～1790Ma，矿化伴随着大规模的岩浆侵入活动，特别是格林姆韦德岩套的侵入对于成矿有着重要的意义。区内的矿化主要分布在三个地区：戴德布洛克矿田，是该地区最为重要的矿田，赋矿围岩为炭质粉砂岩和含铁建造，第五期构造变形事件对于矿床形成具有重要的意义，区内产出世界级矿床凯利金矿；Granites 矿田，矿化赋存在高度剪切的含铁建造中，矿化可能早于第五期构造事件；塔纳米金矿田，区内金矿数量众多，但是规模较小，赋矿围岩多为玄武岩，成矿也受到第五期构造变形事件的控制（Huston，et al.，2007）。

四、滕南特克里克造山带（Ⅲ-12）

（一）地层

区内出露的最古老的岩石单元约为 1862Ma 的瓦拉孟加（Warramunga）组和其相关地层，为绿片岩相的浊流复理石沉积物，岩性为砂屑岩、杂砂岩、粉砂岩、泥岩、粘土岩和条带状铁建造；该群之上不整合覆盖丘吉尔海德（Churchills Head）群，丘吉尔海德群由弗林亚群（Flynn）和汤姆金森亚群（Tomkinson Creek）组成，其中弗林亚群为流纹到英安质熔岩、凝灰岩和熔结凝灰岩，汤姆金森亚群为硅质碎屑的类磨拉石沉积，岩性为少量白云岩、砂质白云岩和玄武质火山岩（图 2-36）。

（二）构造

区内主要发育两期变形事件：D1 和 D2。D1 期构造变形以北西西向的中等到紧闭的直立褶皱为特征，并在轴面发育节理；D2 期变形发生在 1830～1790Ma。

区内的剪切带也十分发育，早期的剪切带伴随着 D1 期构造事件产生，走向西到北西西，向南陡倾，并在后期的变形中发生反转活化。

区内的断层大多被石英充填，走向北西和北东，表现为左旋或者右旋滑动的特征。

（三）岩浆活动

区内岩浆活动主要发育三期：第一期为准铝到过铝质花岗岩、花岗闪长岩（滕南特克里克花岗岩）和石英长石斑岩脉侵入到瓦拉孟加组地层中，侵入时代为 1860 Ma 和 1840 Ma（Donnellan，et al.，1995）。

第二期为沃里戈（Warrego）花岗岩侵入到瓦拉孟加组和丘吉尔海德群中，该花岗岩为分异的 S 型花岗岩，侵入时代为 1700 Ma 和 1650 Ma（Compston，1995）。

最后一期为少量基性侵入岩脉，例如辉绿岩和煌斑岩脉在巴拉蒙蒂造山运动之后侵入。

（四）区域成矿特征

该区内产出大量的金、铜、铋等矿产资源，特别是铁氧化物型金铜矿化十分发育。

该地区是世界知名的铁氧化物型铜金铋矿成矿省之一，区内的该类矿化从还原性的磁铁矿—磁黄铁矿铜矿床、中性的贫硫化物富磁铁矿高品位金铋矿床逐渐过渡到氧化性的富赤铁矿高品位金矿床，成矿时代为 1840～1860 Ma，矿床赋存在第一期构造变形产

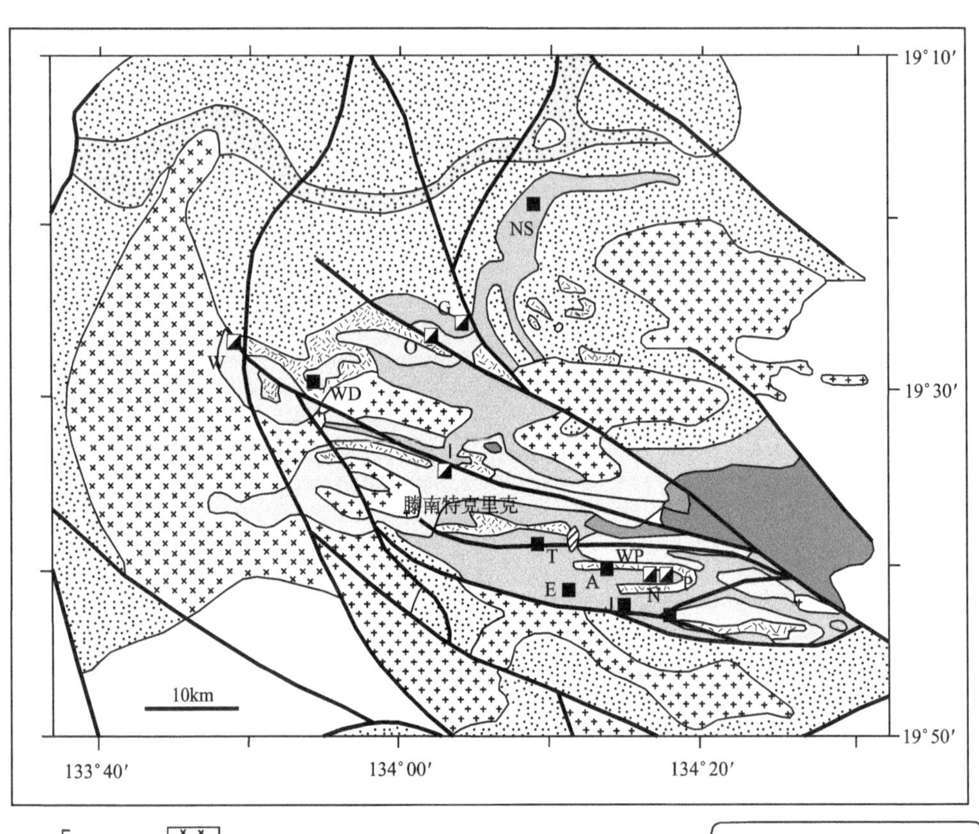

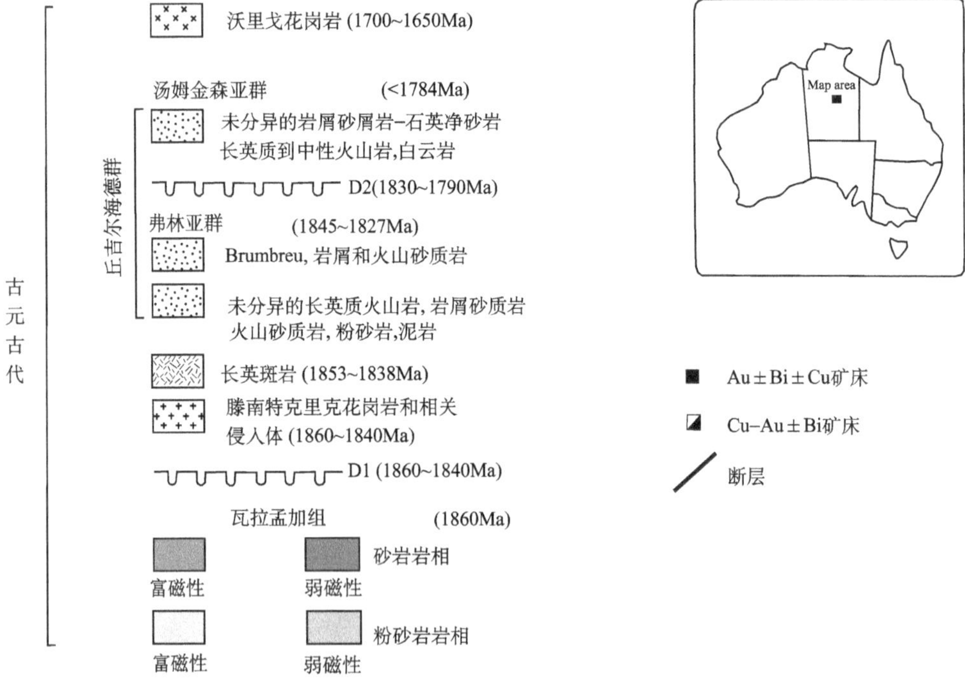

图 2-36　滕南特克里克造山带地质简图及地层柱状图（Skirrow and Walshe, 2002）

生的扩张膨大部位，该期的构造变形也为热液流体的活动提供了通道。该类矿化独特的矿化特征表明其成矿流体是多来源的，既有还原性的成矿流体，又有氧化性的流体，两类流体的混合最终导致了区内大规模的铁氧化物型矿化（Skirrow and Walshe，2002）。

五、阿伦塔造山带（Ⅲ-13）

阿伦塔造山带可分为三个构造省，即北部省、中部省和南部省，它们由大型断裂带界定（图 2-37）。

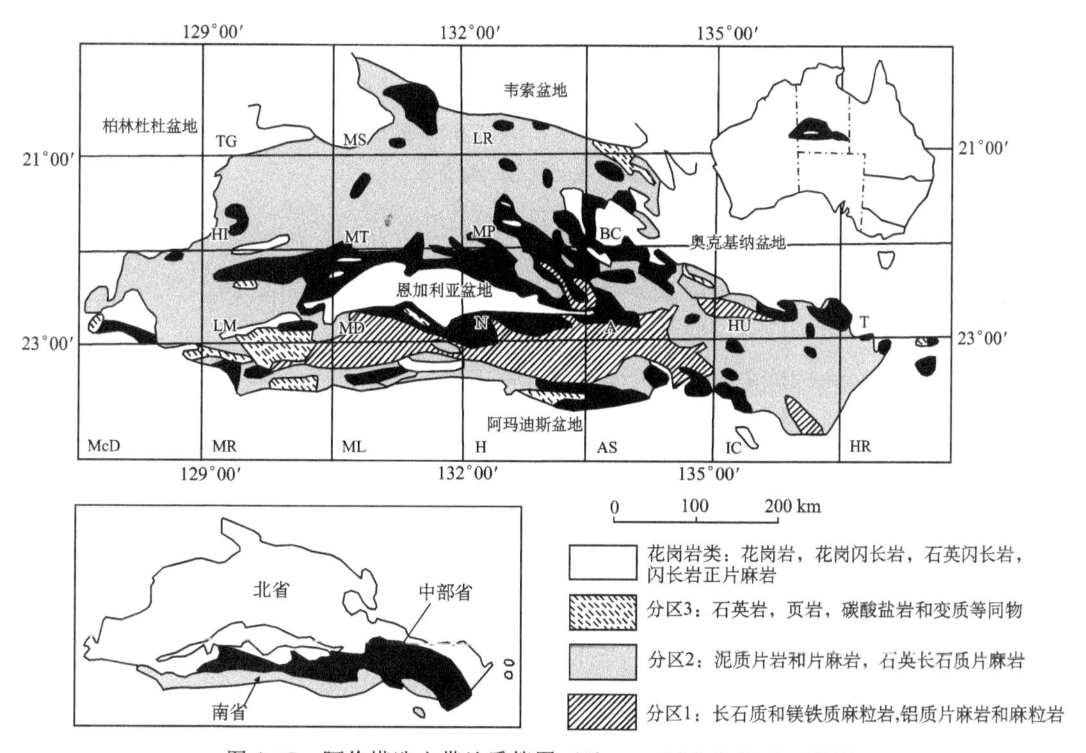

图 2-37 阿伦塔造山带地质简图（Zhao and McCulloch，1995）

（一）地层

区内地层根据岩性、时代和沉积相可分为三个层位。最古老的地层为酸性和中性的麻粒岩，原岩为双峰式火山岩及沉积物，变质后达到麻粒岩相，该地层主要在北部省和中部省出露。第二层为变质的浊流沉积物，主要在北部省内发育，包括 Bonya 片岩和 Lander 层。在南部省出露少量变质泥岩、钙质碎屑岩和大规模的石英长石片麻岩，可能也属于第二层，但是时代相对较新，而在南部省的东部的由富铝沉积物和角闪岩相变质沉积物组成的 Harts 山脉群也被划分为第二层。第三层以台地相的沉积物为主，由石英岩、页岩和碳酸盐岩地层组成，不整合覆盖在前两组地层之上，其最显著的代表是北部省的 Reynolds 山脉群和南部省的辛普森变质沉积物。

（二）构造

区内的构造变形事件十分发育。在北部省，大约1880 Ma时期的Yuendunu构造运动，以低压高温高应力为特征，造成了Lander层浊流砂岩和泥岩垂直的紧密等倾角褶皱。此后在1829Ma的Stafford构造运动，造成了小范围的低压但是高温的变质作用，以及相关的压缩变形和花岗岩侵入。之后在约1780～1730 Ma发生的Strangeways造山运动也在北部省引起了大规模的构造变形和岩浆侵入活动。在1680～1660 Ma的Argilke构造运动在南部省引发了大规模的酸性侵入岩的侵入，并且引发了混合岩化和变形。1600 Ma的Chewings造山运动在南部省引发了横卧褶皱和剪切带，以及大规模的鞘褶皱，并被认为是北向逆冲褶皱带的一部分。1500～1400 Ma的Anmatjira隆起事件主要影响了中部省，也伴随着岩浆侵入和变质变形。1200～1100 Ma时期的岩浆侵入活动引发了褶皱变形。此后在400～300 Ma时期的爱丽丝泉陆内造山运动形成了区内古生代的逆冲褶皱带，并将较老的基底地层带到地表。

（三）岩浆活动

阿伦塔造山带岩浆活动十分发育表现为两类，古中元古代时期花岗质岩浆侵入作用和古元古代时期大规模的基型超基性岩浆侵入作用。

（四）区域成矿特征

区内的金属矿化十分发育，以金、稀土、铜、镍等矿化为主，矿化类型主要为与碳酸岩有关的稀土矿床，此外最近的研究表明区内的铁镁质—超基性侵入体有形成铜镍硫化物矿床潜力。

1. 与碳酸盐岩、花岗岩等有关的稀土铀矿化

（1）成矿特征

该类矿床多产于磷灰石和/或萤石脉内，成矿时代为元古代，矿脉由来源于碱性和/或碳酸岩熔体的热液流体形成。矿化的氟磷灰石脉主要赋存于侵入包含片岩、千枚岩、角岩、变粒岩和含电气石石英岩的Lander层的花岗岩（变质成片麻岩），典型矿床如诺兰稀土矿。

（2）诺兰稀土矿

诺兰（Nolans Bore）稀土矿床位于澳大利亚北领地州爱丽丝泉（Alice Springs）城北130 km，133°53′E，22°31′S。

诺兰稀土矿产于阿伦塔地区，与区域性褶皱的早元古代变质沉积岩和花岗岩侵入体有关（图2-38）。根据公司2008年经营报告披露的数据，该矿床拥有探明＋控制＋推断三级矿石资源量3.03×10^7 t，REO、P_2O_5和U_3O_8平均品位分别2.8%、12.9%和199.58 g/t。

该矿床不仅含稀土矿，还伴生磷和铀。矿体产在变质的花岗岩体中，平面上呈扁平状（图2-39），倾向北北西，倾角65°～90°，厚75 m，矿石矿物主要为富钍独居石和含氟的磷灰石。

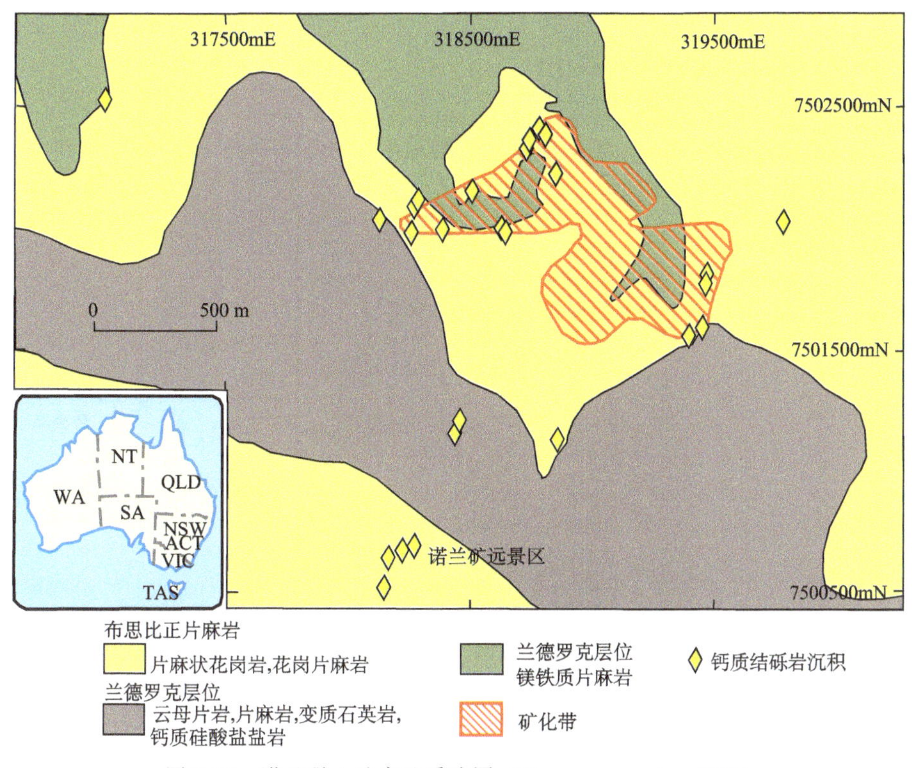

图 2-38　诺兰稀土矿床地质略图（Hoatson, et al., 2011）

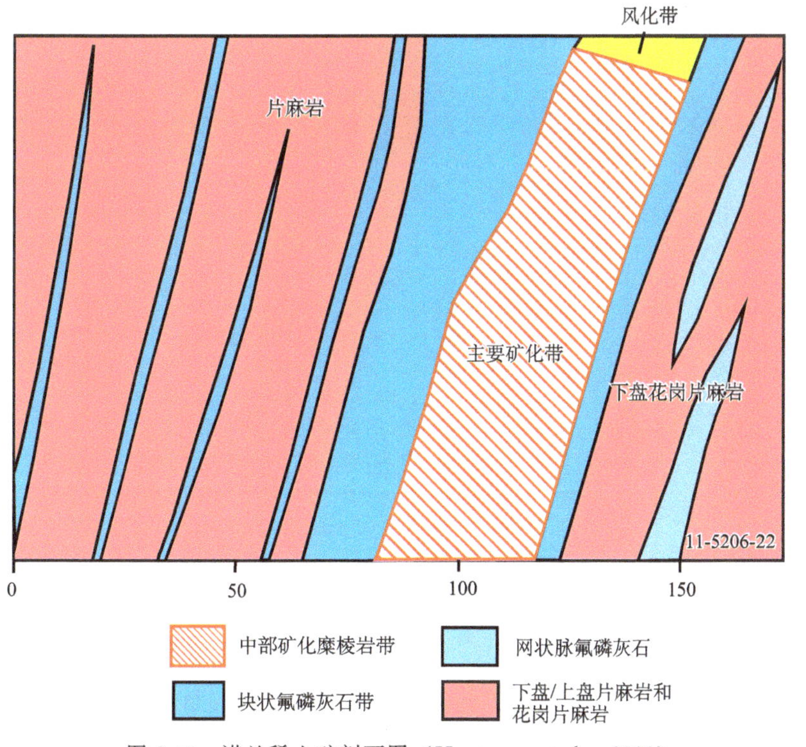

图 2-39　诺兰稀土矿剖面图（Hoatson, et al., 2011）

六、芒特艾萨造山带（Ⅲ-14）

芒特艾萨造山带由三个主要构造单元即西部褶皱带、卡尔卡敦—莱卡特带（Kalkadoon-Leichhardt）和东部褶皱带（图 2-40）。

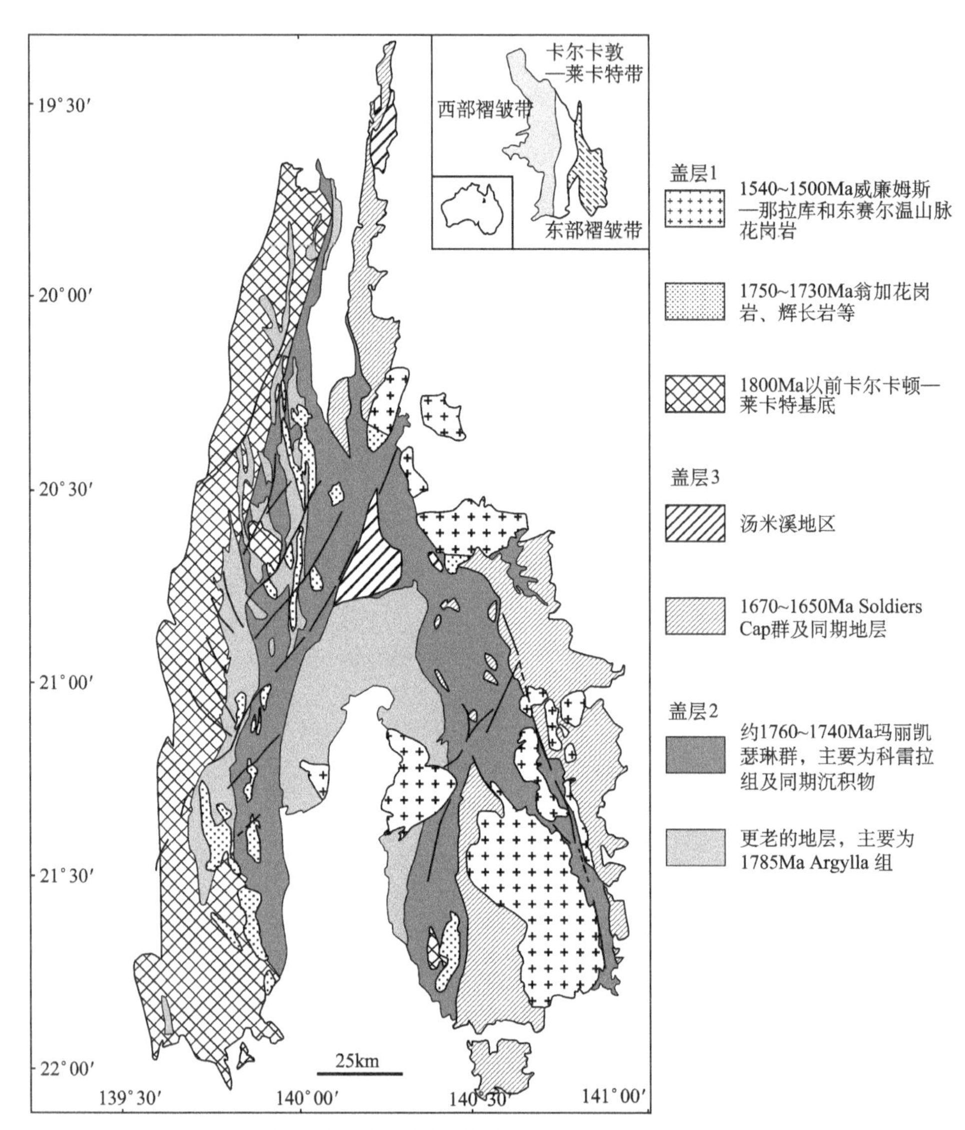

图 2-40　芒特艾萨造山带构造单元简图（Oliver，et al.，2004）

（一）地层

区内的基底地层是在 1875Ma 之前就变形和局部变质的新原生代沉积物、火山岩和侵入岩，主要分布在西部褶皱带内，其具体特征见表 2-4。

表 2-4 芒特艾萨造山带基底地层表

单元名称	岩性
Kallala 石英岩	玻璃状石英岩、云母状石英岩、和长石质石英岩，少量的角闪岩、铁镁质片岩、片麻岩
Sulieman 片麻岩	石英长石质片麻岩、眼球状片麻岩、角闪岩、铁镁质片岩，少量的钙硅质片麻岩、长石变质斑岩
Saint Ronans 变质岩	云母片岩、石英长石质片麻岩、长英质和铁镁质变质火山岩、角闪岩，少量石英岩、变质沙泥岩
Double Crossing 变质岩	云母状和长石质片麻岩和片岩、混合片麻岩、眼球体片麻岩、角闪岩、石英岩、少量条带状石英—电气石和石英—赤铁矿岩石
Plum Mountain 片麻岩	石英长石质片麻岩、眼球体片麻岩、叶片状的花岗岩、少量的石英质到云母状到片岩质的变质沉积岩、钙质硅酸盐岩、角闪岩
Kurbayia 混合岩	条带灰色云母状混合岩、块状石英长石类（英安岩）混合岩、叶状花岗岩、少量角闪岩
Yaringa 变质岩	石英—云母片岩、石英、混合岩，铁镁质变质斑岩
Murphy 变质岩	云母状石英—长石片岩和片麻岩、千枚岩、石英岩、变质沙泥岩，少量石英质铁矿石、硫铁矿碳质片岩

此后在 1875～1850Ma 期间形成的长英质的盖层沉积（盖层 1），在卡尔卡敦—莱卡特带内出露，具体特征见表 2-5。

表 2-5 芒特艾萨造山带盖层 1 地层特征表

单元名称/m		岩性
Tewinga 群	莱卡特火山岩/1000＋	流纹质到英安岩熔灰岩，罕见火山碎屑的砂岩、层状的凝灰岩、铁镁质岩浆、砾岩、石英岩、和斑状安山岩，较少的片岩到片麻岩
	未分	大块到条带石英长石类片麻岩、眼球状片麻岩、和片岩，较少的角闪岩、钙质片麻岩、石英岩
	Candover 变质岩/1000＋	云母片岩，石英岩，长英质和铁镁质变质火山岩，少量变质长石砂岩、砾岩
	Cliffdale 火山岩/4000＋	流纹到英安斑岩熔结凝灰岩和岩浆，较少的层状凝灰岩、砾岩

1790～1760 Ma 期间形成的盖层沉积（盖层 2）在整个造山带内均有出露，并在不同的地区特征有所不同（表 2-6、表 2-7、表 2-8）。

1680～1670 Ma 或更年轻的盖层 3 的沉积和火山岩是在卡尔卡顿-莱卡特带内和东部褶皱带内出露，具体特征见表 2-9 和表 2-10。

表 2-6　西部褶皱带盖层 2 地层表

	单元名称/m	岩性
	Quilalar 组/1500＋	上层部分：碳酸盐岩—沙泥岩—砂岩相—白云石、沙泥岩和砂岩、叠层石白云石、页岩、长英质砂岩、钙质沙泥岩、流纹质凝灰岩、云母的砂岩和沙泥岩、白云母角砾岩、石英砂岩，下层部分：砂岩相—长石质砂岩、粘土质砂岩，少量石英砂岩、沙泥岩、页岩、砾岩、叠层白云石、铁镁质岩浆
Haslingden 群	Myally 亚群/3720＋	长石质砂岩、石英质砂岩，少量沙泥岩、含砾石的到砾岩状的砂岩、泥石、长石砂岩、页岩，石英岩、片岩、白云砂岩、鲕状和叠层状白云石，一些长英质泥灰岩在顶部、一些变质玄武岩在基底附近
	Eastern Creek 火山岩/7200	片岩状到块状的变质玄武岩浆，总体下级的石英、石英砂岩、长石质砂岩，砾岩、沙泥岩、大理石、页岩、杂砂岩、片岩
	Leander 石英岩/5000＋	上层部分：石英质砂岩、长英质砂岩、石英岩，少量长石砂岩和砾岩，下层部分：杂砂岩、片岩、千枚岩、长石质砂岩、玄武岩、凝灰岩、硫化铁矿的沙泥岩
	Mount Guide 石英岩/6200＋	上层部分：石英砂岩、长石质砂岩（多为绢云母的）、石英岩，下层部分：变质杂砂岩、粗砂，砾岩、长石质砂岩、云母状砂岩、石英，少量变质玄武岩、长英凝灰岩、变质粉砂岩、片岩
	May Down 片麻岩/500＋	条带状石英、长石质片麻岩、带钾长石斑状变晶、云母片岩少量石英
	Bottletree 组/3000	常见叶片状斑晶英安岩到流纹岩岩浆和凝灰岩、变质玄武岩岩浆、夹层的变质杂砂岩、砾岩、石英和副角闪岩
	Oroopo 变质玄武岩/1000＋	变质玄武岩岩浆，下级石英、长石质和钙质的砂岩，变质粉砂岩，大理石、白云石、长石砂岩，少量砾岩、片岩
	Jayah Creek 变质玄武岩/15000＋	变质玄武岩岩浆，下级片岩、石英、砂岩、变质粉砂岩、副—角闪岩、变质杂砂岩、大理石、砾岩
	Kamarga 火山岩/1400＋	玄武岩岩浆和少量夹层的长石质砂岩上覆长石质砂岩、长石砂岩、砾岩质砂岩

表 2-7　卡尔卡敦—莱卡特带盖层 2 地层表

	单元名称/m	岩性
玛丽凯瑟琳群	科雷拉组/1260	条带状钙硅质花岗变晶岩层，变质沙泥岩、页岩和板岩，大理石，长石质砂岩和石英、千枚岩、云母片岩、少量变质玄武岩
	Ballara 石英岩/1250	石英砂岩、长石质砂岩、火山碎屑砂岩、石英，长石砂岩、砂砾、砾岩、长英质凝灰岩、火山灰石和少量变质玄武岩在下层局部出现，少量钙质的砂岩、沙泥岩、大理石、方柱化的钙质硅酸盐岩石、黑云母片岩和变质玄武岩在上层部分
	Makbat 砂岩/300＋	长石质砂岩、石英砂岩、少量沙泥岩、砾岩、杂砂岩、页岩
	Stanbroke 砂岩/300	石英、长石质、钙质和绢云母质砂岩、少量大理石、白云石、沙泥岩、砾岩、长石砂岩、云母状杂砂岩

续表

	单元名称/m	岩性
Tewinga 群	Argylla 组/2000+	长英质火山岩和变质火山岩—斑岩流纹岩到英安岩熔结凝灰岩和岩浆，次级层状凝灰岩、变质玄武岩、长石质砂岩、沙泥岩、石英砂岩和砾岩
	Magna Lynn 变质玄武岩/1500	变质玄武岩、一些可能存在的安山岩，整体上较少的夹层的石英、长石质和石灰质的沙石、沙泥岩、砾岩、杂砂岩、角岩、铁镁质凝灰岩和长英质火山岩

表 2-8　东部褶皱带盖层 2 地层表

	单元名称/m	岩性
玛丽凯瑟琳群	科雷拉组/4000+?	麻粒岩到片麻岩、片麻岩铁镁质及长英质变质火山岩、变质沙泥岩、多变的长石、石灰质到云母质的石英、大理石、云母片岩、黑色板岩、千枚岩、角砾岩、白云石变质沉积岩、页岩
	Doherty 组/1000+	薄条带状钙质硅酸盐花岗变晶岩和块状钙质硅酸角砾岩，少量块状该质硅酸花岗变晶岩、大理石、云母片岩、黑色板岩、燧石、易变的石灰质和长石质石英岩、斑状流纹岩、变质玄武岩、副—角闪岩、和条带状石英—电气石岩石
	Agate Down 沙泥岩/500+	硅质和板状的变质沙泥岩、千枚岩、石英岩和少量角砾岩
	Marimo 板岩/2000	易变的碳质板岩和沙泥岩，副砂岩、燧石、硅质沙泥岩、角砾岩和大理石
	Staveley 组/2000+	夹层的砂岩、沙泥岩和千枚岩、页岩泥岩、均为易变的钙质的、含铁的、长石的、硅酸的和云母的，角砾岩、少量斑晶的沙泥岩、云母片岩、砾岩、条带状石英—赤铁矿—磁铁矿岩石、和蚀变的玄武岩
	Kuridala 组/1000+	夹层的云母片岩、片岩质变质杂砂岩、石墨的和硫化铁矿的黑色板岩变质沙泥岩、千枚岩变质—长石砂岩、石英岩，少量条带的钙质硅酸盐花岗变晶岩、燧石、石英—钠长石岩，条带状铁建造、条带状石英—赤铁矿—磁铁矿、铁镁质变质火山岩。
	Answer 板岩/1000+	变质沙泥石、板岩、千枚岩、常见的石墨化和斑岩化，少量长石质石英、变质杂砂岩、燧石、石英—钠长石岩、大理石、云母—片岩、石英—赤铁矿岩石。
	Overhang 碧玉铁质岩/1000	较薄的层状的沙泥岩、燧石、不纯净的大理石、碧玉铁质岩和角砾岩，少量砂岩、石英岩、千枚岩、铁矿，局部有方柱石和一些叠层石
	Ballara 石英岩	石英岩

续表

	单元名称/m	岩性
Malbon 群	Mitakoodi 石英岩/3000?	长石质的石英岩和砂岩，少量石灰质石英岩、变质杂砂岩、变质沙泥岩、千枚岩、片岩、变质玄武岩、铁镁质斑岩、砾岩、碧玉铁质岩、方柱石化钙质硅酸盐岩石、石英—赤铁矿岩石、燧石、大理石
	Marraba 火山岩/3500	变质玄武岩、变质沙泥岩、沙泥岩、长石质、石灰质砂岩和石英岩、黑云母片岩，少量板岩、大理石、白云石泥灰土、页岩、长英质变质火山岩、可能的安山岩和砾岩
Tewinga 群	Argylla 组/2000＋	长英质火山岩好变质火山岩，石英、长石质、稀有石灰质砂岩，石英岩、少量变质玄武岩、安山岩、铁镁质片岩
Soldiers Cap 群	未分地层/1000＋	云母片岩、片麻岩、混合片麻岩、石英岩、长石质石英岩、变质杂砂岩、变质玄武岩、副—角闪岩，少量钙质硅酸盐岩石、燧石、条带状铁建造、变质流纹岩、伟晶花岗岩
	Toole Creek 火山岩/2800＋	变质玄武岩、变质沙泥岩、千枚岩、云母片岩、石英岩、长石质石英岩、燧石、碧玉铁质岩、条带状钙质硅酸盐岩石、条带状铁建造、板岩
	Mount Norna 石英岩/2700	长石质石英岩、石英岩、千枚岩、云母片岩，少量变质玄武岩、变质杂砂岩、砾岩、条带状铁建造、大理石、燧石、凝灰岩、长英质变质火山岩
	Llewllyn Creek 组/2000＋	云母片岩、千枚岩、和变质杂砂岩，少量变质玄武岩、长石质石英岩

表 2-9 卡尔卡顿-莱卡特盖层 3 地层表

单元名称/m	岩性
Fickling 群/950＋	鲕粒岩状的叠层岩、内碎屑的白云石；白云石化的沙泥岩和页岩，燧石、石英砂岩、云母质粉砂岩，一些砾岩透镜体在基底部分
McNamara 群/8500	上层：粉砂岩、白云砂岩、页岩、杂砂岩，少量长英质凝灰岩 下层：白云石、叠层白云石、沙泥岩、砂岩、叠层燧石，一些砾岩在基底，少量铁镁质凝灰岩
Mount Isa 群/4500	沙泥岩和页岩多为白云岩质，钙质或硫化铁矿的，少量砂岩和砾岩主要在基底和铁镁质凝灰岩
Surprise Creek 组/2000＋	砂岩、沙泥岩、页岩，少量砾岩、白云石，层理向上越来越细
Tawallah 群/3500	砂岩、砾岩、玄武岩、沙泥岩、白云石
Peters Creek 火山岩/2000	玄武岩、流纹岩、基性火山岩，少量夹层的砂岩、沙泥岩、凝灰岩、白云石、砾岩、泥岩
Wire Creek 砂岩/50	砂岩带分散的卵石和砾岩
Carrara Range 组/2000	玄武岩、粗面岩、斑岩流纹岩、砂岩，少量砾岩存在于基底部分
Fiery Creek 火山岩/250	流纹岩、粗面玄武岩、夹层的砂岩和砾岩

续表

单元名称/m	岩性
Bigie 组/600	赤铁石质和长英石质砂岩、砾石砂岩、砾岩，少量沙泥岩、页岩、泥灰土、石灰岩
Carters Bore 流纹岩/200+	斑状流纹岩、流纹凝灰岩和集块岩，少量片状石英岩、斑岩、蚀变的玄武岩

表 2-10　卡尔卡顿-莱卡特带内和东部褶皱带盖层 3 地层表

	单元名称/m	岩性
Mount Albert 群	未分地层/2000+	长石质砂岩、砾石砂岩、砾岩，少量泥石和石英砂岩
	Lady Clayre 白云岩/3000	深棕到黑色白云石和白云质沙泥岩，常见的为磁黄铁矿和方柱石，少量石英砂岩、沙泥岩、云母砂岩
	Coocerina 组/400	钙质黑页岩、方柱石变质沙泥岩，少量硫化铁页岩、砂岩和板状钙质硅酸盐花岗变晶岩
	Knapdale 石英岩/2000+	长石质、石英质、钙质和云母质砂岩和石英岩，少量沙泥岩、砾岩
	White Blow 组/1000	云母质粉砂岩、千枚岩、片岩、斑状片晶（石榴石、十字石、红柱石）片岩、条带状大理石、方柱石化钙质硅酸盐花岗变晶岩、石英岩、黑色板岩、钙质和长石质砂岩和沙泥岩
	Deighton 石英岩/2700	长石质、石质和石英质砂岩、砾石砂岩、少量沙泥岩、大理石、页岩、千枚岩、片岩、砾岩
	Roxmere 石英岩/2000+	长石质和石英砂岩，少量钙质和云母质沙泥岩、钙质砂岩、砾岩、角砾岩

晚元古代（<1500Ma）的盖层沉积主要为 Quamby 砾岩和 South Nicholson 组，仅有小规模的出露。Quamby 砾岩在东褶皱带内出露，厚约 300 m 且不整合的覆盖在盖层 2 的科雷拉组构造上，主要的岩石类型为砾岩、长石砂岩、石英砂岩（多为赤铁矿）和杂砂岩。South Nicholson 在西部褶皱带西北部出露，包含了轻微褶皱的浅海沉积岩石，至少 1000 m 厚，不整合的覆盖于 McNamara，Carrara Range 和盖层 3 的 Fickling 组之上。

古生代在区内西部和南部出露，主要包括了新寒武纪和新奥陶纪浅海碎屑、石灰质、白云质、石英质和磷酸的沉积岩石。这些岩石除了靠近断层的平整的铺着或者微微倾斜，例如沿着 Pilgrim 断层带的南部地区。

中生代的地层是由近水平方向的沉积岩石所代表的，分布在造山带的边缘地区。

中新生代地层以冲积和塌积沉积物占主导地位，但是风积沙、无机石灰岩、铁砾岩、硅结砾岩和残积型矿床同样广泛分布。含铁和硅质硬壳层是许多地区的一个主要特征。

（二）构造

在西部褶皱带西北部的岩石显示了同心状的盆地和穹隆褶皱。许多褶皱是拉长的，且在北部有东北向趋势，在南部有北向趋势。区内断层发育四组，为北向的 Mount Gordon 断层、西北向的 Termite Range 断层、北-西北向的 May Downs 断层和东北向的 Fiery Creek 断层。西部褶皱带东部构造以莱卡特河地槽为主要构造带，形成了一系列的断层和褶皱。

卡尔卡顿—莱卡特带内的构造中最主要最古老的构造是小型褶皱和相关的轴平面劈理，在盖层 2 和盖层 3 中形成了几个重要的向斜，他们的范围从敞开到紧闭，由陡峭到垂直的轴平面，且倾向在北到北北西。

东部褶皱带的构造变形也十分强烈，在玛丽凯瑟琳地区总体的走向为北西到北东向，在 Quamby-Malbon 地区最主要的构造是广泛的北到北东向的 Bulonga 和 Duck Creek 背斜以及 Wakeful 向斜，形成了 Plumb 的 Malbon 地块及其他。在 Cloncurry-Selwyn 地区主要表现为褶皱变形，可分为三期，前两期为开放等斜褶皱，到后期褶皱更为平缓，该地区的断层是北西北向趋势的 Cloncurry 断层。

（三）岩浆活动

区内岩浆活动十分发育，主要集中在元古代，表现为花岗岩、基性岩脉的侵入。

花岗岩在区内活动十分活跃，主要表现为六个主要的岩基侵入，从西到东分别为 Sybella，Ewen，卡尔卡顿，Wonga，Williams Naraku 岩基，以及 Nicholson 花岗岩杂岩体（表 2-11）。

表 2-11 芒特艾萨造山带花岗岩特征表

单元名称		分布	岩性	关系
Williams 岩基	Blackeye 花岗岩	在东部褶皱带的克朗克里—赛尔温地区出露 1.6 km 长深成岩体	叶理状浅色花岗闪长岩，少量结晶花岗岩	侵入 Doherty 组
	Cowie 花岗岩	岩体长 11.5km，宽 3km，在东部褶皱带的克朗克里—赛尔温地区出露	叶理状浅色云母花岗岩，花岗闪长岩，和英闪岩；少量结晶花岗岩	侵入 Soldiers Cap 群和 Doherty 组
	Gin Creek 花岗岩	复合体长 24km，宽 6km，在东南 Quamby-Malbon 带	非叶理状的、部分斑岩的、黑云花岗岩，较弱叶理化的电气石—云母花岗闪长岩，较强叶理化的捕虏体黑云母花岗岩，少量黑云母微花岗岩，半花岗岩，云英岩	侵入 Answer 板岩、Staveley 组和 Kuridala 组
	Maramungee 花岗岩	延长的深成岩体长 5km，东南在东部褶皱带的克朗克里—赛尔温地区出露	叶理化的黑云母—趋向浅色花岗岩、岗闪长岩、石英闪长岩，少量结晶花岗岩	侵入 Soldiers Cap 群，被辉绿岩岩脉侵入。

续表

单元名称		分布	岩性	关系
Williams 岩基	Mount Angelay 花岗岩	在东部褶皱带的克朗克里—赛尔温地区出露	非叶理状、部分斑岩花岗岩夹带黑云母和/或角闪岩和/或斜辉石，少量浅色花岗岩、斑微花岗岩、细晶岩、结晶花岗岩	侵入 Soldiers Cap 群和 Doherty 组；被辉绿岩岩脉侵入。
	Mount Cobalt 花岗岩	在东部褶皱带的克朗克里—赛尔温地区绵延 1 km	非叶理状黑云母花岗岩，少量细晶岩	侵入 Kuridala 组，变质辉绿岩
	Mount Dore 花岗岩	东北倾向深成岩体长 14 km，宽 7 km，在东部褶皱带的克朗克里—赛尔温地区	非叶理状、部分斑岩的、黑云母和角闪石—黑云母花岗岩，少量微花岗岩、细晶岩、结晶花岗岩、云英岩	侵入 Kuridala 组，变质辉绿岩
	Saxby 花岗岩	不规则深成岩体横跨达 10 km，在东部褶皱带的克朗克里—赛尔温地区	非叶理状黑云母和角闪石趋向花岗岩，少量浅色花岗岩、捕虏岩体闪绿岩、二长岩、花岗闪长岩、细晶岩、结晶花岗岩、网脉状杂岩体	侵入 Soldiers Cap 群、Doherty 组和变质辉绿岩，被辉绿岩横穿。
	Squirrel Hills 花岗岩	混合石体长为 100 km，宽 25 km，在东部褶皱带的克朗克里—赛尔温地区	非叶理状黑云母、部分斑岩花岗岩包含角闪石和/或黑云母和/或斜辉石，少量细晶岩、二长岩、花岗闪长岩、罕见结晶花岗岩	侵入 Soldiers Cap 群、Kuridala 组、Doherty 组、Staveley 组、Cowie 花岗岩和变质辉绿岩，被辉绿岩岩脉横切
	Wimberu 花岗岩	混合石体长为 42 km 横跨整个南部 Quamby-Malbon 地区	非叶理状，部分斑岩花岗岩和花岗闪长岩包含黑云母和/或角闪石和/或斜辉石，细粒的黑云母，少量细晶岩、结晶花岗岩	侵入 Argylla 组、Marraba 火山岩、Mitakoodi 石英岩、Overhang 碧玉铁质岩、Answer 板岩、Staveley 组和变质辉绿岩
	Yellow Waterhole 花岗岩	东向石体长 19 km，宽 2.5 km，在东部褶皱带的克朗克里—赛尔温地区	非叶理状，部分斑岩黑云母和角闪岩—黑云母花岗岩，少量结晶花岗岩	侵入 Kuridala 组
	未命名的花岗岩	小部分在东部褶皱带的克朗克里—赛尔温地区	叶理状浅色英闪岩、非叶理状会云母花岗岩，少量角闪岩—黑云母英闪岩、细晶岩	侵入 Soldiers Cap 群和玛丽凯瑟琳群
Naraku 岩基	Naraku 花岗岩	东部褶皱带的 Quamby-Malbon 和克朗克里—赛尔温地区的北部区域	局部叶理状、部分斑状花岗岩夹带角闪岩和/或黑云母，少量花岗闪长岩、结晶花岗岩带白云母和或英闪岩、细晶岩	侵入 Argyalla 组、Mitakoodi 石英岩、Soldiers Cap 群和科雷拉组
Sybella 岩基	Sybella 花岗岩	西部褶皱带深成群绵延北—南 190 km，在南莱卡特河地槽	中粗粒斑状黑云母花岗岩、少量浅色花岗岩、结晶花岗岩、片麻岩花岗岩、微型花岗岩、辉绿岩和辉长岩	侵入到盖层 2 和盖层 3 内

续表

单元名称		分布	岩性	关系
Sybella岩基	Weberra 花岗岩	一个或者多个深成岩体在东北部 Lawn Hill 平台，西部褶皱带	非斑岩中等到粗粒花岗岩和浅色花岗岩、一些含有石榴石，少量花岗岩	侵入 Myally 子群和 Quilalar 组被长英质和铁镁质岩脉横切
Wonga岩基	Birds Well 花岗岩	一个深成岩体，露头范围约为 79 km²，在 Duchess Region，另一个在南部，露头范围约为 30 km²，在 Dajarra，卡尔卡顿—莱卡特带	弱到强叶理化、部分斑岩黑云母花岗岩，少量角闪岩—黑云母花岗岩、片麻岩、细晶岩、微型花岗岩，少量伟晶岩	侵入莱卡特火山岩、Magma Lynn 变质玄武岩、Argylla 组、卡尔卡顿花岗岩，或许同样侵入 Corella 组、Plum Mountatin 片麻岩、One Tree 花岗岩，被变质辉绿岩岩脉横切
	Bowlers Hole 花岗岩	椭圆形深成岩体长约 11 km 在东南部中央卡尔卡顿—莱卡特带	叶理化到片麻状的、较弱斑岩黑云母—角闪岩花岗岩，少量黑云母花岗岩、微型花岗岩、细晶岩、伟晶岩和捕虏岩	侵入莱卡特火山岩、Magna Lynn 变质玄武岩、Argylla 组，被变质辉绿岩岩脉横切
	Burstall 花岗岩	两个主要岩体覆盖中央玛丽凯瑟琳地区约 49 km²，东部褶皱带	叶理化、淡色的、均匀颗粒到斑岩角闪岩—黑云母花岗岩，少量英闪岩和闪绿岩（在网状杂岩体内），细晶岩、伟晶岩、微型花岗岩、斑岩型流纹岩岩脉	侵入科雷拉组，变质辉绿岩，新出那个网状杂岩体；被辉绿岩岩脉横切
	Bushy Park 片麻岩	呈挤压变形的豆荚状条带延 Duchess Region 的卡尔卡顿—莱卡特带的东部边缘地区分布	较弱叶理化到更常见的片麻岩，斑岩到均匀的黑云母—角闪岩和黑云母花岗岩、少量片麻岩淡色花岗岩、细晶岩、伟晶岩	侵入 Magna Lynn 变质玄武岩，科雷拉组。
	Hardway 花岗岩	石体覆盖 20km²，在东部中央卡尔卡顿—莱卡特带	非叶理化的浅色花岗岩、部分斑岩型黑云母花岗岩、少量细晶岩、英闪岩、花岗闪长岩、闪长岩	侵入 MagnaLynn 变质玄武岩，科雷拉组
	Mairindi Creek 花岗岩	深成岩体长 5 km，在南卡尔卡顿—莱卡特带	叶理化的斑岩黑云母花岗岩和少量细晶岩	侵入 Magna Lynn 变质玄武岩，Argylla 组；被变质辉绿岩岩脉横切
	Mount Erle 火成岩杂岩体	覆盖约 30km² 在南部卡尔卡顿—莱卡特带	局部叶理化、浅色黑云母—角闪岩花岗岩、变质辉绿岩、辉长岩和中性混合岩石（部分为网状杂岩体），少量细晶岩、伟晶岩	侵入科雷拉组
	Myubee 火成岩杂岩体	圆形石体在南 Mary Kathleen 地区横跨 2 km，东部褶皱带。	局部叶理化、浅色角闪岩—黑云母花岗岩、变质辉绿岩、辉长岩、和闪长岩、部分为网脉状杂岩体	侵入科雷拉组，被变质辉绿岩和辉绿岩岩脉横切

续表

单元名称		分布	岩性	关系
Wonga 岩基	Overlander 花岗岩	岩体在南部 Mary Kathleen 地区达 10 km 长，东部褶皱带	叶理化浅色花岗岩、均匀分布到轻微斑岩的角闪岩—黑云母花岗岩，少量伟晶岩、细晶岩	侵入科雷拉组和变质辉绿岩，被辉绿岩岩脉横切
	Revenue 花岗岩	主要石体长达 13 km，在中央玛丽凯瑟琳南部，东部褶皱带	与 Overlander 花岗岩样，也有细褶皱的片麻岩花岗岩	侵入科雷拉组和变质辉绿岩
	Saint Mungo 花岗岩	石体覆盖约 90 km²，在东南部卡尔卡顿—莱卡特带	较弱叶理化到片麻岩化、斑岩化角闪岩—黑云母和黑云母花岗岩，少量非斑岩化花岗岩、细晶岩和伟晶岩	侵入 Plum Mountain 片麻岩和科雷拉组，被变质辉绿岩岩脉横切
	Wonga 花岗岩	系列变形的深成岩体在卡尔卡顿—莱卡特带的东部	叶理化到片麻岩化、斑岩到均匀颗粒的会云母和角闪岩—黑云母花岗岩，少量微型花岗岩、细晶岩、伟晶岩和变质辉绿岩	侵入阿拉吉拉组，科雷拉组；被网状杂岩体和变质辉绿岩横切后又重组
	Big Toby 花岗岩	在莱卡特河流断层带露出超过 22 km²，西部褶皱带	浅灰色、块状到叶理化的、黑云母花岗闪长岩和花岗岩，部分显现斑岩，主要为捕虏岩，少量细晶岩、伟晶岩和网状杂岩体	侵入 Yaringa 变质岩（基底）和可能的东克里克火山岩（覆盖层序 2）
	Yeldham 花岗岩	露出超过 12 km²，在 Kamarga Dome，Lawn Hill 平台，西部褶皱带	粉到灰色、等粒子、中等颗粒的白云母花岗岩，少量角闪岩趋向花岗岩、伟晶岩和云英岩	上覆 Kamarga 火山岩（覆盖层序 2）和 McNamara 群（覆盖层序 3）
Ewen 岩基	Ewen 花岗岩	在 Ewen 地块最为主要的深成岩体，西部褶皱带	粉色非叶理化的黑云母和角闪岩—黑云母花岗岩和花岗闪长岩捕虏岩和部分斑岩；少量英闪岩，叶理化的花岗岩和微型花岗岩、细晶岩、伟晶岩	侵入 Gandover 变质岩和莱卡特火山岩（覆盖层序 1），上覆东克里克火山岩（覆盖层序 2），被变质辉绿岩横切
卡尔卡顿岩基	卡尔卡顿花岗岩	卡尔卡顿-莱卡特带	灰色黑云母（罕见的角闪岩）、花岗闪长岩和英闪岩、粉色黑云母花岗岩、多为叶理化的、斑岩和捕虏岩，少量浅色花岗岩、白云母花岗岩、微型花岗岩、斑岩型花斑岩、斑岩型黑云母—白云母花岗岩、二长岩、闪长岩、细晶岩、伟晶岩和一些网状杂岩体	侵入 Kurbayia 混合岩，未分开的 Tewinga 群，莱卡特火山岩；上覆可能的莱卡特火山岩（覆盖层序 1），被 Bottletree 组，Mount Guide 石英岩和 Quilalar 组（覆盖层序 2），Surprise Creek 组（覆盖层序 3）。被铁镁质和长英质岩脉横切

续表

单元名称		分布	岩性	关系
卡尔卡顿岩基	One Tree 花岗岩	石体长达 40 km，宽达 10km，在 Dakarra，卡尔卡顿—莱卡特带	粉色的、块状到强烈褶皱的，中等到粗粒黑云母花岗岩，灰色、叶理化、细颗粒富含黑云母的花岗岩和花岗闪长岩，多为斑岩的，少量英闪岩、微型花岗岩、细晶岩和伟晶岩	侵入 Plum Mountain 片麻岩（基底），上覆莱卡特火山岩（覆盖层序 1），被长英质岩脉莱卡特型侵入、变质辉绿岩和可能的 Wills Creek 花岗岩
	Wills Creek 花岗岩	几个深成岩体在 Dakarra 长 10 km，卡尔卡顿—莱卡特带	粉色、非叶理状、中等到粗糙、多为浅色的、黑云母花岗岩，少量细晶岩和罕见的斑岩微型花岗岩	侵入莱卡特火山岩，未分开的 Tewinga 群、和可能的卡尔卡顿花岗岩，上覆 Makbat 沙泥岩和可能的 Stanbroke 沙泥岩（覆盖层序 2），被铁镁质岩脉横切
	Woonigan 花岗岩	几个深成岩体在 Duchess Region 长达 10 km	粉色、非叶理状、中等到细粒、浅色黑云母花岗岩、少量细晶岩、斑岩型微型花岗岩	侵入莱卡特火山岩、未分组的 Tewinga 群、被变质辉绿岩和斑岩型花斑岩岩脉横切

铁镁质的侵入岩石在这地区形成了岩脉、岩床、豆荚状矿体以及网脉状杂岩体夹带花岗岩。与它们所侵入的岩石相比，它们更无法抵御侵蚀作用，而且在航拍照片上显为典型有特点的黑色光滑铁镁质岩石的地质凹陷。因此它们能够在航拍图片中被识别出来，除非它们侵入铁镁质火山岩的地方太薄而无法在照片上被识别。

长英质微量侵入体在区内是普遍存在的，但与铁镁质侵入体比更少些。大部分可以与邻近的长英质火山岩和深成岩单元联系起来。最老的长英质岩脉或许是那些黑灰细粒的英闪岩侵入了卡尔卡顿—莱卡特带的 Kurbayia 混合岩且被流变作用起源的浅色花岗岩脉横切，或许是英闪岩围岩的部分熔化所形成的。

（四）区域成矿特征

区内金属矿产禀赋良好，出产铜、铅锌、金、银、铀、钴以及少量锰、铋、钨矿化，矿化类型以页岩容矿的铅锌矿、铁氧化物型铜金矿和矽卡岩型铀矿等为主。

1. 页岩容矿的铅锌矿

这种类型的例子包括了在西部褶皱带的芒特艾萨，Hilton 和 Lady Loretta 铅锌银矿和东部褶皱带的 Dugald River 矿。都出现在变质的硫化铁矿和白云石化的页岩及沙泥岩，总体被认为是同生的或者起源于上早期成岩作用的。芒特艾萨和 Hilton 矿体在芒特艾萨群石组的 Urquhart 页岩莱卡特河地槽内。然而，Lady Loretta 矿床在下层 McNamara 组 Lawn Hill 地台的 Lady Loretta 组内。Lady Loretta 组被认为比 Urquhart

页岩年轻些。Dugald River 的主岩被分配到科雷拉组。

2. 角砾岩化沉积主导的铅锌银矿

这种类型的矿床通常出现在 Lawn Hill 地区 Lawn Hill 平台 McNamara 组。他们包括了角砾岩，区域上呈东北向到北北东向拉伸断层，包括了方铅矿，闪锌矿和少量黄铁矿以及石英脉石内的黄铜矿和菱铁矿。主要的矿床为 Silver King 矿。矿化的三种可能来源为：来自未知的火成岩侵入体的热液溶液，含金属的源生水从下层或毗邻地层的位移和一个还未被发现的隐藏的大型矿床的再活化。

3. 砂页岩型铜矿床

（1）成矿特征

这一类型主要的例子为西部褶皱带的芒特艾萨，Mammoth，Mount Oxide 和 Lady Annie 矿。角砾岩化部分为构造角砾岩，矿化是共生/成岩或者后生仍存在争议。

芒特艾萨铜矿出现在芒特艾萨群的 Urquhart 页岩中，赋矿层位与铅锌银矿相似，但是岩性不同，为硅化白云石。他被认为本来是一个沉积型矿床紧密地与铅锌银矿的形成联系在一起，同样作为一个后生的矿床与铅锌银的矿化无任何关系。Mammoth 铜矿床是由 Myally 亚群的角砾岩化砂岩所主导的，且位于 Mount Gordon 断层带将 Lawn Hill 地台与莱卡特河地槽分离开。在 Mount Oxide 矿，铜矿出现在 Gunpowder Creek 组顶部碳质页岩内，McNamara 组，产状为层状。Lady Annie 铜矿出现在 Lawn Hill 地台 McNamara 组，最原始的铜矿，由于品位太低无法拥有经济价值，出现在白云石脉中和少见的石英横切的主要为白云石质粉砂岩和白云石中，在这一类型的其他矿体中，Eastern Creek 火山岩被认为是铜的可能的来源。

（2）芒特艾萨铜铅锌矿

矿床地理位置位于芒特艾萨市的西侧，在克朗克里以西 105 km，有通往各大城市的高速公路和铁路，交通方便。地理坐标 139°28′E，20°45′S。

该矿发现于 1923 年，1931 年开始形成规模生产，至今已开采 81 年，年采矿石 1.5×10^6 t。1999 年入选品位：Ag 140g/t、Pb 6%、Zn 7%。精矿品位：Pb 50%、Zn 51%。日处理 1.4×10^4 t 矿石，矿床现在属于 Xstrata 公司。

矿床位于芒特艾萨造山带的西部褶皱带的莱卡特地槽内，区内最古老的岩石为古元古代阿拉吉拉层系的片麻岩，该层之上为梅盖德石英岩和砂岩，再上为东克里克火山岩，火山岩被厚度不等的石英岩、砂岩和砾岩组成的米阿利组地层覆盖；芒特艾萨群以角度不整合产于其上。赋矿层位为芒特艾萨群（图 2-41），由白云石化的硅质片岩、少量白云岩和石英岩组成，该层上部为凝灰岩，最后沉积作用终止。

芒特艾萨矿区矿床走向南北约 4 km。矿体赋存在层状黄铁矿、乌奎哈石页岩、矽化白云岩和火山灰页岩岩层中。铅锌矿床为多层状、脉状和透镜状矿体（图 2-42）。铅锌矿体有 14 条矿脉平行相距很近，每条矿脉之间的间隔距离为 6～45m。矿体走向长度 100～800 m，厚度 4～8 m，有四条主矿脉，矿体倾角为 65°。矿石品位含铅 6.9%，锌 6.4%。矿体和围岩受褶皱和断层的破坏，稳固性较差。有 30 个矿体，南北走向，西

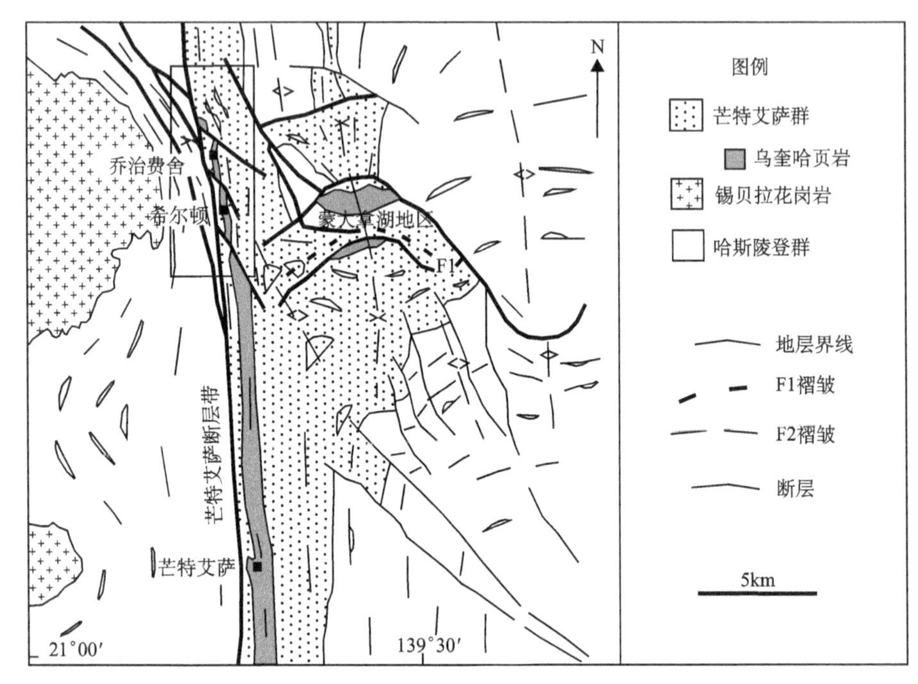

图 2-41　芒特艾萨铅锌银铜矿地质平面图（Chapman，2004）

倾，倾角 60°～70°。折算矿石品位：Pb＞15％，矿石量 1.4×10^8 t。

矿床上部富 Pb、下部富 Zn。方铅矿、闪锌矿、黄铁矿与粉砂岩互层。Cu 矿体分布在 Pb、Zn 矿体的下部和西部（Cu 品位＞2％），呈条带状、角砾状，交代穿切 Pb、Zn 矿体。围岩蚀变主要为硅化、白云岩化。Cu 成矿年龄 1.5 Ga。

Pb、Zn 矿层与无矿层互层，矿层多数没有变形，有再沉积倾向，仅矿区南部小断层比较发育，形成许多从层状堆积体分枝出来的细脉。矿层在地表露头呈条带状褐铁矿化，条带宽 1～10 cm 左右。

4. 剪切带与断层控制的脉状铜矿

区内许多铜矿床都是这个类型的，特点是小吨位但是相对较高的品位。他们在卡尔卡顿—莱卡特带和东部褶皱带的盖层 2 中变质变形的地层内产出的较多。这些矿床主要的围岩是碳质和硫化铁板岩，钙质硅酸盐岩石和变质玄武岩，这些或许有很高的原始基础金属含量，但是类似的矿床同样在长英质火山岩中也有找到，其中许多都是与变质辉绿岩空间上相联系的。除了铜以外，还有许多脉矿床含有可观数量的金，有一些还有明显的银成分，小部分还有少量的铋。在大部分矿床内，只有氧化的和表生的富集被开采了。

5. 矽卡岩型铀矿床

（1）成矿特征

区内铀矿床主要是玛丽凯瑟琳，位于东部褶皱带。

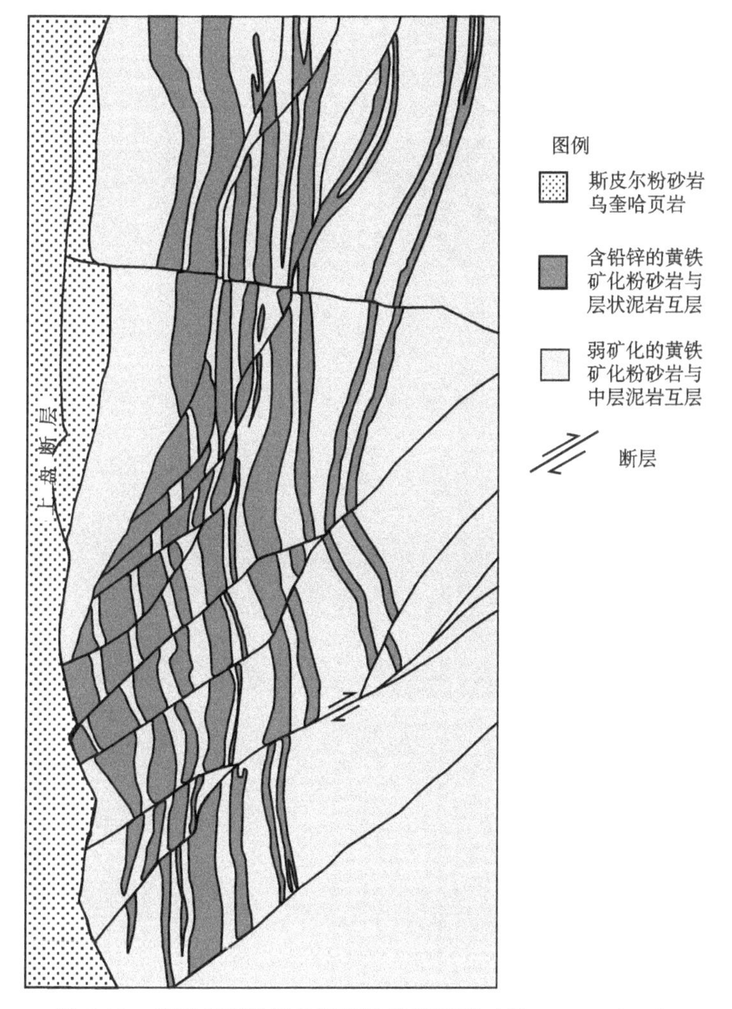

图 2-42　芒特艾萨铅锌银铜矿地质剖面图（Chapman，2004）

（2）玛丽凯瑟琳稀土和铀矿床

玛丽凯瑟琳（Mary Kathleen）为矽卡岩型稀土和铀矿床，位于澳大利亚的昆士兰西北部芒特艾萨东面约 60 km 处，地处 139°47′E，20°48′S 附近。目前该矿已经废弃，矿坑呈南北向展布，长 0.5 km，宽约 0.4 km。

玛丽凯瑟琳矿床产于芒特艾萨成矿带的东部褶皱带内。该矿床主岩为石榴石—透辉石矽卡岩、薄层钙硅质变粒岩、富含长石的中砾和漂砾砾岩、不纯的大理岩、云母片岩、石英岩和闪岩。这些岩石均属科雷拉组，它们和巴勒拉石英岩一起组成了玛丽凯瑟琳群，属于中元古代，约形成于 1670～1700 Ma（图 2-43）。

矿体是脉型和交代型，呈层状广泛分布在石榴石矽卡岩和透辉石矽卡岩内。矿石是交代矽卡岩的细粒晶质铀矿—褐帘石集合体，晶体铀矿在褐帘石内呈浸染状。小规模的褐帘石—晶质铀矿—石榴石矿体起初包含有约 1×10^4 t U_3O_8，品位 1.2 kg/t，以及大吨位的稀土元素氧化物（REE，品位 7.6％，Cruikshank，et al. 1980），当时每年最大

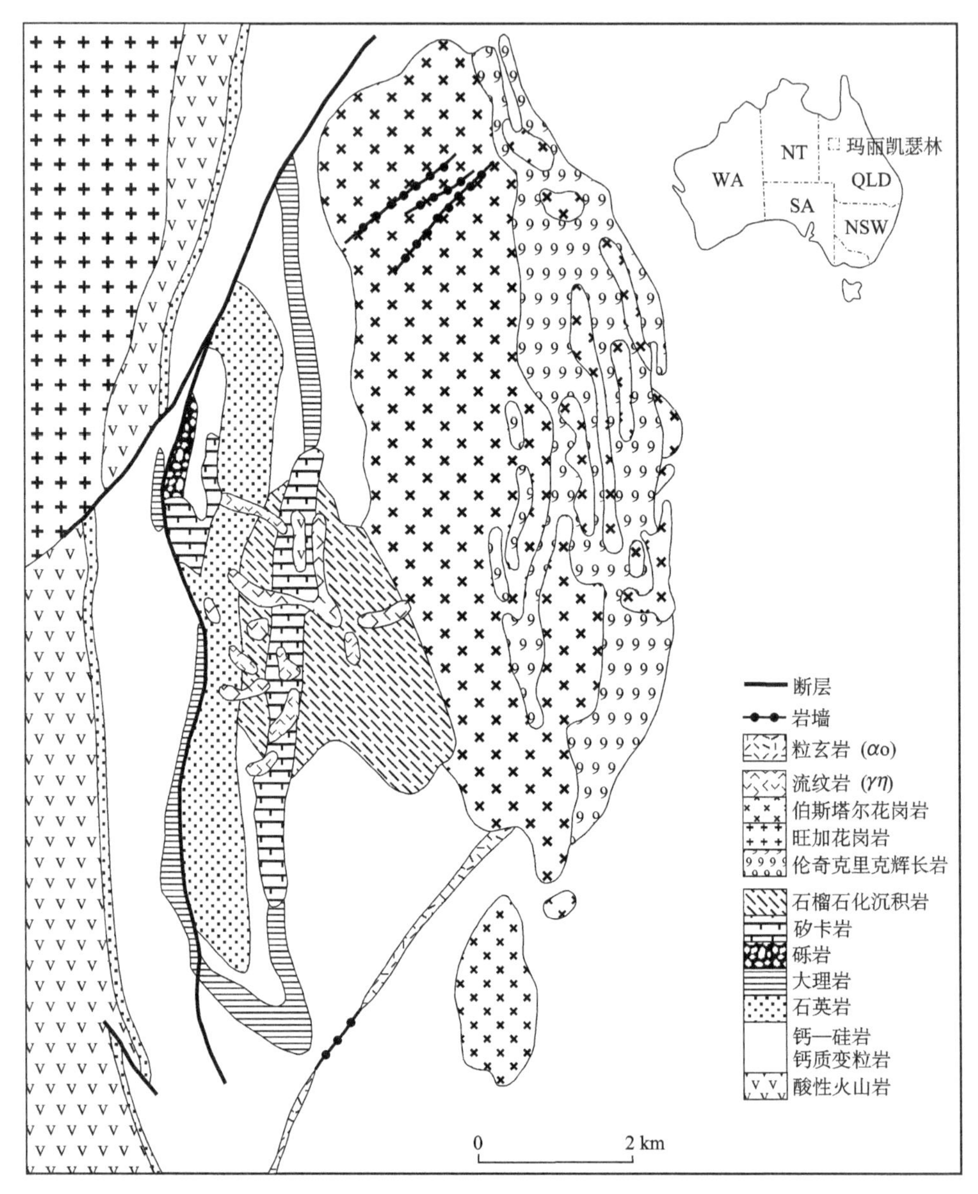

图 2-43　玛丽凯瑟琳矿床地质略图（Holcome，et al.，1992）

产量能达到 5×10^3 t 的 U_3O_8。此外矿石中还含有少量的磷灰石、方解石和硫化物。硫化物主要为磁黄铁矿、黄铁矿和黄铜矿。矿石中不太重要的含铀矿物还有菱硼硅镧矿和磷灰石。

6. 铁氧化物型铜金矿床

（1）成矿特征

该类矿化在东部褶皱带的克朗克里地区十分发育，矿化特征表现为由磁铁矿、黄铜矿、黑云母、自然金、赤铁矿、辉石、单斜辉石和磷灰石组成的铁岩。矿床的矿化与碱性蚀变特别是钠长石化密切相关，矿床的形成可能与富铜金成矿元素的岩浆流体与富硫酸根的流体或交代富硫的地层有关。

（2）埃洛伊斯铜金矿床

埃洛伊斯（Eloise）铜金矿床位于克朗克里东南约 60 km 处，矿床品位 5.5%，矿石储量 3.1×10^6 t。

矿床产于芒特艾萨内围层东部褶皱带古、中元古代 Soldiers Cap 群的变质岩之中（图 2-44），容矿岩石全隐伏在 50～70 m 厚的中生代泥岩、粘土岩和未固结的泥质沙砾层之下。含矿岩系是由陡倾斜北倾互层的变质砂屑岩和云母石英片岩组成，其间侵入有角闪岩，并遭受不同时期的断裂作用。矿床南端有一条北西向大断层，将含矿岩系错断。这里的岩层自西向东为：含磁铁矿云母石英片岩、中粗粒磁铁矿碳酸岩、变质玄武岩以及互层的变质砂屑岩和磁铁矿碳酸盐岩。

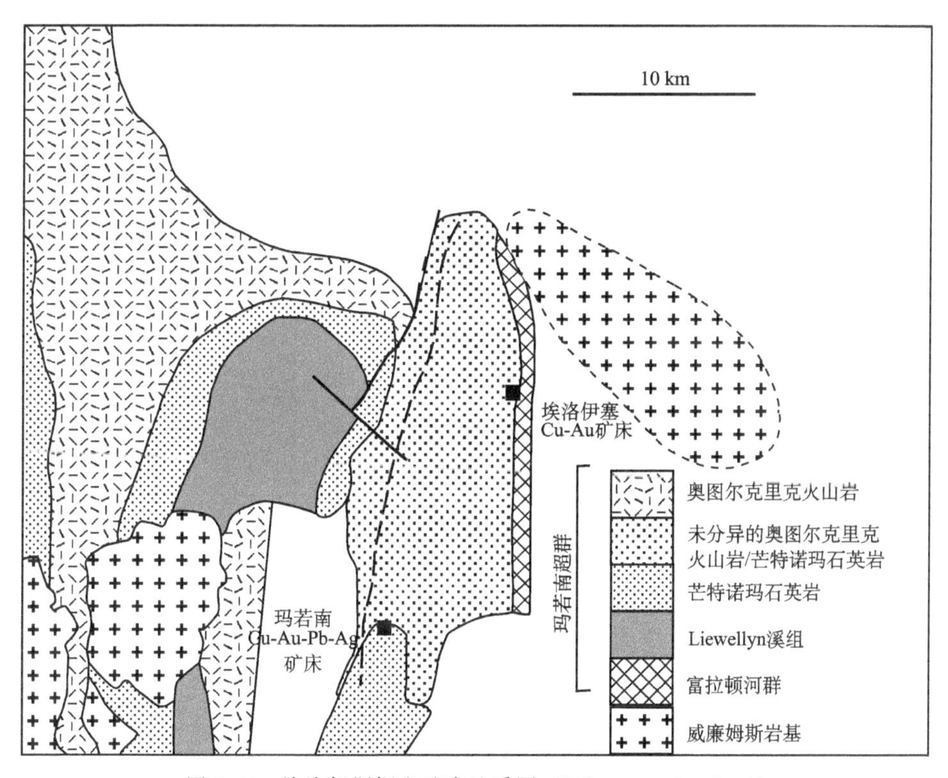

图 2-44　埃洛伊斯铜金矿床地质图（Baker, et al., 2001）

矿化是由共生的粗粒黄铁矿和黄铜矿组成，往往与石英及碳酸盐岩网状脉紧密伴生。矿体为一北倾的板状体，长约 600 m，最大厚度约 30 m，延伸至少达 500 m，位于蚀变砂屑岩和云母石英片岩的接触带。未矿化围岩与矿化之间的接触带是渐变的，与矿化有关的蚀变可能延伸到围岩之内数十米。

七、麦克阿瑟盆地（Ⅲ-15）

麦克阿瑟盆地为古元古代到中元古代的克拉通内盆地，盆地西部不整合覆盖在派恩克里克造山带之上，南部和东部覆盖在墨菲和阿纳姆基底之上（图 2-45）。

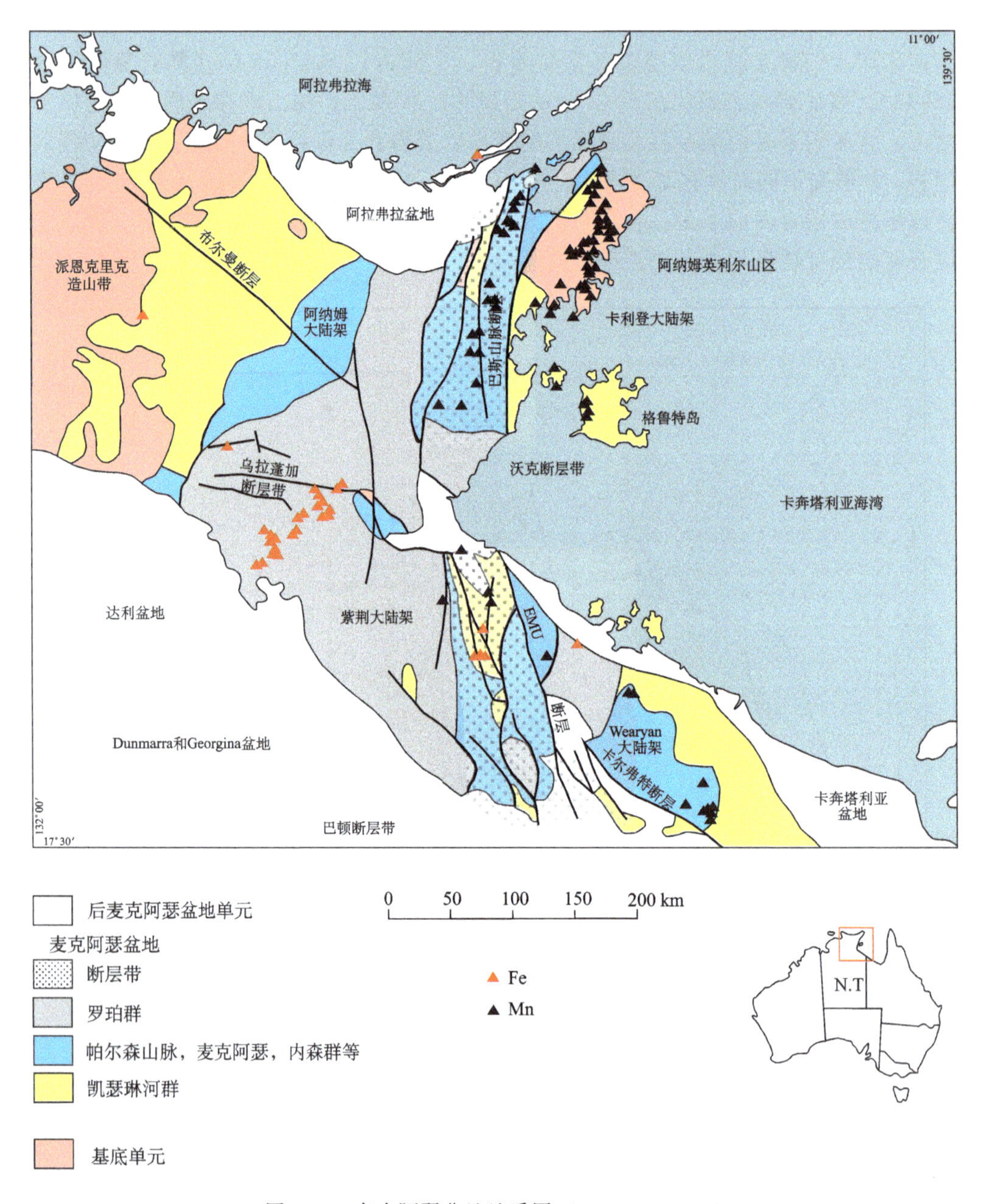

图 2-45 麦克阿瑟盆地地质图（Ferenczi，2001）

（一）地层

区内出露地层为古元古代到中元古代（图 2-46）。盆地的基底可能来源于派恩克里克造山带。盆地上覆地层凯瑟琳河（Katherine River）群（1815～1710 Ma），由河流到浅海相的砂屑岩、砾岩、泥质岩和基性火山岩组成，并发育少量酸性火山岩、浅层侵入体，也含有少量碳酸盐岩和页岩，形成于伸展环境下。在盆地的大部分地区，该群与上覆麦克阿瑟群呈不整合接触，而在沃克断层带内则发育帕森斯山脉（Parsons Range）群和上覆的哈布古德（Habgood）和巴尔玛（Balma）群。麦克阿瑟群（1670～1600 Ma）主要是碳酸盐岩、页岩、粉砂岩，这套地层产有赋存于局部性黄铁矿页岩段中的 HYC 巨型层状铅锌银矿床，该群主要在沃克、乌拉蓬加（Urapunga）和巴顿（Batten）断层带内分布。该群上覆内森（Nathan）群（1600～1570 Ma），由叠层石碳酸盐岩和白云岩、砂岩地层组成，形成于浅水的大陆边缘盆地环境，在其中的卡姆斯白云岩中发育表生的锰矿化。该组地层之上为罗珀（Roper）群（1490～1420 Ma），在盆地内广泛发育，该组地层内发育少量铁岩。

（二）构造

区内构造主要表现为三期，早期在 1800Ma，构造变形事件与派恩克里克造山带相关，此外在 1600Ma 和 1490Ma 发生两期隆起事件。

区内断层以近南北到北西向为主。

（三）岩浆活动

区内岩浆活动不发育。

（四）区域成矿特征

区内矿产资源丰富，锰矿、铅锌矿储量产量巨大，较为重要的是沉积岩容矿的铅锌矿和沉积型锰矿。

1. 沉积型锰矿

（1）成矿特征

区内的锰矿主要发育在中新生代的海相沉积地层内，典型矿床为格鲁特岛锰矿。

（2）格鲁特岛锰矿

格鲁特岛锰矿位于澳大利亚北领地的格鲁特岛，矿区在格鲁特岛飞机场的西南 3 km 处，安古鲁古市西侧。地理坐标 136°45′E，13°49′S，矿床平均品位 46％，储量 1.9×10^8 t。

格鲁特岛矿是澳大利亚最大的原生氧化锰矿床，锰矿石赋存于白垩纪的海相沉积层的砂质粘土岩中（图 2-47），矿体平均厚度约 3m，锰矿物主要为隐钾锰矿、软锰矿、黑锰矿和硬锰矿等，矿石含锰量 40％～50％左右，脉石主要是石英和粘土。格鲁特岛锰矿露天开采，推土机和铲运机剥离，穿孔爆破，反铲装运，重卡运输。锰矿主要为原生氧化锰矿，只需经洗矿和重介质选矿即可获得高品位锰成品矿核粉矿。

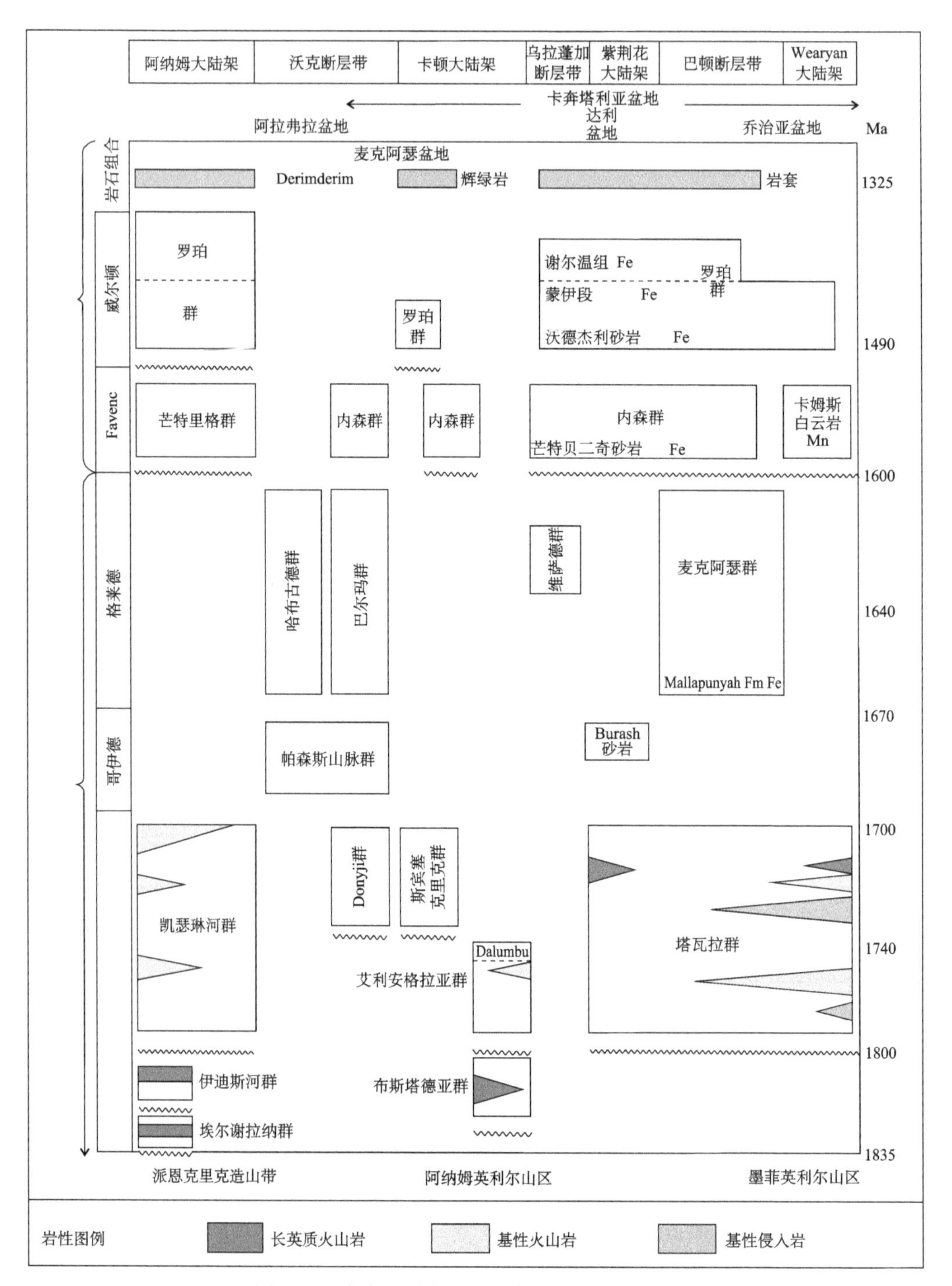

图 2-46 麦克阿瑟盆地地层表（Ferenczi，2001）

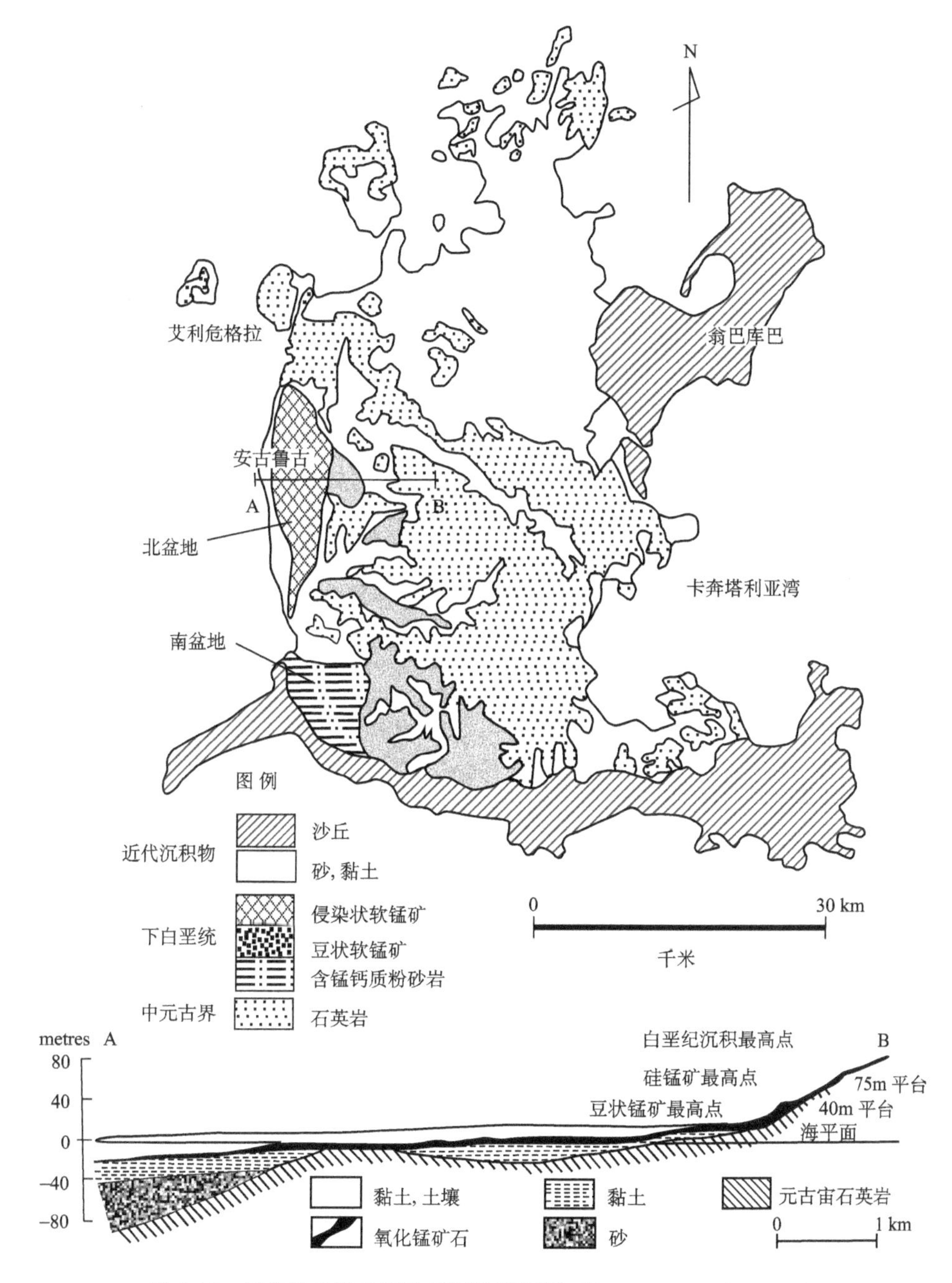

图 2-47　格鲁特岛锰矿区地质图及剖面图（Dammer, et al., 1996）

2. 沉积岩容矿的铅锌矿床

该类赋存在富碳酸盐和蒸发盐的麦克阿瑟河群中，这套地层中的黄铁矿页岩段是主要的赋矿层位，典型矿床为 HYC 巨型层状铅锌银矿床。

八、乔治敦—科恩造山带（Ⅲ-16）

乔治敦—科恩造山带位于昆士兰州北部，两个地区都具有古老基底，并在后期受到了古生代造山运动的影响。

（一）地层

乔治敦和科恩造山带的地层特征不尽相同。乔治敦造山带内分布太古代基底，上部不整合覆盖了元古代地层，具体特征见表2-12，造山带内显生宙地层仅在东部边缘分布（图2-48）。

表2-12　乔治敦造山带地层表（White，1965）

年龄	岩石单元	岩性	厚度/m	结构	关系
元古代	Paddys Creek组	石英千枚岩、石英岩	300～900	陡直—稍微倾斜的开褶皱	被泥盆纪Boiler Gully杂岩侵入。在Halls Reward变质岩上呈不整合性
	Lucky Creek组	片岩、角页岩、大理石	3000～4500	陡直—稍微倾斜。与很多拉曳褶曲紧密折叠	被Paddys Creek组整合覆盖或相互楔接，与Einasleigh变质岩呈变质不整合，Dido花岗闪长岩和McKinnons Creek花岗岩使其变质变质
	Langdon River组	页岩、粘土岩、粉砂岩、少量杂砂岩、砂岩	3000	倾斜从缓慢到陡峭	被二叠系至石炭系火山岩不整合覆盖
	Etheridge组	石英粉砂岩、页岩、粘土岩、细砂岩、角岩	4500～6000	倾斜从缓慢到陡峭，局部褶皱强烈	与Robertson River变质岩断层接触，被Langdon River组整合覆盖
	Stockyard Creek砂岩段	红柱石片岩、角页岩、碳质含黄铁矿粉砂岩	未知		呈透镜体产在Etheridge组内
	Bernecker Creek组	钙质石英砂岩、粉砂岩石灰岩、钠长帘角页岩	3000～4500	陡峭的倾斜，褶曲	相对Einasleigh变质岩不整合接触
不整合					
太古代	Robertson River变质岩	片岩、麻粒岩	未知	若干线理叠加在片理上	相对Etheridge组不整合接触
	Halls Reward变质岩	云母片岩、角闪岩、复片麻岩	900	强烈的剪切和叶理	与元古代Paddys Creek组呈不整合接触
	Einasleigh变质岩	片麻岩、麻粒岩、复片麻岩、角闪岩、片岩	未知	强烈的叶理	被Cobbold辉绿岩和古生代花岗岩以及一些逆变质作用侵入

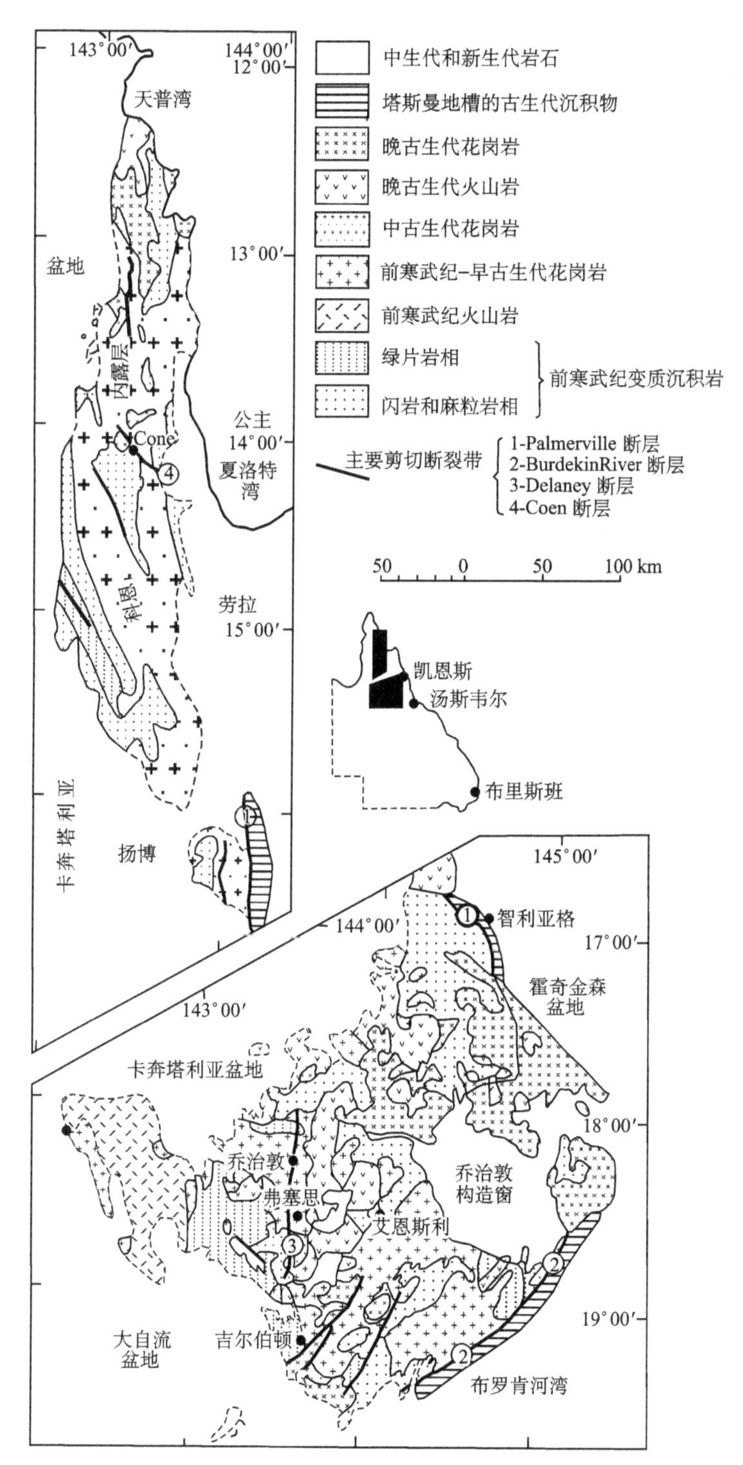

图 2-48 乔治敦-科恩造山带地质简图（Oversby，et al.，1975）

科恩造山带的内最古老的岩石为 Holroyd 变质岩，由低级绿片岩相的泥岩和粉砂岩组成，向西变质相逐渐变为角闪岩相，在造山带东部和北部，出露科恩和 Sefton 变质岩，岩性与 Holroyd 变质岩相似，为绿片岩相到角闪岩相的变质岩。区内出露少量古生代地层，以非海相沉积的 Pascoe 河层为代表，时代为石炭纪，由厚 1000 m 的页岩、粉砂岩、砂岩、长石砂岩和少量砾岩、燧石、煤和凝灰岩组成，该地层发生褶皱变形后上部不整合覆盖 Janet 山脉火山岩，为晚石炭世的酸性熔结凝灰岩、熔岩和火山碎屑岩。

（二）构造

乔治敦造山带的太古代地层发生强烈的变形，并发育相应的断裂构造。科恩造山带的构造以发育大规模陡倾的北北西向褶皱为特征。

（三）岩浆活动

乔治敦造山带内的岩浆活动十分活跃，从元古代一直持续到新生代。元古代岩浆活动主要为基性的辉绿岩侵入体和酸性的花岗岩、花岗闪长岩侵入。古生代伴随着北昆士兰造山带的多期造山运动，区内的岩浆活动十分活跃，从志留纪到二叠纪岩浆活动频繁，以中酸性的花岗岩、花岗闪长岩侵入为主。在新生代区内仅有少量基性岩浆活动。

科恩造山带内的前寒武纪岩浆活动不发育，岩浆活动以古生代为主，时代主要是志留到泥盆纪。区内规模最大的是 Kintore 石英二长岩岩基，主要为二云母石英二长岩和白云母花岗岩，而蓝山石英二长岩主要为黑云母角闪石石英二长岩和 Flyspeck 花岗闪长岩（包括黑云母花岗闪长岩、角闪石黑云母石英闪长岩和黑云母角闪闪长岩）侵入到 Kintore 石英二长岩岩基内，这些侵入岩中发育锑矿化。在造山带北部，发育二叠世的 Weymouth 花岗岩和 Wolverton 石英二长岩，前者岩性为黑云母花岗岩和石英二长岩，后者为浅色的黑云母石英二长岩和花岗岩。在二叠纪晚期，Humps 石英二长岩侵入。这些岩浆活动都有形成钨、铜和铅锌矿化的潜力。

（四）区域成矿特征

区内的金、银、铜、钨锡、铅锌、锑、钼矿化广泛，均与区域岩浆活动有关。

第四节　南澳克拉通

南澳克拉通位于中西部克拉通的南部，边缘由于多被盆地覆盖界线较为模糊，仅北部界线清晰，以玛斯格雷夫造山带为其北界。克拉通主要包括高勒（Gawler）地块、柯纳莫纳（Curnamona）地块以及阿德莱德褶皱带（图 2-1），两地块之间的界线不清，被后期盖层覆盖。

区内基底岩石主要为太古代到元古代变质杂岩、火山岩，上覆后期海相和陆相沉积物，主要矿产资源包括：铜、金、铁、铀、铅锌、稀土等。

一、高勒地块（Ⅲ-17）

高勒地块的发展可被分为两个主要的阶段。第一个阶段是在新太古代较短的时间区间内（约 2550～2500 Ma），第二个阶段包括了古元古代晚期及中元古代早期（约 1900～1450 Ma）。两阶段之间的 2400～2000 Ma，地块处于相对稳定的环境，没有任何重要的地质活动记录。

（一）地层

区内地层从太古代到元古代均有出露（图 2-49）。

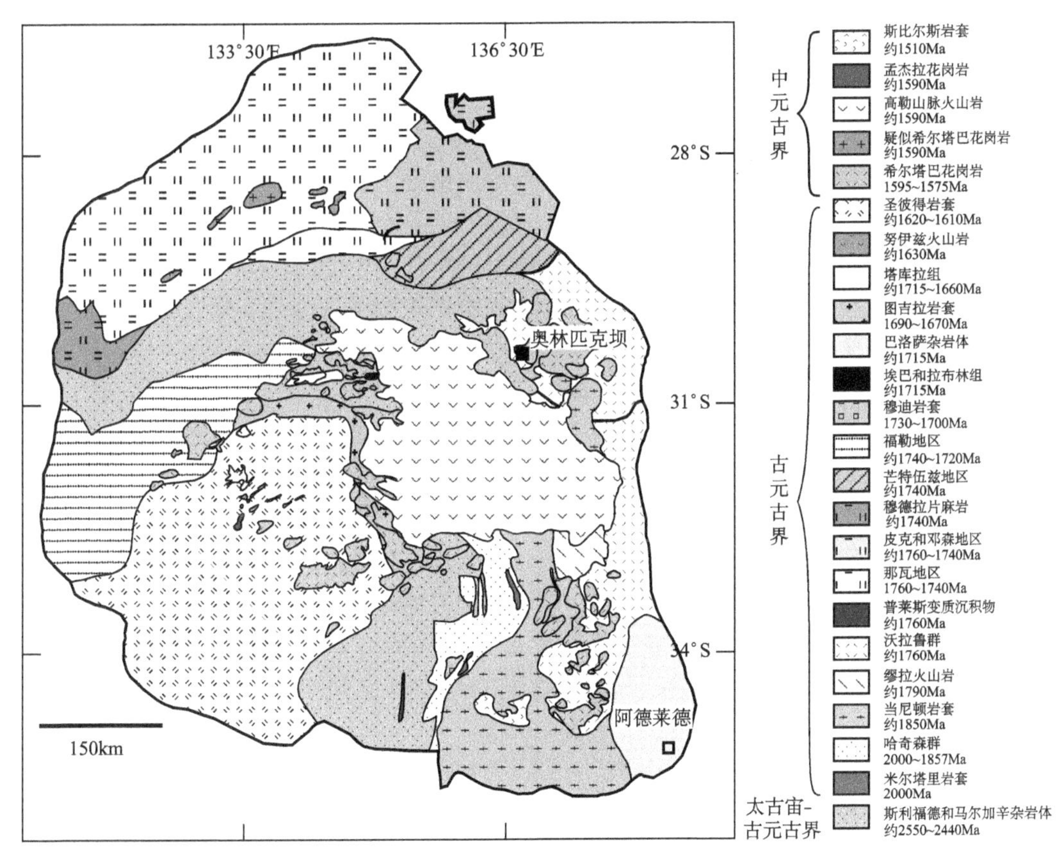

图 2-49　高勒地块地质简图（Hand，et al.，2007）

1. 新太古代（约 2550～2500 Ma）

新太古代岩石将已知的高勒地块区域形成了一个陆核，而这个陆核被划分成了南部的斯利福德和中西部的马尔加辛杂岩体。地球化学，同位素和地球年代学的数据显示斯利福德和马尔加辛杂岩体具有类似的背景，也极有可能代表了一个单独的太古代地壳。这些高勒地块地区的新太古代岩石主要是以（变质）沉积岩石为主，包括了变质的硅铝质沉积物与条带状铁建造，碳酸盐岩和硅酸质岩石互相层叠，长英质铁镁质火山喷发岩和科马提岩，它们都是共同在约 2560～2500 Ma 期间共同沉积或喷发的。这些岩石中最老的是存在于马尔加辛杂岩体新生的钾钙型火山岩，形成于 2558±6 Ma。这些火山岩被定位于较为活跃的俯冲环境中。这两个区域的变质沉积岩碎屑锆石 U-Pb 年龄在大约 2850～2510 Ma，其中有一个小峰大约在 3150～2950 Ma。

2. 元古代（约 2000～1690 Ma）

高勒地块的大部分是由古到中元古代（约 2000～1580 Ma）时期的岩石包围着新太古代的岩石核心。在东南部的高勒地块有大约 2000 Ma 年前岩浆运动的证据。花岗闪长质米尔塔里片麻岩露出并不连续的南北走向延伸约 250 km。米尔塔里片麻岩的发展记录长达 400 Ma 的古元古代高勒地块地区构造运动，但是基本没有数据界定此次岩浆活动的成因、构造背景。在约 2000～1690 Ma，一系列的断裂盆地在晚太古宙高勒地块大陆边缘出现，东高勒地块地区有大约 1850 Ma 年前花岗岩基岩露出。沉积岩和火山岩物质在这个区间形成了高勒地块的很重要的一部分。

不同程度的变质变形的哈奇森群在东高勒地块形成了巨大的盆地序列。底部为石英岩和块状的白云石，被经济价值较高的含碳酸盐岩的 Middleback 亚群所覆盖，夹杂泥质岩层以及以铁为主的条带状铁建造。哈奇森群的上部由 1866±10 Ma 的 Bosanquet 组中的泥质岩、长英质火山岩和火山碎屑岩组成。哈奇森群被认为是不整合的在米尔塔里片麻岩之上的，暗示其最大沉积年龄为 2000 Ma。最小年龄由于 Bosanquet 构造和哈奇森群参与部分的模糊关系而被限制无法确定。

在北高勒地块，皮克变质岩，包括了同一时期的 Tidnamurkana 火山岩及皮克和邓森基底地层的沉积物，表明其形成于一个巨大的东部高勒地块盆地内。1770～1740 Ma 有大量的沉积在东部高勒地块形成，带来了许多沉积，包括：普莱斯变质沉积物、沃拉鲁群、缪拉火山岩、The McGregor Volcanics 以及芒特伍兹内围层的沉积物。与这些盆地有联系的岩浆岩表现出双峰式的特点。有限的全岩地球化学数据显示无论在酸性或是在基性岩浆岩中 LREE 均呈富集的趋势，而 Tidnamurkana 火山岩 1780 Ma 的 Nd 同位素数据在－5～0 之间，McGregor 火山岩数据在－3～0 之间，说明其来源于被地壳混染的地幔。

在西部高勒地块地区，基岩出露较少的福勒地区同样含有一条泥质变质沉积物带。有限的碎屑锆石和 Nd 同位素数据指出这个岩石层序为古元古代。无独有偶，在那瓦地区变质沉积物包括了泥质岩，条带状铁建造以及碳酸盐岩，基本只有一点点或者完全没有太古宙岩石，看起来更像是来源于比新太古代更年轻的岩石。这些层序也许起源于澳大利亚中部地区，比如 Arunta 岩块。

在中央高勒地块区域，一系列较为年轻的，独立的，断层限定的盆地保存着由底砾岩组成的沉积物，被含石英和黑色页岩的地层及一些玄武质和长英质火山岩覆盖，总厚度约 1 km。地层顶部还夹有 1715±9 Ma 的流纹岩，揭示了至少在本地 Kimban 造山运动中沉积与火山运动还在继续。

3. 元古代（约 1690～1500 Ma）

与 2000～1690 Ma 不同，1690～1580 Ma 是由火成运动所主导的，沉积作用次之。这个时间段的沉积地层被仅在中部及北部高勒地块发育，连同 1656 Ma 的塔库拉组沉积。塔库拉组是一个较厚的地层，包括了碎屑沉积物，白云岩，英安岩到安山岩火山碎屑岩及碳质页岩，其中的碳质页岩为中元古代金的沉淀提供了化学圈闭。1715 Ma 的拉布林组及 1654 Ma 的塔库拉组与毗邻的柯纳莫纳地块内的维尔亚玛超群时间相似，该群内出产世界级的布罗肯希尔铅锌银矿床。

（二）构造

高勒地块至少记载了 6 个区域性的构造热事件的影响：

斯利福德造山运动（2480～2420 Ma）：时代为古元古代早期的，造山运动终结了新太古代的盆地形成以及火山作用。在中部克拉通地区，变质达到了麻粒岩相，峰值达到了约 850℃和 5～7kbar。南部克拉通变质程度较低，以出现红柱石—硬绿泥石变质矿物为特点，与斯利福德造山作用较高的地温梯度相符合。由于后期广泛的再造作用，在克拉通南部地区对斯利福德的构造格架的认识程度很低。然而，在克拉通中部，早期斯利福德构造是以近水平的粒状变晶结构的条带为特点，后期又被轻微再褶皱化形成北北东走向延伸达到数公里的敞开到紧闭褶皱。局部的，这些构造对控制 Challenger 矿床变质金成矿作用的方向有着重要影响。紧随着斯利福德造山运动的，构造活动中有一个约 400Ma 的间隙，暗示着 2480～2420 Ma 的构造活动可能为一个短暂的克拉通化过程。

1. 米尔塔里事件（约 2000 Ma）

这一构造事件主要表现为由大规模的花岗闪长岩原岩侵位和随后的 2000 Ma 的米尔塔里片麻岩中的混合岩化。米尔塔里片麻岩上部明显被哈奇森群不整合覆盖，暗示了片麻岩发生较高级的变质作用的时间为 2000～1850 Ma。

2. Cornian 造山运动（约 1850 Ma）

在地块东南方向大规模的当尼顿岩套在 1850 Ma 侵入，侵入时间先于或者与收缩变形和麻粒岩变质过程同时发生。在变质泥质岩地层中含有石榴石暗示了区域经历了麻粒岩相变质，然而，变质峰期的石榴石被后来的堇青石—硅线石—黑云母组合代替则指向了一个减压为主的退变质的 P-T 变化。以前，这个 1850 Ma 的构造事件曾经被命名为 Lincoln 造山和 Neil 事件。后来发现两个地点都被 Kimban 期构造事件重新再造过。

3. Kimban 造山运动（1730～1690 Ma）

Kimban 造山运动主导了东部高勒克拉通地区的构造格架，最明显的 Kimban 构造运动的表现就是 Kalinjala 剪切带的发育，在艾尔半岛形成了一个宽 4～6km 的接近垂直高应力的区域。在 Kalinjala 剪切带中高级变质的矿物组合在一个局部的右旋压扭的环境下形成。Kimban-aged 的变形和变质同样在毗邻 Kalinjala 剪切带的 50～100 km 宽的区域内出现。这个地区保留了非圆柱状、人字褶皱以及麻粒岩相的变质矿物组合。在北艾尔半岛，变质程度降低到低压角闪岩相，变质带范围比造山带核部的东向倾斜的逆冲褶皱带在横向和纵向的范围更大。因此，在南高勒克拉通，Kimban 造山带是一个明显的倾斜地壳单位的花状构造。

在克拉通北部的北部芒特伍兹地区和皮克和邓森地区基底地层中，Kimban 造山运动也表现为古元古代变质沉积层序的强烈挤压变形。在芒特伍兹地区，Kimban 期的变质作用明显达到了高级角闪岩相到麻粒岩相。在皮克和邓森地区基底地层中，变质峰期的温压条件为 5 kbar 和 650℃，时间为 1718±31 Ma。1730 Ma 开始的广泛岩浆活动表明高勒克拉通 Kimban 造山运动由此拉开帷幕。岩浆作用从 1730 Ma 持续到 1690 Ma，其中中部高勒克拉通 1715 Ma 的花岗岩活动证明 Kimban 造山期在整个克拉通范围内发生了地热扰动。因此，尽管 Kimban 造山运动的岩浆作用及/或构造热作用影响在中部及北部高勒克拉通地区都有记载，但在南部地区的活动特征仍然有待研究。

4. Ooldean Event（1660～1630 Ma）

Ooldean Event 是被定义为麻粒岩相的构造事件，记录于穆德拉片麻岩的泥质变质岩中，在高勒地块西部的钻孔中可见。岩石学关系表明，Ooldean DDH2 中的麻粒岩含有两组明显不同的变质岩石组合：一个是早期的低压高温（尖晶石—石英和堇青石—石英）组合，一个是晚期的高温高压（斜方辉石-硅线石-石英±蓝宝石-导向）的组合，暗示穆德拉片麻岩存在两期高级变质事件。Ooldean Event 反映了一个较高的热梯度，在 Ooldean DDH2 钻孔揭露的地层中形成了高温麻粒岩相变质矿物组合，并在中部高勒克拉通的塔库拉组形成了同期的火山岩。

与圣彼得岩套岩浆作用有关的变形，1620～1610 Ma 的圣彼得岩套较典型的保存了陡倾的构造叶理。这些较为陡倾的走向暗示它们形成于一个挤压的环境中；但是关于这个变形的几何学和区域范围信息还是比较少。鉴于已经推测出的圣彼得岩套横跨了中南部高勒地块的一大部分，以及该岩套所产出的板块边缘的构造背景，可以推断圣彼得岩套中的变形与汇聚边缘的地壳缩短有关。

与希尔塔巴岩浆作用有关的变形，希尔塔巴的岩浆活动一直被广泛认为形成于非造山或伸展背景下。这些论断主要是基于大量与希尔塔巴有关的岩浆作用和同源岩浆的高勒山脉火山岩缺乏明显的挤压变形，而非存在直接的伸展构造的证据。然而从更大的规模上来说，希尔塔巴岩浆作用与毗邻的柯纳莫纳省的西北南东压缩的 Olarian 造山运动的时间部分重叠，暗示着岩浆作用主要发生在挤压的环境下。在高勒地块有足够的证据表明存在与希尔塔巴岩浆活动同期的变形事件。这包括了中部高勒地块东西倾向的 Yerda 和南北倾向的 Yarlbrinda 剪切带的形成或者再活化，北东倾向的 Bulgunnia 剪切带的变形，也与芒特伍兹基底地层边缘 Prominent Hill 的成矿作用有关。在东南部克拉通的 Moonta 地区，沃拉鲁群在大约 1760 Ma 的变形与 1577±7 Ma 的 Tickera 花岗石的侵入同时。褶皱和相关的绿色岩相到低级角闪岩变质的叶理倾向为北东南西向，轴部倾向北西，并表现出陡倾的线理。艾尔半岛的西部，与希尔塔巴岩浆作用同时代的变形伴随了地壳中岩石的迅速降温至低于 500℃，暗示了 Kimban 造山运动形成的 Kalinjala 剪切带此时经历了退变质再造。这些退化构造有倾滑运动，与 Kimban 期造山运动的走滑构造形成对比。1590～1570 Ma 时期横跨整个高勒地块构造方向特征，表明区内变形是由北西南东向的地壳缩短而造成的，但是在高勒山脉火山岩中该期事件却没有表现，仅在其下部的火山岩及相关沉积地层中发育褶皱和近垂直向的地层陡倾，并在其下部地层中发育相应的变形。对于上层高勒山脉火山岩大量缺少变形的一个解释是，在 1590～1570 Ma，变形被分割为很多剪切带，比如 Yerda、Yarlbrinda 和 Kalinjala 的部分，有效限制了后期太古宙核心的范围。这些剪切带的作用就好像应变缓冲带使得大量的高勒区火山岩没有发生挤压变形。

与希尔塔巴岩套侵入同时发育的北西南东向地壳缩短的构造为流体运移和最终成矿提供了空间和通道。在奥林匹克坝区域，北西和北东向断层在成矿过程中亦起了一定的作用。在一个北西南东挤压的体制下，北西向构造极有可能形成了一个与走滑运动有关的膨胀空间。这些构造的十字交叉和北东向的挤压断层也许为流体沉淀和金属成矿形成了构造圈闭。变形作用在为流体提供成矿空间上十分重要，具体表现在奥林匹克坝矿中右旋构造的出现，以及与剪切带为主要容矿构造的中央高勒金成矿省的金成矿系统相一致。

5. Kararan 造山运动（1570～1540 Ma）

该期造山运动包括了很多分立的事件，包括了盆地形成、花岗质岩浆作用、变质作用和变形作用以及上述的所有事件。Coober Pedy 山的变质矿物组合富含堇青石和蓝宝石，可能与向南倾斜并推覆到晚太古代与元古代克拉通核心的逆冲推覆体和逆冲断层有关。

在福勒地区的 Nundroo Block 内，含石榴石的铁镁质麻粒岩与富铝的泥质变质岩夹层产出，形成于 10kbar，800℃的环境中。福勒地区中的高级变质作用被限定在一个转换挤压带内。

6. Coorabie 造山运动（1470～1450 Ma）

Coorabie 造山运动或许与 1470～1450 Ma 区域剪切带的再活化及相关的岩石冷却有关。在西部高勒地块，剪切带在 1470～1450 Ma 经历了绿片岩到角闪岩相的再活化作用。

（三）岩浆活动

高勒地块最早的岩浆活动发生在新太古代末期，在火山沉积物被一系列约 2520～2500 Ma 的长英质岩浆所侵入。Nb-Ti 负异常和 Sm-Nd 同位素特征表明该晚太古宙花岗闪长岩来源于岩浆弧环境下被混染的地幔。这些地层单位后期在古元古代斯利福德造山运动中又经历了挤压和变质作用（2840～2420 Ma）。地块的元古代岩浆活动主要分为两组。

第一组约 1730 Ma，有记载到的这个时间段的岩浆运动包括了南高勒地块的长英质矿物的岩浆作用（1726±7 Ma 年的 Middle Camp 花岗岩），福勒地区的铁镁质矿物的岩浆作用（1726±9 Ma 的变质辉长岩）和在皮克和邓森地区基底内的侵入奥长花岗岩（1733±13 Ma）。另外，来自 Coober Pedy Rigde 的变质辉长岩的锆石 Shrimp U-Pb，地球年代学数据表明其年龄为 1725±7 Ma，也记录了同期的岩浆活动。

年龄小于 1730 Ma 的岩浆岩包括 Kimban 造山期的 Middle Camp 花岗岩和地块东

南部的穆迪岩套出现在整个高勒地块。这两种火成岩石单元都包括了I-类型的中性岩浆岩和S-类型的酸性岩浆岩侵入到哈奇森群和毗邻的约1730～1710 Ma的斯利福德杂岩体内。在有些地方，穆迪岩套类花岗岩有较差叶理，并沿褶皱轴平面侵入，从而限定了了Kimban造山运动的时间。同一时期的花岗岩也在中央高勒地块可见（比如来自塔库拉地区1715 Ma的Paxton花岗岩）。

第二组为1690～1580 Ma，最老的岩浆活动为1690～1670 Ma，被定义为图吉拉岩石组的I-型侵入岩，被认为在中央高勒地块形成了一个拱形条状带，并且在西部也有不连续的出现，尤其在福勒地区。从地球化学来看，图吉拉岩套花岗岩显示了中等的LREE富集和中等的负Eu异常，然而这些化学数据所蕴含的内容并未被完全评估过。图吉拉岩套火成岩的最大年龄与Kimban造山运动变质时代的最小年龄相互重叠。因此，图吉拉岩套看起来在Kimban造山运动起始较晚并一直延续到造山期后。

随后，在约1630Ma碱性的Nuyts火山群的斑状流纹英安岩在南部喷出。这些火山岩在1620～1610 Ma被圣彼得岩套侵入，该岩套成分为花岗质到铁镁质，在地块西南部少量出露的基岩中该岩套占主导地位。圣彼得岩套组内长英质及铁镁质矿物的共存关系暗示着其为同源岩浆。从地球化学特征来看，这个岩套显示了明显的Nb和Ti异常现象，明显的Y亏损，中到高Sr值，1620 Ma的Nd同位素值为－2～＋2。圣彼得岩套应该形成于俯冲带环境。因此，圣彼得岩套成为了元古代澳大利亚有限的具有代表性产于类似于现代岛弧环境的岩浆岩。

高勒山脉火山岩希尔塔巴岩浆活动发生在约1595～1575 Ma，并与一个影响了高勒地块大部分地区的构造热事件及成矿事件有关。在东高勒地块，希尔塔巴岩套在时间与空间上与区域性的Fe和Na-Ca蚀变有关，该蚀变也与Cu-Au-U-REE成矿作用相关。希尔塔巴岩套也与中部高勒地块的Au矿化有关，并具有重要的经济价值。

高勒克拉通火山岩和希尔塔巴岩套是同源岩浆，也是世界上最大的长英质火山岩系统。保守估计其厚度约为1.5 km，延伸大于2.5×10^4 km^2的面积，跨越了整个中高勒地块区域。上层高勒山脉火山岩主要由长英质岩石组成（英安—流纹英安—流纹岩），产状水平未变形。下层岩石局部中等到垂直倾斜，包括了玄武岩、安山岩、英安岩、流纹英安岩和流纹岩。锆石的Shrimp U-Pb年龄测定从底层（1591±3 Ma）到上层（1592±3 Ma）难以辨别，暗示着高勒地块大部分是在短时间内喷发的。火山岩的分布由西北东南构造控制，该构造带也控制了一系列的喷发中心。同年龄的长英质火山岩在南极洲的Terre Adelie Land冰碛岩中也有被发现，同时也被认为是高勒地块火山岩的同期火山岩。在毗邻高勒地块的柯纳莫纳省也有一系列较为年轻，产状水平喷发于约1580 Ma的长英质火山岩被发现。这预示着高勒区域火山岩或许是一个更大长英质火成岩省的一部分。还有一点需要注意，局部明显的裂谷有关的碎屑沉积物与高勒山脉火山岩有着一定联系。

希尔塔巴岩套的大部分是高分异的花岗岩到花岗闪长岩，然而铁镁质的岩石也广泛存在但规模较小。从高勒地块希尔塔巴岩套的样品中锆石U-Pb结晶年龄可发现希尔塔巴岩套花岗岩存在于两个阶段岩浆作用，一个出现于1590 Ma，另一个则出现于1580 Ma；然而若要比较两者的重要性，这种双年龄计算方式还有待证明。地球化学上来说，希尔塔巴岩套花岗岩富集轻稀土元素，并且随着二氧化硅含量的增长 Eu 异常逐渐明显，预示着地壳分异或混染的发生。Sm-Nd 同位素数据表明希尔塔巴岩套含有地壳成分。总的来说，横跨整个高勒地块的希尔塔巴岩套花岗岩 1595 Ma 的 Nd 同位素值与他们的围岩相比要年轻些，但有一点相对重要，这些数值也随着围岩同位素组成的变化而变化。例如，曾侵入较年轻的圣彼得岩套的希尔塔巴岩套花岗岩同样比较年轻，同时具有太古代物质的侵入地壳通常演化程度更高。这种年轻的地壳，但是程度又随着围岩的同位素组成变化而变化的区域性模式，暗示了希尔塔巴岩套来自于亏损地幔与地壳成分的混合物质，这与区域性铁镁质成分的分布相符。

在高勒地块的西南部，孟杰拉花岗岩是一种未分异的、残留体丰富的含石榴石—云母±电气石的 S 型花岗岩，来自于较年轻的变质碎屑岩的熔融。地球物理学数据暗示孟杰拉花岗岩产出在变质沉积物严重变形的岩石中，其中可能包含岩石的原始变质沉积物。较新的独居石 U-Pb 数据给出的预计年龄为约 1585 Ma，这与之前所预计的这个岩套在 1620～1610 Ma 侵入圣彼得岩套相吻合。

即使希尔塔巴岩套以主体岩盆的形式侵入到上地壳内，并且变形较少，大量的证据反而表明希尔塔巴岩套在一个大规模区域变形的阶段侵入。

仅有局部未变形的岩浆岩在高勒地块被记载，这其中最重要的便是在北部高勒地块皮克和邓森地区基底地层内年龄在约 1555～1530 Ma 的侵入体，以及约 1500 Ma 的斯比尔斯岩套花岗岩。福勒地区也存在相似年龄的岩浆作用，年龄在 1489±4 Ma，该侵入岩在 Nundroo 金刚钻钻孔中可见，为花岗伟晶岩岩脉。

（四）区域成矿特征

区内主要矿产资源包括：铜、金、铁、铀、稀土等，主要矿床类型为铁氧化物型铜金铀矿。

1. 铁氧化物型铜金铀矿床

（1）成矿特征

铁氧化物型铜金矿床（IOCG）主要指铁氧化物低钛磁铁矿和赤铁矿含量大于 20% 的铜金或银铌稀土元素铀铋和钴矿床，该类矿化主要赋存在高勒地块的希尔塔巴花岗岩中，成矿时代为中元古代，典型矿床为奥林匹克坝矿床。

（2）澳大利亚奥林匹克坝矿床

奥林匹克坝（Olympic Dam）超大型 Cu-Fe-Au-U-REE 矿床是 IOCG 型矿床的典型代表，位于南澳大利亚阿德莱德以北 520km，地理坐标：136°52′E，30°27′S。该矿是由西部矿业公司依据理论预测、卫星影像及物探资料综合分析，于 1974 年在一个新区发现的。探明矿石储量 2×10^9 t，铜储量 3.2×10^7 t（Cu 品位 1.6%）、铀 1.2×10^6 t（U_3O_8 品位 0.06%）、金 1.2×10^3 t（Au 品位 0.6 g/t）、稀土 1×10^3 t（REO 品位 0.5%）。目前，矿山尚未提取利用稀土。

奥林匹克坝矿床在大地构造上位于高勒地块内，矿床产于 1600 Ma 的中元古代基底岩系中，其上不整合覆盖着 260～330m 厚的晚元古代沉积盖层。基底岩系分为下部的奥林匹克坝组和上部的格林菲尔德组。

奥林匹克坝矿床赋存于罗克斯比唐花岗岩体中热液蚀变角砾杂岩带内（图 2-50）。角砾杂岩主要由赤铁矿—石英核及其周围的赤铁矿—花岗质角砾岩体构成（图 2-51）。该矿以铜为主，伴有铀、金、银、铁和稀土等。铜矿化有两种类型：一种是在奥林匹克坝组内的层控斑铜矿—黄铜矿—黄铁矿矿化；另一种是奥林匹克坝组和格林菲尔德组内透镜状和交切脉状辉铜矿—斑铜矿矿化。铀、金、稀土矿化主要与两种类型有关。矿区含矿主岩为富赤铁矿角砾岩，其中分布有铜铀矿带和金矿带。铜铀矿带已探明有 150 个矿体，由斑铜矿、辉铜矿和黄铜矿组成两个亚带，铀矿体则产于斑铜矿、辉铜矿亚带的上部，以沥青铀矿为主，次有铀石和钛铀矿，铀矿物粒度细，与硫化物、绢云母、赤铁矿、萤石密切共生。高品位的铜铀矿化一般与强烈赤铁矿化相伴出现。金矿带分布于角砾岩体上部，金矿物以自然金为主，与硫化物共生。

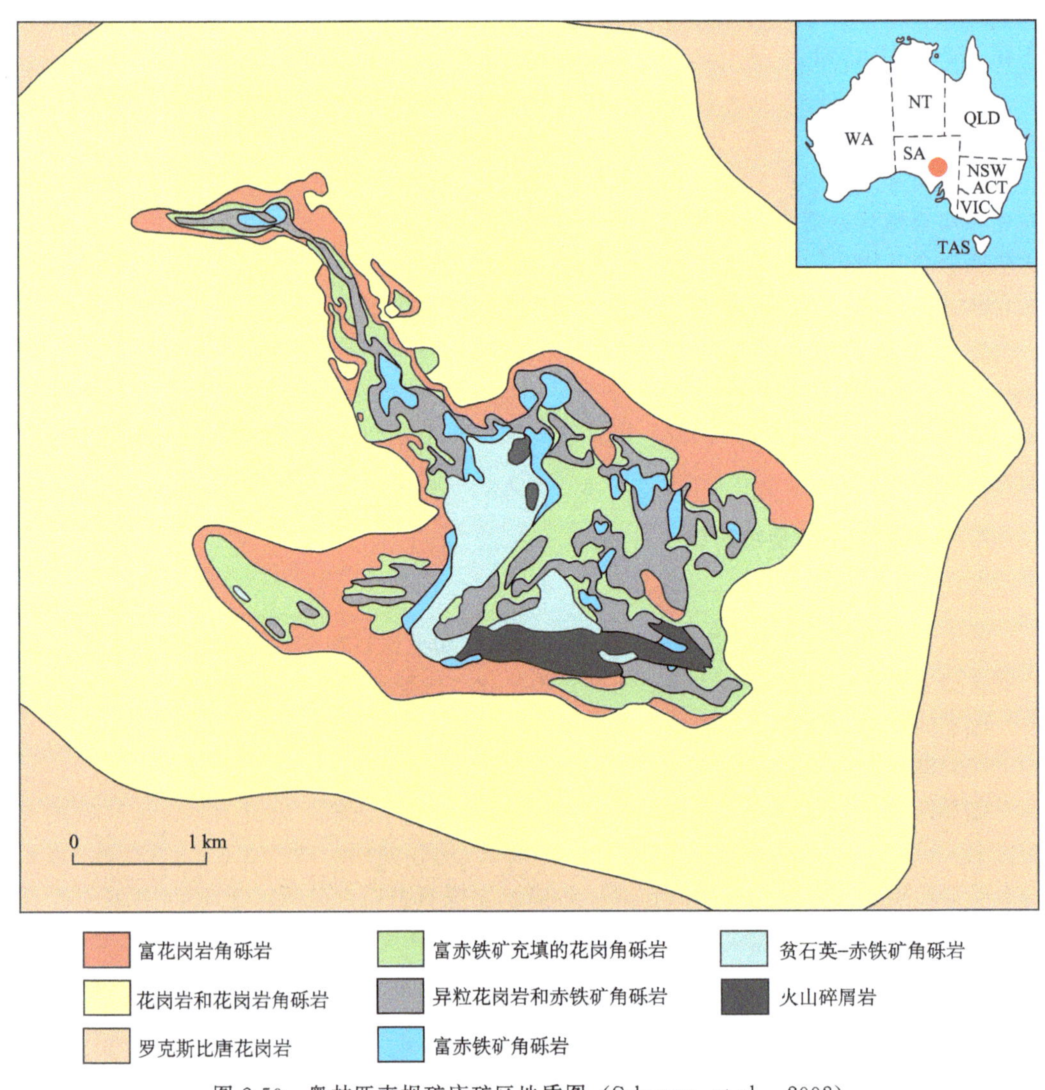

图 2-50　奥林匹克坝矿床矿区地质图（Schwarz，et al.，2002）

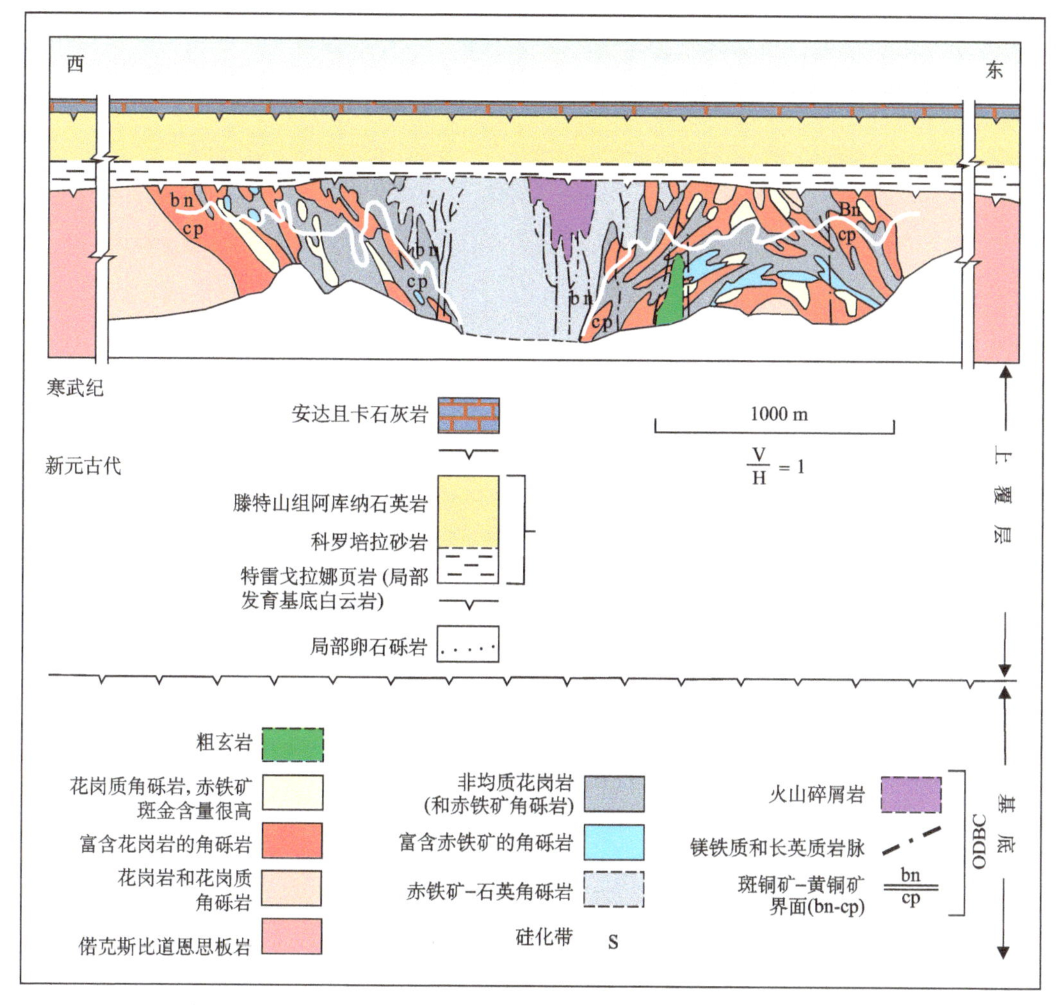

图 2-51　奥林匹克坝 Cu-Au-U 矿床剖面图（Schwarz，et al.，2002）

矿区角砾岩富含轻稀土，整个角砾岩带 La 和 Ce 平均含量为 0.3%～0.5%，其中心部位的赤铁矿—石英核稀土矿化程度更高。稀土矿化分为二个阶段：早期矿化阶段稀土元素赋存在与磁铁矿矿化伴生的磷灰石中，由于磷灰石含量一般较低，且磷灰石中稀土含量也不高，因而实际经济价值较少。对于稀土矿化来讲，最为重要的是晚期矿化阶段，即富含稀土矿物的铜矿化阶段。该阶段主要形成氟碳铈矿、磷铝铈矿、独居石和磷钇矿，与赤铁矿、斑铜矿、石英、绢云母和重晶石等伴生。矿体内稀土含量常常随角砾岩的赤铁矿含量增加而增高。此外，石英—绢云母脉和层纹状重晶石碎屑同样亦富含稀土。

二、柯纳莫纳地块（Ⅲ-18）

（一）地层

该地块内主要地层为古元古代晚期的变质沉积层序维尔亚玛（Willyama）超群和

相关的长英质和镁铁质火成岩组成，该超群由长英质和泥质沉积物、钙硅质岩和少量火山以及次火山岩组成，说明其是在浅层水环境中沉积，构造背景为地块内裂谷环境中或弧后盆地环境（图 2-52）。

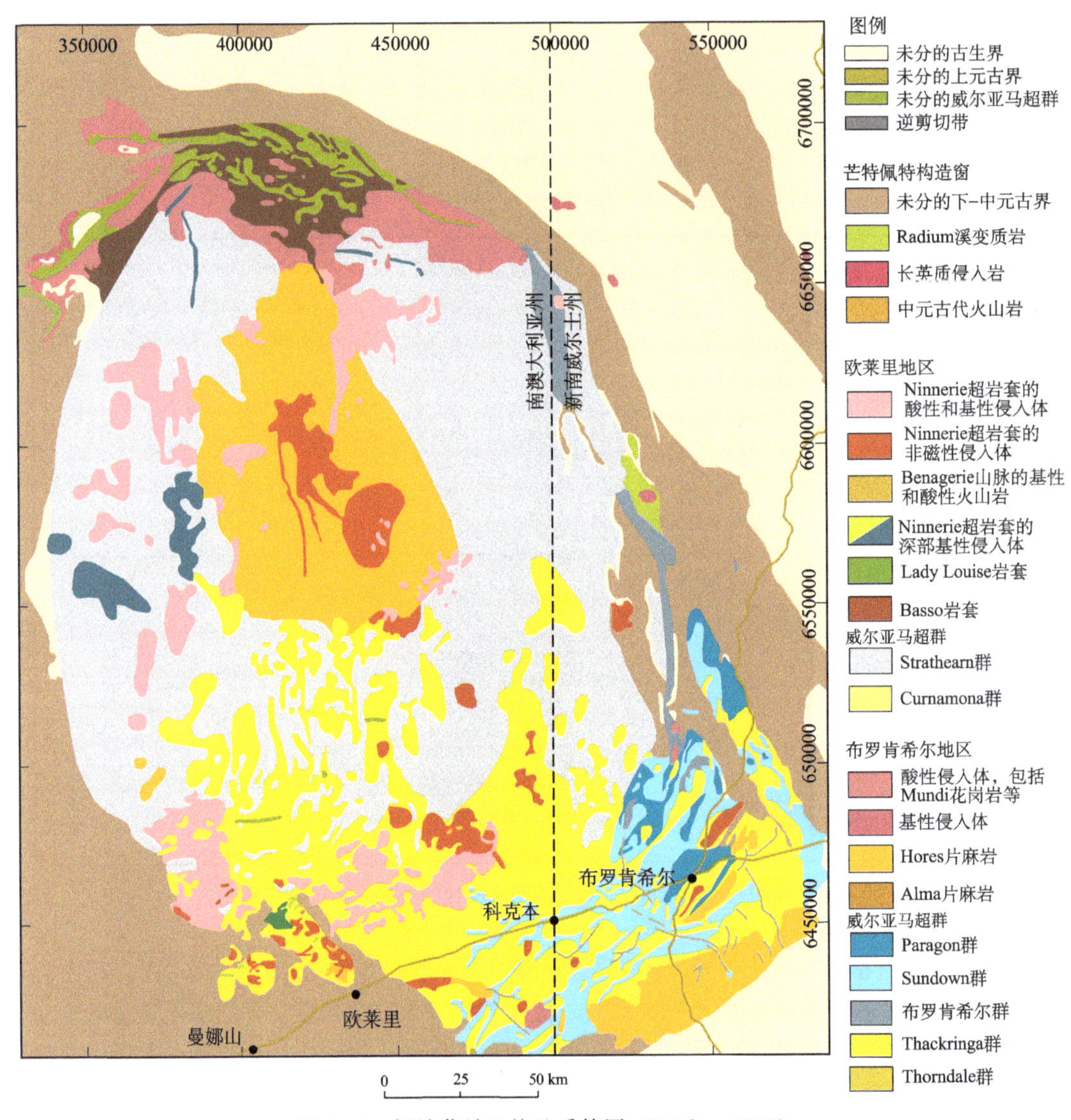

图 2-52 柯纳莫纳地块地质简图（Fricke，2008）

（二）构造

区内构造活动十分发育，构造变形事件目前可识别的有三期（Kositcin and Australia，2010）：第一期变形事件最早，表现为强烈的褶皱化，轴向南北向；第二期褶皱变形事件构造方向逐渐变为东西向；第三期构造变形与古生代的德拉梅里亚造山运动有关，发育强烈的褶皱变形和断层。

（三）岩浆活动

区内岩浆活动十分发育（Kositcin and Australia，2010）。Basso 岩套的花岗岩侵入到柯纳莫纳群中，该花岗岩具有 A 型花岗岩的特点，并发育钠化，时代为 1715～1710 Ma。1685 Ma 时期 Lady Louise 岩套侵入到柯纳莫纳群和 Basso 岩套中，为角闪花岗岩。与 Basso 岩套近乎同期的 Poodla Hill 为相对基性的侵入岩，岩性为花岗闪长岩和二长花岗岩，侵入岩发育不同程度的钾化和钠化，含有磁铁矿，具有 I 型花岗岩的特点。时代未定的基性 Billeroo 侵入岩侵入到区内的 Ethiudna 亚群内，岩性为霓霞岩、碳酸盐岩和霞石正长岩，为典型的碱性岩浆活动。Bimbowrie 超岩套在区内广泛分布，主要为二云母二长花岗岩和 S 型花岗岩，侵入到维尔亚玛超群中，时代为 1.6～1.58 Ga。区内晚期还侵入少量辉绿岩，主要侵入到 Bimbowrie 超岩套中。

（四）区域成矿特征

区内的矿产资源丰富，主要产出铅锌、铀矿，其中以砂岩型铀矿化和布罗肯希尔型铅锌矿化为代表。

1. 砂岩型铀矿床

（1）成矿特征

该类型矿床主要产于柯纳莫纳地块的弗罗姆湖地区，它是中生代浅海盆地的一部分，在晚侏罗纪至白垩纪发育于古生代和前寒武纪基底岩层之上，这些中生代沉积层逐渐被古近纪、新近纪和第四纪陆源沉积物所覆盖。晚中生世构造作用抬升了弗林德斯山脉，从而使弗罗姆湖成为内陆湖泊，典型矿床如贝弗利铀矿。

贝弗利矿田和哈尼蒙矿田产于太古代至元古代基底构造层之上的新生代沉积盖层中。该盖层下部为古近系中下统（古新统至始新统）艾尔群，由夹有一些粉砂岩和粘土岩的砂层组成，厚 15～18 m；上部为古近系上统和新近系下统（渐新统至早中新统）埃塔邓那群，由黑色、灰色和橄榄绿色粘土、粉砂、砂和碳酸盐岩组成。矿石为细粒晶质铀矿化的砂岩，产于砂岩的氧化还原界面中，在许多方面类似于美国怀俄明矿床。在哈尼蒙、亚拉姆巴和东卡尔卡鲁矿床，矿石产于亚拉姆巴古河道，古河道中央部位遭受氧化，矿石沿古河道边氧化和未氧化部位的界面产出。贝弗利铀矿区，自 1999 年开始运营，是世界上最大、最先进的地浸铀矿开采区，矿石资源量 7.7×10^6 t，矿石 U_3O_8 品位 2.7 kg/t，U_3O_8 储量 2.1×10^4 t，年产 1500 t。哈尼蒙铀矿区 U_3O_8 储量 3.2×10^4 t，品位 0.18%～0.27%，预计年产量 338 t。

弗罗姆湖湾地区的砂岩型铀矿多呈卷状产出，也有呈透镜体及板状产出，他们产于老第三纪早期的古河道底部砾岩中。古河道形成于古新世或始新世，他们常切入白垩纪海相粘土、寒武纪页岩、砂岩、石灰岩以及前寒武纪火山岩和变质岩中（图 2-53）。

弗洛姆湖湾地区亚拉姆巴古河道就目前发现的，主要分布于南部地区。古河道长约 40 km，宽约 1.6～6.4 km，在平面上呈蛇形展布。古河道中充填物厚约 50 m，有三层产状平缓的砂层、间隔两层的粘土层组成。古河道总体形态受其基底地质条件控制。

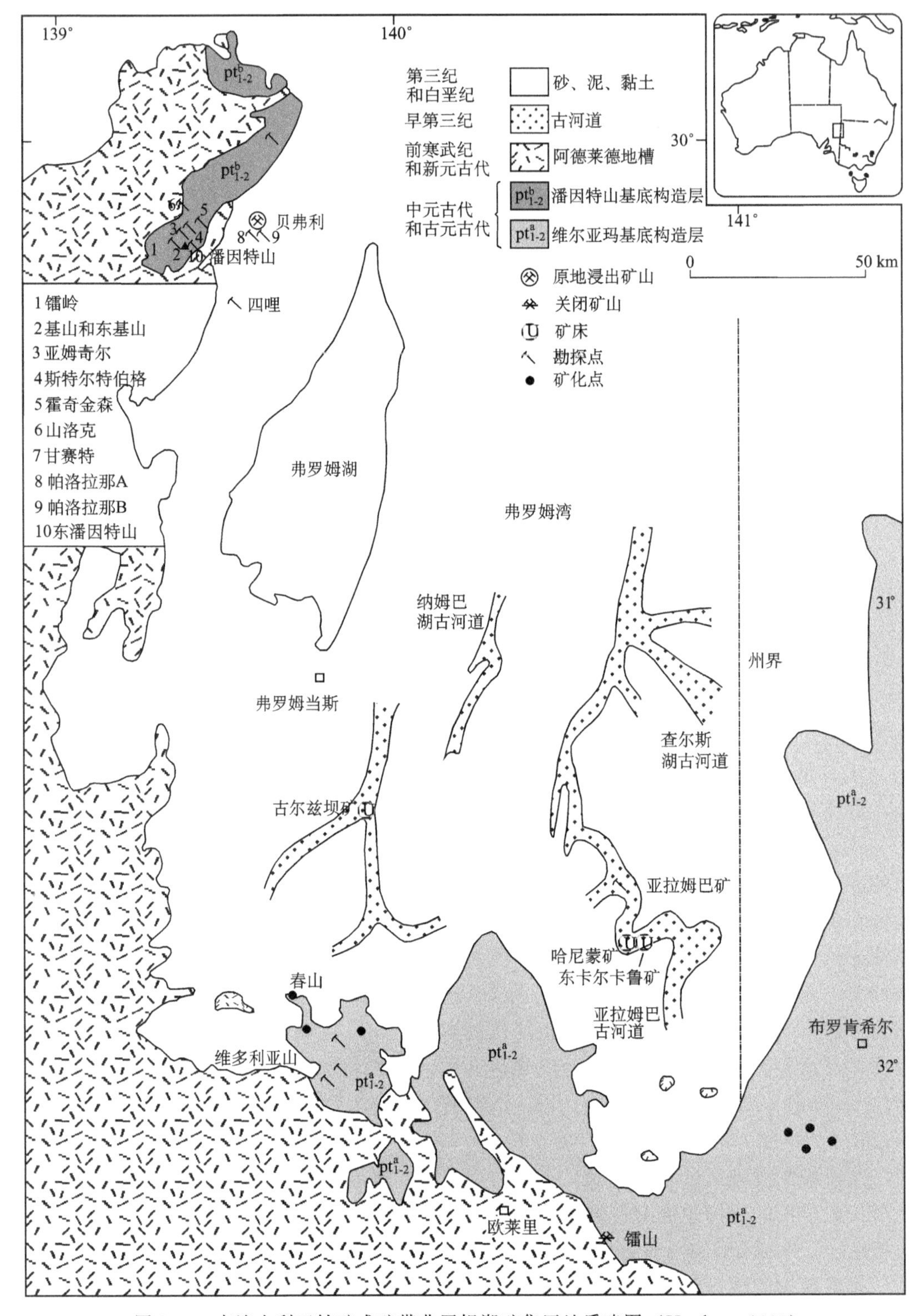

图 2-53　南澳大利亚铀矿成矿带弗罗姆湖矿集区地质略图（Hughes，1990）

在亚拉姆巴古河道中，业已查明的东卡尔卡鲁、哈尼蒙、亚拉姆巴等多个铀矿床均与氧化还原界面有关。该界面大致与古河道的河岸呈平行展布，且延伸几十至上百米。铀矿体平均厚度一般 1.5～4.6 m，宽则有数百米，品味 0.2%左右。矿石矿物为铀石和黄铁矿。

（2）贝弗利铀矿

贝弗利（Beverly）铀矿床位于澳大利亚南澳州首府阿德莱德以北 520 km，地理坐标为 139°37′E，30°12′S。贝弗利铀矿自北向南分为三部分，目前探明氧化铀储量为 2.1×10^4 t。

矿床产出于渐新统亚拉姆巴组地层中，赋矿围岩主要为贝弗利砂岩，上覆维拉沃尔蒂娜组地层，岩性为松散沉积物（图 2-54）。

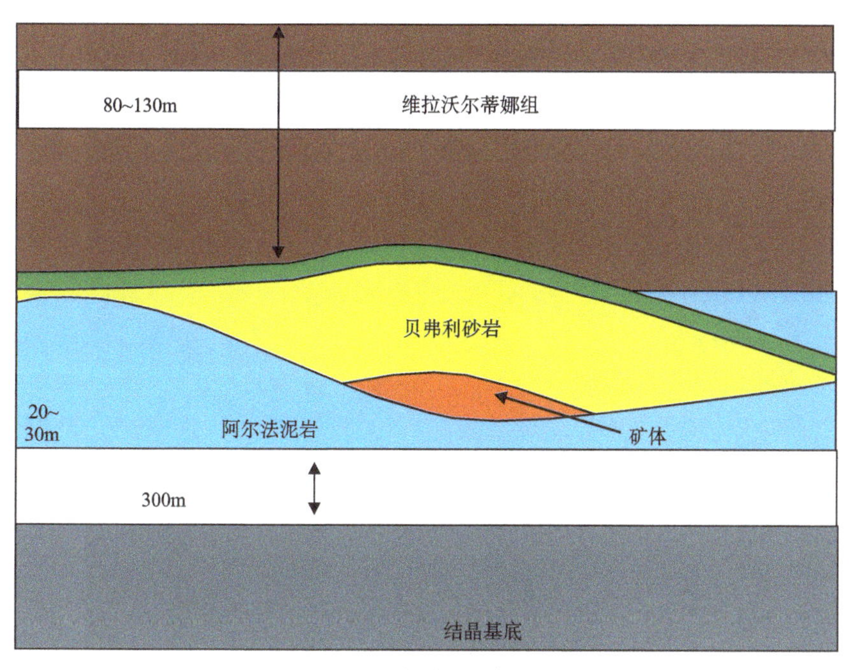

图 2-54　贝弗利铀矿床剖面图

三、阿德莱德褶皱带（Ⅲ-19）

阿德莱德褶皱带主要分布在南澳克拉通东部，地层主要以新元古代到寒武纪的大陆边缘沉积物为主，包括一系列的海陆交互相的硅质碎屑和碳酸盐岩层序，局部夹杂基性和长英质火成岩，沉积环境为裂谷和盆地，年龄为 830～500 Ma。

（一）地层

区内地层以新元古代到古生代为主。新元古代到早寒武纪，区内沉淀大量的海相沉积物，主要为砂岩、粉砂岩、白云岩、灰岩、砾岩、混杂岩等。在早寒武纪时期区内发育基性熔岩。此外区内还发育寒武纪的坎曼图（Kanmantoo）群（Preiss and Robertson，2002）。

（二）构造

区内构造运动主要为古生代的德拉梅里亚造山运动（图 2-55）。

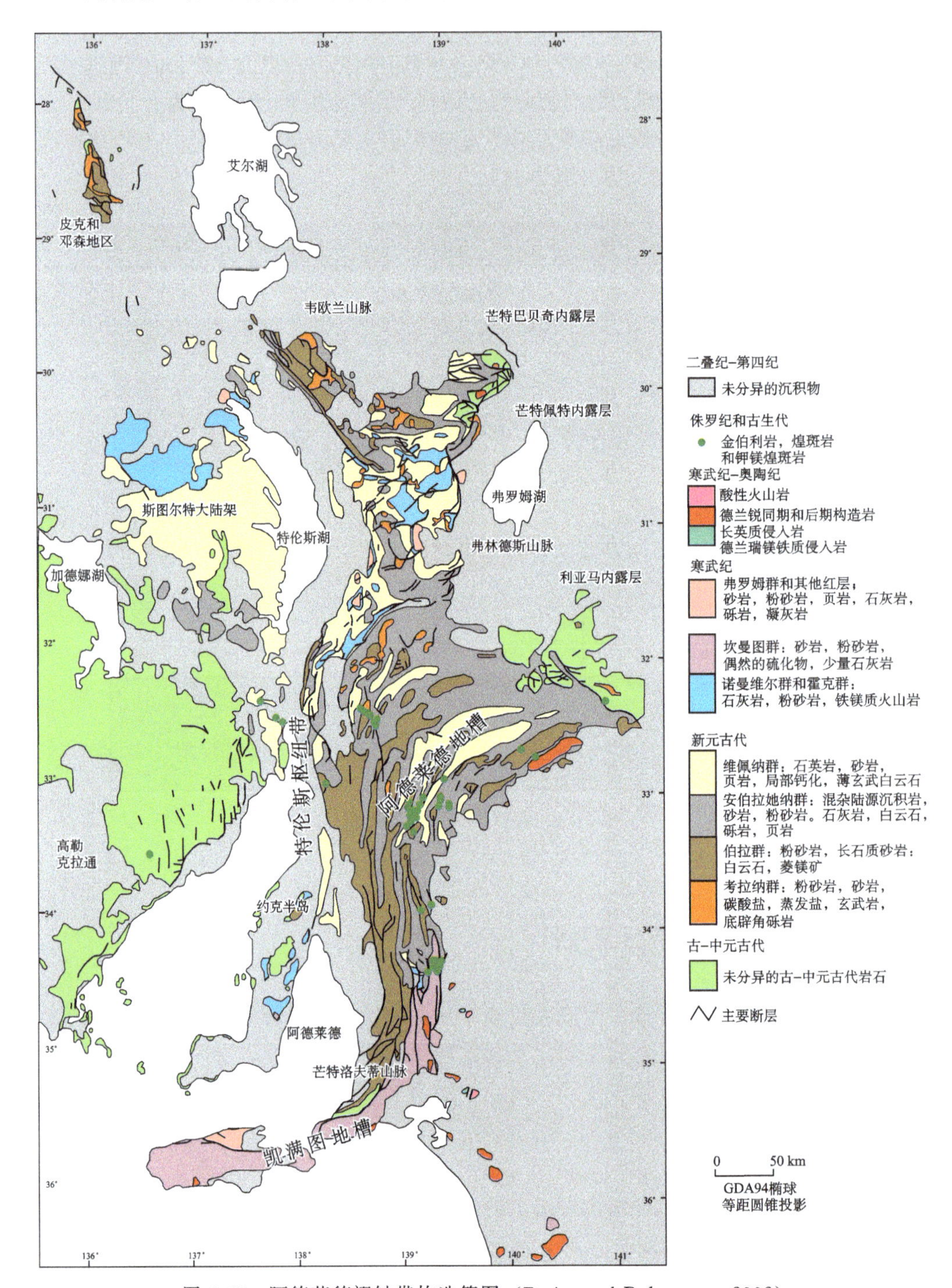

图 2-55　阿德莱德褶皱带构造简图（Preiss and Robertson，2002）

（三）岩浆活动

区内的岩浆活动主要伴随着德拉梅里亚造山运动，发育 Nackara 和 Fleurieu 两期火山弧。

（四）区域成矿特征

区内矿产资源十分丰富，铜、金、铅锌等都具有较好的前景，主要的矿床类型为密西西比河河谷型铅锌矿、沉积型铜矿、页岩容矿铅锌矿、造山型金矿、斑岩型铜金矿等。

第五节　中澳结合带

中部活动带的大部分地区被后期沉积盖层覆盖，仅有少量地区出露地表，包括派特森造山带、玛斯格雷夫造山带、阿尔巴尼—弗雷泽造山带（图 2-1）。该地区主要为元古代的造山带，通过该活动带澳大利亚西部、北部和南部克拉通固结在一起形成澳大利亚大陆的中西部，该地区位于澳大利亚的中部，与其他三个克拉通的界限由于多被盆地沉积物覆盖而不明确。

该地区岩石多为元古代的变质火山岩、侵入岩，上覆后期的盖层沉积物，成矿时代主要为元古代，主要矿产资源包括：金、铜、铅锌、铀、盐、油气、煤等。

一、派特森造山带（Ⅲ-5）

派特森（Paterson）造山带是拥有统一构造历史的变质岩、沉积岩及火成岩地带，该构造带以北西南东走向横跨西澳大利亚中部地区。可分为三个部分：分为鲁达尔（Rudall）杂岩体、叶尼娜（Yeneena）盆地和克拉拉（Karara）盆地（图 2-56）。

（一）地层

西北地区的鲁达尔杂岩体是一个拥有漫长而复杂变质变形历史的变质岩和火成岩地带，同时也是造山带的基底，由多种类型的片麻岩、变质沉积岩、铁镁质变质火山岩，外加超铁镁质岩、铁镁质岩及包括多种花岗岩类的长英质侵入岩组成。杂岩体包含两个夹层的变质序列：一是较老的带状正片麻岩和副片麻岩；另一个是较新的石英岩和片岩。较老的条带状正片麻岩和副片麻岩主要为副片麻岩夹铁镁质、超铁镁质的正片麻岩；较新的石英岩和片岩序列，在构造变形和变质作用的控制下，不整合上覆于较老的片麻岩岩层上，这一序列主要以沉积岩为原岩。

西北地区的叶尼娜盆地内地层为叶尼娜群，为不整合覆盖在鲁达尔杂岩体上的低级变质沉积岩，年龄在 1000～750 Ma。该群包含四个组，从下往上依次为：Coolbro 砂岩、Broadhurst 组、Choorun 组以及 Isdell 组，该地层中产出特尔弗（Telfer）金矿床。

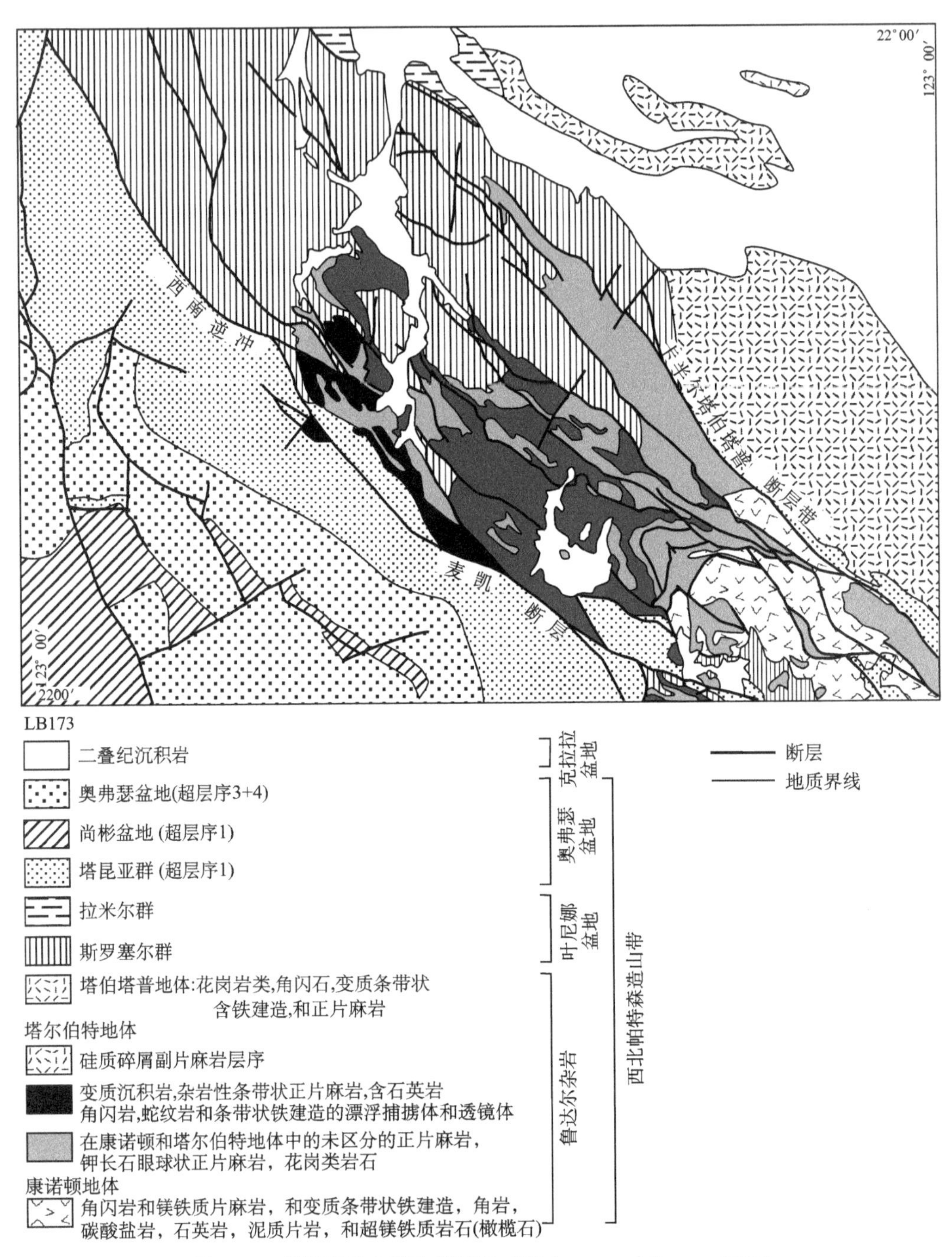

图 2-56　派特森造山带地质简图（Hickman and Bagas，1999）

西北地区的克拉拉盆地内地层为克拉拉组，盆地中唯一定义的地层单位，主要为石英砂岩，该沉积序列还包含有砾岩、玄武质砂岩、长石砂岩、云母质粉砂岩、页岩、泥质岩、白云岩以及砂质白云岩。

(二) 构造

区内的变质变形可分为四期：前两期变质变形主要影响了鲁达尔杂岩体，D1 期造成片麻岩序列的变质相为中高级角闪岩相；D2 期表现为紧闭的等倾褶皱发育；D3 期使上覆叶尼娜群发生褶皱变形和变质作用；D4 期主要影响到克拉拉组地层，表现为紧闭褶皱，该期褶皱作用伴生有间隔的断层劈理。

(三) 岩浆活动

区内的岩浆侵入活动主要表现为辉绿岩岩墙和岩床，小型的辉绿岩岩体、辉长岩岩体及石英长石斑岩岩体侵入。在 Broadhurst 山脉东南部，Broadhurst 组被与 Mount Crofton 花岗岩相似的花岗岩侵入。

(四) 区域成矿特征

区内的金属矿产资源丰富，金、铜、铅锌、镍、铀都具有较好的前景，主要的矿床类型有砂页岩型铜矿、正岩浆有关的镍矿、铂族元素矿床、造山型金矿等 (Ferguson, et al. , 2001)。

二、玛斯格雷夫造山带 (Ⅲ-6)

玛斯格雷夫造山带是北澳和南澳克拉通之间的东西走向的中元古代基底地层。并被新元古代到古生代中超级盆地的部分：北部的阿马迪厄斯盆地，南部和西部的奥菲瑟盆地履盖，东部是二叠纪到中生代埃洛曼加盆地。该造山带可被南倾伍德罗夫 (Woodroffe) 逆冲推覆带划分为北部穆拉加 (Mulga) 地区的角闪石相变质带和南部弗里岗 (Fregon) 地区的麻粒岩相变质带。

(一) 地层

区内出露的最古老的的地层为中元古代的 Birksgate 杂岩体，由长英质侵入或可能侵出的岩石以及下属镁铁质单元及少量变泥质岩、石英岩和钙硅质岩组成，盖层为 Bentley 超群。这些岩石出露于澳大利亚中部一个宽约 150km 的带上 (图 2-57) (Howard, 2011)。

(二) 构造

区内构造发育，主要的格架为伍德罗夫—曼恩逆冲断层，将该地区分为两部分。区内的断裂构造以东西向为主，多为基底性断裂，这些断裂也为后期基性超基性岩浆侵入提供了通道。

(三) 岩浆活动

玛斯格雷夫造山带，在中元古代和新元古代均发育岩浆侵入活动，早期岩浆活动带

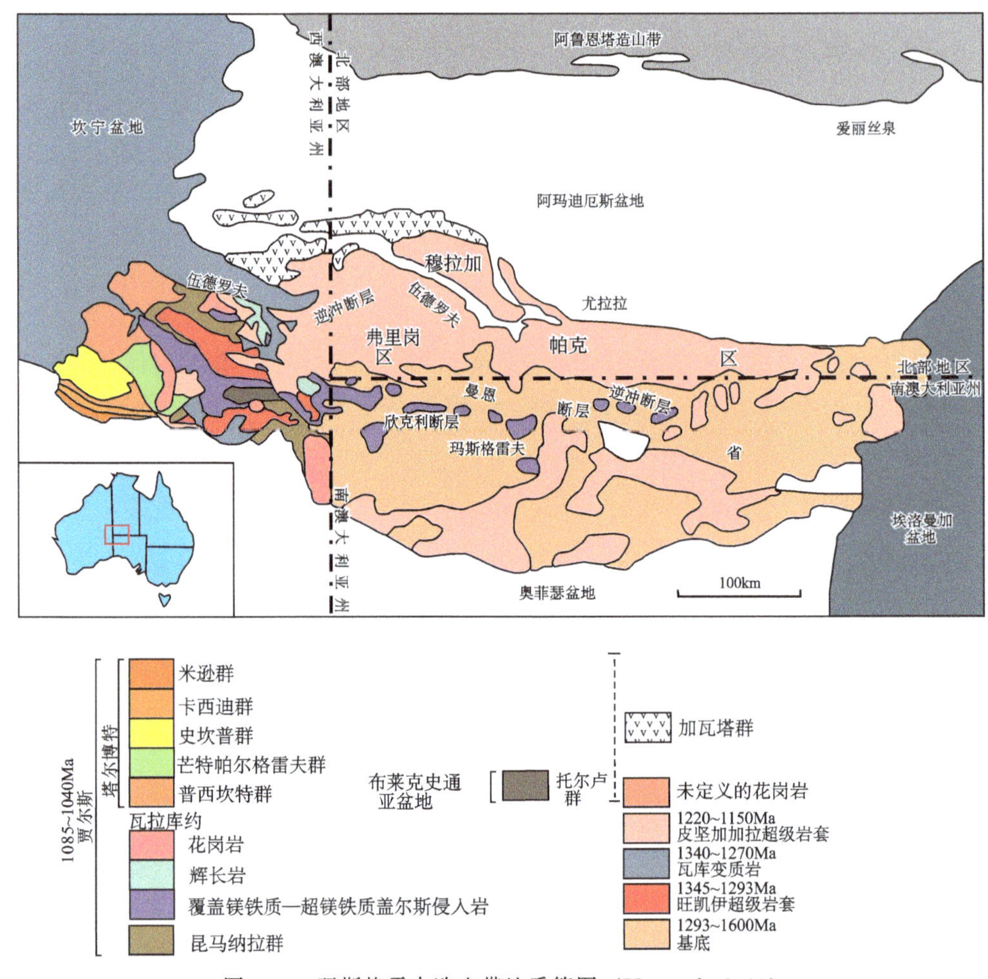

图 2-57 玛斯格雷夫造山带地质简图（Howard，2011）

有弧岩浆岩的特征或同构造特征，晚期岩浆活动则形成于伸展环境下，以超基性岩浆侵入为特征，时间为中元古代末期到新元古代时期。

区内最为重要的岩浆活动为中元古代末期到新元古代的盖尔斯（Giles）期岩浆侵入活动，形成了盖尔斯杂岩体，包含几个孤立的席状成层基性深成岩体。分别为Jameson山脉辉长岩，厚5500 m，由辉长岩、二辉橄榄岩、橄长岩及斜长岩组成的序列；布莱克史通山脉辉长岩，厚3350 m，由橄长岩、苏长岩及辉长岩组成的序列；Michael山辉长岩，厚6400 m，由辉长岩、斜长岩及辉石岩组成的序列；Hinckley山脉辉长岩，厚2750 m，由苏长岩及辉长岩组成的序列。文象斑岩局部以盖层或岩墙形式伴生，与层状辉长岩出现。这些辉长岩层包含多种保存良好的火山构造，包括韵律性分层、交错层、粒级层和崩滑构造。

（四）区域成矿特征

区内主要的矿化为岩浆型铜镍硫化物铂族元素矿床。

该类矿床大多与中元古代的超基性侵入体有关，矿化主要发生在玛斯格雷夫造山带内，较大规模的矿床如内博—巴贝尔，还发现少量矿化点，矿化主要发育在盖尔斯超基性侵入杂岩体内的辉长岩中。

三、阿尔巴尼—弗雷泽造山带（Ⅲ-7）

阿尔巴尼—弗雷泽造山带沿西澳克拉通南部和东南边缘发育，根据地层特征不同被划分为四个地区：北福尔兰（Foreland），由再造的新太古代花岗岩，古元古代变质沉积物、古元古代变质沉积物组成；比拉那（Biranup）杂岩体，主要由长英质正片麻岩组成，原岩年龄分别为 2640～2575 Ma 和 1700～1630 Ma，夹层有少量副片麻岩和变辉长岩；洛那普（Nornalup）杂岩体，由花岗正片麻岩和砂质—泥质变质沉积岩组成（图 2-58）。

区内目前未发现显著的金属矿化。

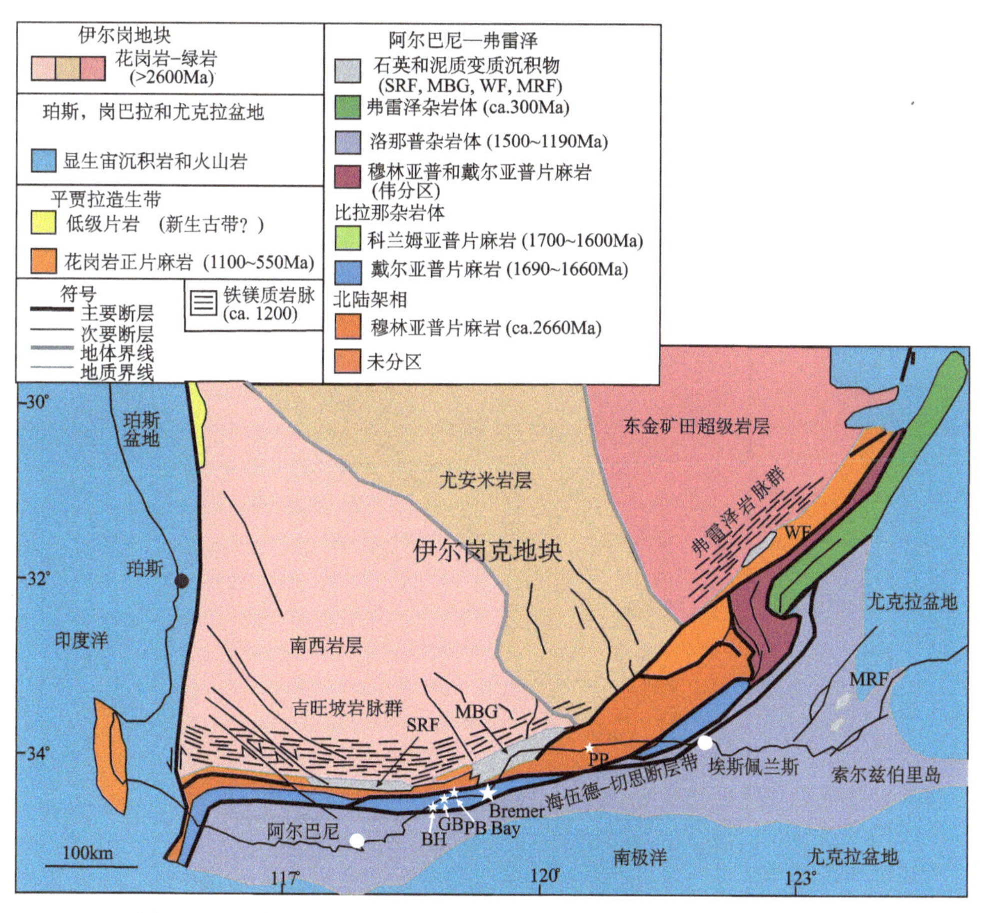

图 2-58　阿尔巴尼—弗雷泽造山带地质简图（Barquero-Molina，2009）

第三章　澳大利亚东部古生代造山带成矿域地质矿产特征

第一节　概　　述

澳大利亚东部古生代造山带位于澳大利亚东部，由古生代时期冈瓦纳古陆与古太平洋板块的相互作用形成。根据地质特征可分为五个部分：德拉梅里亚（Delamerian）造山带、拉克兰（Lachlan）造山带、新英格兰（New England）造山带、汤姆森（Thompson）造山带和北昆士兰（North Queensland）造山带（图 3-1）。

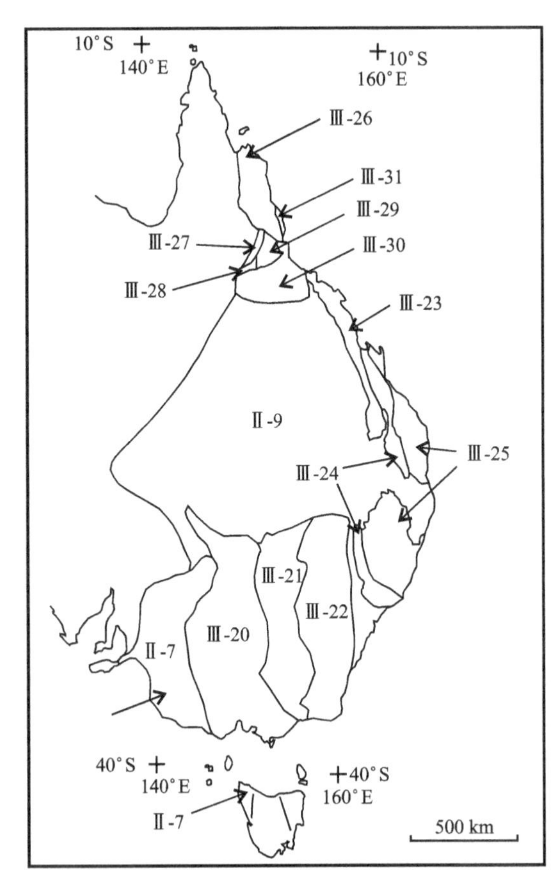

图 3-1　澳大利亚东部古生代造山带构造单元简图（姚仲友等，2014）

区内矿产资源丰富，与岩浆活动有关的矿化为主，主要的金属矿产包括铜、金、铅锌、钼、钨锡、锑铋等。

第二节　德拉梅里亚造山带（Ⅱ-7）

该造山带位于古生代造山带的西南部，范围包括南澳大利亚州东部、维多利亚州、新南威尔士州和塔斯马尼亚州西部的一部分，区内主要受到德拉梅里亚造山期的影响（图 3-2）。

造山带内矿产资源禀赋一般，发育铅、锌、银、金矿化。

（一）地层

区内的地层以下寒武统为主，晚期的地层主要分布在塔斯马尼亚岛。

早寒武世区内出露坎曼图（Kanmantoo）群，该群在坎曼图海槽内沉积，可分为金尼斯（Keynes）亚群和波拉帕鲁达（Bollaparudda）亚群。金尼斯亚群由中细粒砂岩和少量粉砂岩组成，波拉帕鲁达亚群由块状到层状的粗粒杂砂岩和薄层粉砂岩组成。坎曼图群上部为米德尔顿（Middleton）砂岩，由中细粒块状到层状的砂岩、粉砂岩和钙质硅酸盐组岩成。此后区内开始了基性火山活动沉积，形成 Truro 火山岩。

在塔斯马尼亚岛，前寒武纪早期的岩石为与冰川有关的沉积物，与裂谷有关的基性岩浆岩等。早中寒武纪时期，区内发育弧前玻古安山岩地壳的增生——分别为 Dimboola 火成杂岩和塔斯马尼亚基性超基性杂岩。并在 500～490 Ma 产生了裂谷盆地及磨拉石型沉积，如塔斯马尼亚的欧文砾岩。晚寒武纪至志留纪初期塔斯马尼亚接受了深海沉积，包括了富石英的深水浊积岩，中上奥陶系的黑色页岩。中志留世至晚泥盆世早期，塔斯马尼亚西部发育深水碎屑沉积岩。

（二）构造

区内的构造变形主要受到德拉梅里亚造山运动的影响，时间为 515～485 Ma，该期造山运动导致了区内的岩浆弧发生褶皱逆冲断层，该期造山运动同时还伴随着同造山期花岗岩侵入。具体的变形事件为三期：第一期表现为坎曼图群的变形，但是较为轻微；第二期的构造变形表现为南北向的褶皱发育；第三期的构造变形表现为北北西向的褶皱变形（Burtt，2002）。

（三）岩浆活动

区内的岩浆活动十分活跃，主要表现为与德拉梅里亚造山运动同期的 I 型和 S 型岩浆侵入活动。在造山期后的伸展背景下，区内发育 A 型花岗岩侵入活动以及酸性和基性超基性的岩体侵入。

（四）区域成矿特征

区内的矿产资源禀赋良好，铅、锌、银、铜、金、镍、铂族元素、钨、锡、钼等矿化广泛分布，其中以与基性超基性有关的铜镍铂族元素矿床、块状硫化物铜铅锌矿、与花岗岩有关的钨锡矿化十分发育。

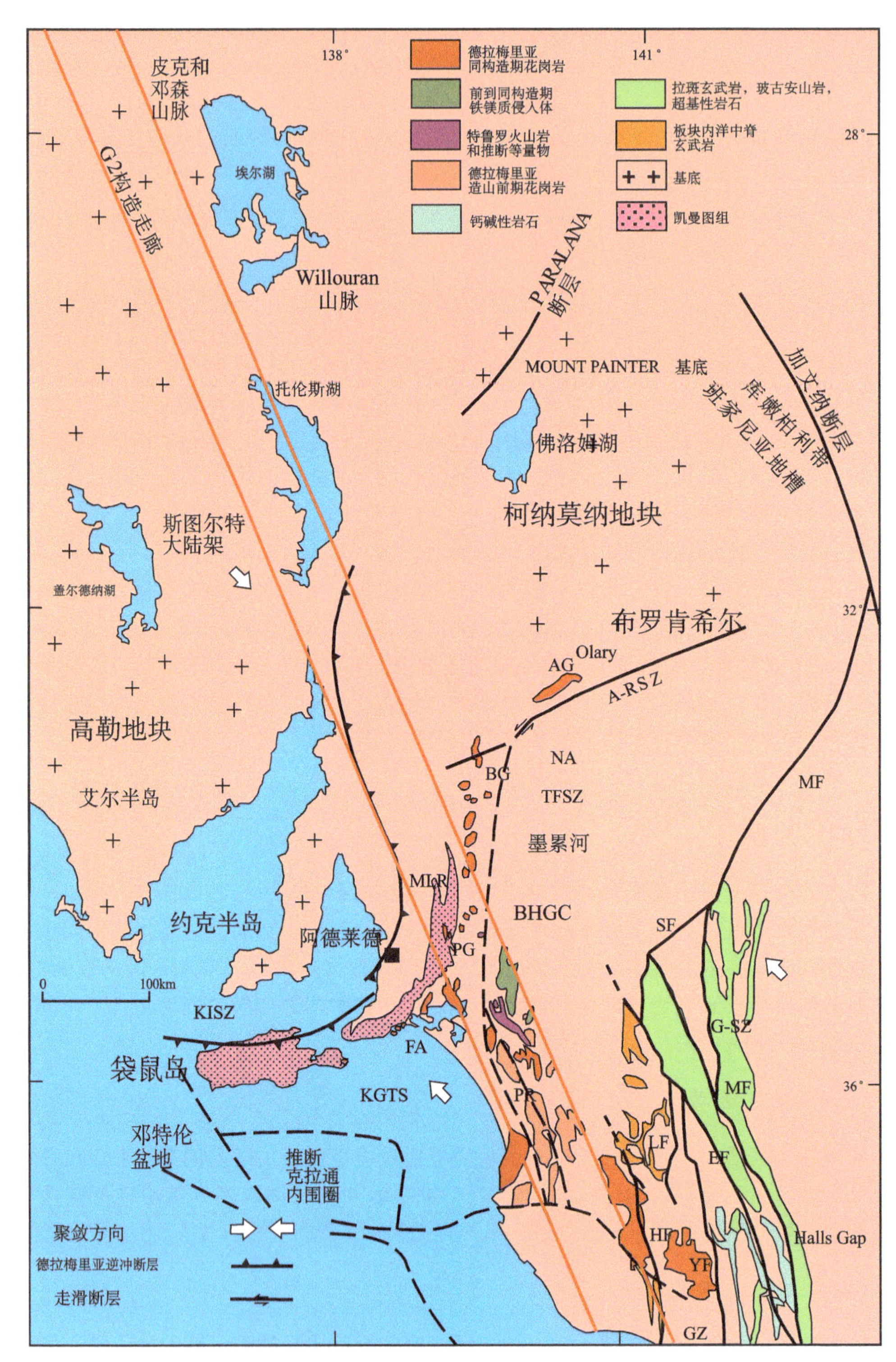

图 3-2　德拉梅里亚造山带地质简图（Burtt，2002）

1. 块状硫化物铜铅锌矿床

(1) 成矿特征

该类矿化时间为新元古代晚期至晚寒武系时期（600～490 Ma），主要分布在塔斯马尼亚岛西部邓达斯地区的芒特雷德火山岩中。资源量锌为 8.1×10^4 t，铅为 3.0×10^4 t，铜为 3.3×10^4 t，银为 9.1×10^3kt，金为 278 t。根据成矿类型、硫化物、Pb 同位素分类以及年龄差异，该区的矿床可分为两大类：Zn-Pb 矿床与 Cu-Au 矿床。

Zn-Pb 矿床包括赫利尔、奎河、罗斯贝里等，矿石矿物主要为黄铁矿、闪锌矿、方铅矿以及重晶石，矿体呈块状、层状产出，矿床组分受火山岩及细粒硅质碎屑岩影响，其分布受火山活动控制。矿床成因为海底上升的含矿流体与冷的海水混合，形成了石英—绿泥石—碳酸盐以及石英—绢云母—黄铁矿集合体，并在其中形成普通的富 Zn-Pb 块状硫化物矿床，矿床的赋矿岩石多为廷德尔群中的中央火山岩地层，其年龄在 505 Ma左右。

Cu-Au 矿床包括芒特莱尔地区的 Cu-Au 矿床，绝大多数矿床为层控矿床，矿石呈浸染状分布，而芒特莱尔地区的矿床的矿体较富，为富 Cu-Au 的块状硫化物。

Zn-Pb 矿床与 Cu-Au 矿床最显著的区别在于矿石的不同，绝大多数 Cu-Au 矿床主要受黄铁矿—黄铜矿矿石集合体控制，许多矿体内带状分布斑铜矿，与微量的辉铜矿、硫锡铁铜矿、辉钼矿、赤铁矿、硫砷铜矿、重晶石以及钨锰铁矿共生。

(2) 赫利尔铜矿

赫利尔矿床位于澳大利亚塔斯马尼亚岛西部，距奎河矿床仅 3 km。赫利尔矿床的矿石总储量为 1.69×10^7t，平均品位为：Zn 13.8%、Pb 7.2%、Cu 0.4%、Ag167 $\times10^{-6}$、Au 2.5×10^{-6}。按平均品位计算，合计含锌 2.33×10^6t、铅 1.22×10^6 t、银 2.82×10^3 t、金 42.25 t、铜 6.76×10^4 t。

赫利尔矿床赋存在寒武纪的芒特雷德火山岩中，该火山岩主要为中酸性的火山岩，含少量玄武岩，其中的安山质火山岩是主要的富矿地层。矿床位于一个宽阔背斜的脊部。网脉带产在安山质火山岩中。在矿层之上是火山碎屑角砾岩、火山灰、玄武质枕状熔岩和黑色页岩。一条南北走向的斜滑断层把矿体一分为二（图 3-3）。

赫利尔矿体长 800 m、宽 200 m。由于褶皱和随后断层作用的影响，矿体形态复杂。矿体南部埋深 90 m，往北延伸，埋藏深度加大，最大埋深超过 500 m。矿体 85% 由细粒部分纹层状的硫化物组成。硫化物主要是黄铁矿、闪锌矿和方铅矿。硫化物上面是块状重晶石。块状矿石中 Zn、Pb、Ag、Au 和 As 相对于 Fe 和 Cu 来说，向上和向外富集。

2. 与基性-超基性岩有关的铜镍铂族元素矿床

该类矿化主要发生在塔斯马尼亚岛西部的邓达斯地区的早中寒武系断裂系统内。矿化主要发生在库尼地区，小的辉长岩体中形成小型的正岩浆 Ni-Cu 矿床（其总的资源量为 0.95×10^4 t，Ni 品位 0.76%，Cu 品位 0.94%）。其中辉长岩体侵入托加里群岩石之中，该组岩石年龄约为 582 Ma，Ni-Cu 矿床发生在泰尼安造山活动之前。

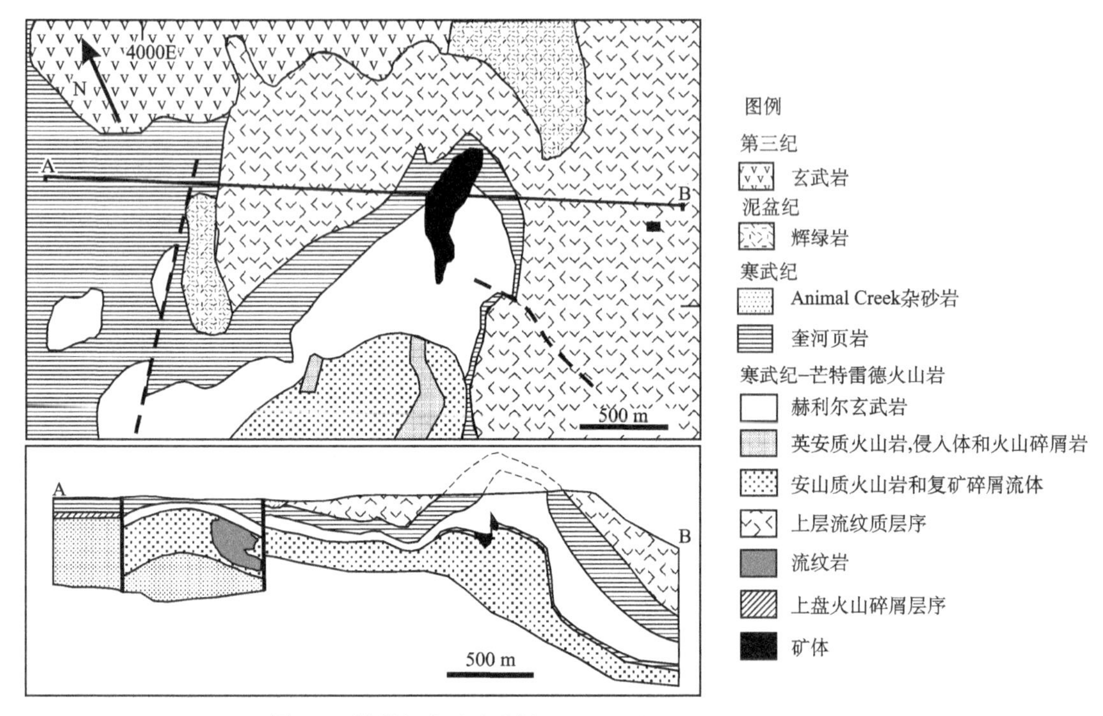

图 3-3　赫利尔矿区地质图（Gemmell and Fulton，2001）

铂族元素矿床在塔斯马尼亚西部分布广泛，其中铱锇矿床局部被开采，用以制造锇铱合金，也包括一些铂族元素硫化物和砷化物。该类矿床中，铂族元素、Pd、Rh、Au是重要的组成元素。寒武系基性—超基性杂岩中铂族元素侵染状稀疏分布，但杂岩体遭受侵蚀后，在新生代的冲积及残积下矿床中铂族元素相对集中，达到工业开采价值。

3. 与花岗岩有关的钨锡矿化

380～350 Ma 东部造山带发生了 I 型、S 型及 A 型岩浆作用，塔斯马尼亚北部及西部地区形成了各种花岗岩相关矿床，其中比较重要的为与花岗岩有关的钨锡矿床。其中博尔德海德（Bold Head-Dolphin）矽卡岩型矿床钨矿石资源量 23.8×10^4 t，W 品位为 0.66%。这些矿床成因与格拉希花岗岩有关，其年龄为 351 Ma 左右。主要容矿岩石为新元古代的洛基角组硅质碎屑岩。矿石赋存于富含辉石、钙铁榴石、钙铝榴石、黑云母及方解石的矽卡岩及角岩中。主要的矿石矿物为白钨矿与钙铁榴石、磁黄铁矿等主要的硫化物矿物共生。

在麦瑞迪斯等花岗岩周围，矽卡岩型锡矿化发生在花岗岩型钨锡矿化的外围，形成环状的成矿分带，在兹罕地区（Zeehan）还形成了矽卡岩型铅锌银矿床，这些矿床的形成均与花岗岩的交代有关，其年龄约为 361 Ma。

塔斯马尼亚西部地体的东边缘，Moina 萤石矿、Hugo 锌金铋矿及 Stormont 金铋矽卡岩矿与 Moina 地区埋藏的 Dolcoath 花岗岩有关。

第三节　拉克兰造山带（Ⅱ-5）

拉克兰造山带被区域性的断裂分为三个地区，即：拉克兰西带（Ⅲ-20）、拉克兰中带（Ⅲ-21）和拉克兰东带（Ⅲ-22）（图 3-4）。

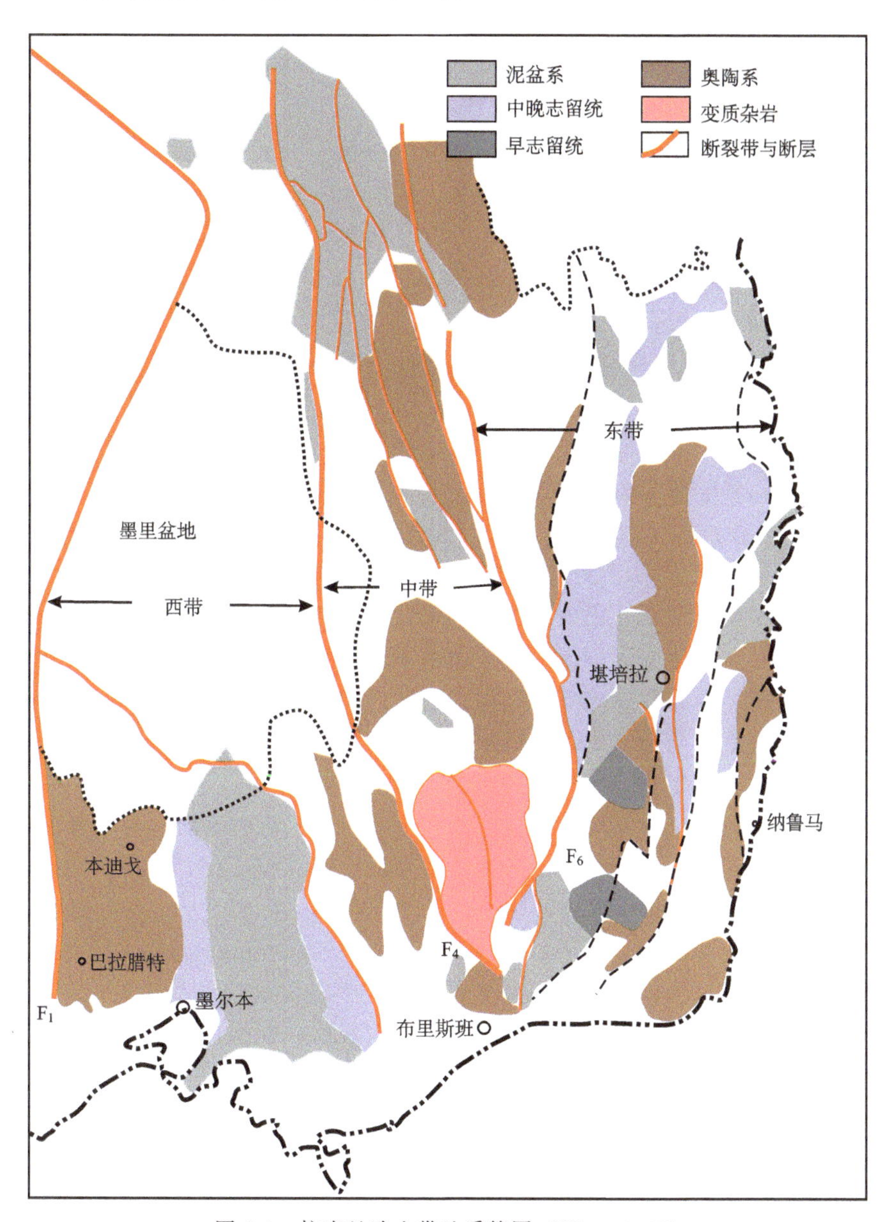

图 3-4　拉克兰造山带地质简图（Glen，1995）

（一）地层

区内地层从奥陶系到二叠系均有出露。

奥陶系深海浊积岩沉积在造山带的全境出露，仅在墨尔本带内未出露，被称为 Adaminaby 超群，在塔斯马尼亚被称作 Mathinna 群。奥陶纪晚期地层主要是深海的黑色页岩 Bendoc 群，分布于新南威尔士、维多利亚和塔斯马尼亚等地，在墨尔本带基本缺乏，沉积类型从浊积岩沉积到黑色页岩。在东带的纳鲁马（Narooma）区奥陶系深海沉积物也生成于这一时期。此外区内该时期广泛出露的基性火山岩、燧石岩、蛇纹岩和其他超基性岩可能为洋壳。

在东带晚奥陶至早志留纪也形成浊流沉积物，例如 Yalmy 组，其相对于古老地层更富石英。

中志留世至晚泥盆世早期地层在墨尔本带内分布，为 Murrindindi 超群，主要是深海浊积岩沉积，其中又以泥岩和粉砂岩为主，周期性地间以粗碎屑浊积岩，沉积水深向上变浅，碳酸盐岩靠近顶部，超群顶部还保存了厚层的陆相沉积。在西带，同期地层为 Grampians 群。在塔斯马尼亚东北部，出露 Mathinna 群属浊流沉积。

中泥盆世晚期至晚泥盆世至早石炭世，区内发育浅海至陆相碎屑沉积，包括红层（Lambie 组），局部沉积作用伴有双峰式和酸性 I 型和 A 型岩浆作用，如惠灵顿火山建造。

中石炭世至二叠纪末，地层在东部和塔斯马尼亚出露，沉积物的下部为冰川沉积和海相沉积，而上部为非海相沉积包括煤系。

（二）构造

晚寒武纪至志留纪初期，区内发育贝纳布兰（Benambran）造山运动，该期构造变形可分为两期，早期构造变形表现为在造山带东部见有东西方向的缩短和向东的倒转，变形伴有地壳增厚、隆升和区域变质作用；晚期构造变形发生于东部，表现为近东西向的压缩以及平移变形，该期造山运动的最终结果是西拉克兰造山带的克拉通化和造山带东部一系列地体的复杂增生。

中志留世至晚泥盆世早期塔博贝拉（Tabberabbera）造山运动，表现为东西向的压缩变形及低级变质作用，该期构造变形使得整个造山带克拉通化，使各构造省有效地拼合，并造成墨尔本带的变形及隆升。

中泥盆世晚期至晚泥盆世至早石炭世坎宁布朗（Kanimblan）造山运动，造成东西方向的缩短和低级变质作用，东带记录清楚反映了中晚泥盆纪的盆地发生回返和褶皱，向西延至德拉梅里亚造山带，该期构造活动是区内最后一期构造运动。

（三）岩浆活动

拉克兰造山带基岩露头的 36%是花岗岩，尤其在中带和东带更多（图 3-5）。西带出露地表的主要是主构造变形期以后形成的侵位相对较浅的花岗岩类，与围岩接触带不宽（1～2 km）；与区域低压高温变质作用有关的较深部位形成的侵入岩主要发育在中带，如沃加—欧米奥（Wogga-Omeo）、库马（Cooma）、凯霸龙（Cambalong）和夸克（Kuark）等杂岩体。

在奥陶纪和早志留纪的贝纳布兰造山期形成的橄榄玄粗岩质的和钙碱性的火山岩、

侵入岩、火山碎屑岩和富碳酸盐地层分布在四个带：Junee-Narromine 火山岩带，Kiandra 火山岩带，Molong 火山岩带和 Rockley-Gulgong 火山岩带，统称麦考瑞(Macquarie)岛弧，岛弧被认为形成于大洋岛弧背景，该期事件伴有丰富的金和金铜矿化。在造山后期广泛发育同构造或后构造 S 型岩浆作用，集中在中造山带东部。

中志留世至晚泥盆世早期的塔博贝拉造山期，造山带广泛分布酸性为主的岩浆作用，包括大部分花岗岩，其年龄大部在 430～390 Ma 之间，但岩浆作用可延续至坎宁布朗期，直至早石炭世 360～350 Ma，花岗岩包括 I 型、S 型和 A 型，为同造山到后造山期花岗岩。

中泥盆世晚期至晚泥盆世到早石炭世坎宁布朗期在新南威尔士产生了大量的双峰式和酸性岩浆作用。380～360 Ma，酸性为主的岩浆喷发和侵入作用遍布整个造山带，花岗岩类型为 I 型、S 型和 A 型。

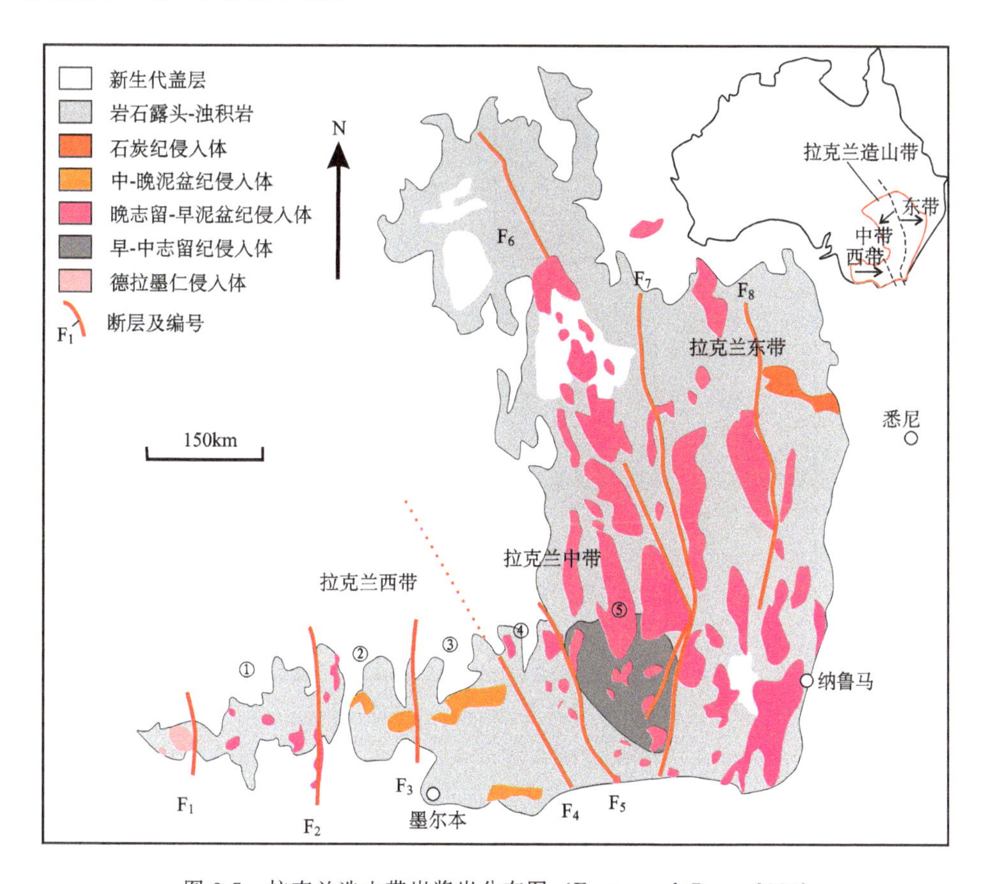

图 3-5　拉克兰造山带岩浆岩分布图（Foster and Gray，2000）

①斯塔威构造区；②本迪戈-巴拉腊特构造区；③墨尔本构造区；④塔博贝拉构造区；⑤沃加-欧米奥变质带；F1-乌木渡-莫斯顿（Woomodoo-Moyston）断裂带；F2：艾瓦卡（Avoca）断裂带；F3：希斯科特（Heathcote）断裂带；F4：惠灵顿山（Mount Wellington）断裂带；F5：塔博贝拉断裂带；F6：吉尔摩（Gilmore）断裂带；F7：乔治湖断裂带。

（四）区域成矿特征

拉克兰造山带是塔斯曼造山带成矿域内矿产资源最为丰富的地区，区内产出斑岩—矽卡岩—浅成低温热液型铜金矿、造山型金矿、与花岗岩有关的钨锡钼矿、与碎屑岩有关的铅锌矿、块状硫化物型铜矿和热液型镍矿等多种矿产资源（图 3-6），成矿时代贯穿整个古生代（张定源等，2014）。

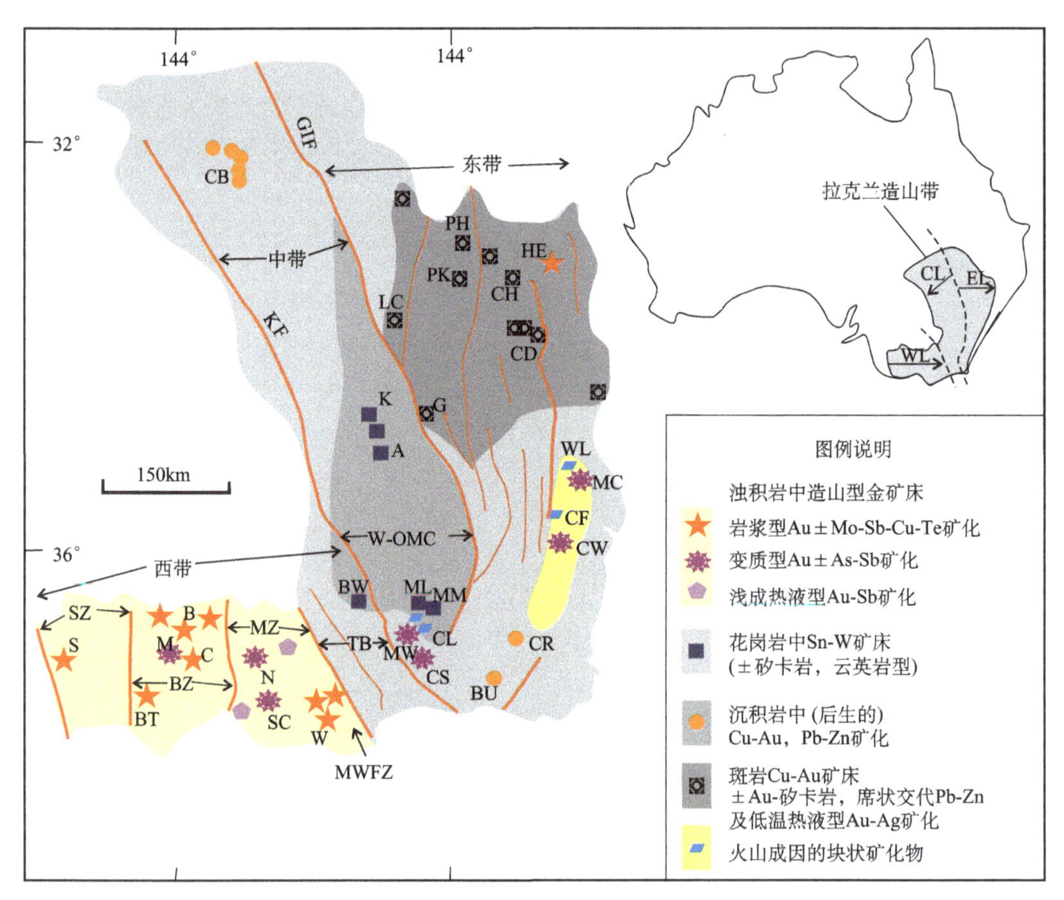

图 3-6 拉克兰褶皱带矿化类型分布示意图（Bierlein，et al.，2002）

1. 造山型金矿

（1）成矿特征

拉克兰西带产于浊积岩中造山型 Au 矿，其矿化形式又可分为三类。①石英脉中所谓的“单金型”金矿（如斯塔威、本迪戈-巴拉腊特等金矿），这类金矿形成时代为 455～440 Ma，与区域变质和逆冲断层形成时间相近，但在 420～400 Ma 断裂再次活动时又叠加了第二期矿化。含金石英脉产于浊积岩中，浊积岩本身已被强烈变形成大量的尖棱褶皱。矿化主要集中在逆冲断层和背斜枢纽等构造部位，出现广泛的碳酸盐岩、硫化物和绢英岩等蚀变矿物组成的褪色带，含矿流体富 CO_2。②与早泥盆纪和中至晚泥盆纪基性—酸性岩浆作用有关的金及多金属矿，一般伴有高含量 Sb、W、Mo 和 Cu。这类矿化往往发生在长英质岩脉侵入后，空间上与地壳熔融作用有关（成因上未必一定相关）。在西带，这种“与侵入岩有关的金矿”的经济价值远不及早期与造山过程中区域变质作用有关的发育在斯塔威和本迪戈一带的“造山型金矿”，但墨尔本地区的情况恰好相反。值得注意的是，维多利亚中部地区岩脉和侵入体的形成时间一般要晚于变质有关的金矿形成时间，两者时差长达 80 Ma 以上。③以石英—碳酸盐岩网脉和浸染状硫化物（如辉锑矿）为特征的金矿，这种“浅成型”Au-Sb 矿化类型在西带的东段（即墨尔本地区）特别普遍，一般形成于中泥盆纪至晚泥盆纪长英质岩浆侵入之后。

与西带相比，造山型金矿在中带和东带的发育范围不大、强度不高。这两个亚带的金矿往往与造山后岩浆作用存在时空关联。除了希尔恩德（Hill End）金矿外，中带和东带就少有上规模的造山型金矿，目前发现的几个也都是小型金矿。

造山型金矿主要形成于活动大陆边缘地壳增生过程中发生的低级至中级绿片岩相变质作用过程。在现代增生环境中，发育大量造山型金矿，这样构造背景的特征是地热梯度相对较低，尤其在俯冲增生时保持低温高压条件。一般认为，脱水洋壳的俯冲和地壳分层作用能将热能从地幔转移向地壳并直接诱发地壳部分熔融。古生代造山型金矿主要产在数千米厚的海底沉积岩中，而这些沉积岩是堆积在早期碰撞的大陆边缘和（或）进化的弧沟复合体系内，它们往往被基性洋壳呈叠瓦状层层覆盖（构造增厚），与板块拉张、岛弧形成、板块碰撞和俯冲作用等有关。金矿体主要产在与逆冲断层或褶皱有关且明显受构造控制的膨胀区狭窄裂隙中。

(2) 本迪戈金矿田

本迪戈金矿位于东澳大利亚含金区的南部（维多利亚州），长 120 km，宽 40～60 km，自开采以来共产出金近 700 t。

矿区内岩石为富含石英的奥陶纪复理石和页岩质岩层组成，富矿地层为早奥陶世地层，由千枚岩和片岩组成，含少量石灰岩夹层（图 3-7）。部分地区总厚度达 2000 m 的奥陶纪岩层被泥盆纪花岗岩岩体所穿切，周围岩层被挤压成压缩性褶皱，并为大量断裂所破碎。在区域变形过程中，围岩发生了弱变质。

矿体主要是产在背斜脊部的鞍状矿脉，以及与大量断裂有关的交错矿脉。矿床通常是由鞍状矿脉与交错矿脉相结合组成的，它们呈楼层状分布在背斜脊部。在矿脉中，金主要是粗粒的游离明金，呈分散的颗粒或呈石英中的纤维状包体。在硫化物中也含有少量细粒金。矿石中金含量高达 10～30 g/t，在富矿柱中金含量甚至还可提高一个量级。

2. 斑岩-矽卡岩-浅成低温热液型铜金矿

(1) 成矿特征

该类矿化主要在东部拉克兰造山带的麦考瑞弧中的中晚奥陶系岩浆岩带中，包含了若干中型斑岩型 Cu-Au 矿区，以及高硫化物及低硫化物的金矿床。按照年代以及组分可分为四个不同的阶段，其中前两个阶段与成矿无明显关系，后两个阶段在该区形成了重要的矿床。

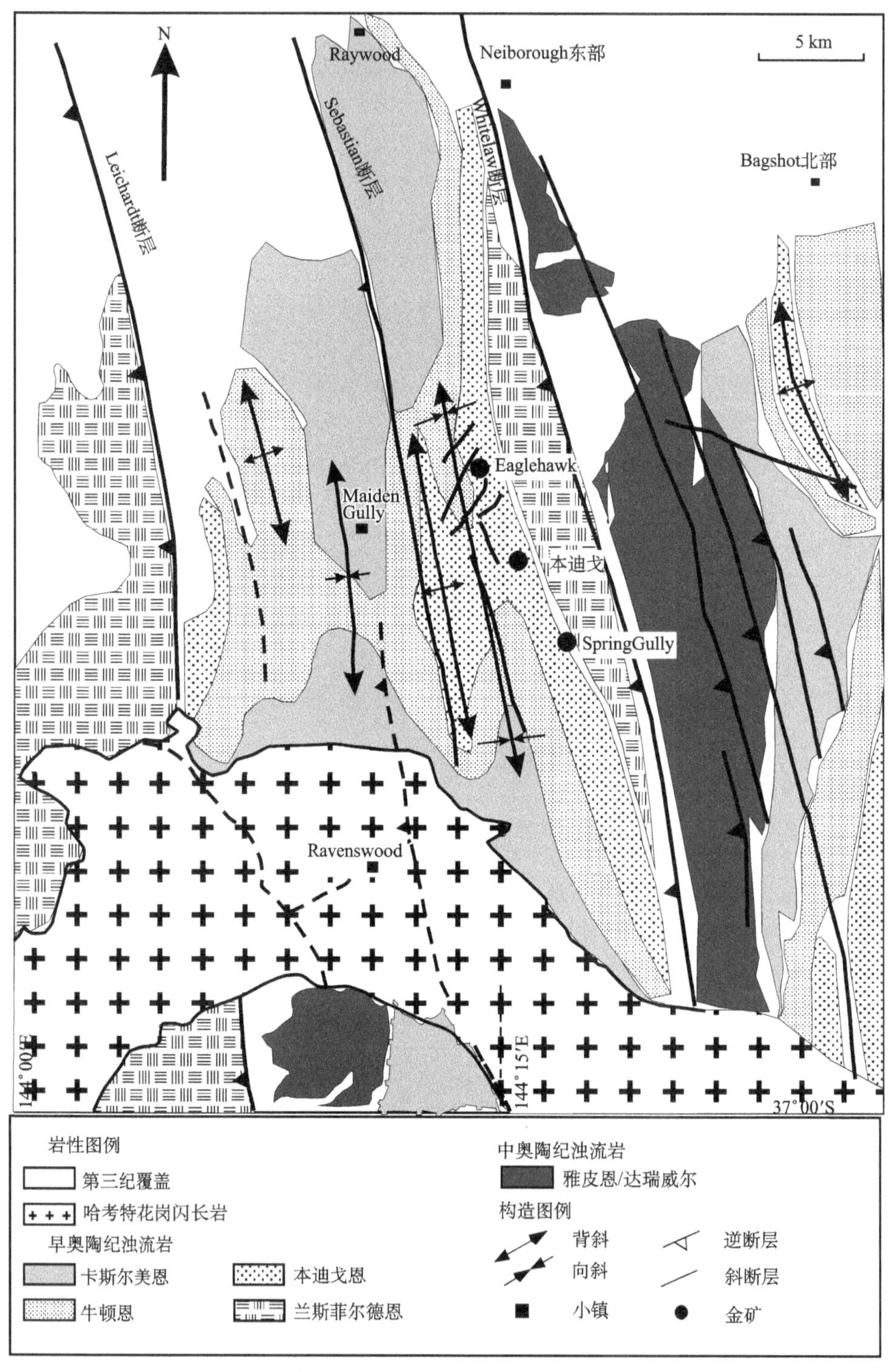

图 3-7　本迪戈金矿田地质图（Jia，et al.，2000）

新南威尔士州碱性斑岩型Cu-Au矿床以及相关矿床与第四阶段大量的岩浆活动有关，其年龄为457～438 Ma。

绝大多数钙碱性斑岩型Cu-Au矿床以及相关矿床与第三期岩浆阶段有关，其年龄为451～448 Ma。而特莫拉地区的研究数据表明该区钙碱性斑岩型Cu-Au矿床以及相关高硫化物Au矿床的年龄约在440 Ma。

沿麦考瑞弧西部边缘向北延伸的科瓦尔湖浅成热液Au矿床的矿石资源量为6.35×10^5t，品位：1.22 g/t 。矿床年龄约439 Ma，包括含金的石英—碳酸盐岩—黄铁矿—闪锌矿—方铅矿脉以及绢云母—碳酸盐岩—黄铁矿集合体。研究表明其形成深度比一般低硫浅成热液矿床要深。

(2) 卡迪亚里奇韦铜金矿床

卡迪亚里奇韦（Cadia Ridgeway）铜金矿床地理位置位于澳大利亚东南部新南威尔士州中央奥兰治城以南20 km，33°17′S，149°06′E附近。

卡迪亚里奇韦斑岩型铜金矿床是卡迪亚（Cadia）斑岩—矽卡岩型矿集区（Cadia地区有4个斑岩型铜金矿床和2个矽卡岩型铁铜金矿床）的一部分，出产于伍德郎铅锌金矿集区内，矿床共含确定、推定和推测资源量5.4×10^7 t，平均品位为：Cu 0.77% ，Au 2.46×10^{-6}，即含有4.2×10^6t铜和133 t金。

卡迪亚矿区的斑岩和矽卡岩矿化产在一个以等粒二长岩为主的小复合侵入体内部和周围（3×1.5 km^2），该侵入体侵位于北西向构造带中。它切割了一套同源岩浆火山岩层，主要是火山碎屑岩、次火山侵入岩以及细粒沉积岩，岩浆活动和有关矿化时代为晚奥陶世，成分为橄榄玄粗岩（图3-8）。

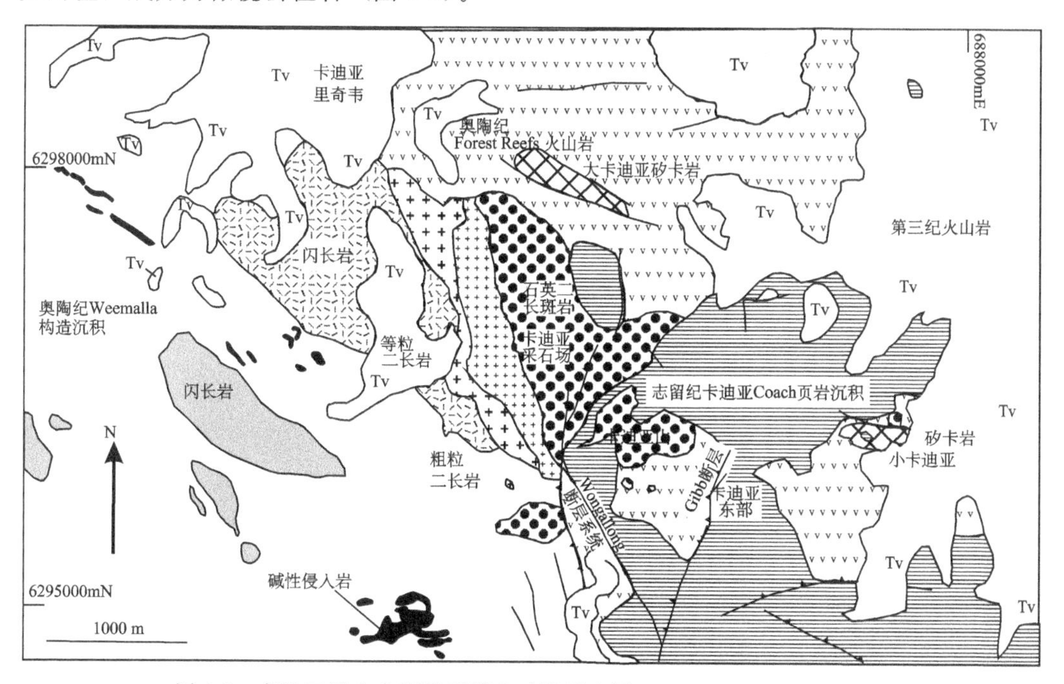

图3-8 卡迪亚里奇韦斑岩型铜金矿地质略图（Holliday, et al., 2002）

卡迪亚里奇韦矿床位于等粒状侵入体西北，以主要侵入于火山碎屑岩的一个不大的二长斑岩岩株为中心。该矿床产在陡倾钟形网状石英细脉带中，后者沿直径为 50～100 m 的岩株接触带分布（图 3-9）。网脉密度、蚀变程度和金属品位以岩株接触带为最高，特别是在岩株顶部，而从接触带向内和向外均降低。

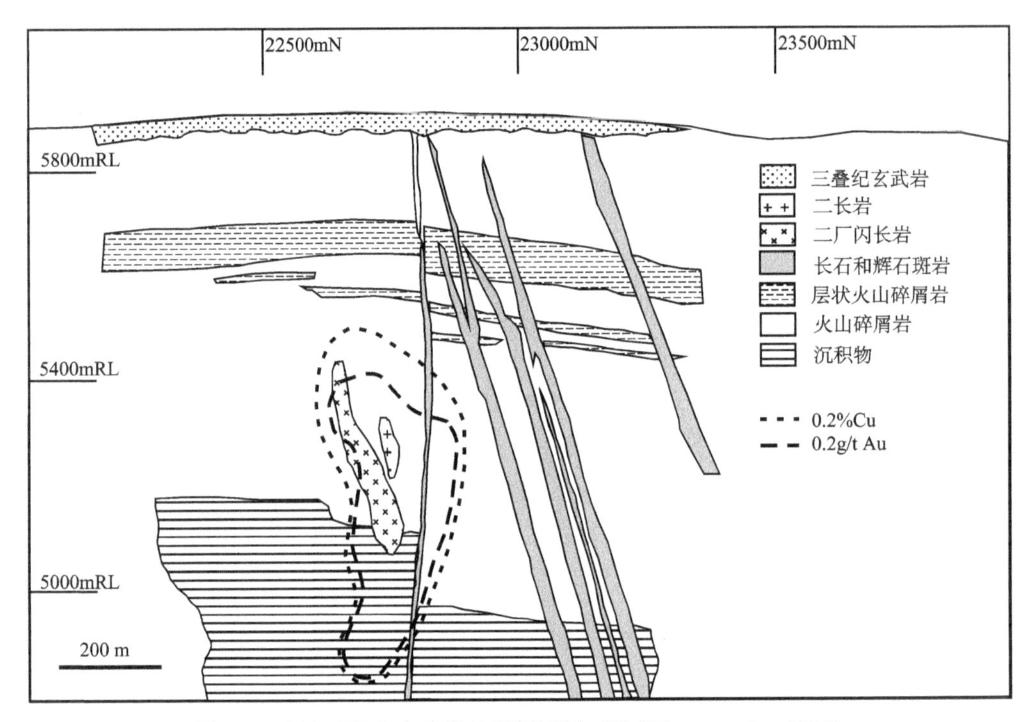

图 3-9 卡迪亚里奇韦矿床地质剖面图（Holliday，et al.，2002）

与矿有关的蚀变是钾硅酸盐蚀变，以正长石、钠长石、阳起石、磁铁矿和黑云母为主，但叠加有绿磐岩矿物组合。主要铜矿物为黄铜矿和斑铜矿，此外还有自然金和丰富的磁铁矿，主要产在细脉中，但也呈浸染颗粒产出。一条成矿前的北西向断层穿过矿体北接触带。矿体之上覆有 20～80 m 成矿后的中新世玄武岩，成矿前主岩约厚 450 m。在中新世古地表以下较深处没有蚀变现象和有价值的金属。

3. 与花岗岩有关的钨锡钼矿床

拉克兰中带广泛发育侵花岗岩的 Sn-W-Mo 矿和斑岩型—细脉型 Sn 矿，以及一般与内生云英岩有关的矿化。这些矿床，如阿德莱珊（Ardlethan）锡矿，与一系列北西北向展布的 I 型和 S 型侵入岩有关，侵入时代为早志留纪至晚志留纪，产出的构造环境是逐渐发展的大陆边缘弧或与其有关的斑岩型 Cu-Au 体系的内侧，以及毕乌夫带更深部位对应的上方。沃加（Wagga）锡矿带主要反映了本类矿床的基本特征。在拉克兰造山带，紧闭褶皱的奥陶纪变质沉积岩分别被两期（420 Ma 和 400 Ma）花岗岩侵入，一期为高位侵入岩，另一期为深位侵入岩，两期侵入时间间隔只有 20 Ma。矿化主要发育在热液角砾岩、绿泥石—绢云母或电气石—黄玉蚀变的花岗岩和石英—长石斑岩中，其次在硅质碎屑岩和钙质沉积岩中的蚀变晕内。例如在阿德莱珊，锡矿成矿与晚阶段高度分异的花岗岩有关，Sn来源于循环的陆壳和在洋壳盆地关闭后发生的岩浆生成过程。锡石、贱金属硫化物和脉石矿物等沉积在被富含CO_2的卤水侵蚀导致顶层岩石坍塌形成的角砾岩中，那些部位压力突然降低，导致含矿流体发生出溶作用。

4. 块状硫化物铜铅锌矿化

这类矿床形成往往都是与断陷弧、弧内火山断陷盆地以及弧后盆地有关。含矿岩石主要有钙碱性玄武质-流纹质火山岩、以及相关的凝灰岩和火山角砾岩。火山喷流成因的硫化物矿床成矿元素组合变化范围宽广，从富Zn的多金属到含Cu-Au硫铁矿到独立的Au矿床都有。从世界范围内来说，寒武奥陶纪到志留纪是这一类矿床的成矿高峰期。

在拉克兰东带的中段和南段，几个反转的断陷盆地中赋存着层控黑矿型火山喷流成因的Pb-Zn-Ag硫化物矿床，如凯普顿福来特矿床（Captains Flat）和伍德劳恩矿床（Woodlawn)，以及海底交代成因的矽卡岩型矿床。这类矿床都产在火山沉积岩中，岩石组成主要有钙碱性火山岩（流纹岩、英安岩)、硅质碎屑岩、石灰岩和凝灰质沉积岩。开始发生裂谷时间为中志留纪到晚志留纪，结果沿一系列南北向延伸的正断层广泛发育火山作用。虽然成矿时间仍是个有争议的问题，但是大多数火山口喷流成因的硫化物矿床具有相似特点，产在一定的地层层位中，与生长性断层有关，具有类似的矿物共生组合，显然矿床与大量的海底火山碎屑岩和凝灰质熔岩同时形成，它们都产在晚志留纪火山活动有关的裂谷中，形成于裂缝附近。较大的矿床（如伍德劳恩矿床）都是由几个紧密排列的块状硫化物（主要为黄铁矿、闪锌矿、方铅矿、黄铜矿）透镜体组成，同时在某些矿床中也存在层状矿化、网脉状矿化、细脉和浸染状矿化等其他矿化形式。矿体上下盘硅化、绢云母化、绿泥石化和硫化等围岩蚀变发育。

5. 与碎屑岩有关的铅锌矿化

在拉克兰中带的北段和南段，以及拉克兰东带的南段，发育着许多以冲断层/逆断层为边界的志留纪到泥盆纪沉积盆地，盆地中含有大量的Cu-Au和Pb-Zn矿床。例如，威尔格（Wilga)、库拉旺（Currawong)、科巴（Cobar)、克拉克礁石（Clarkes Reef）都是产在火山沉积岩层中，贱金属硫化物、磁铁矿、黄铁矿、毒砂和金共生在细脉、网脉和块状硫化物透镜体中。矿化沿盆地边缘或附近的断层发育，与地层走向交叉，说明矿化与后期构造活动有关。这些矿床的围岩蚀变主要是硅化和绿泥石化，以及少量的绢云母、碳酸盐化和铁氧化物等。值得注意的是，矿化时间仍不是很确定。根据地层、构造和地质年代约束条件，多数人认为拉克兰中带和东带断陷盆地中的这些贱金属矿床是变形同期形成的。科巴矿床的金属沉淀可能是在压缩性构造阶段沿断裂带发生的减压、流体混合，以及断层阀效应等共同作用的结果。

虽然这一类矿床与产于火山岩中的块状硫化物矿床及密西西比河谷型矿床具有一定类似性，但是断陷盆地有关贱金属矿床与它们还是不同，它们赋存在地堑构造内沉积岩中，构造环境为弧内及陆内，可能是在拉伸及（或）转换阶段形成。它们与Sedex矿床具有不同的金属组合，而且成矿温度较高。关于其准确的成矿时代问题还有待商榷，可能它们既有同生的又有后生的。

第四节　新英格兰造山带（Ⅱ-6）

新英格兰造山带是塔斯马尼亚造山带中最东部的构造单元，占据了昆士兰州沿海的大部分地区，从新南威尔士纽卡斯尔延伸到昆士兰的汤斯维尔，向南延伸至新南威尔士州东南部克拉伦斯默特森和苏拉特盆地中生代盖层之下。新英格兰造山带与拉克兰造山带的东部亚区呈冲断接触，新英格兰造山带分为三个构造亚区和南北两部分（图 3-10）：三个亚区为弧前增生楔，主要为一系列的微小地块，分布在最东部；弧前盆地，位于造山带中部；岩浆弧，为晚泥盆世到石炭纪的岛弧；南北两部为南新英格兰造山带和北新英格兰造山带。

（一）地层

区内出露的地层从寒武纪到三叠纪。

寒武纪地层在造山带西部的一系列小的地块内出露，主要为洋壳碎片，包括岛弧有关残余并在造山带北部出露少量新元古代—寒武纪物质 Princhester 的蛇绿岩。在造山带南部，地块包括麦考瑞港地块、Gamilaroi 地块，在造山带北部，以昆士兰中部马尔堡地体为代表。

奥陶纪至志留纪地层为与岛弧和海洋有关的沉积岩，主要为硅质碎屑岩和含化石灰岩，典型的例如麦考瑞港地块的 Watonga 组，岩性为燧石、泥岩、粉砂岩、凝灰质砂岩等。

志留纪至中晚泥盆世在 Gamilaroi 地块出露岛弧火山岩、次火山岩和火山成因沉积岩，火成岩属于低钾钙碱系列，地块上的火山岩被后期沉积地层覆盖。同期在造山带北部，Calliope 弧由晚志留至中泥盆世钙碱系列酸至基性火山岩组成，该弧上覆 Yarrol 带的年轻弧前沉积地层。

中泥盆世晚期至晚石炭世区内发育大量的大陆岩浆弧及相关沉积物。在造山带南部的弧前盆地区，地层主要在 Tamworth 地块分布，为早中泥盆纪火山沉积岩系，在造山带北部的弧前盆地区，在 Yarrol 地体内出露 Rockhampton 群地层，为弧前盆地沉积物，并覆盖了曾经的晚泥盆纪火山弧。弧前盆地的晚泥盆世地层由火山碎屑砂岩和砾岩组成，与沉积岩和灰岩互层。在造山带的增生楔地区，南部 Woolomin 地体和中央地块的沉积物主要为深海沉积组成：变玄武岩-燧石-泥岩，造山带北部的南部 D'Aguilar、Yarraman、Beenleigh 地块和北部 Coastal 地块内出露硬砂岩、泥岩和燧石。

晚石炭世至早二叠世在造山带西侧形成了鲍文-冈尼达-悉尼盆地，表明此时造山带处于弧后伸展环境，发育双峰式火山岩和硅质碎屑岩等伸展环境下的岩石组合，上覆于增生楔之上。此时在新英格兰造山带北部的金皮地块内发育类似弧岩浆活动的火山作用，例如早二叠世 Highbury 火山岩。

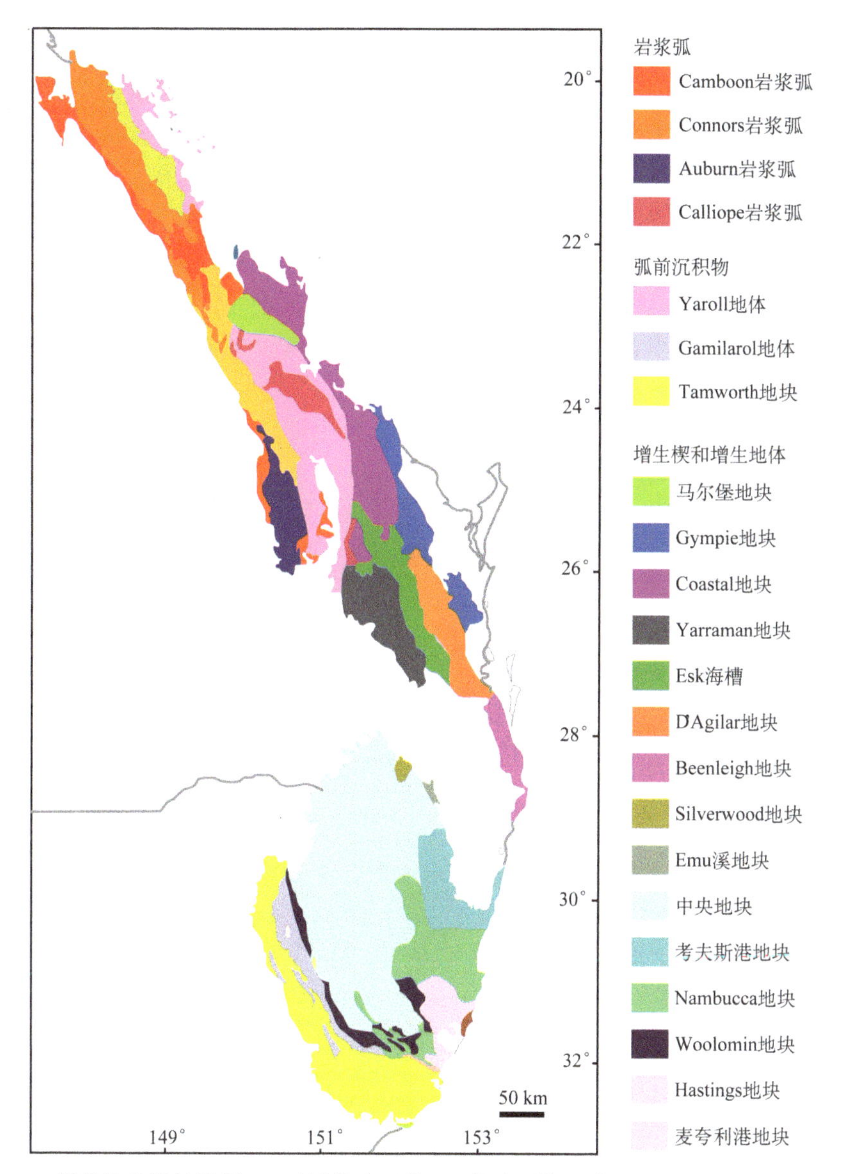

图 3-10　新英格兰褶皱带图：a-区域构造亚带；b-构造区块组成（Champion，et al.，2009）

（二）构造

新元古代晚期至奥陶纪初期德拉梅里亚期造山运动中，在北部造山带部分地块增生到造山带之上，并发育 Peel-Manning 断裂系。

奥陶纪初期至志留纪初期贝纳布兰期造山运动主要引发了岛弧岩浆作用，并伴随着区域变质作用。

志留纪至中晚泥盆世早期塔博贝拉期造山运动继续发生地体拼贴作用。

中泥盆世晚期至晚三叠世亨特鲍文（Hunter-Bowen）期造山运动时期，区内开始逐渐过渡为伸展环境，在造山带西部形成弧后盆地并形成逆冲褶皱带。

（三）岩浆活动

新元古代晚期至奥陶纪初期德拉梅里亚造山期，区内发育岛弧岩浆活动，在造山带南部出露。

奥陶纪初期至志留纪初期贝纳布兰造山期，在造山带北部发育弧岩浆活动。

志留纪至中晚泥盆世早期塔博贝拉造山期形成 Calliope 弧岩浆活动。

中泥盆世晚期至晚石炭世时期，区内发育 Connors-Auburn 岩浆弧，由古生代花岗岩和酸性火山岩组成，代表了晚泥盆至早石炭世的安第斯式火山弧。

晚石炭世至早二叠世区内发育少量 S 型花岗岩活动，时间在亨特鲍文造山运动之前。此外该时期在金皮地块发育岛弧岩浆活动。

早二叠世晚期至中三叠世亨特鲍文造山期，整个造山带发育大规模岩浆侵入活动，侵入中酸性岩浆。造山带北部早中三叠世花岗岩以中性为主，而晚三叠世（230～220 Ma）则主要是与流纹质和少量基性火山岩伴生的酸性（包括 A 型）花岗岩，表明区内构造背景从弧后压缩到弧后伸展的改变大概发生在 230 Ma。

（四）区域成矿特征

新英格兰造山带的成矿作用主要集中在 385～215 Ma，主要的矿床类型为块状硫化物铜铅锌金矿床、斑岩-矽卡岩-浅层低温热液型铜金钼矿和与花岗岩有关的钨、锡矿床。脉状锑矿化等（图 3-11）。

1. 块状硫化物型铜金矿化

该类型矿化主要发生在造山带的弧前盆地内，矿体多赋存在小型的岛弧火山岩中，典型的芒特摩根、霍尔斯皮克等。

芒特摩根矿床产于卡里奥弧内，其形成与 381 Ma 左右的芒特摩根石英闪长岩及二叠纪侵入体有关，该矿床矿石资源量为 50×10^4 t，Cu 品位 7.2 %，Au 品位 99 g/t。矿床由三个硫化物矿体组成，其中的主通道及锥状矿体于 1982 年被开发，矿体中大量的黄铁矿、少量闪锌矿及磁黄铁矿被含黄铜矿的石英网脉切割。锥状矿体高含硅质的石英—绢云母—绿泥石岩石并含细脉浸染状磁黄铁矿、黄铁矿及黄铜矿，位于主通道矿体之下。主矿体可分为上下两个矿带，磁铁矿—黄铁矿—绿泥石集合体覆盖于大块的黄铁矿之上，Zn 的含量稍偏高，Cu 和 Au 则偏低，不含细脉浸染状的黄铁矿—黄铜矿石英脉。

霍尔斯皮克矿床位于新南威尔士北部的霍尔斯皮克地区，产于早二叠世岩石中，规模较小，其矿石总资源量为 1.6×10^4 t，但品位非常高，其中 Zn 31%～32%，Pb 19%～21%，Cu 1.0%～2.5%和 Ag 900～1166 g/t。矿石中硫化物矿物占 50%～100%，包括闪锌矿、方铅矿、少量黄铜矿、黄铁矿以及微量黝铜矿和毒砂。

2. 斑岩—矽卡岩—浅成低温热液型铜金钼矿

该类矿化在澳大利亚东部地区广泛发育，矿化时代为二叠至三叠纪，该类矿化在整个大洋洲地区广泛分布，并且可以与巴布亚新几内亚、新西兰地区的斑岩型浅成低温热液型铜金矿对比。

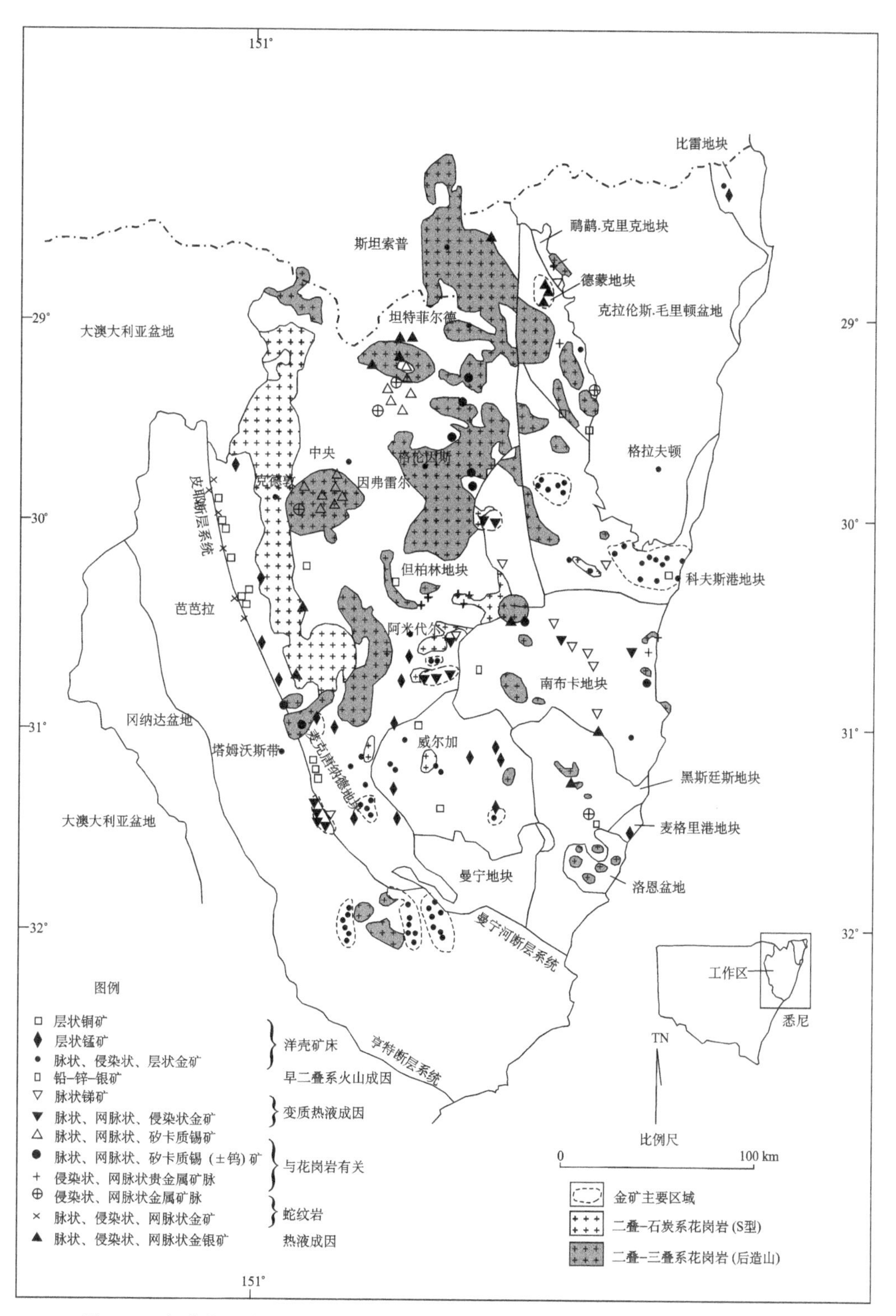

图 3-11 新英格兰造山带新南威尔士州段主要矿产分布（Champion，et al.，2009）

新英格兰造山带北部地区在二叠至三叠纪时期发育大量的斑岩-矽卡岩型铜金钼矿化，该类矿化大部分发生在三叠纪时期，矿化与发育钾化、绢英化和青磐岩蚀变的闪长岩、英云闪长岩和花岗闪长岩斑岩有关，这些斑岩型侵入体的侵位受到北西北亚罗尔的控制，该类矿化多发育在造山带最东部增生楔的金皮地块内，重要的有克拉科夫金矿区、科尔斯敦勘探区等地区。

克拉科夫金矿区，矿区已出产 Au26 t，容矿岩石为晚石炭世至早二叠世康朋火山弧平缓的长英质及中性岩石。一系列石英脉分布在长 5 km 的北西向延展带中，绝大多数 Au 矿石赋存在长 1000 m、宽 30 m 的金矿脉系统中，与石英脉延展带一致，发生角砾岩化及硅化作用。

科尔斯敦勘探区是一重要的次火山斑岩型铜-金-钼系统，被古德奈特层和早中三叠世闪长岩—二长岩岩筒强烈角砾化和蚀变。该勘探区深 30 m 的地方推断有 8.56×10^{7} t 矿石，铜品位为 0.287%的资源，即含有铜 245 615 t。矿区内最重要的矿床为科尔斯敦湖矿床，矿床赋存在晚二叠世的英云闪长岩和闪长深成岩体与柯蒂斯岛组泥盆纪至石炭纪的粉砂岩、燧石和杂砂岩的接触部位。矿床的中央部分，斑岩黑云母英云闪长岩深成岩体被有渐变至侵入岩或沉积岩界限的角砾岩管环绕。深成岩体有一个黑云母蚀变核心，向上是石英—绢云母—黄铁矿组合，向外是绿泥石—碳酸盐组合。黑云母带普遍出现热液黑云母和石英，有少量硬石膏、长石、磁铁矿、金红石、赤铁矿和萤石，还有包含石英、黄铁矿、黄铜矿、磁铁矿、硬石膏、钾长石和黑云母组合网状矿脉。绿泥石—碳酸盐岩带普遍出现绿泥石、方解石、少量的绿帘石、钠长石、绢云母、粘土、电气石、金红石、榍石和赤铁矿。脉矿石为绿泥石、碳酸盐岩、黄铁矿、石膏和赤铁矿。最高品位的铜集中在中心蚀变最强的黑云母。浸染的黄铁矿—黄铜矿矿化和网状石英—黄铁矿—黄铜矿脉延伸超过 1.5×10^{5} m^2的面积。

在新南威尔士州的德雷克火山岩中包括晚二叠世的一组复杂安山岩为主的钙碱性火山熔岩、凝灰岩以及表层碎屑岩，还包括了同源的次火山岩，火山岩中赋存了许多浅成热液的 Au、Ag 及贱金属矿床，浸染状分布与矿脉、网状脉、层控以及透镜体中或充填于角砾岩中，分布面积大约为 300 km^2。局部与斑岩型的安山岩、英安岩、流纹岩侵入体及熔岩有关。矿化及普遍发生的热液蚀变是与该区的沉积及火山活动同时期发生。最主要的矿化包括 Ag 硫酸盐类及自然金属合金，以及相关的贱金属硫化物及黄铁矿，普遍包含了硅酸盐岩—黄铁矿化带。红石矿床为该地区众多浅成低温热液 Ag-Au 矿床之一，赋存在火山角砾岩中，矿化包括了贵金属及贱金属的浸染状及网脉状矿化，伴随发生了石英、方解石、冰长石、黄铁矿、伊利石、伊利石-蒙脱石、绿泥石以及榍石的交代作用。

3. 与花岗岩有关的钨、锡矿化

新英格兰造山带早中三叠世时期的矿化时代包含一个非常多元化的成矿组合，除锡之外，其他金属的含量相对较微量。三叠纪时期（250～235 Ma）新英格兰造山带的岩浆作用在新英格兰造山带南部形成锡矿区，这些地区分别产出近 6.59×10^{6} t 的锡石精矿。

钨锡矿床从新英格兰地区的北部延伸至31°S，在一个广阔的弧线上，其中包括一条钨±钼±铋矿床南北带，该带与从金斯盖特延伸至坦特菲尔德的浅色花岗岩有关联，其中最为重要的是斯坦索普花岗岩套，岩套中长英质花岗岩钾、铷、锶、钡、铀、钍和铅的浓度很高，但钡、锶、铕和轻稀土相对很少。矿床的矿化以各种形式出现，包括矿脉、网脉、岩管、浸染、云英岩和矽卡岩。矿床集中于这些花岗岩的内部或边缘周围，包括锡、钨、钼、银、铋、铜、铅、金、萤石、绿柱石和黄玉的矿化作用。浅色花岗岩的矿化作用被分为钼、锡、多金属矿脉和金组合。

与该类矿化伴生还有与侵入岩有关的金矿，在造山带南部产出，典型的如蒂姆巴拉金矿，金矿的形成与蒂姆巴拉侵入体有关，位于新南威尔士州东北部。矿床赋存于与古生代俯冲有关的大洋地壳岩层增生复合体内，以二叠至三叠系时期的Ⅰ型、钾含量高的新英格兰岩基花岗岩为主。此金矿床发现于斯坦索普花岗岩套上层高度分馏的深成岩体、岩筒和岩脉中。五个矿床浸染的矿石超过总资源的95%，主要以浅倾斜的板状—透镜状岩体出现，被局限于细粒细晶岩壳和内部的细晶岩岩层中。浸染矿由块状浅二长花岗岩内含金的白云母—绿泥石—碳酸盐岩蚀变的花岗岩和原生晶洞状充填物组成。普遍存在的绢云母—绿泥石—钠长石蚀变组合与带有微量石英或碳酸盐脉矿石的有关。金矿化带被花岗岩顶部的断层、节理和正在冷却的裂隙定位和加强。矿化和蚀变有共同的沉淀共生次序。石英、钾长石、少量黑云母和钠长石是最早，品位最高的成矿阶段，通常为原生孔洞和矿脉。随后的矿物包括同期的毒砂、黄铁矿、萤石和辉钼矿。最后阶段形成白云母、绿泥石、金、方解石、银-铋碲化物、铅-铋碲化物，还有稀有的方铅矿和黄铜矿。金矿石总的硫化物矿物浓度低（<1%）。与金关系最密切的两个元素是钼和铋，也有锑和砷。矿石中铋、银、碲、砷、钼和锑的浓度不断升高。

4. 新英格兰南部与脉状金锑矿床

该类型矿化主要在Hillgrove矿田产出，该矿田也是新南威尔士最大的金产地，也是澳大利亚唯一的锑出产地。金锑石英脉带沿北西走向延伸5 km，宽2 km。生产量：25 tAu、6×10^4 t Sb。矿脉和角砾岩赋存于变质的石炭纪复理石型沉积岩中，晚石炭纪至早二叠纪S型花岗岩和早二叠纪Ⅰ型闪长岩—英云闪长岩—花岗闪长岩中。

矿田发育北和北西走向剪切带，矿脉即产于其中及角砾岩带中。见有三期脉体：早期无矿石英脉，矿化期脉，及晚期无矿的石英方解石绿泥石脉。矿化脉又分为四个阶段：石英-白钨矿、石英-毒砂-黄铁矿-金、石英-辉锑矿-金-银、石英-辉锑矿-方解石。

钙碱性（橄榄粗玄岩系）煌斑岩脉空间上与金矿脉紧密伴生。矿脉张性构造为煌斑岩脉提供侵入通道，岩脉侵入于石英辉锑矿脉之前或之后。野外观测表明岩脉和Au-Sb矿脉侵位于Hillgrove组合变形之后。岩脉年龄约为257～255 Ma。矿化和岩脉与高钾Ⅰ型花岗岩侵入同时但无直接证据说明其成因联系。矿化表现出中深成特点，可能与变质去除挥发的过程产生的热液流体聚集于构造部位有关。岩脉、矿脉和Ⅰ型侵入体的紧密时空关系，说明一个碰撞后构造背景以及来自地幔的热和熔体的带入。

在 Rockvale 地区围绕 Rockvale 石英二长岩体分布着 Ag-Sb-贱金属矿化，Au-W-Bi 和 Sb-Au 脉状矿化，与 255 Ma 的岩脉侵入相比矿化略晚或同时。有人则认为 Ag-As 贱金属矿化在空间上密切相关的酸性花岗岩演化衍生流体产物。

第五节　北昆士兰造山带（Ⅱ-8）

北昆士兰造山带主要包括了霍奇森地区、格林维尔地区、格雷夫溪地区、卡米尔溪地区、查特斯堡地区和巴纳德地区，此外乔治敦—科恩造山带虽然属于澳大利亚中西部克拉通的边缘，但也受到后期造山作用的影响（图 3-12）。

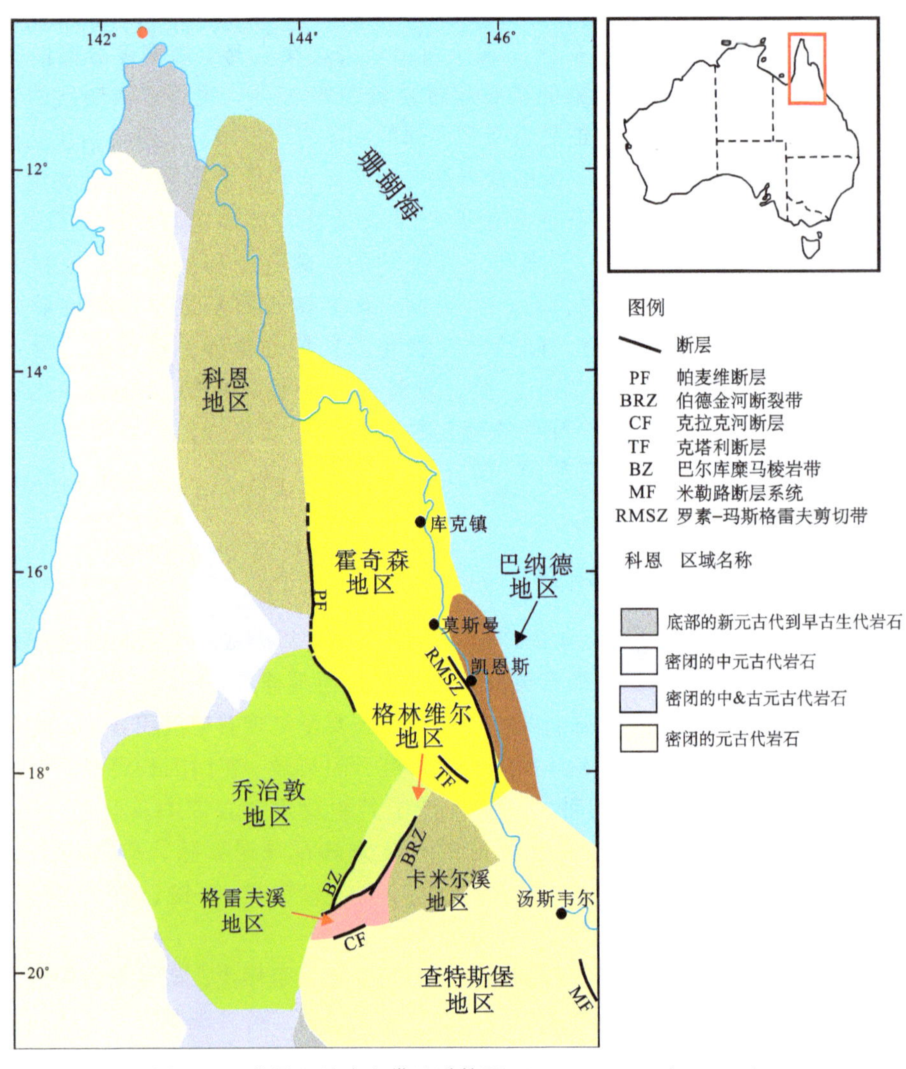

图 3-12　北昆士兰造山带地质简图（Kositcin，et al.，2009）

（一）地层

区域地层从晚元古代到二叠纪末均有分布（Kositcin，et al.，2009）。

上元古界至下寒武统地层见于北昆士兰的格林维尔地区和查特斯堡地区，格林维尔区地层为以变沉积岩为主的 Halls Reward 变质岩，年龄不确定，但有寒武纪的变质年龄（520～510 Ma）和新元古代锆石年龄，区内基性和超基性岩与 Halls Reward 变质岩密切伴生，构造的或是侵入的尚不明。有人认为至少部分是侵入的，甚至是在德拉梅里亚造山运动之后侵入的，区内还出露 Oasis 变质岩，为新元古代晚期至早古生代沉积岩（白云质碳酸盐岩，石英长石沉积岩），属冈瓦纳被动大陆边缘的浅海环境。变质岩中也包括拉斑质基性火成岩，年龄为 540～520 Ma（锆石）和 485 Ma（变质年龄）。乔治敦地区出露 Inorunie 群的陆相沉积岩，年龄不明，可能属中元古代；巴纳德地区出露巴纳德变质岩包括变质沉积岩、角闪岩、变火山岩和侵入的角闪岩。年龄可能老于早奥陶世（侵入的花岗岩年龄为 490 Ma）；查特斯堡地区出露变质海相沉积物，也出露少量基性岩浆岩。

早中寒武统地层主要在格林维尔、查特斯堡、乔治敦、科恩和巴纳德地区，主要为变质沉积物。

上寒武统到下志留统地层在区内均有出露，在查特斯堡地区出露年龄为寒武纪末至早奥陶纪的 Seventy Mile Range 群，下部为海相的变沉积岩，而上部为钙碱性的基性至酸性火山岩和火山碎屑岩，据认为形成于弧后环境。霍奇森地区出露 Mulgrave 组，海相的富石英浊流沉积岩夹变玄武岩，沿帕麦维断裂带在断块内出露被认为属早奥陶世，上覆晚奥陶世的灰岩和石英长石质等深水沉积岩，沿帕麦维断裂带在断块内出露。砾岩中的英安质火山碎屑测得年龄为 455 Ma。格雷夫溪和卡米尔溪地区均分布海相的富石英浊流沉积岩同拉斑质变玄武岩，年龄可能为奥陶纪并延至志留纪。

中志留统至上泥盆统地层主要在霍奇森和查特斯堡地区产生了广泛的互相有关沉积作用（沿元古界乔治敦地区的东和东南边缘），沉积物包括海相硅质碎屑物、碳酸盐岩，以及大量拉斑质基性火山岩。沉积的来源主要是克拉通，但包含可能更老的火山碎屑物（砾岩中英安质碎屑达 465 Ma）。地球动力环境是有争议的，所提模型有弧后沉积、弧前沉积、还有大陆边缘裂谷模型。也有人认为，是弧前和增生楔的一部分。

上泥盆统至下石炭统在北昆士兰产生了非火山陆相沉积和少量海相沉积，其中保存较好的在查特斯堡区的一些地方。少量安山质火山岩见于乔治敦区，少量火山碎屑岩出露于其中某些区。几乎在所有的区变形不强，唯一例外是霍奇森地区，明显有东西向的缩短和盆地回返发生。

中石炭统至二叠系区内仅有少量的沉积作用，主要为陆相沉积物和与火山有关的沉积物。

（二）构造

中志留纪至中泥盆纪至晚泥盆纪早期的塔博贝拉造山期，在格林维尔地区引起东西方向的地壳缩短和绿片岩相变质作用；在巴纳德地区引发区域的变形，伴有低级变质作用和潜在的高级变质作用；导致了科恩造山带在东西方向的缩短变形和高压低温变质作用（角闪岩相）；在霍奇森地区引发了晚泥盆纪的东北东向的逆冲和北北西向的剪切带，可能与盆地的回返有关，在卡米尔溪和格雷夫溪地区，引发南东至北西方向的变形，伴生绿片岩相和角闪岩相变质作用。

晚泥盆世至早石炭世坎宁布朗造山期，在格林维尔地区引发南北向变形，在巴纳德地区引发区域变形，伴随低级及潜在的高级变质作用，在霍奇森地区发生了明显的东西方向地壳缩短。

中石炭世至二叠纪末的亨特鲍文造山期发育两次变形：广泛分布但少量的南北向压缩被认为属中晚石炭纪，通常认为与爱丽丝泉造山运动等同；更为重要的一次发生在早二叠世，在霍奇森地区表现为东西向缩短变形并一直持续到晚二叠世（Kositcin，et al.，2009）。

（三）岩浆活动

区内的岩浆活动十分发育，晚元古代至早寒武纪在科恩造山带发育 Pama 岩浆作用，在查特斯堡地区发育 Macrossan 省的岩浆岩，为 I 型花岗岩和基性侵入岩。

中志留纪至中泥盆纪至晚泥盆纪早期塔博贝拉造山期，在科恩造山带继续发育大量的 Pama 省 S 型酸性岩浆岩，主要包括 S 型的 Kintore 超岩套，年龄定在 410～395 Ma。在查特斯堡地区广泛分布的 Pama 省岩浆岩，主要是 I 型岩浆岩，分布在 Ravenswood 岩基和其他岩基中，年龄为 425～405 Ma，在 Lolworth 岩基中有较年轻的花岗岩（380 Ma），部分为 S 型。

晚泥盆世至早石炭世坎宁布朗造山期仅在零星地区发育肯尼迪（Kennedy）省岩浆活动。

中石炭世至二叠纪末亨特鲍文造山期，肯尼迪省岩浆活动大规模发育：乔治敦造山带内的岩浆活动年龄为 340～275 Ma，主要为酸性，含少量基性和中性产物，并以 I 型为主，以及量少但广泛分布的 A 型，在东北部 I 型岩浆作用年龄 340～280 Ma，A 型年龄偏新为 290～275 Ma，分布全区，矿化主要与 I 型花岗岩有关；在巴纳德地区发育 S 型和较少的 I 型岩浆作用；在科恩造山带发育中酸性的 I 型和 A 型花岗岩类，年龄 310～275 Ma；在查特斯堡地区发育 I 型花岗岩和伴生基性侵入岩，其年龄由西向东变新，310～265 Ma，年轻的岩浆岩具过渡的 A 型性质；在霍奇森省广泛分布的 I 型和 A 型侵入岩，I 型花岗岩年龄 320～275 Ma，A 型花岗岩则是 290～276 Ma，I 型侵入岩普遍矿化（Kositcin，et al.，2009）。

（四）区域成矿特征

该地区矿化主要表现为块状硫化物铜矿化、浅成低温热液金矿和与花岗岩有关的金钨锡矿床，成矿时代贯穿整个古生代。

1. 块状硫化物铜矿化

440～370 Ma，在霍奇森省中晚志留统霍奇森组地层中分布有数个小型 Cu-Zn 矿床，地层主要由单一的硅质碎屑砂岩及泥岩组成。矿床类型为别子型，矿床为层状，其中最著名的矿床为戴安娜矿床，矿床赋存于页岩—杂砂岩夹层中，矿床的主要矿石矿物为黄铁矿、黄铜矿及闪锌矿。

2. 与侵入岩有关的金、钨、锡矿化

(1) 成矿特征

石炭纪至二叠纪（345～280 Ma）北昆士兰广泛分布的成矿与肯尼迪省长英质岩浆活动有关（图 3-13），且类型多样，包括钨锡成矿和与侵入岩有关的金矿化等，大多

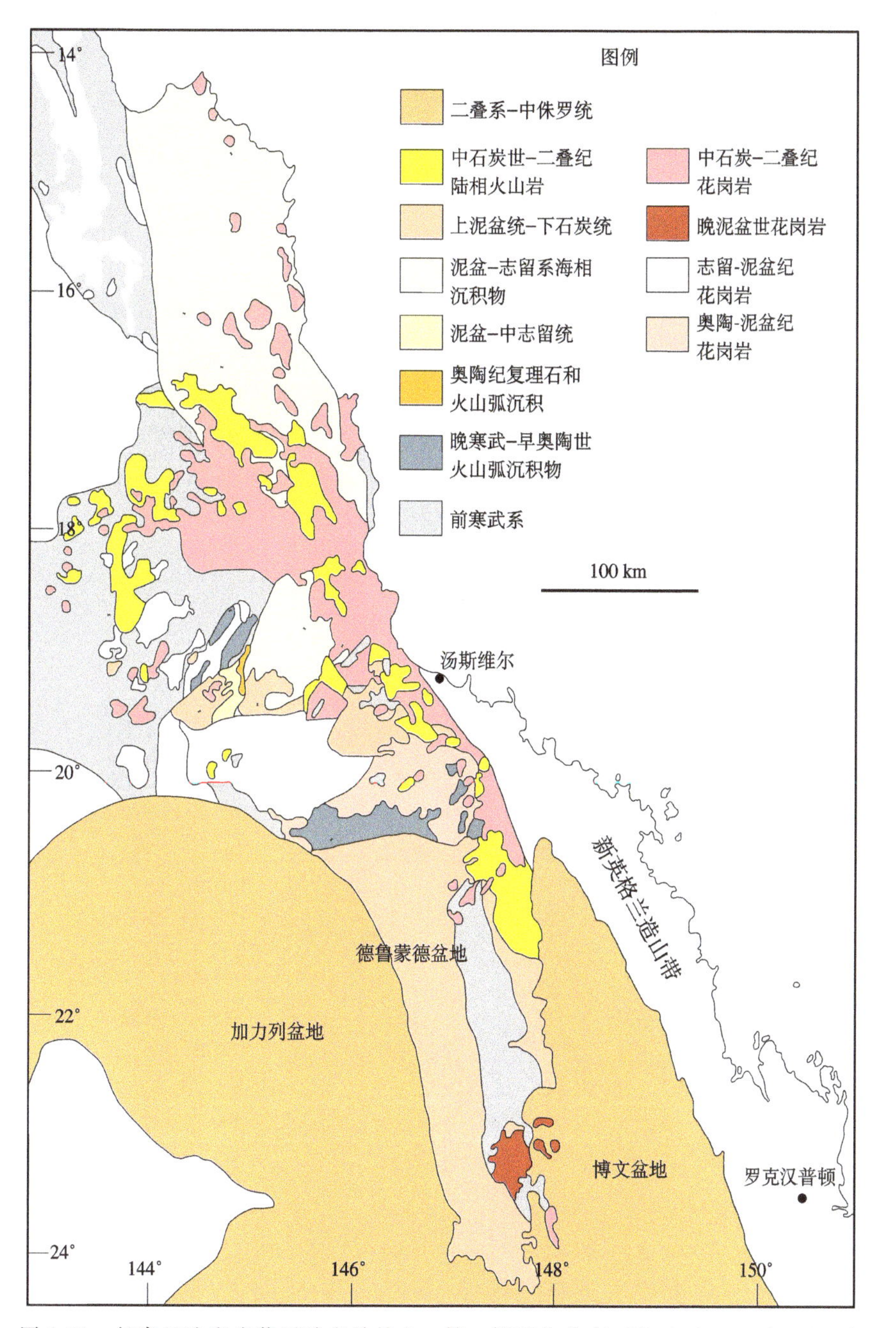

图 3-13　与肯尼迪省岩浆活动有关的金、钨、锡矿化分布（Kositcin, et al., 2009）

数矿床规模小，但具工业意义，研究表明其成因与该区构造及岩浆事件有关，岩浆组分、氧化情况及分馏情况与成矿类型有很大的关系。其中与花岗岩有关的钨锡矿化最为重要，在北昆士兰主要发生在4个主要区域：乔治敦地区、科恩地区、袋鼠山地区和芒特卡宾地区，这4大区域锡资源量超过 1.5×10^6 t（锡金属量约 2×10^6 t），钨资源量4000t。相较于塔斯马尼亚州的泥盆纪的锡矿床，北昆士兰的锡分布广泛但规模较小。

（2）芒特莱松金矿

芒特莱松（Mount Leyshon）金矿位于澳大利亚东北部昆士兰州查特兹堡以南25 km。地理位置146°16′E，20 °18′S 。

芒特莱松矿床的矿石储量为 7.76×10^7 t，包括采空区的矿石量平均品位为Au 1.48×10^{-6} g/t（边界品位为 $0.6\times10^{-6}\sim0.8\times10^{-6}$ g/t），即含金115 t。其中约8%为氧化矿石，2%为富辉铜矿矿石。

该矿采用露天开采，矿坑呈北西向展布，长1.2 km，宽0.8 km。矿床原属于Leyshon Resources公司，目前该矿已经采完，处于环境恢复治理期。

芒特莱松金矿的容矿围岩为直径1.5 km的似筒状热液角砾杂岩（图3-14）。该岩体切割了与其有成因关系的早二叠世流纹岩和粗面岩侵入体及古生代基底岩石。这种晚期的、多岩性的、由碎屑支撑的角砾岩分布在这套热液角砾杂岩的西北部，含大量金矿。

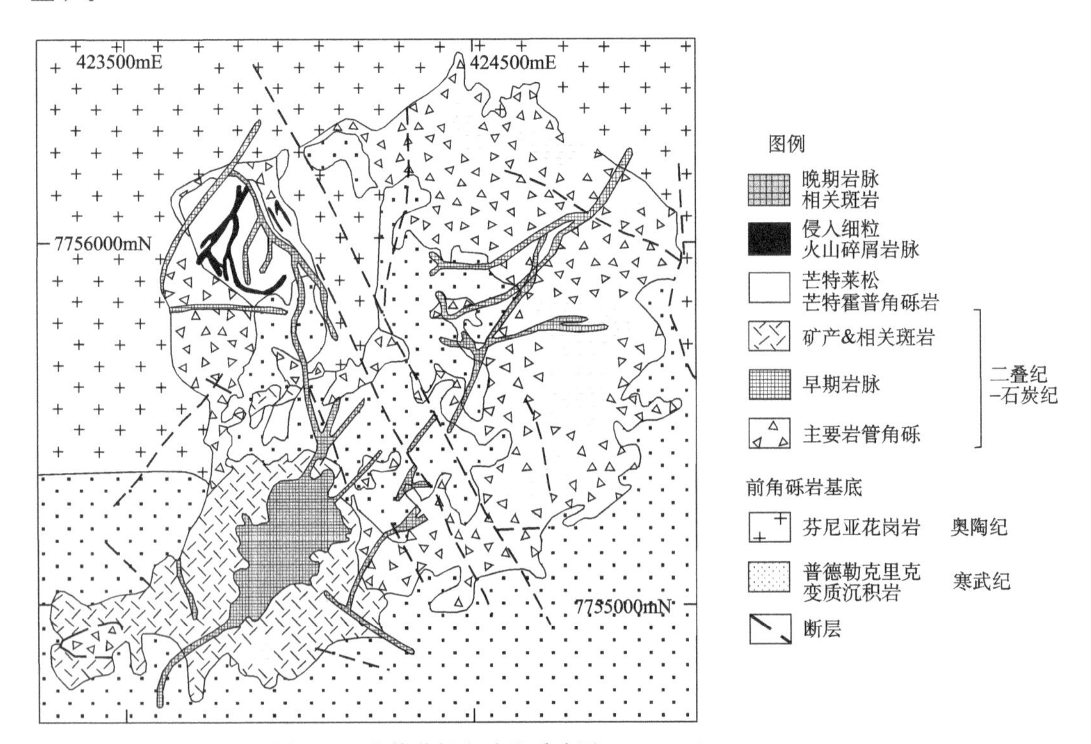

图3-14　芒特莱松金矿地质略图（Orr and Orr，2004）

金不规则地产在多岩性的角砾岩及伴生岩石中（图 3-15），主要硫化物为黄铁矿、黄铜矿、闪锌矿和方铅矿，呈细脉浸染状颗粒、角砾岩充填物和基质交代物产出。脉石矿物为锰碳酸盐岩、绢云母、绿泥石和少量石英。角砾杂岩的蚀变以绢云母蚀变为主，但局部地区仍保存有残余的早期钾硅酸盐岩蚀变，与低品位斑岩型钼（铜）矿相伴。表生氧化作用影响到埋深达到 30～40 m 的金矿石，往下是薄薄的辉铜矿富集带，含铜高达 1%。

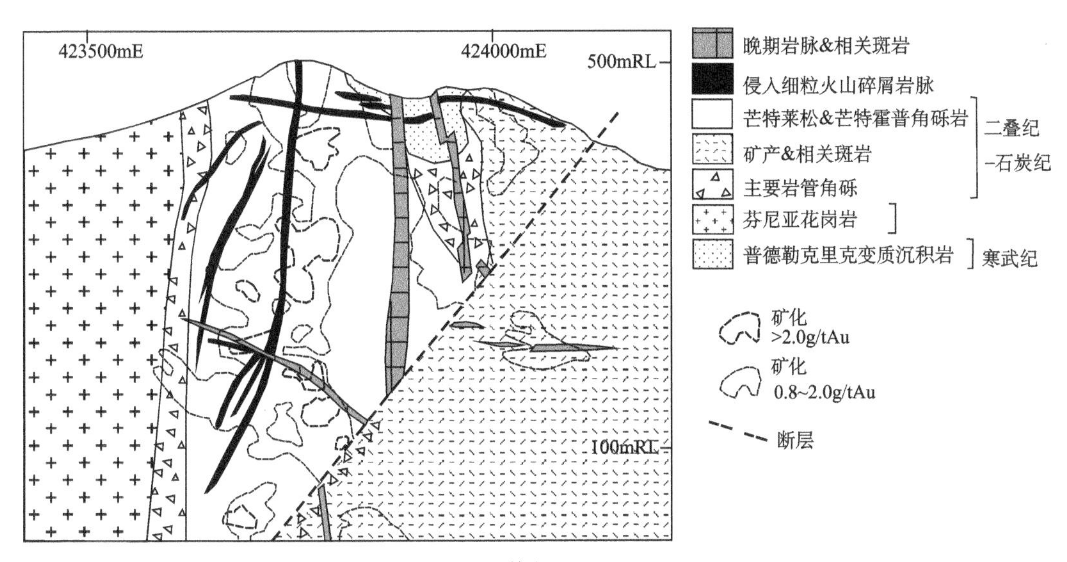

图 3-15 芒特莱松金矿矿体剖面图（Orr and Orr，2004）

第六节 汤姆森造山带（Ⅱ-9）

由于该造山带大部分地区被盆地沉积地层覆盖，基岩出露较少，仅在阿纳基（Anakie）地区、Bourke-Louth 地区等少部分地区出露，相对研究较少，造山带的范围并不确定。

（一）地层

区内从晚元古界到三叠系。

新元古代晚期至早寒武世地层主要在阿纳基地区出露，被称为阿纳基变质岩群，由广泛分布的海相变沉积岩组成，早中寒武世地层造山带部分地区出露，为流纹质熔结凝灰岩。

中寒武世至奥陶纪至志留纪地层在阿纳基地区出露，包括晚奥陶世的海相变沉积岩，由灰岩和伴生的 ForkLagoons 层系中基性火山岩组成。北西至南东的压缩变形可能与贝纳布兰或塔博贝拉变形有关；在 Bourke-Louth 地区出露为钙碱性至橄榄粗玄质火山岩；在造山带内出露酸性火山岩侵入活动，出露的时代被确定为早奥陶世至中志留世，盆地基底斑状流纹岩等测得中志留世至中泥盆世至晚泥盆世早期阿纳基地区发育碳酸盐岩和碎屑岩沉积，伴有基性和酸性火山岩；在造山带内发育硅质碎屑岩沉积和深海沉积，部分地区发育酸性火山岩。

晚泥盆世至早石炭世造山带内主要发育陆相沉积，底部夹少量海相沉积，并不整合地覆盖在早泥盆世地层和花岗岩之上，沉积旋回 1 包含同裂谷的安山岩、英安岩及大量流纹岩熔岩，旋回 2 主要是厚层的陆相沉积岩，反映了火山活动突然中止并转为克拉通成因，旋回 3 又含火山物质，表明火山活动的回复。

中石炭世至早二叠世在造山带和阿纳基地区发育 Bulgonunna 群酸性火山岩，岩性为流纹岩，碎屑流凝灰岩等，覆盖在 Mount Wyatt 组之上。

中晚二叠世至中晚三叠世在造山带内发育 Nappameri 群整合地覆盖在 Gigealpa 群之上，部分地区发生海相沉积，部分地区发生陆相沉积。

（二）构造

早中寒武世德拉梅里亚造山期在阿纳基地区发育变质变形，变质达到绿片岩相，角闪岩相；中寒武世至奥陶纪至志留纪初贝纳布兰造山期在阿纳基地区形成北西至南东的压缩变形；中志留世至中泥盆世至晚泥盆世早期塔博贝拉期在区内引发北东东至南西西向的压缩变形；晚泥盆世至早石炭世坎宁布朗造山期使阿纳基地区的中晚泥盆世火山岩中有少量褶皱和变形；中晚二叠世至中晚三叠世亨特鲍文造山期在区内形成东西向压缩造成褶皱，逆冲和左行平移运动。

（三）岩浆活动

晚泥盆世至早石炭世坎宁布朗造山期，Retreat 花岗岩侵入到阿纳基群中；中石炭世至早二叠世时期多期侵入体侵入到阿纳基和 Bourke-Louth 地区，在 Bourke-Louth 地区，中三叠世岩浆作用产生了高度分异的 I 型酸性侵入岩和同源斑状岩脉，Modway 花岗岩年代为 235±1.4 Ma。

（四）区域成矿特征

区内由于大部分地区被后期盖层覆盖，勘探程度较低，目前仅发现零星金属矿化。

第四章 西南太平洋中新生代火山岛弧区成矿域地质矿产特征

第一节 概 述

西南太平洋构造带的形成与太平洋板块和印澳板块的相互作用有关，主要分布在大洋洲边缘的岛弧区，包括太平洋板块与印澳板块边界部位的巴布亚新几内亚、新西兰、斐济等国。

西南太平洋成矿域的西南部形成受太平洋板块与印澳板块相互作用的控制，主要分布在大洋洲边缘的岛弧区，成矿时代为古生代到新生代，主要矿产资源包括：金、铜、镍、钴、铁等。

第二节 巴布亚新几内亚（Ⅱ-11）

巴布亚新几内亚由南部与澳大利亚大陆相连的弗莱地台、中部的巴布亚新几内亚造山带和外围的新几内亚群岛组成，区内出露最古老的地层为石炭至二叠纪的 Omung 变质岩，以中新生界，特别是中新统的地层最为发育。

该地区矿产资源十分丰富，以铜、金、镍矿化为主。

一、弗莱地台（Ⅲ-34）

弗莱地台位于新几内亚岛西南部，与澳大利亚大陆相连接，北部以巴布亚逆冲断层与巴布亚新几内亚造山带为界。弗莱地台的基底为澳大利亚克拉通一部分，其上部盖层沉积主要为一套巨厚的、近于水平且大部分未变形的三叠纪至第三纪滨海相和大陆架相海相沉积岩，它们被第四纪磨拉石堆积覆盖，后者来自北面上升的中央山脉，向南颗粒逐渐变细。该地台总体上未受区域内新生代造山活动影响，但在地台北部发生了较明显的变质变形作用。

弗莱地台中北部被第四纪火山碎屑岩、火山泥流堆积物和改造过的冲积物覆盖，这些冲积物来自于火山及伴生的寄生火山锥，如 Mount Murray，Mount Sisa 和 Mount Bosavi。

该地区金属矿化不发育。

二、巴布亚新几内亚造山带（Ⅲ-35）

巴布亚新几内亚造山带包括东西两部分，西部造山带包括巴布亚褶皱带、新几内亚逆冲带、贝瓦尼—托里塞勒地体、菲尼斯特雷地体和奥利变形带等小地块，东部造山带则由褶皱带欧文斯坦利变质杂岩、巴布亚超基性岩带和巴布亚群岛组成（图 4-1）。

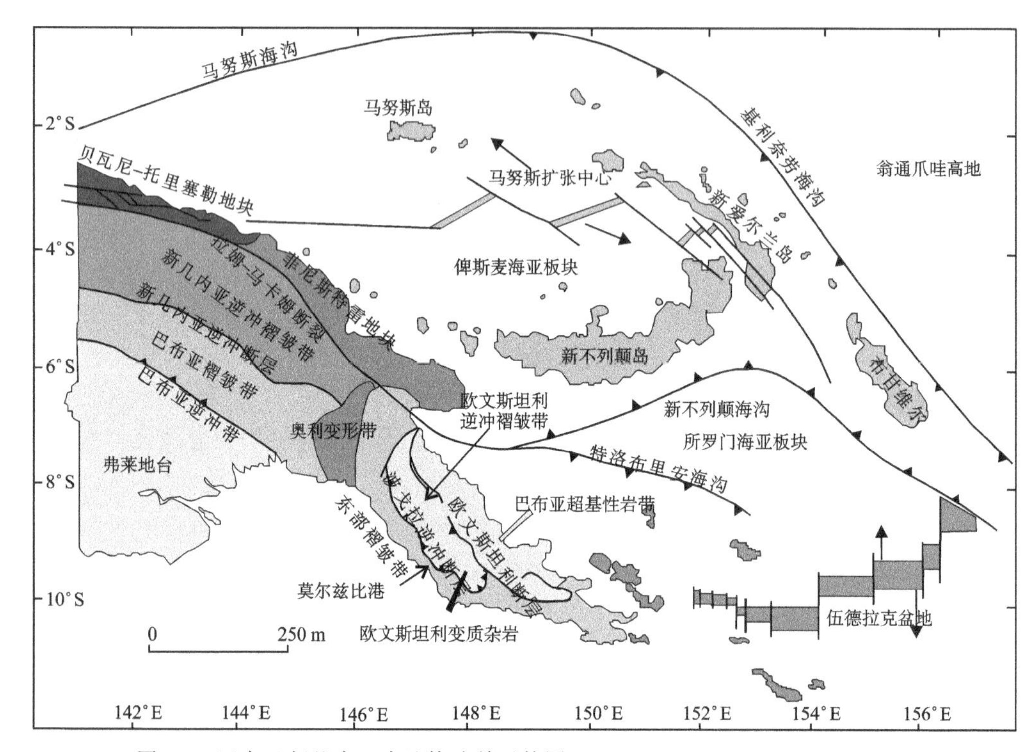

图 4-1　巴布亚新几内亚大地构造单元简图（Williamson and Hancock，2005）

（一）地层

区内最古老地层为石炭至二叠纪的 Omung 变质岩，在新几内亚逆冲褶皱带东部零星出露。

三叠纪地层为 Kuta 组、Yuat 组、Jimi 杂砂岩和 Kana 火山岩，均在新几内亚逆冲褶皱带东部的俾斯麦山脉地区广泛出露。Kuta 组，岩性为灰岩、砂岩和长石砂岩；Yuat 组岩性为页岩和砂质沉积物；Jimi 杂砂岩主要为浅水沉积物，岩石中富含炭质；Kana 火山岩主要为英安到安山质火山岩。

早侏罗世地层主要为 Balimbu 杂砂岩，岩性为砂岩、杂砂岩等，不整合覆盖在 Kana 火山岩之上。中晚侏罗世的地层包括 Kuabgen 群、Om 层、Mongum 火山岩、Maril 页岩、Sitipa 页岩。Kuabgen 群岩性为云母质砂岩、粉砂岩和泥岩，而 Om 层主要为细粒的砂岩，两组地层在造山带内广泛分布。Mongum 火山岩为火山碎屑岩、玄武质集块岩、枕状熔岩，在俾斯麦地区出露，而 Maril 页岩为页岩、粉砂岩及少量石英砂岩，不整合覆盖在 Kana 火山岩之上。Sitipa 页岩为云母质页岩和粉砂岩，在塞皮克河南部出露。

白垩纪地层在区内出露广泛，巴布亚超基性岩带内的枕状熔岩即为此时期的产物，俾斯麦山脉地区的，厚层的海相火山沉积物也在该时代沉积，造山带内该时期地层为Feing 群、Kondaku 凝灰岩、Kunbruf 火山岩。而欧文斯坦利逆冲带由白垩纪的欧文斯坦利变质杂岩组成，形成一条长数百公里的中高压变质板岩，片岩和千枚岩带。

第三系和第四系的地层在区内出露最为广泛，岩性为钙质泥岩、粉砂岩、灰岩等，为海相沉积地层，并且大多经历了后期的变质。

（二）构造

区内的断裂褶皱构造十分发育，但主要的构造格架为北西向的断裂体系，区内的断裂多为基底性断裂，褶皱变形限于断裂带之间。

新几内亚逆断层，是一条平行岛弧的构造走廊，形成一条分开巴布亚褶皱带和北面称之为新几内亚逆冲带的强烈变形区的地体界线。在逆断层西部拉盖普断层是最突出的构造，也包括其他一系列小规模的断层。而东部，逆断层可能包括了库波尔断层等，但是在哈根山地区的第四纪玄武岩盖层以东则不易追溯。它向西巴布亚延伸称为塔辛断层，通常将不具劈理的岩石与劈理化的岩石分开。

新几内亚逆冲带是一条主要的前陆逆冲带，南以新几内亚逆断层为界，北与贝瓦尼—托里塞勒地块和菲尼斯特雷地块毗邻，而东面是奥利（Aure）变形带。他大致相当于西部活动带和塞皮克仰冲杂岩。许多主要构造（拉盖普、Fiak-Leonard 和 Bundi 断层）是区域性逆断层，以及主岩上盘仰冲的超镁铁质洋壳碎片。

拉姆-马卡姆断裂带，传统上被认为是一条新几内亚造山带和推测的菲尼斯特雷增生地块之间的地体边界，为早先确定的新几内亚逆冲带的北部边界。它具有由拉姆和马卡姆河谷界定的地形特征，但往西不易追溯至塞皮克（Sepik）低地。

贝瓦尼-托里塞勒（Bewani-Torricelli）断层系在塞皮克盆地附近局部地成为托里塞勒地块一部分与新几内亚逆冲带的分界。

作为西、东造山带分界的奥利变形带是一条回返的海槽（以前称为奥利海槽），以海洋沉积岩构成的褶皱为特征，水平褶皱轴呈南北走向，延伸长达 100 km。奥利断层和阳光断层可能代表了界定西部和东部边缘带的深部基底构造。

欧文斯坦利断裂系出露于主要区域的北东侧，它将欧文斯坦利变质杂岩和南部火山岩同北部的巴布亚超镁铁质岩带蛇绿岩分割开。这一复杂的断裂系统，由位移指向西南的一系列尖棱状逆冲块体组成，包含线性的左行平移组分如吉拉断层。这些线性断层可能代表了伍德拉克裂谷的伸展。重要的是，断裂系统代表了增生构造，后者早在古新世或晚渐新世就把蛇绿岩体缝合到欧文斯坦利变质杂岩之上。

（三）岩浆活动

巴布亚新几内亚造山带的岩浆侵入活动主要分为三期：30～22 Ma 塞皮克事件、17～10 Ma 马拉穆尼事件以及扩展至上新世到第四纪的岩浆作用，前两期岩浆侵入活动以中酸性钙碱质岩浆侵入活动为主，第三期岩浆作用以中酸性的碱性岩浆活动为主。

（四）区域成矿特征

区内矿产资源十分丰富，主要矿化时间为新生代，矿床类型为斑岩—矽卡岩—浅成低温热液型铜金矿、红土型镍钴矿等（李文光等，2014）。

1. 斑岩-矽卡岩-浅成低温热液型铜金矿化

（1）成矿特征

巴布亚新几内亚造山带的铜金成矿作用比较复杂，特别是与岩浆侵入活动有关的斑岩-矽卡岩-浅成低温热液型铜金矿床矿化作用比较典型，且有巨大的经济价值。

巴布亚新几内亚造山带的铜金矿化主要与碰撞造山期内和/或期后岩浆热液活动（斑岩体系）有关，根据区内铜金成矿时代可以将区域成矿期次划分为两期（表 4-1）：

表 4-1　巴布亚新几内亚铜金成矿时代及规模（宋学信等，2014）

第一期（23～12 Ma）	Cu 资源量/1×10^4 t	Au 资源量/t
弗里达河/12 Ma	551	329
瓦菲—戈尔普/14 Ma	900	827
奈纳/12 Ma	112.5	56
Arie/15 Ma	52.8	0
西尼维特/23～22 Ma	0	6
伍德拉克岛/12.3 Ma	0	10
合计	1616.3	1228
第二期（7～1 Ma）		
延德拉/7 Ma	142	34
波尔盖拉/5.9 Ma	0	622
奥克泰迪/1.2～1.1 Ma	448	441
比尼山/4.4 Ma	34	51
海登山谷/4.2 Ma	0	78
米西马/3.5 Ma	0	77
凯利门戈/3.8～2.4 Ma	0	55
瓦乌/3.8～2.4 Ma	0	28
瓦普鲁/5.3～1.8 Ma	0	10
加买他/1.8～0.01 Ma	0	5
哈马他/3.8～2.4 Ma	0	29
托鲁库马/5.3～1.8 Ma	0	21
潘古纳/3.4 Ma	642.6	768
辛柏里/3.0 Ma		102
合计	1266.6	2321

综上，巴布亚新几内亚铜金成矿时代可以概括为：

第一个铜金成矿高潮（23～12 Ma，Cu 16.16 × 10^6t，Au 1228t）包括 6 个矿床。

马拉穆尼大陆岩浆弧（新几内亚逆冲带）的弗里达河（12 Ma）、瓦菲—戈尔普（14 Ma）、奈纳（12 Ma）矿床；内美拉尼西亚火山岛弧的 Arie（15 Ma）、西尼维特（23～22 Ma）矿床和新近纪火山岛弧残留体的伍德拉克岛（12.3 Ma）矿床。

第二个铜金成矿高潮（7～1 Ma，Cu 12.67×10^6 t，Au 2321t），包括 14 个矿床。

中央新几内亚造山带的奥克泰迪（1.2～1.1 Ma）、波尔盖拉（5.9 Ma）、延德拉（7 Ma）、比尼山（4.4 Ma）、海登山谷（4.2 Ma）、米西马（3.5 Ma）、凯利门戈（3.8～2.4 Ma）、瓦乌（3.8～2.4 Ma）、瓦普鲁（5.3～1.8 Ma）、哈马他（3.8～2.4 Ma）、加买他（1.8～0.01 Ma）、托鲁库马（5.3～1.8 Ma）矿床。

（2）奥克泰迪铜金矿

奥克泰迪铜金矿床位于巴布亚新几内亚西部边界的星岭山脉的 Fubilan 山上，矿床中心位置：5°12′S，141°8′E，海拔高度 2053 m。数据来源表明其拥有铜储量 3.36×10^6 t 和金储量 280 t，是一个世界级铜金矿床，也有数据表明奥克泰迪矿床铜储量 4.48×10^6t 和金储量 441 t。矿山开采始于 1984 年，曾经是西部省和巴布亚新几内亚重要经济来源之一。原来计划矿山将于 2013 年关闭，但是矿山寿命延长（MLE）可行性研究表明其服务年限应延至 2022 年。这意味着将要兴建两个新的地下矿山和一个露天矿山，不过矿山规模要比现在小得多。与 MLE 相匹配的环境影响评估（EIA）也已完成，目前奥克泰迪矿业有限公司（OTML）正与当地地主、省政府和中央政府进行协商。

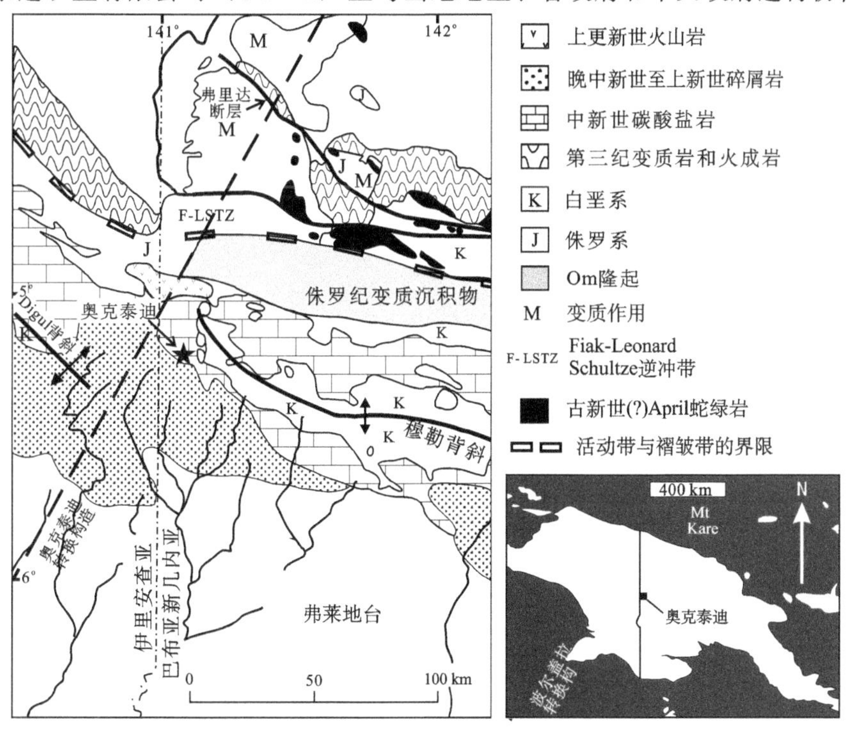

图 4-2　奥克泰迪矿床区域地质图（Van，et al.，2010）

奥克泰迪铜金矿床在大地构造上位于新几内亚造山带的巴布亚褶皱带。该区区域地层由白垩纪到中中新世的低缓大陆边缘海相沉积岩组成，广泛出露白垩纪 Ieru 组泥岩和砂岩、中新世 Darai 组灰岩、中中新世 Pnyang 组碳质泥岩、粉砂岩和灰岩、晚中新世至上新世碎屑岩。侏罗纪变质沉积岩和第三纪变质岩和火成岩分布于区域北部。奥克泰迪侵入杂岩是不连续的更新世到全新世火山岩岩浆带的一部分，也是形成巴布亚新几内亚造山带南部逆冲带中性侵入体的一部分。

该矿床地处北东向奥克泰迪转换断层的东南侧和核部为基底的穆勒（Muller）背斜（长度大于 150 km）西端的南翼（图 4-2）。区内构造复杂，发育微弱到中度褶皱和逆掩断层，中生代和中新世沉积的物相和厚度变化很大。区内构造变形是渐新世早期至中新世早期发生的太平洋板块与印度—澳大利亚板块进行西南西方向碰撞作用的增生和造山作用结果。

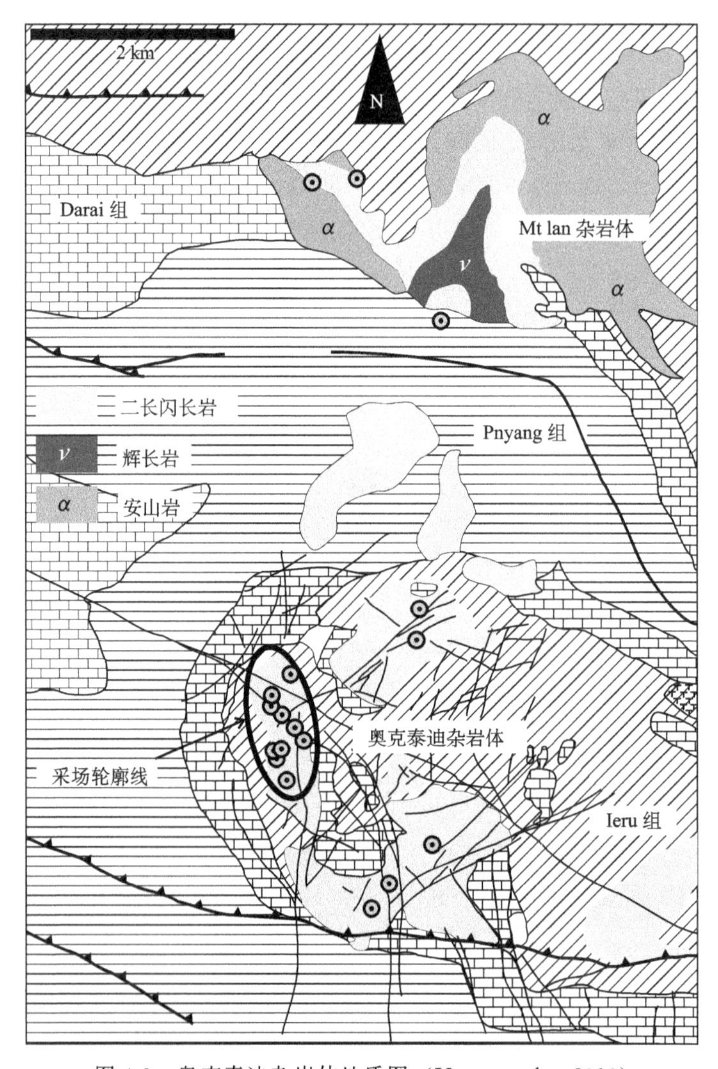

图 4-3　奥克泰迪杂岩体地质图（Van，et al.，2010）

区内的矿化主要赋存在奥克泰迪杂岩体及其与 Darai 灰岩、Ieru 粉砂岩的接触部位（图 4-3）。奥克泰迪的块状矿石矿体分为两种类型：平伏的席状或板状矿体和陡倾的板状或管状矿体。平伏型块状矿石矿体受 Purgatory（Taranaki）逆断层系控制。它们局限于逆断层与 Darai 灰岩（Ieru 粉砂岩之上）并行产出之处。陡倾的块状矿石矿体是通过构造破裂带（诸如侵入或接触角砾岩）的充填和交代作用形成。

除块状矿石外，还可见条带状矿石（条带状磁铁矿石和条带状磁铁矿—硫化物矿石）有时可见在条纹—条带状磁铁矿—硫化物矿石中有不规则后期硫化物细脉发育。

有些块状矿石与相当多的矽卡岩（Gold Coast 和 Paris 矿段）伴生，然而其他地段（Edingburgh、New Glasgow 和 Sulphide Creek）的块状矿石中未见较多的矽卡岩矿物（石榴石、单斜辉石）。

原生硫化物包括黄铁矿、黄铜矿、斑铜矿、白铁矿和磁黄铁矿。矽卡岩风化—表生带矿物包括蓝辉铜矿、黄铜矿、自然铜和铜蓝；硫化物氧化带矿物包括针铁矿、赤铜矿、孔雀石和蓝铜矿。

奥克泰迪矿床热液蚀变包括矽卡岩化和斑岩型热液蚀变。在奥克泰迪见到的大部分矽卡岩是内矽卡岩。Darai 组的碳酸盐岩形成的矽卡岩（外矽卡岩）难以找到，这也许是剥蚀作用将 Ieru 组以上的岩层（包括 Darai 组）剥蚀掉的缘故。斑岩型蚀变的分带为：侵入体-次生黑云母-蒙脱石化侵入体-弱矽卡岩化带-单斜辉石带-石榴石带-磁铁矿带-大理岩或粉砂岩。

（3）波尔盖拉金矿

波尔盖拉金矿床位于巴布亚新几内亚高地地区的恩加省（5°28′S，143°05′E），距离西高地省省会芒特哈根约 130 km，矿床金储量为 4.1×10^6 t，银储量为 890 t，金平均品位 27 g/t。

波尔盖拉金矿位于新几内亚造山带内。该造山带位于澳大利亚板块东北部边缘，是印澳板块与太平洋板块以及其他一系列小板块如卡洛琳板块和菲律宾板块之间的界线。该造山带在三叠纪至侏罗纪之后开始形成，并在中新生代经历了一系列的弧陆碰撞过程（Hill and Hall，2003），形成了造山带目前的形态。

矿区内地层主要为白垩纪 Chim 组地层，以富含黑色和黑灰色、层理发育的浅海相粉砂质沉积物为特征（图 4-4）。地层岩性组主要为含碳的粉砂岩，此外还含有少量的黑色杂砂岩、崩塌角砾岩，角砾主要成分为黑色粉砂岩和页岩，基质成分与角砾相似。

区内地层经历了逆冲褶皱变形，但并未发生变质。区域褶皱相对开阔，核部倾角 20°～70°，褶皱多与北西向的逆冲断层有关，这些断层多呈陡倾，并一直向下延伸到基底部分，在第三系的灰岩地层底部的白垩系泥岩和粉砂地层还发育拆离断层（Abers and McCaffrey，1988）。

区内岩浆活动主要为波尔盖拉侵入杂岩体，岩浆活动受到拉盖普断层的控制。岩体侵位深度较浅，约 2～3 km。岩体由一系列小规模的岩株和岩基组成，并呈 Y 字型侵位于地层中（图 4-5）。岩体地球化学成分从基性到中酸性不等，主要为闪长岩、闪长玢岩、花岗斑岩等。区内还发育中基性岩脉，岩脉形成时间晚于矿化事件。

矿床的矿化作用分为两个阶段（表 4-2）。第 Ⅰ 阶段，矿化一般与斑状侵入体就位

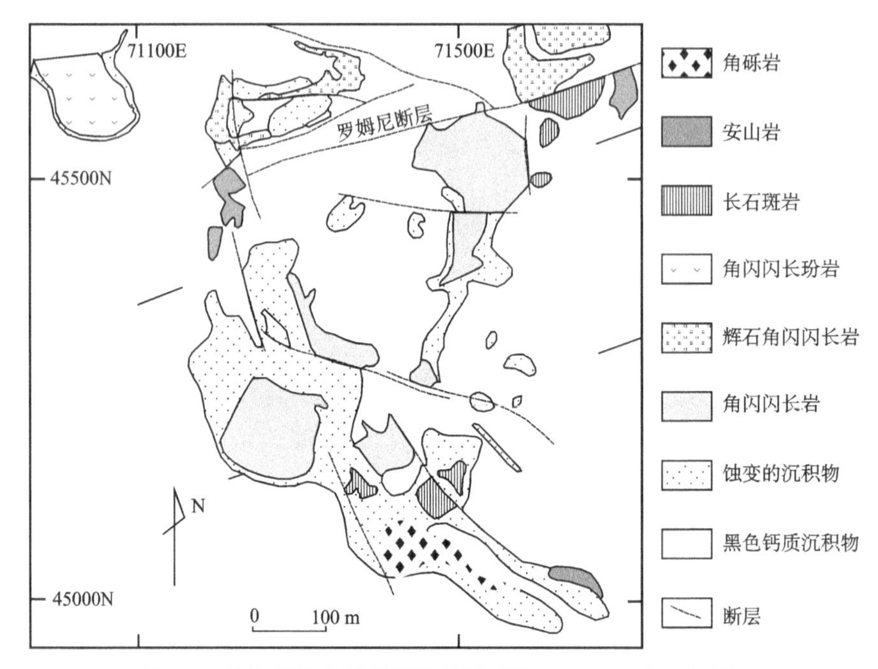

图 4-4　波尔盖拉金矿矿区地质图（Fleming，et al.，1986）

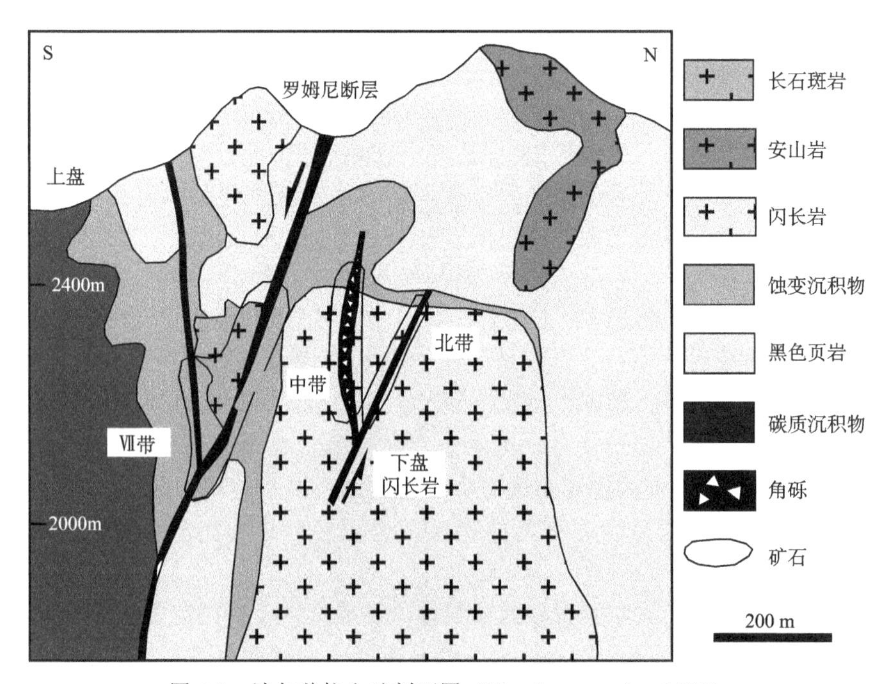

图 4-5　波尔盖拉金矿剖面图（Fleming，et al.，1986）

有成因关系，属于与侵入作用有关的低硫化浅成热液金矿床的石英—硫化物和碳酸盐岩—贱金属—金矿类型，矿物组合主要为磁铁矿—黄铁矿—闪锌矿—方铅矿—碳酸盐岩，局部含黝铜矿、银黝铜矿和黄铜矿。

第Ⅱ阶段矿化是横切搓碎基质的流体化角砾岩墙型金矿，含细粒硅质—黄铁矿，矿物组合主要为石英—钒云母—黄铁矿—游离金，是由热液爆破活动形成的，在晚期富含碳酸盐岩的组合中常含碲银矿，其中有几个富矿柱赋存于顶板帚状构造与罗姆尼断层的交汇地段。

矿床发育的蚀变有 4 种，即青磐岩化，主要矿物组合为方解石—白云石—绿泥石；绢云母—白云石化，主要矿物组合为绢云母—白云石，偶见方解石、菱铁矿、绿帘石、粘土矿物和黄铁矿，该期蚀变与成矿作用关系密切；钒云母—氧化硅—碳酸盐岩化，通常叠加于绢云母—白云石化之上，亦可单独出现，该蚀变限于窄脉、脉断层泥和局部角砾岩带中；硫酸盐岩化，主要矿物组合为硬石膏，伴有少量绢云母和白云石，该期蚀变仅在深部钻孔中发现的，呈裂隙充填和部分交代产出，硬石膏亦呈脉石矿物产于切穿硫化物和含游离金矿脉的脉体中。

表 4-2　波尔盖拉金矿矿化阶段及其特征（Richards and Kerrich，1993）

矿化阶段	类型	矿化特征	主要矿石矿物	次要矿石矿物	脉石矿物
第Ⅰ阶段	C/局部发育	破碎角砾岩中细浸染	细自形含金含砷黄铁矿	黄铁矿、白铁矿	磷灰石
	B/常见	浸染、细脉、网脉	粗粒自形含金黄铁矿	闪锌矿、方铅矿	方解石、白云石、石英
	A/最常见	脉、细脉、角砾岩胶结物	含金黄铁矿、闪锌矿、方铅矿	含砷黄铁矿、银黝铜矿、金、银金矿、磁黄铁矿、淡红银矿、深红银矿局部	方解石、白云石、石英、沸石
	E/局部发育	脉、细脉、角砾胶结物	硫砷银矿、深红银矿、银黝铜矿	黄铁矿、闪锌矿、方铅矿、黝铜矿	钙质白云岩、石英
第Ⅱ阶段	D/局部发育	细脉和角砾岩胶结物，通常为晶簇	金、银金矿	黄铁矿、赤铁矿、碲化物	钒云母、石英、方解石、白云石、沸石

（4）延德拉铜金钼矿

延德拉斑岩型铜金钼矿床位于巴布亚新几内亚马丹省西南 100 km，东距马丹省邦地县 18 km。地理坐标为：145°10′E，5°45′S。矿床平均品位：铜 0.42%、金 0.10 g/t、钼 0.018%。矿石量为 3.38×10^6 t，其中 1.24×10^6 t 为控制矿石量，2.14×10^6 t 为推断矿石量。

延德拉铜金钼矿处于新几内亚造山带西部造山带的分支新几亚俯冲带上，区内出露地层为 35～20 Ma 的哥罗卡变质岩，区内构造主要发育平行于邦地、拉姆-马卡姆断层的西北西向主要断裂构造。延德拉矿区出露的 51 km×19 km 的岩基-俾斯麦侵入杂岩超覆在 35～20 Ma 的哥罗卡变质岩上，于上新世隆升 2.5 km，然后逐渐侵蚀为无盖的俾斯麦侵入杂岩。该时期明显隆升被处于延德拉西南 45 km 且拥有巴布亚新几内亚海拔最高 4509 m 的威廉山脉证实。因此表明快速隆升和矿液侵位有一定联系。

延德拉斑岩沿北西向侵入比其古老的俾斯麦杂岩，并与区域构造斜交。原来人们认为成矿作用与俾斯麦杂岩有关，现在倾向认为斑岩铜金矿床形成与 8～7 Ma 或 6.6 Ma 的年轻斑岩有关（图 4-6）。

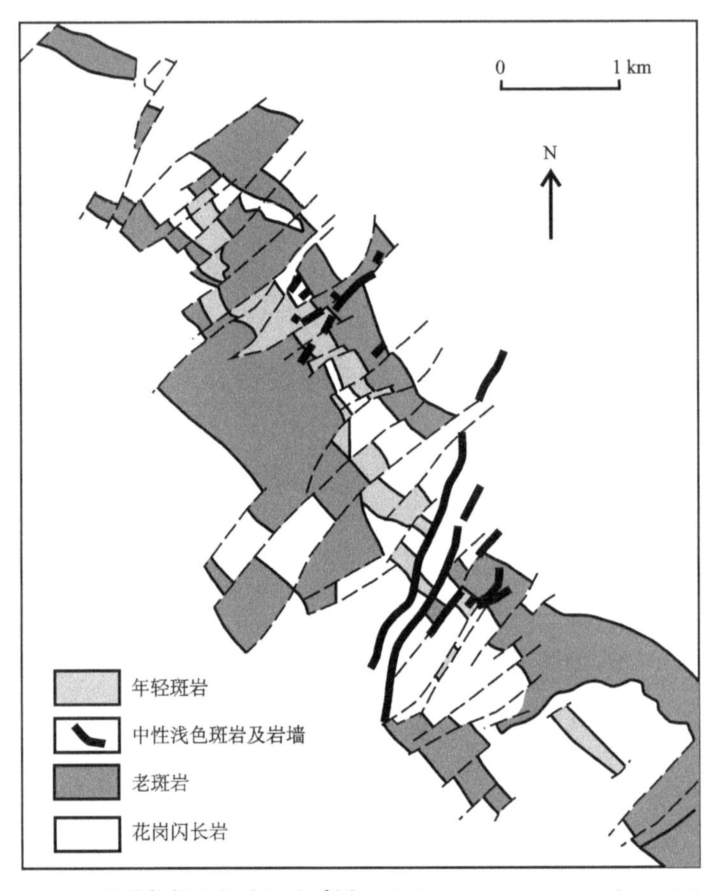

图 4-6　延德拉铜金钼矿区地质图（Williamson and Hancock，2005）

斑岩型铜钼金成矿受断裂强烈控制。早期的断裂控制浸染状矿化。该类矿化以黄铁矿和黄铜矿为特征，并伴有钾化（黑云母—钾长石）。这个矿化阶段一般形成品位只有 0.3%的铜。年轻的构造控制的矿化表现为 1～2 mm 的黄铜矿细脉（含少量斑铜矿、黄铁矿和磁铁矿），并有成分为黑云母—绿泥石—绿帘石的断层泥发育；或者表现为 20～100 mm 的含石英、绿泥石、绿帘石和碳酸盐岩脉石的黄铁矿—黄铜矿脉。这种年轻矿脉的矿化铜品位范围为 0.4%～1%。最佳矿化发生在两种形式的矿脉交叉且发生破裂最强的地段。辉钼矿少于铜硫化物且分布不均。黄铁矿最富集的区域与退变的石英-绢云母-粘土-绿泥石-黄铁矿蚀变有关。在整个矿床中广泛分布黄铁矿晕。闪锌矿在破裂/矿脉中作为副矿物与黄铜矿伴生，方铅矿罕见。

蚀变包括钾化、黑云母化、青磐岩化及绢英岩化。

延德拉矿床的分带性不如许多其他的斑岩铜矿那样明显。矿区内青盘岩化（绿泥石—碳酸盐岩）广泛发育，它又被广泛的绢英岩化（石英-绢云母-粘土-黄铁矿）叠加。斑铜矿不是主要矿石矿物，只分布在矿床中心。矿化和所谓的“石英核心”（可能在主要矿化入侵前就位）之间没有明显相关性。

(5) 成矿控制因素

巴布亚新几内亚陆缘火山岛弧成矿带作为西南太平洋成矿域的一部分，根据对其主要矿床成矿控制条件的研究，简要归纳区域成矿控制因素，有以下 4 点（宋学信等，2014）。

① 弧陆碰撞造山作用因素

作为巴布亚新几内亚主体的新几内亚造山带是由于太平洋板块和巴布亚新几内亚东北部火山岛弧与澳大利亚（印度—澳大利亚）板块多次碰撞而形成的。许多大型和特大型（世界级）斑岩-矽卡岩型和斑岩型 Cu-Au 矿床，浅成低温热液型 Au 矿床和红土型 Ni-Co 矿床都赋存于该造山带的次级大地构造单元内。主要矿床实例为：奥克泰迪、弗里达河、延德拉、波尔盖拉、瓦菲-戈尔普、凯利门戈、海登山谷、托鲁库马、比尼山、瓦普鲁、拉姆（Ni-Co）等。

② 地层或岩层控制因素

在巴布亚新几内亚，受地层或岩层控制的矿床不多见。

其中，较有代表性的有位于新几内亚造山带东部褶皱带，产于莫尔兹比港附近的古新世火山-火山碎屑沉积岩中的 Laloki 多金属块状硫化物矿床（别子型）。

此外，新几内亚造山带巴布亚褶皱带的中新世 Darai 灰岩与奥克泰迪杂岩体接触带钙矽卡岩和晚期斑岩中赋存的著名世界级矽卡岩—斑岩型奥克泰迪 Cu-Au 矿床也是部分地受地层或岩层控制的矿床。该矿床与属于同一成矿区带的印度尼西亚伊里安查亚的格拉斯贝格-埃尔茨贝格 Cu-Au 矿田（世界级超大型）成因相同。

③ 侵入杂岩体控制因素

鉴于巴布亚新几内亚陆缘火山岛弧成矿带特产及富产斑岩型 Cu-Au 矿床和浅成低温热液 Au 矿床，所以分析成矿控制条件时就不可避免地关注相关的斑岩-浅成低温热液体系。这一成矿体系的关键成员就是斑岩，而作为成矿三源（矿源、热源和水/液源）的斑岩又几无例外地属于某个侵入杂岩体，因此侵入杂岩体就成为最重要的成矿控制条件。

在巴布亚新几内亚分布有众多的侵入杂岩体。从时代上看，与成矿有关杂岩体均为新生代，特别是新近纪和第四纪；从岩性上看，与成矿有关的杂岩体大致分为两类，即中酸性（钙碱性）侵入杂岩体和低硅碱性（富钾）火山-侵入杂岩体。

钙碱性侵入杂岩体又可根据其氧化钾含量分为低钾、正常钾和高钾三类，他们的 K_2O 含量分别为，0.7%，0.7%～2.5%和超过 2.5%，三类杂岩体均出现于新几内亚造山带（例如弗里达、延德拉、莫罗贝、波尔盖拉等）。

此外，作为红土型 Ni-Co 矿床拉姆和沃沃卡普的矿源卡鲁姆基性岩带（蛇绿岩杂岩）和巴布亚超镁铁质岩带（火山—侵入杂岩）也是这类矿床的成矿前提和控制条件，不过这些蛇绿岩杂岩或超镁铁质岩本身形成时代较早（白垩纪）。

④ 构造地质控制因素

巴布亚新几内亚的矽卡岩-斑岩型和斑岩型 Cu-Au 矿床，以及浅成低温热液 Au 矿床明显受某种构造和/或多种构造控制。

背斜或复背斜构造：例如奥克泰迪和波尔盖拉世界级矿床受穆勒（Muller）背斜控制。它们分别赋存于穆勒背斜的西端和东端。

转换构造（断层）（图 4-7）：例如奥克泰迪 Cu-Au 矿床赋存于北东向奥克泰迪转换构造东南侧（信迪等，2014）；波尔盖拉和 Mount Kare 金矿床产出于奥克泰迪转换构造之东 150 km 的北东向波尔盖拉转换构造中；瓦菲矿床就位于瓦菲转换构造上。

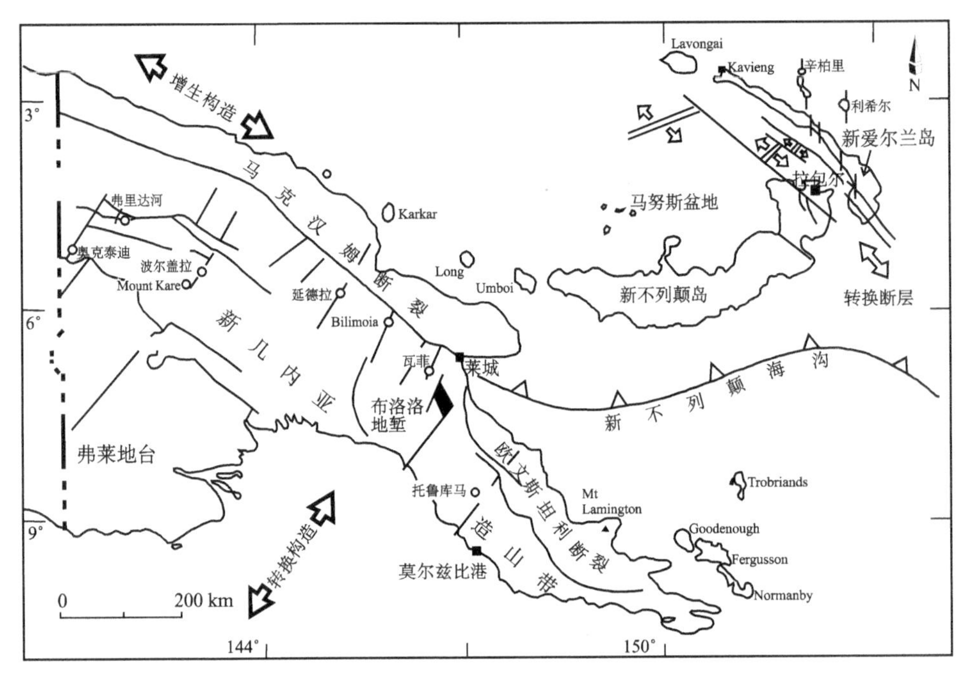

图 4-7　巴布亚新几内亚转换构造和与斑岩有关的 Au-Cu 矿化（Corbett and Leach，1998）

地堑构造和相关断裂：例如新几内亚造山带东部的布洛洛地堑内的 Edie Creek、凯利门戈（Kerimengo）、瓦乌（Wau）、海登山谷（Hidden Valley）、哈马他（Hamata）等 Au 矿床（图 4-8）。

断裂和/或剪切带：例如波尔盖拉、托鲁库马、瓦普鲁、米西马、伍德拉克等 Au 矿床。

2. 红土型镍矿化

（1）成矿特征

晚期冲断层沿晚中新世中央山脉北部前锋形成了仰冲上地幔和洋底火山岩的缓倾角残片，形成三片大范围的蛇绿杂岩—西部山脉始新世海底火山岩夹泥质岩；中部四月超镁铁质岩带；东部含拉姆（Ramu）红土型 Ni-Co 矿的马鲁姆基性岩带。这些蛇绿岩在

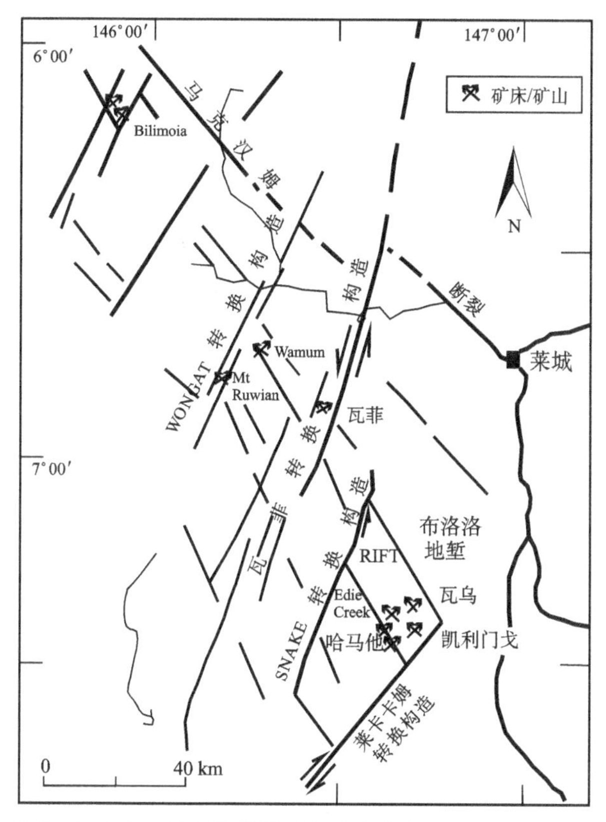

图 4-8　布洛洛（Bulolo）地堑及其附近金矿床分布（Corbett and Leach，1998）

不同时期仰冲到东部造山带巴布亚超镁铁质岩带蛇绿岩之上，这些地区均有形成红土型镍矿的潜力。

（2）拉姆镍矿

拉姆（Ramu）镍钴矿区位于巴布亚新几内亚马当省境内，距马当省首府马当南西75 km，地理坐标：145°13′E，5°34′S。

拉姆镍钴矿区位于巴布亚新几内亚新几内亚造山带新几内亚俯冲带北带的马鲁姆（Marum）基性岩带上，矿床类型属于风化淋滤作用的红土型镍钴矿床。

矿区南部发育北西走向的Bundi断裂带截断马鲁姆基性岩带。矿区北东方向基性岩带与北西向的拉姆-马卡姆（Ramu-Markham）断层带邻接。拉姆-马卡姆断层断距达400 m。拉姆地区高地平台与该断层平行发育。但此两条主要断裂未经过矿区，基本对矿区未有影响（图 4-9）。

矿区出露的主要的岩浆岩有两类：

①紫苏辉石辉长岩。夹有少量的苏长岩，脉状斜长岩和辉长伟晶岩，分布于北部和南部。橄榄岩分布在一些带有副矿物铬铁矿的辉长岩中。

②超基性岩。包括新鲜的纯橄榄岩、蛇纹岩、辉石岩，也分布有少量斜方辉石橄榄岩和橄榄岩，分布于中部。

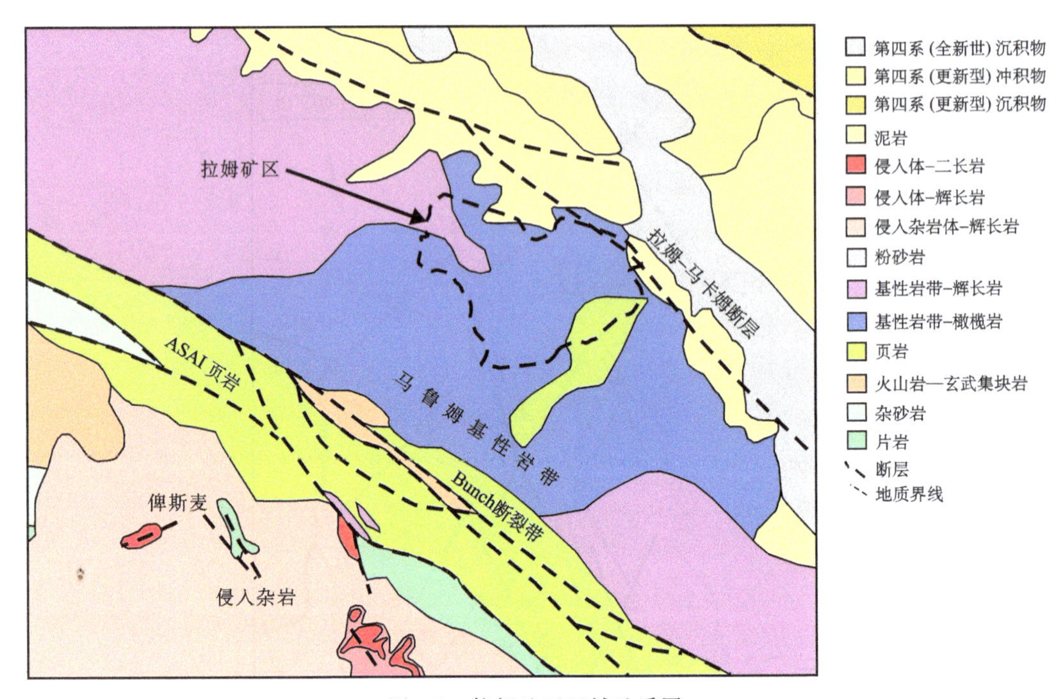

图 4-9 拉姆地区区域地质图

矿区蚀变仅发育蛇纹石化。经选矿试验分析，蛇纹石化橄榄岩中含镍较高。

拉姆红土型镍钴矿床赋存于纯橄榄岩的红土风化壳中，通过钻探工程的揭露，在风化壳中存在 6 个矿化层位（图 4-10），自上而下为腐殖层、红色褐铁矿层、黄色褐铁矿层、残积层、上含砾残积层和下含砾残积层。主要矿化层位为黄色褐铁矿层、残积层和上、下含砾残积层，其厚度较大，分布也较为稳定，局部地段有缺失或厚度变薄的现象。各矿化层中 Ni、Mg、Co、Al 等元素的分布虽有差异，但还是有一定的规律，其中 Ni、Mg 元素的含量自上而下由低逐渐增高，但到了下伏的纯橄榄岩后，Ni 的含量明显降低，Mg 的含量逐渐增高；Al 的含量则刚好与它们相反，而 Co 在各矿化层中含量变化不明显。

橄榄岩风化壳层位既是矿源层也是矿体的赋存层位。

矿体特征，矿体呈似层状、透镜状产出。矿体沿走向、倾向不连续，局部有缺失。矿体最长达 400 m，最短为 33 m，产状平缓。

矿石类型及矿物组合，矿石工业类型与自然类型都属风化壳型含镍钴氧化矿石。矿石品级以铁质镍矿为主，铁镁质镍矿次之。矿物组合中矿石矿物主要为镍矿物，以硅酸镍的形式产出，赋存于蛇纹石和褐铁矿中。

三、新几内亚群岛（Ⅲ-36）

新几内亚群岛包括巴布亚新几内亚主岛外围的一系列岛屿，由美拉尼西亚弧的内弧

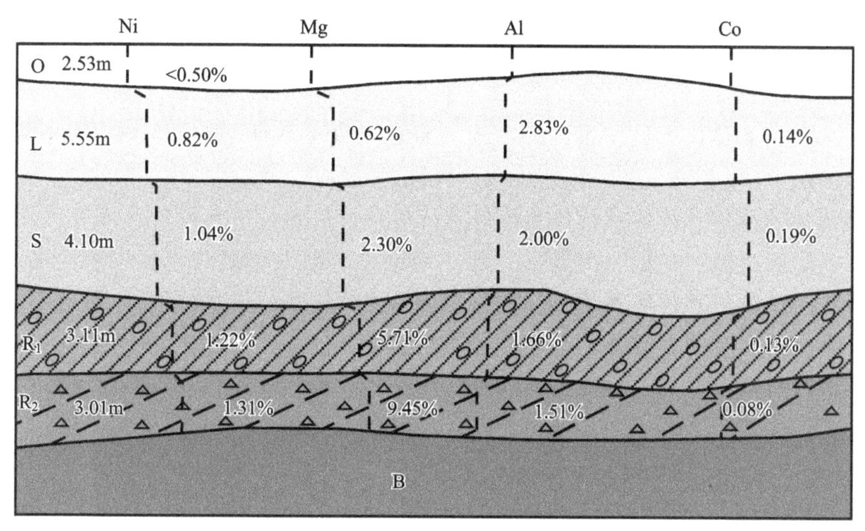

图 4-10 矿层厚度及品位变化示意图

注：Q-腐殖层；O-红色褐铁矿层；L-黄色褐铁矿层；S-残积层；
R_1-上含砾残积层；R_2-下含砾残积层；B-基岩（纯橄榄岩）

和外弧组成，内弧为布甘维尔岛、新爱尔兰岛等，外弧为塔巴尔—利希尔—菲尼—坦加岛链等。

（一）地层

新几内亚群岛火山岛弧中岩石主要为始新世至更新世海底玄武岩，安山岩以及伴生的沉积岩上覆有中新世浅海相灰岩，向上过渡为上新世含砾岩的沉积岩，并伴有断裂活动。新不列颠岛是该带的典型代表，由晚始新世玄武质—安山质熔岩、角砾岩和沉积岩构成厚厚的基底地层，被渐新世岛弧火山岩以及 30～22 Ma 的同源岩浆侵入岩覆盖。中新世火山活动的缺失，表现为广泛分布的喀斯特地貌，局部为厚层灰岩，被上新世火山碎屑—沉积岩所覆盖。

（二）构造

区内构造以北东向的断裂为主，多与转换断层有关。

（三）岩浆活动

区内岩浆活动发育，主要表现为上新世的岩浆活动，与美拉尼西亚弧有关。

（四）区域成矿特征

区域主要发育与岩浆岩有关的斑岩—矽卡岩—浅成低温热液型金矿，此外块状硫化物型矿化也十分发育。

1. 斑岩—矽卡岩—浅成低温热液型铜金矿化

（1）成矿特征

区内的该类型矿化十分发育，还产出利希尔岛金矿和潘古纳铜金矿等世界级矿床，其成矿时代在 1 Ma 以内，矿化受到以下因素的控制：

① 俯冲与岛弧

内美拉尼西亚弧：包括马努斯岛、新不列颠岛、新汉诺威岛、新爱尔兰岛、布甘维尔岛、所罗门群岛、瓦努阿图和斐济等沿太平洋板块边缘分布的诸岛，是自始新世开始由于与俯冲作用有关的岩浆作用而在向南西倾斜的基里耐劳海沟上盘构建起来的火山岛弧。主要矿床实例为：斑岩型 Cu-Au 矿床包括马努斯岛的 Arie，新不列颠岛的 Plesyumi、Esis、Kulu 等、布甘维尔岛的潘古纳（也有人将其归为外美拉尼西亚弧），浅成低温热液 Au 矿床包括西尼维特、Maragorik 等。

外美拉尼西亚弧：即塔巴尔—利希尔—菲尼—坦加岛链，有人将布古维尔岛（潘古纳斑岩型 Cu-Au 矿床）也包括其中。系渐新世基里耐劳俯冲带（海沟）受翁通爪哇高原阻塞而终结俯冲后停滞板片部分熔融（并与地幔楔中橄榄岩组份相互反应）上侵时形成的小火山岛弧（也有人认为是所罗门海次板块沿新不列颠海沟向下俯冲而形成的）。主要矿床实例为：浅成低温热液 Au 矿床包括世界级的利希尔、大型的辛柏里、小型的 Kabang 等。

② 海底扩张和克拉通边缘裂谷化小洋盆

自 3.5 Ma 以来马努斯盆地东部扩张中心开始活动，并形成现代海底硫化物烟囱和海底块状硫化物矿床，例如索尔瓦拉等；在巴新主岛古新世出现的 Uyaknji 小洋盆中形成了 Laloki 别子型火山成因块状硫化物矿床。

③ 侵入杂岩体成矿控制因素

美拉尼西亚火山岛弧中北段马努斯的 Arie、新不列颠的西尼维特、Esis 等矿床均受到侵入杂岩体的控制。低硅碱性（富钾）火山-侵入杂岩体见于美拉尼西亚外弧（塔巴尔—利希尔—菲尼—坦加岛链）的利希尔、辛柏里等。

④ 构造控矿

索尔瓦拉海底块状硫化物矿床产于马努斯盆地两条转换断层之间的海底扩张中心；塔巴尔—利希尔—菲尼—坦加岛链上的利希尔和辛柏里 Au 矿床，以及新不列颠岛的西尼维特 Au 矿床受破火山口控制。

（2）利希尔岛金矿

利希尔岛位于巴布亚新几内亚东北部新爱尔兰岛东北侧，南西距莫尔兹比港 900 km，地理坐标为：3°8′S，152°38′E。该岛与巴布亚新几内亚主岛及外国只能靠轮船和飞机连接。矿床目前属于 New Crest 公司。

利希尔岛位于美拉尼西亚弧的不活动的新爱尔兰岛片段与静止的基里耐劳海沟之间的塔巴尔-利希尔-菲尼-坦加岛链上（图 4-11）。利希尔岛群坐落于一个北北西走向的地震活跃的深海脊上，跨越了弧沟之间的间隙。

该群岛大部由上新世至更新世陆上火山岩构成。这些岩石是碱性的并且主要是不饱和的（与拉斑玄武岩相比）和活动的所罗门—新不列颠岛弧的钙—碱性安山岩类。利希

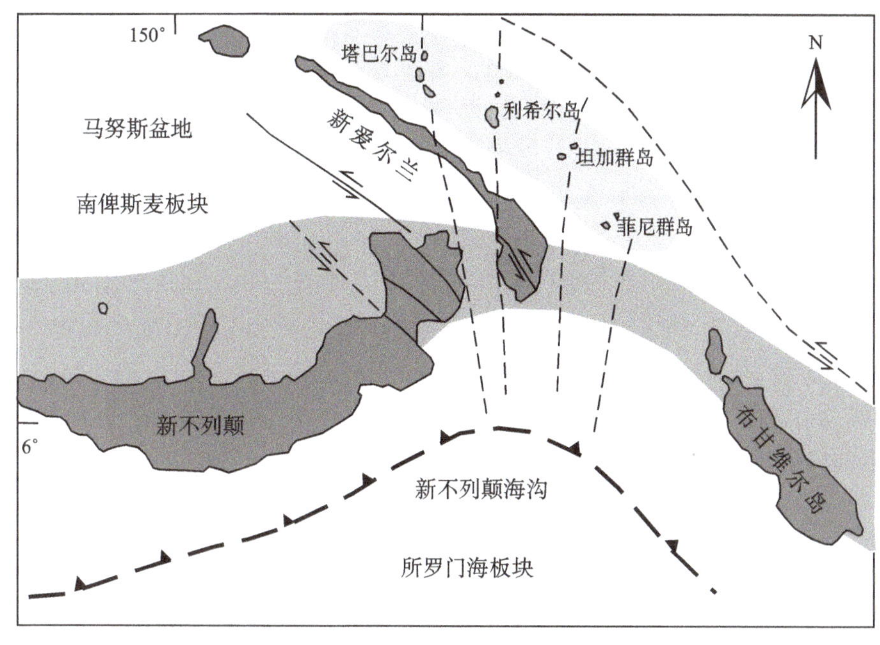

图 4-11　利希尔岛金矿床大地构造背景

尔岛面积只有 $0.24\times10^3 km^2$，作近南北向拉长状就位。其处于太平洋板块的一个深断裂上。该深断裂使岩浆得以从深处喷发到地表。岛上有 3 个中新世到第四纪的碱性火山塌陷破火山口。其中路易斯（Luise）破火山口最年轻（3.1 Ma）（图 4-12）。

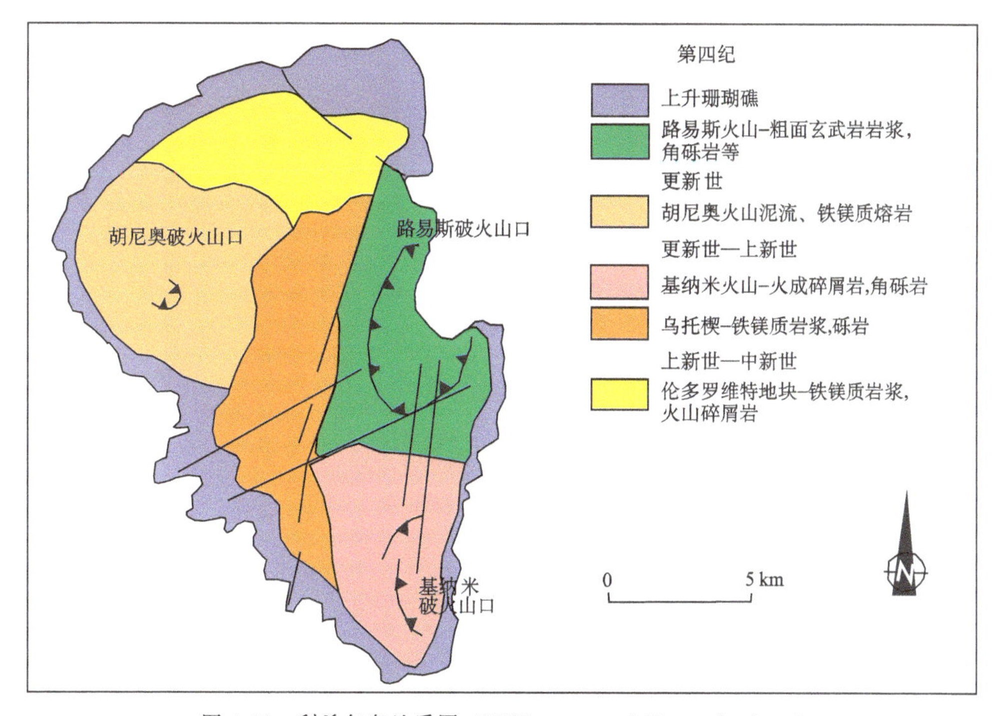

图 4-12　利希尔岛地质图（Williamson and Hancock，2005）

赋存有利希尔岛金矿床的路易斯破火山口作北北东向延伸，被与深断裂伴生的南北向构造切割。岛上的北西向断裂亦很明显，并且控制着北东倾向的Minifie地段矿化带。路易斯火山为St Helens山类型的边壁塌陷火山，形成时代大约在0.34 Ma 。北东走向的正滑型断层（Listric-style faults）发育于原来火山机构的下伏部分。该火山塌陷相对落差1 km，其上方有一个现代斑岩铜金矿床和发育有初始的浅成热液矿化。矿区内现在还有地热活动。

利希尔岛（拉多拉木）矿床由4个主要矿化区段组成：Lienetz，Minifie，Coastal和Kapit。总共面积为30 km^2（在Luise破火山口中心）。Minifie矿体面积2.8×10^4 m^2，赋存于海拔−150～50 m。Lienetz矿体面积为$1.8\times10^4 m^2$，出现于海拔−250～140 m（多数在海平面与海拔−200 m之间）。两个矿体的矿化主要产于火山岩和二长岩质侵入岩范围内近水平含硫化物的角砾岩中（图4-13）。

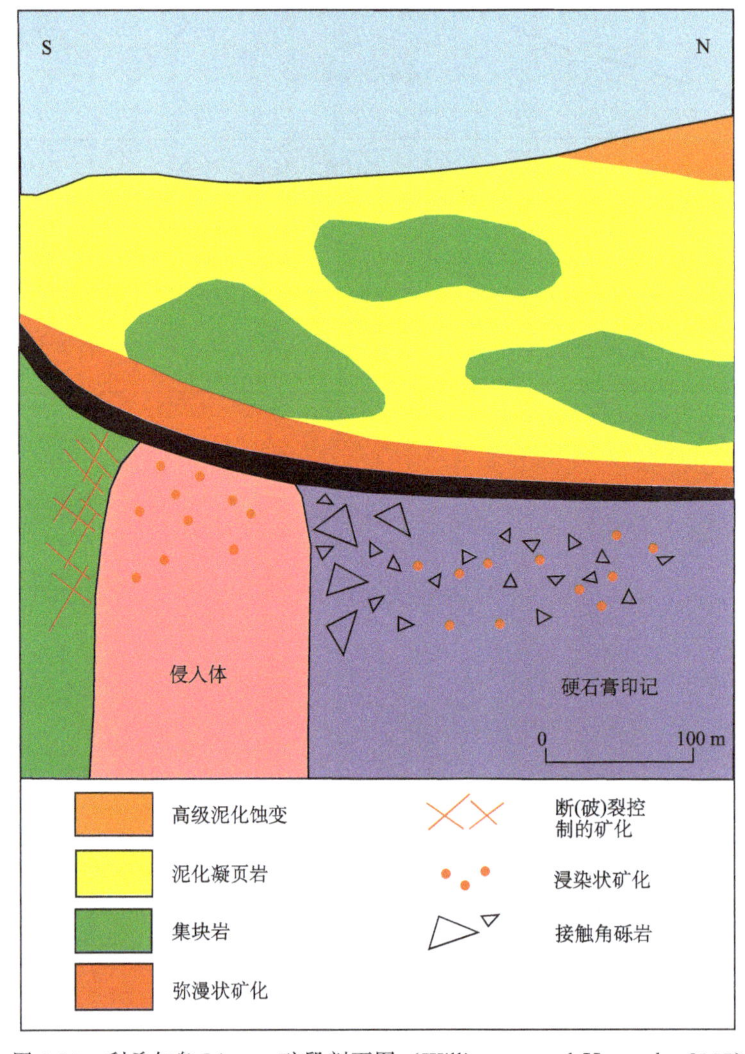

图4-13　利希尔岛Lienetz矿段剖面图（Williamson and Hancock，2005）

氧化矿石占比例不到5%，主要发育于Lienetz和Coastal矿体的地形较高处，最大延伸为地表下70 m。

Lienetz和Minifie矿体的金属垂直分带性明显：Au，Pb和Zn含量随深度增加而降低，相反Cu含量增加。在整个Ladolam矿区Au与As正相关。所有矿体贫Ag。

利希尔岛金矿床的矿体形态较为多样，既有受断（破）裂控制的脉状矿体，也有不规则角砾岩型矿体和正滑断层上盘的平伏状贫矿体等。

矿石构造包括浸染状、弥漫状、角砾状和细脉—网脉状。

矿物组合包括浅成低硫化石英—硫化物—金组合和碳酸盐岩—贱金属—金组合，以及石英—金—银（含晚期游离金）组合。此外，还有硬石膏—金组合。

产于塌陷火山口内的利希尔岛金矿床的热液蚀变很发育，被划分为：斑岩型蚀变，包括钾化（钾长石±黑云母）和青磐岩化（绿泥石±角闪石±钠长石±绿帘石±方解石±磁铁矿），该类蚀变可能与岩浆活动结束阶段有关，一般见于地表之下100 m以下；低温热液蚀变，包括高级泥化（明矾石±蛋白石质氧化硅±高岭土±硫）、泥化（高岭石±蒙脱石±伊利石）和绢英岩化（伊利石±钾长石±氧化硅），低温热液蚀变均超覆于斑岩型蚀变之上（矿床上部）。

矿床蚀变分带性明显，由外向内为：火山口边缘新鲜火山岩—青磐岩化带—泥化带—高级泥化蚀变带（含硅质帽）。

2. 块状硫化物铜多金属矿化

（1）成矿特征

区内的块状硫化物铜多金属矿化极具特色，主要在处于弧后盆地背景下的俾斯麦海的海底发育，目前勘探较为成熟的是索尔瓦拉Ⅰ区铜多金属矿床。

（2）索尔瓦拉1区铜多金属矿

索尔瓦拉1区（Solwara Ⅰ）海底块状硫化物矿床位于新爱尔兰省俾斯麦海东部。东距新爱尔兰岛30 km，南距东新不列颠省Rabaul港约35 km。矿床品位为Cu 7.2%～8.1%，Au 5～6.4 g/t，Ag 23～34 g/t，Zn 0.4%～0.9%。控制矿石资源量1.03×10^6 t，折合Cu 7.42×10^4 t，Au 5.15 t，Ag 23.69 t，Zn 4.1×10^3 t；推断矿石资源量1.54×10^6 t，折合Cu 12.47×10^4 t，Au 9.86 t，Ag 52.36 t，Zn 1.39×10^4 t。

索尔瓦拉1区位于巴布亚新几内亚东北部的马努斯盆地。马努斯盆地是一个扩张的弧后盆地，南以新不列颠海沟活动俯冲带为界，北以马努斯海沟不活动俯冲带为界，形成于南面的澳大利亚板块和北面的太平洋板块的汇聚部位。马努斯盆地的主要构造包括快速（约10 cm/a）张开的马努斯扩张中心和以两个较大的西至北西向转换断层（Djaul断层和Weitin断层）为边界的东马努斯盆地裂谷带（以玄武岩质到英安岩质火山作用为特征）。这些断层把马努斯盆地进一步分为3个次板块，东马努斯、中马努斯和西马努斯盆地。东马努斯裂谷处在东马努斯盆地中，并且包括EL 1196勘查许可区的索尔瓦拉Ⅰ区和索尔瓦拉4区两个项目区。

索尔瓦拉Ⅰ区矿床所在EL1196区内（图4-14），有一系列的突出的海底火山结构。它们形成于海底上，横穿裂谷方向呈雁行状延展。这些火山结构是热液排出地点并伴有

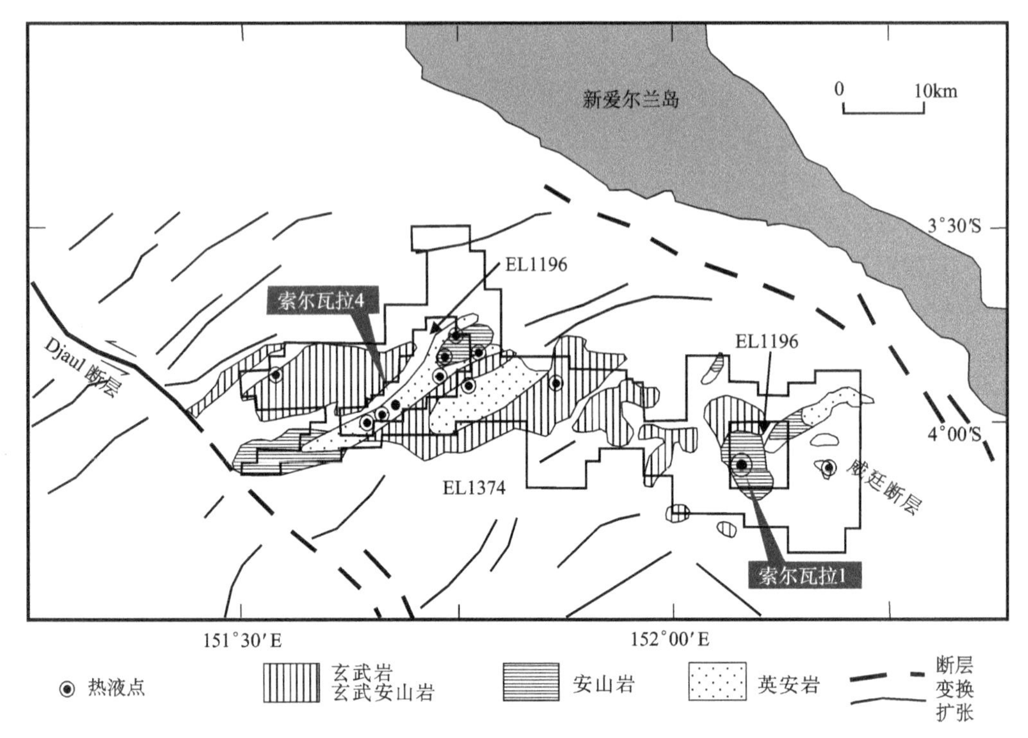

图 4-14　马努斯盆地东部海床地质图（Bach，et al.，2003）

形成海底块状硫化物矿床。

包括索尔瓦拉 1 的热液田向北至北西方向穿越两个火山穹窿（原来叫北 Su 和南 Su，是安山熔岩之上的喷出体）延展达 5 km，并且延展到一个带有低丘的海岭。北 Su 和南 Su 的顶端分别在海拔－1150 m 和－1320 m。索尔瓦拉Ⅰ区矿床出现在海拔－1520 m。高丘顶峰的火山岩广泛遭到角砾岩化和蚀变，并且普遍带有黄铁矿和铜蓝的浸染体和网脉，局部并有烟囱、喷丘和硫化物角砾岩。索尔瓦拉 1 区既有新鲜火山岩出露，也有蚀变火山岩出露。紧邻矿床为蚀变火山岩，而远离矿床和远离热液源影响的地段为新鲜火山岩。索尔瓦拉 1 区还有几处是富含黄铜矿的硫化物烟囱。这种烟囱区伴有块状到半块状硫化物。岩石分析结果表明索尔瓦拉 1 区的火山岩是由安山岩和英安岩组成。

烟囱高度一般为 2～10 m，但是有些高达 15 m。2007 年使用测深数据装置，其测量网度为 20 cm×20 cm。这一装置清晰地圈定了单个烟囱和烟囱丘体。同时，水下电磁测量显示了烟囱周围硫化物范围。电磁数据也凸显出 2008 年进行的进一步钻探靶区。

索尔瓦拉Ⅰ区的水下地质层序，由顶向下依次为：

① 尚未固结的沉积物。典型的情况是由深黑色粘土和粉砂组成，厚度 0～2.7 m，平均厚度 1.4 m。

② 岩化的沉积岩。典型的情况是由独特的白到深灰色的细到中粒火山碎屑砂岩组成，厚度 0～5.4 m，平均 0.5 m。有时是层状和条带状，含石英颗粒和岩屑或凝灰质

碎块。深达 1cm 的浑圆状蠕虫穴常见，有时被黄铁矿交代。该单元也夹带很少量的富硫化物烟囱碎块。岩石一般达到中度到强烈岩化，有时过渡到较软的沉积物。局部黄铜矿和闪锌矿矿化完好，尤其是底部附近。

③ 块状和半块状硫化物岩石。这是主矿层，厚度为 0～18 m。许多钻孔终结于块状硫化物中，根据这些钻孔，可以推断在某些地段块状硫化物矿带厚度大于 18 m。块状硫化物带主要由黄铁矿和黄铜矿组成。黄铜矿一般在接近表面处占优势，但是随深度而减少，随之深部黄铁矿反而占优势。该矿床的东南部，占优势的硫化物也是黄铁矿。硫化物矿体可以是块状、晶族状或多孔状，并且通常混合。硬石膏和重晶石普遍浸染于硫化物或脉中（尤其是在该带底部），但它们含量变化很大。局部该带包括由富含粘土矿物的蚀变火山岩物质构成的斑块。SD100 号钻孔提供了该带很好的实例。

④ 蚀变火山岩。矿化底板由蚀变火山岩构成，其中大部分原生矿物蚀变为粘土或被硬石膏和浸染状黄铁矿交代或脉化（veining）。这些岩石一般是软弱的，并且本层岩心采取率低。块状硫化物带底部与下伏的蚀变火山岩的接触带是截然的。

上述层序虽然在局部会有变化，但总体上在全矿床是稳定的。钻探表明块状硫化物矿石带比主烟囱丘更能向侧方伸展。该矿床侧方以较新鲜的熔岩为边界，当然可能也有断层接触情况。

在索尔瓦拉 1 区有局限性热液活动，排出的水温达 120 ℃。喷出烟囱所在地是根据录像确定的，录像表明这种喷出是分幕式的。针对从烟囱中出来的流体流速研究和热数据的补充收集工作正在进行。

大多数烟囱是由块状黄铜矿和黄铁矿组成的，有些烟囱也富含闪锌矿，但这是不多的。硬石膏和少量的重晶石亦是常见的。较老的烟囱趋向于含铁氧化物壳和易碎的。在烟囱发育最盛的地段，烟囱就聚合成独特的丘体。倒塌烟囱和烟囱碎块常见于丘体周围。分散的烟囱出现在烟囱主片区之间。

第三节　新西兰（Ⅱ-10）

新西兰由西部省和东部省两部分组成，并可进一步细分为多个小规模的块体（图 4-15）。区内矿化发育良好，以金、镍、铁等矿化为主。

一、西部省（Ⅲ-32）

西部省主要包括新西兰的纳尔逊地区（Nelson）、西地地区（Westland）、峡湾地区（Fiordland）和斯图尔特岛（Stewart Island）等地区。根据区域地质特征，可将该地区分为布勒地块、塔卡卡地块和中部结合带三部分，由大量经历了古生代构造变形和变质作用的岩带组成。区内主要地层有晚古生代沉积岩、火成岩和变质岩，并被中古生代和中生代的花岗岩和辉长岩体侵入。区内从晚奥陶纪到志留纪时期、泥盆纪、中生代、晚新生代时期均有构造运动的发生，分别为格陵兰事件、图胡亚造山运动、朗伊塔塔造山运动及最后的凯库拉造山运动。两个地块在古生代时期由图胡亚造山运动拼贴在一起，

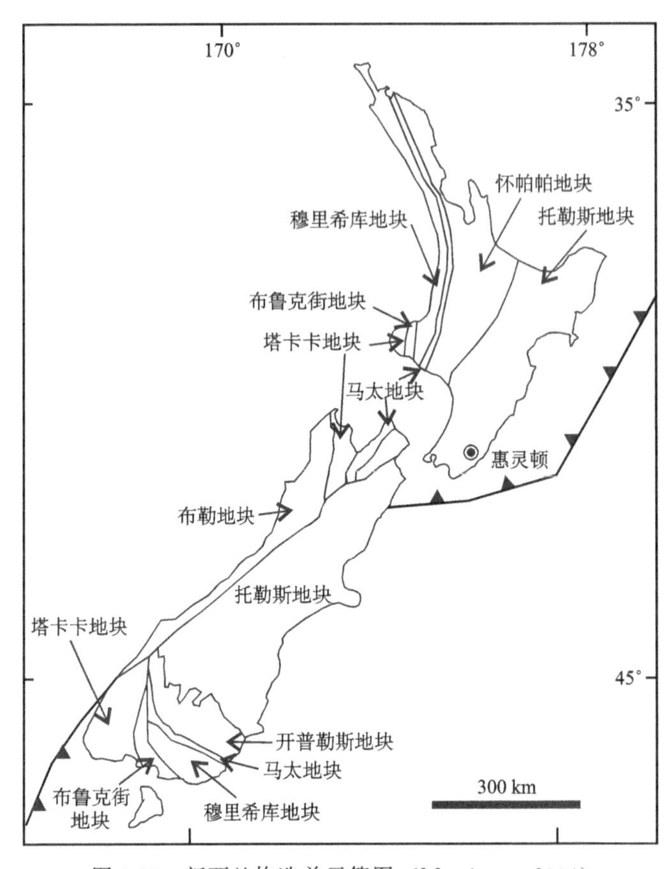

图 4-15　新西兰构造单元简图（Mortimer，2004）

并被后期活动的阿尔卑斯断层错动，使地层发生偏移并从西纳尔逊至西部省延伸至峡湾地区。峡湾地区由于经受严重的风化侵蚀，在随后发生的变质作用中，岩石变质的程度远高于西纳尔逊和西部省。

区内的金属矿产资源丰富，以金、镍、铜、铁矿为主。

（一）地层

区内的出露地层主要为古生代地层，从前寒武系到泥盆系均有出露。

区内唯一确定的前寒武纪时期的地层分布于南岛西海岸位于查尔斯顿（Charleston）附近的小部分地区，岩性为片麻岩和花岗岩，经定年形成于 680 Ma。

寒武纪地层分布于南岛西北地区，沉积岩主要有板岩、硅质岩、燧石、灰岩透镜体及大面积分布的砾岩等，火山岩则主要有玄武岩、安山岩和凝灰岩。在塔卡卡河（Takaka River）上游地区，有寒武纪杂岩体，它是由蛇纹石化的橄榄岩、辉长岩和闪长岩组成，因为岩体较小而不能在地质图上显示。该地区的大部分岩石特别是火山岩都经历了变质作用，尽管如此，大部分岩石的母岩仍然可以识别。在峡湾地区，寒武纪地层由片岩和片麻岩组成。

区内奥陶纪岩石广泛分布于南岛西部地区，主要为格陵兰群。在峡湾地区的和斯图尔特岛（Stewart Island）也有分布。奥陶纪地层中的灰岩和大理岩主要分布于纳尔逊（Nelson）西北部，其中塔卡卡山大理岩出露良好。硬质砂岩、硅质泥岩、黑色页岩和白色石英条带主要分布于灰岩地层的西侧。这些岩石大多数都经历了不同程度的变质作用。纳尔逊西北部以南至米尔福德峡湾（Milford Sound）一带交替分布着砂岩和硅质泥岩，保护区（Preservation Inlet）地区的岩石分布与之相似，且岩石中保存了奥陶纪的化石。峡湾地区的某些片岩和片麻岩的产状特征与斯图尔特岛的片岩相似，都具有被花岗岩包围的特征，推测可能属于奥陶纪。

泥盆纪和志留纪这两个时期的地层出露面积较小。志留纪地层只分布于纳尔逊西北部地区，而泥盆纪地层分布于志留纪地层附近，及往南里夫顿附近。峡湾地区也有这两个时代岩石的分布。南岛西部和南部地区的火成岩均形成于泥盆纪。志留系地层以石英岩为主，含有少量的硅质泥岩和灰岩，变质程度基本一致。此外志留系的石英岩中发现了志留纪化石。此外，位于埃洛特蒙岬（Cape Egmont）西北的 Moalboil 地区的片岩也被证实为志留纪岩石。

泥盆纪地层岩性较为复杂，有钙质泥岩、砂岩，纳尔逊西北地区为砾岩，而里夫顿附近的主要岩石为石英岩、灰岩和泥岩。

（二）构造

区内所有寒武纪的岩石都经历了多期构造作用的叠加。尤其受大尺度冲断作用的影响较为显著，通常能将沉积物从其原始位置推移数千米。沉积地层中发育普遍的紧密褶皱与剪切构造。

（三）岩浆活动

区内的岩浆活动十分发育，主要为中酸性和基性至超基性岩浆侵入。

中酸性岩浆侵入活动表现为三大主要的花岗岩侵入体：卡拉米亚（Karamea）侵入体、分离点（Separation Point）侵入体和拉胡（Rahu）侵入体。卡拉米亚侵入体范围最大，岩性为黑云母和二云母花岗岩、花岗闪长岩及石英闪长岩，侵入时间为泥盆纪到石炭纪（370～310 Ma），侵入体在组分上相对偏钾，其地球化学性质与 S 型花岗岩一致。拉胡岩体于纳尔逊西南部侵入，岩性为花岗闪长岩，花岗岩为非典型的 I 型花岗岩，侵入时代为早白垩世。分离点岩基沿着岩性主要为角闪岩—黑云母花岗岩和花岗闪长岩，地球化学性质相对富钠，为 I 型花岗岩。此外，在形成斯图尔特岛南部三分之二基岩的花岗岩的组分尚不明确，但是这些花岗岩中大多数由均一的黑云母花岗岩和花岗闪长岩组成，与峡湾西南部卡拉米亚岩系中钾质花岗岩具有相似的岩石学特性。

区内的基性至超基性侵入岩十分发育，在纳尔逊西部地区发育科布（Cobb）火成岩杂岩体，该杂岩体是新西兰最古老的铁镁质—超铁镁质侵入体，可分为三层，下层为橄榄岩和纯橄榄岩，中层为斜方辉岩和二辉岩，上层为辉长岩，杂岩体被认为是同火山成因的层状侵入体，而不是蛇绿岩（Hunter，1977）。纳尔逊西部地区还发育里瓦卡杂岩体，岩体侵入东带中，岩性主要为闪长岩、层状辉长岩、少量辉石岩和橄榄岩，侵入时间为晚泥盆世（Harrison and McDougall，1980）。纳尔逊南部发育罗拖鲁阿杂岩体，该岩体为一层状侵入体，以超基性的辉石岩和角闪石岩到黑云母苏长岩和斜方辉长岩与淡色辉长岩和斜长岩互层产出。杂岩体侵入分离点花岗岩体中，形成于二叠纪，并在接触带附近形成闪长岩，以及在接触带附近石英—黄铁矿—黄铜矿细脉。Darran 杂岩体位于南岛米尔福德附近，主要岩性为黑云母二辉闪长岩，并被黑云母角闪闪长岩和石英二长闪长岩脉侵入，侵入时间为早白垩世，后期的石英二长闪长岩脉具有明显的埃达克岩的特征。

（四）区域成矿特征

西部省早古生代的矿床类型包括：西纳尔逊中央沉积带中寒武纪火山—沉积层状铅锌硫化物型和层控型白钨矿；与科布（Cobb）火成岩杂岩体有关的 Ni-Cu 硫化物矿床、铬铁矿和石棉矿，峡湾地区（Fiordland）发育于变质沉积物主岩中的层状锌矿化带；发育在里夫顿黄金地区（Reefton Goldfield）西部沉积岩带，Lyell 和 Golden Block（西纳尔逊）和保护区（峡湾地区 Fiordland）的奥陶纪变质杂砂岩和片岩中的石英脉型金矿藏，为中温变质成因（图 4-16）。

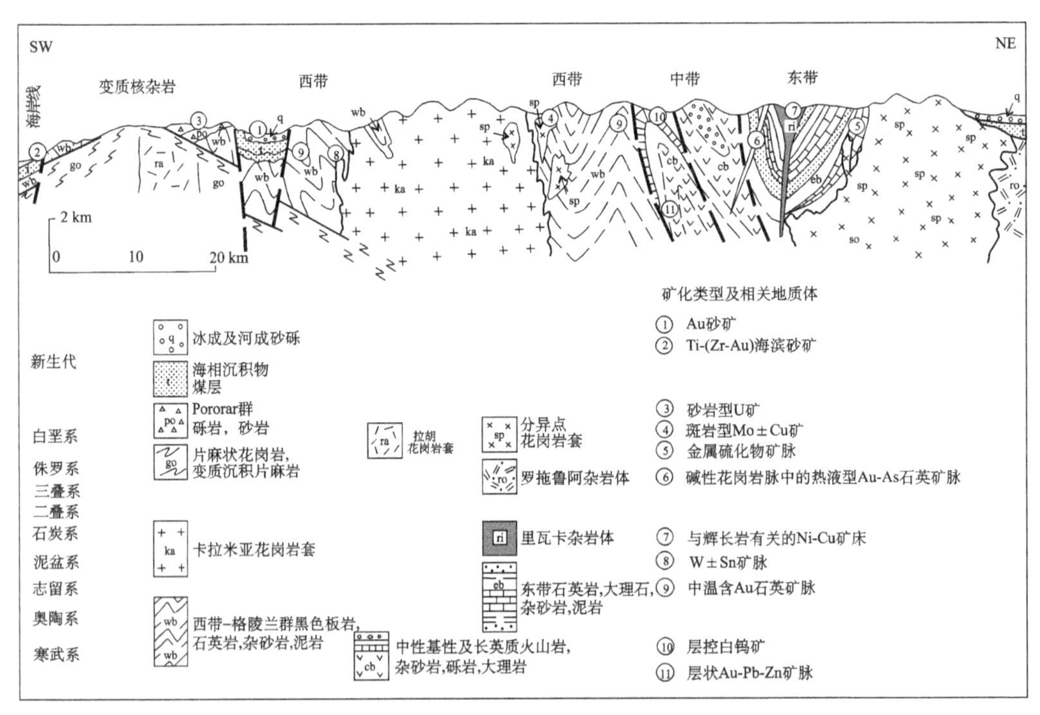

图 4-16 西部省纳尔逊-西部地区剖面及相关矿床类型示意图（Brathwaite and Pirajno，1993）

1. 造山型金矿化

金矿化主要表现为造山型金矿化，发育于西带弱变质杂岩体和板岩序列中。包括两个地层的岩石序列，一个是格陵兰岛群厚层的、分布广泛的杂砂岩—泥质板岩序列，该岩石序列分布于奥拉基、西纳尔逊和峡湾西南地区。石英型金矿脉分布于与褶皱相关的高角度剪切带和断裂结构中。矿脉与花岗岩侵入体没有明显的空间关系，且矿脉的分布与热液变质事件有关。另外在查尔斯顿群内也可见少量矿化。

2. 与花岗岩有关的钨锡矿化

钨矿主要以脉型产出（通常以白钨矿的形式出现），有小部分的锡矿也以脉型矿床产出，其形成通常与晚泥盆纪到石炭纪卡拉米亚组S型花岗岩侵入体中的浅色花岗岩体有关。在纳尔逊西南和西部地区，沿着卡拉米亚岩基的西部边界发现许多热液脉型和云英岩型钨锡矿化，矿化带位于构造控制的花岗岩岩墙或者岩株的顶部空间，以及花岗岩岩墙、岩株与格陵兰群杂岩体或者早期花岗岩体接触带位置。顶部一般呈现出初期的云英岩化，矿物组合有石英-白云母-电气石。石英脉和金属矿脉在花岗岩及围岩的裂隙带中形成，一般形成于云英岩化之后或者之前。

矿化带中常见白钨矿，少量硫化物与之伴生，有些区域的伴生矿物为锡石。脉石矿物为石英、白云母、电气石，而在某些地方脉石矿物为碳酸盐岩。西部地区较广泛分布的第四纪和第三纪河流砾石中含有一些碎屑白钨矿和锡石，这些矿石可能来源于上述成矿区。

纳尔逊西南和西部地区的钨锡矿化与典型花岗岩钨锡矿成矿带不同（塔斯马尼亚东北部），纳尔逊西南和西部地区钨锡矿化以白钨矿为主，白钨矿的组分超过钨锰铁矿和锡石的含量，而且缺乏萤石和黄玉矿物。

上述的矿物组合表明在岩浆热液流体中氟的活性很低，而与矿化相关的花岗岩具有较低的氟含量，小于1000 ppm，而典型的花岗岩钨锡矿成矿花岗岩中氟含量较高，大于3000 ppm。

3. 与岩浆有关的铜镍硫化物型矿化

东带在晚泥盆纪时期，主要形成岩浆成因的铜镍硫化物矿床及少量铂族金属矿化，主要发育于铁镁质-超铁镁质杂岩体中（里瓦卡杂岩体），该杂岩体为侵入于东带的大理岩、硫化铁矿千枚岩、黑云母片岩和石英岩中的侵入岩，是岩浆沿着主要的裂隙带，也有可能是在一个断裂的环境中发生侵入，从而形成的一线型的岩盆体。

科布火成岩杂岩体内发育多种矿化类型。在超铁镁质带中，一些小型富铬层状块体中异常富集铬铁矿，氧化铬的含量高达62.6%。这些铬铁矿块体富集铂族元素（通常为200～600 ppb之间，有的高达1100 ppb），但是钯含量（15～40 ppb）和其他铂族元素的含量较低。

科布火成岩杂岩体附近的变闪长岩体中发育含金的磁黄铁矿—黄铁矿—黄铜矿—镍黄铁矿小型矿脉及浸染状矿化。

4. 斑岩型钼矿化

西纳尔逊地区，已经被探明的17个钼矿的成因均与花岗岩类斑岩岩株有关，这些岩株中发育少量花岗岩和石英闪长岩，其特征与分离点侵入岩体相似，同为I型侵入体。

辉钼矿发育于石英脉和石英网状脉中，并伴生黄铁矿及少量黄铜矿、磁铁矿、闪锌矿、方铅矿和铋矿物。石英脉在岩株以及其下伏与岩株接触的古生代变质沉积岩中均有发育。尽管网脉状辉钼矿分布较广，但是辉钼矿品位较低，钼矿平均含量一般低于0.1%。

发生矿化的花岗岩类岩石蚀变矿物组合为绢云母-钾长石，或者石英—绢云母。Taipo矿区发生最完全的蚀变作用，蚀变带中心带为钾蚀变带，最核心的位置发育次生黑云母和钾长石，常被一宽大的石英-绿帘石-钾长石蚀变晕包围，蚀变带中心带局部地区被发育于弱蚀变花岗岩中的石英-白云母（绢云母）蚀变带环绕。值得指出的是，发育许多网脉的奥陶纪石英变质沉积岩不与热液发生反应。最著名的矿区有：RoaringLion地区的Copperstain Creek、Eliot Creek、Burgoo Stream，Discovery地区的Cobraand Grace、Karamea Bend、Mount Radiant、Taipo以及Bald Hill。

5. 砂矿

南岛地区，沿着卡拉米亚（Karamea）南部到布鲁斯湾长320 km的海岸线，间歇分布石榴石—钛铁矿重砂矿，发育于海滩砂和沙丘矿中，局部地区富集金元素，并达到经济开采价值。海滩砂矿的分布受到布鲁斯湾南部基岩海岸的限制，但是在峡湾地区分布含金红石的砂矿，而南部的奥普基地区亦有含钛铁矿—锆石重砂矿的分布，这些砂矿均已被开采用于提炼金元素和少量的铂元素。

二、东部省（Ⅲ-33）

东部省为石炭纪到早白垩纪地块的集合体，它位于西部省的西部，并大致平行于西部省的边缘，两个地区的接触带为中部结合带，由布鲁克街（BrookStreet）、穆里希库（Murihiku）、马太（Maitai）、开普勒（Caples）、怀帕帕（Waipapa）和托勒斯（Torlesse）等小型地块。

（一）地层

二叠纪沉积岩分布于南岛的北部和从奥塔哥半岛西北部经过南部地区（Southland）至达尼丁南部的东海岸地区。纳尔逊地区的二叠系地层的分布为：西部分布含化石砾岩、砂岩、泥岩、灰岩，东部则分布含化石、轻微变质的砂岩和泥岩以及少量的灰岩、砾岩。奥塔哥西北部和南部地区（Southland）北部也分布有较为相似的沉积序列，这些地层中的岩石也富含化石并轻微变质。纳尔逊和南部地区（Southland）在这一时期均有火山岩的喷发，在其南部地区更为显著，形成了大型的塔克提母（Takitimu）山，和一些小型的山脉向北延伸至埃格林顿河（Eglinton River）和哈里福莱山谷（Hollyford Valleys）。火山岩由玄武岩、安山岩、斑岩、角斑岩、火山角砾岩、凝灰岩和少量的沉积物组成。在纳尔逊和奥塔哥西北地区，二叠系地层以蛇绿岩套为特征，由深水沉积物、海底喷发的玄武岩和超基性火成岩岩体组成，岩石呈狭长的带状分布，这些岩石的存在表明该地区曾是俯冲消减带的一部分。

三叠纪地层在南岛与北岛均有出露，与二叠纪地层基本相似，较为常见的有砾岩、砂岩、泥岩、凝灰岩等。北岛特有的火山熔岩在这一时期较少。

侏罗纪地层在南部地区（Southland）广泛分布，奥塔哥西北部的派克河（Pike River）附近有一小部分侏罗纪岩石出露，并在纳尔逊地区有轻微的延伸。侏罗纪地层在北岛西部地区有较好的出露。侏罗系地层岩石主要为砂岩、泥岩和砾岩。凝灰岩相对于三叠纪地层较少，在北岛常有出露。南部地区，砂岩和砾岩在侏罗纪中期形成了侏罗纪地层，地层中存在植物化石和少量煤矿层，而北岛的侏罗纪地层则于侏罗纪晚期形成。无论南岛还是北岛，海相沉积地层与河湖相沉积地层以互层的形式产出。

石炭纪至早白垩纪时期的地层广泛分布于南岛与北岛。主要的岩石类型为硬质灰色砂岩和深色的有色泥岩（硅质泥岩）。以砂岩为主，和泥岩通常形成交互层理，通常被称为“杂砂岩”（即硬质砂岩和硅质泥岩的交互序列）。在杂砂岩层间发现少量其他岩石的碎块，包括灰岩、燧石、砾岩、细碧岩和混合岩。

白垩纪地层分布广泛，但只出露于地表，形成一个个互相独立的区域，最大的区域分布于北部地区（Northland）、东开普（East Cape）、怀拉拉帕（Wairarapa）和马尔堡（Marlborough）地区。较小的区域分布于科林伍德（Collingwood）、格雷默斯（Greymouth）、达尼丁（Dunedin）和查塔姆群岛（Chatham Islands）。白垩纪时期沉积环境发生较大的变化，从而导致了沉积岩类型的多样性。早至中白垩纪的海洋化石被发现于马尔堡、怀拉拉帕和东开普的白垩纪地层中。该时期的岩石，虽然与块状的杂砂岩在外观上相似（如砂岩和泥岩），但其硬度较软，岩石构造亦完全不同，滑塌褶皱和内部褶皱纹理指示出岩石在仍未固结时期就经历了构造变形。北部地区、东开普、怀拉拉帕和马尔堡地区其他中白垩纪的岩石为未经历构造变形的砂岩和泥岩形成的互层结构，内含少量燧石、灰岩和细碧岩层。在近白垩纪晚期的时候该沉积区经历了海退和海进过程，这一段时期中主要沉积物通常为砂岩、海绿石和硅质泥岩。

古新世地层分布于马尔堡、坎特伯雷、南岛西海岸、北岛东海岸和北部地区（Northland）。始新统地层与古新统地层的分布特征相似，但较后者分布更为广泛。渐新统地层分布最为广泛，其分布于南岛西北地区、北岛北部和西部地区、南部地区（Southland）和奥塔哥。在离陆地较远岛屿亦存在这些时期岩石群的分布。在大多数地区，尤其在北岛西部地区，古新世至始新世地层的地层被年轻的地层覆盖。而曾经覆盖面很广的渐新世地层有很大部分被后期风化剥蚀。该时期地层岩石主要以沉积岩为主，火山岩较少，仅限于南岛和查塔姆群岛地区，坎特伯雷南部、西部地区（Westland）南部和主要的查塔姆群岛区域发现有该时期的玄武岩和凝灰岩。南北两岛东部、北部地区（Northland）和查塔姆群岛的古新世岩石主要为海相沉积的绿砂岩，硅质泥岩和燧石，并有少量的灰岩和砂岩分布。在西部地区（Westland）南部，分布有该时期的海相沉积的砾岩、绿砂岩和灰岩。

中新世地层在新西兰全区广泛分布，经过了几百万年的地质运动后，其分布范围虽然缩小，但地层仍然保存较好，有着较大的分布范围。北岛西部分布范围最大的中新世沉积岩地层，东海岸亦有较大范围该时期的地层分布。中新世沉积岩在南岛周边呈现孤立的片区分布，尤其在南岛西北部和以南区域这种分布特征尤为明显。中新世火山岩主要分布于北部地区（Northland）和科罗曼德（Coromandel），南岛班克斯（Banks）和奥塔哥突出部分由中新世火山岩形成，奥塔哥东部少部分区域亦有中新世火山岩的分布。岩性主要的中新世沉积岩，特别是北岛区域地层，为海相沉积岩。砂岩和泥岩的交互层理是中新世最典型的岩石沉积序列，在北岛的北部和西部区域最为典型。北部地区（Northland）的某些区域，中新世地层由年龄较老的岩块混合组成，地层的年龄由这些混合角砾岩的侵位作用决定。奥克兰地区，典型的中新世地层为较软的泥岩和砂岩形成互层，并发育巨厚的砂岩层和少量的砾岩、砂粒和灰岩。从怀卡托河南部到塔拉纳基北部一带发育较大面积中新世地层，这部分地层主要为砂岩和泥岩的互层，大量的泥岩和少量灰岩。罕见煤系沉积。上中新世地层中的泥岩多含结核，常见砾岩。凝灰岩条带在上中新世地层中较为常见，特别在北部地区。北岛东部海岸线，中新世地层被保存于孤立的盆地中。中中新世岩石一般为泥岩、砂岩和砾岩的互层，下中新世地层以泥岩为主，混有少量的砂岩和砾岩。上中新世岩石凝灰质含量较多，有许多蓝灰色砂岩层和泥岩层。南岛东北部，尤其以怀劳（Wairau）和阿瓦蒂谷（Awatere valleys）区域，中新统地层中以分布大量的海相沉积的砾岩为特征。而在海岸附近地层中则常见钙质泥岩和砂岩。在坎特伯雷内部地区，海岸附近及以南至奥塔哥北部，早期的中新世地层通常为海相泥岩和粗粒砂岩。坎特伯雷内部地区，晚中新世的典型地层为非海相的砂岩、砾岩和泥岩。中新世时期，火山活动非常频繁。当时西海岸附近发生大型的火山喷发活动，形成了大量的火山岩，主要分布于北部地区（Northland），主要为安山岩、玄武岩、英安岩和火山角砾岩。怀塔克雷山脉（Waitakere range）地区，奥克兰西部和托卡托卡（Tokatoka）附近的山丘及以北的地区，其岩石组成主要为安山岩、火山角砾岩和沉积物，玄武岩分布于怀波瓦地区（Waipoua）。

上新世地层广泛分布于北岛南部和东部地区。在南岛和南部地区（Southland）的东西海岸线上亦有部分岩层的分布。北岛北部鲜有上新世沉积岩的分布，上新世火山岩在北部地区（Northland）和科罗曼德均有出露。旺格努伊（Wanganui）、霍克斯湾（Hawkes Bay）、怀拉拉帕地区是上新世沉积物的主要沉积区域。旺格努伊地区主要为泥岩和砂岩，通常含有贝壳层，灰岩和砾岩带较少，而之后的沉积时期，灰岩和砾岩常在希尼山脉（Ruahine Range）附近发生沉积。霍克斯湾和怀拉拉帕地区的上新世地层中贝壳质灰岩（灰岩中有零星的贝壳类的硬壳的胶结物）形成较为特征的突出陡坎地貌。北部地区（Northland）和科罗曼德的火山活动一直从中新世延续至上新世，旺阿罗阿（Whangaroa）分布有上新世安山岩和火山角砾岩，北岛西部海岸皮龙亚（Pirongia）和卡里奥伊（Karioi）火山地区分布的熔结凝灰岩为上新世形成，是这两个地区最古老的火山岩，也是陶波火山带（Taupo Volcanic Zone）中最早的火山岩。

第四纪的地层分布广泛，最为重要的是在北岛地区陶波火山岩带，最常见的火山岩类型是熔结凝灰岩，罗托鲁阿（Rotorua）南部有英安岩的分布。第四纪火山活动并不局限于陶波火山带中。在北部地区（Northland）和奥克兰城，玄武质的火山活动很活跃，喷发出玄武岩并形成火山渣堆。在近海岸区域，Little Barrier Island 形成于安山质火山喷发中，科罗曼德东部的群岛形成于安山质-流纹质火山喷发。Kermadec 群岛由喷发的玄武岩和玄武质安山岩形成。在西海岸地区，皮隆亚（Pirongia）和卡里奥伊（Karioi）在第四纪早期形成了玄武质安山岩圆锥山，而同时期的Taranaki地区和Sugar loaf海岛由安山岩形成。Taranaki火山活动往南经过Kaitake圆锥山和Pouakai至埃格蒙特（Egmont），均为安山质相火山活动，其火山岩年龄随上述顺序越来越年轻。

（二）构造

纳尔逊和南部地区（Southland），部分二叠纪岩石与三叠纪和侏罗纪的地层岩石构成向斜构造。通常地层以紧闭褶皱的陡坡形态产出。局部地区的地层发育剪切作用和断层。

三叠纪岩石主要分布于卡菲亚、纳尔逊、南部地区（Southland）区域向斜构造内。南部地区（Southland）和卡菲亚地区，岩层只发生轻微的褶皱并未经受强烈的构造运动，而纳尔逊区域内的向斜经受严重断裂。

侏罗纪岩石一般经历轻微的褶皱形成卡菲亚和南部地区（Southland）向斜的核部。纳尔逊和峡湾北部的侏罗纪地层断裂活动十分发育。

郎伊塔塔造山运动一直持续到白垩纪早期，引起较早形成的岩石和海洋沉积物发生构造变形。而之后的白垩纪时期处于较平静的地质时期，许多白垩纪地层岩石未发生严重的构造变形。白垩纪后期发生的凯库拉造山运动导致地层发生倾斜、褶皱和断层。

中新世开始一系列新的地壳活动和造山运动，凯库拉造山活动一直从中新世延续至今。构造地质对各地的影响均不相同。有些地区，如南部地区（Southland）东部只发生小规模的地层倾斜；而其他地区，如之前提到的北部地区（Northland）和东开普则发生剧烈的地层运动。东部地区的构造变形一般较西部严重，从怀拉拉帕到北吉斯伯恩（Gisborne）一带局部发育强烈的褶皱和断裂。滑塌褶皱层间常见质地较软的沉积物构造变形。北岛西部地区，地层发生轻微的褶皱和断裂，局部地区发育一定水平距离的地层。在南岛，快速隆升的阿尔卑斯南部地区形成显著的倾斜和碎屑流，其中东北部最为显著。而在南岛西部，地质构造活动相对平和，常常形成宽大开放的褶皱，局部地区由于断裂活动构造运动较为强烈。

（三）岩浆活动

东部省岩浆活动集中在中新生代，东部省与西部省不同，不发育深成花岗岩岩体。

布鲁克街地块南部地区发育朗伍德杂岩体，为一层状铁镁质侵入体，侵入花岗岩、奥长花岗岩、石英闪长岩和闪长岩中。该杂岩体与塔基蒂莫群的玄武熔岩和火山碎屑岩石呈现断层接触或者侵入的接触关系。铁镁质—超铁镁质侵入岩的岩石组成变化为：辉石橄榄岩—斜方辉石辉长岩—斜长岩和石英闪长岩—淡色辉长岩。

格伦希尔斯地区一层状的辉长岩体和布拉夫山附近苏长岩辉长岩体组成了布拉夫—格伦希尔斯杂岩体。该杂岩体侵入于早二叠纪的火山碎屑岩石中，同位素数据表明辉长岩侵入体的年龄为晚二叠纪时期。格伦希尔斯岩体为发生构造变形的层状岩体，其岩石组成为纯橄榄岩、异剥橄榄岩和辉长岩。纯橄榄岩中发育几处浸染型的铬铁矿带（含量约为5%），矿带厚8～25 m，几处矿带属于同一水平层位，位于基底纯橄榄岩较上部位置。

德维尔岛上的布鲁克街群中也存在超铁镁质堆积岩和辉长岩岩床侵入砂岩和粉砂岩中。

怀帕帕地块在早中新世的北部地区形成一系列主要出露地表的安山质—英安质—流纹质火山喷发带，构成了新西兰北部大陆边缘火山弧，这些火山活动开始于中新世时期的北部地区，陶波火山带为这些火山活动的延续。

其中豪拉基火山地区从西到东根据构造特征细分为基维塔希火山带、豪拉基裂谷和科罗曼多火山带。基维塔希火山岩带由大量受侵蚀的安山岩组成，这些安山岩集中于宽15 km的北北西向岩带中。K-Ar定年得到这些岩石年龄为晚中新世，而且为低硅安山岩。

科罗曼多火山带向东延伸至科罗曼多半岛大陆架边缘，由早中新世至晚中新世的钙碱性、钾中等含量的安山质—英安质火山岩组成。

随着汤加岛弧延伸至北岛地区，在约0.8 Ma的时候，科罗曼多火山带中的火山活动逐渐停止，并与发展中的北北东走向的陶波火山带发生合并。陶波火山带内的火山岩以安山质—英安质火山为主，该火山带分布于张性的火山构造凹陷的东南部，并沿该凹陷的边缘分布，代表了边缘盆地或者弧后盆地。陶波火山带发育流纹质—英安质火山活动，区域构造背景具有区域扩张性质，并发育破火山口和地堑构造，这样的构造背景加上科罗曼多火山带内晚中新世到中新世以后的构造相，有利于形成黑矿型多金属硫化物矿床。

（四）区域成矿特征

东部构造省为晚古生代和中生代构造地层的集合体，各构造岩体不同的沉积特征、火成岩和构造变质作用通过其不同的成矿作用反映出来（图4-17）。布鲁克街岩体，属于二叠纪火山岛弧的一部分，发生少量矿化。该岩体被火山同期的铁镁质—超铁镁质火山岩侵入，其中一支侵入岩为金矿和铂族金属砂矿提供了矿化资源。纳尔逊境内二叠纪邓恩山脉的蛇绿岩带发现有小的扁透镜状铬铁矿，其发育于基性斜方辉橄岩单元顶部纯橄榄岩中。扁透镜状的铬铁矿上方小型剪切带内的蛇纹石中发育铁—铜硫化物矿床。托勒斯地块、开普勒地块和怀帕帕地块发育分散与燧石有关的火山成因的锰矿，托勒斯地块的哈斯特片岩中发育造山型金矿化。在北岛地区还发育大量的海滨砂矿型铁矿。

此外新西兰北部地区，发育一系列新生代到第四纪期间的大陆边缘型和板块内陆型火山带。与这些火山带相关的矿床有：浅成热液型金银矿、矽卡岩—斑岩型铜矿和铅锌矿、浅成热液型汞矿、锑矿和银矿以及火山热液有关的自然硫、金银硫化物矿以及多金属硫化物矿床。

1. 浅成低温热液型金矿化

该类型矿化最为典型的是豪拉基（Hauraki）金矿田，矿田包含了50个独立的金银矿，分布范围超过200 km（图4-18）。

（1）成矿特征

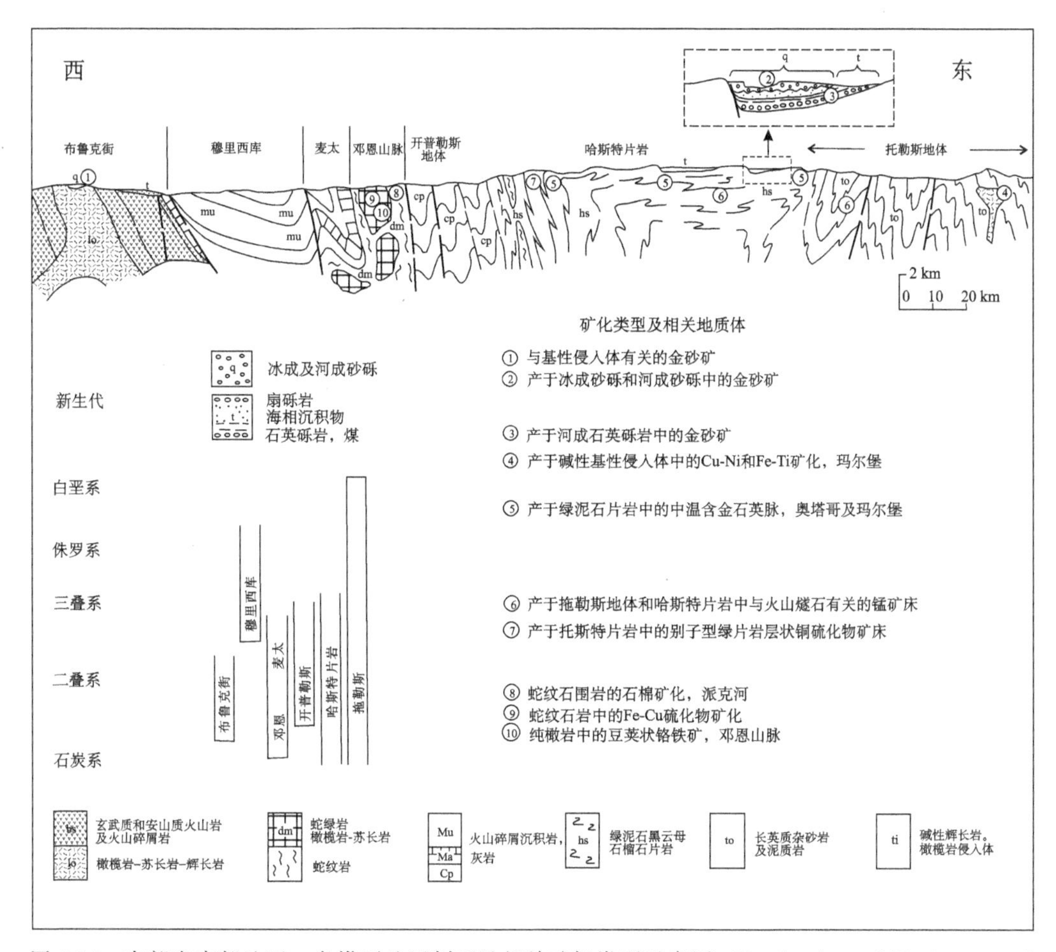

图 4-17　东部省南部地区—奥塔哥地区剖面及相关矿场类型示意图（Brathwaite and Pirajno，1993）

区内将近97%的金矿产自安山岩或英安岩中，主要是科罗曼多群（Coromandel）和怀蒂昂格群（Whitianga）火山岩，其中科罗曼多群的库奥图奴亚群（Kauaotunu）内赋存金矿32个，瓦伊瓦瓦（Waiwawa）亚群内赋存金矿26个，凯麦（Kaimai）亚群内赋存金矿1个，怀蒂昂格群内赋存金矿8个，马拉伊亚山群赋存金矿2个，所有地层中以科罗曼多群的库奥图奴亚群和瓦伊瓦瓦亚群最为重要，大多数金矿床都产自这两组地层中。

安山岩和英安岩相对流纹岩矿化更好（Gadsby et al.，1990），而在熔岩中也比在火成碎屑岩中发育好，其原因可能是：①安山岩相对低的孔隙度和渗透性可能限制了流体的运移，导致流体仅能在断层和破碎带内运移，而流纹质火山碎屑岩地层较好的多孔性和渗透性使得成矿流体在其内部容易扩散而无法聚集成矿；②安山岩比流纹岩强度更高，因此能支撑大的连续破碎带，但是硅化的流纹岩也可以形成脆性地层，发育细脉和网脉状矿化，不同于在安山岩中发育粗脉状矿化。

区内的金矿无一例外受到北北西和北北东到北东东向断层的控制，断层的规模从横

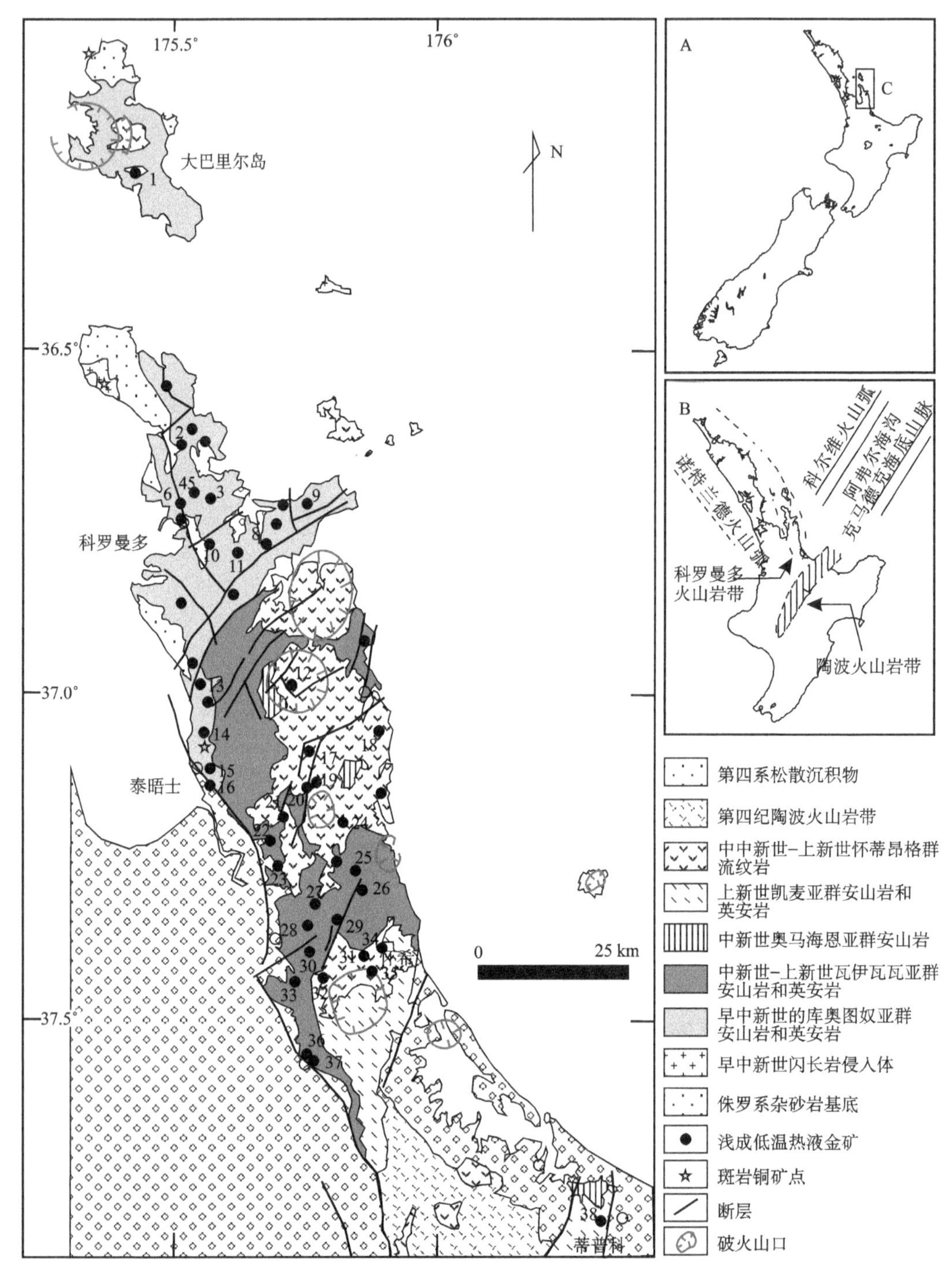

图 4-18　豪拉基金矿田地质及矿床分布图（Christie，et al.，2007）

切科罗曼多半岛的主要基底断层带到一些几百米到几千米长度的次级断层均有发育，并大多源于白垩纪期基底杂砂岩块状断层的基底断层（Skinner，1986；Skinner，1995），另外一部分与当今活动的豪拉基裂谷以及西部的科尔维海岭和/或阿弗尔海沟有关（Gadsby，et al.，1990）。基于GIS的远景分析结果表明矿床分布与断层密集区有着密切联系，特别是在倾向滑落区和断层交叉区，因为矿床主要为脉状矿化，因此需要渗透性较好以利于流体流动和沉淀（Rattenbury and Partington，2003）。断层带也控制了与矿化有关的蚀变带的分布，例如塔普—怀蒂昂格（Tapu-Whitianga）断层带和卡郎哈格—欧会（Karangahake-Ohui）构造带，区内存在基底性断裂并有利于成矿流体的集中上涌（Christie，et al.，2007）。

半岛东部出露5个熔结凝灰岩—流纹岩破火山口（Malengreau et al.，2000），但是它们对矿化的控制不明显，除了在卡波瓦（Kapowai）破火山口可能控制了小规模的矿化（Skinner，1995；Briggs and Krippner，2006）。此外虽然怀希金矿床（马萨和法沃纳）位于怀希破火山口北部边缘，但是破火山口相关的熔结凝灰岩喷发至少比矿化晚3 Ma，表明破火山口形成晚于矿化事件（Smith，et al.，2006）。

区内金矿床的金矿化主要表现为石英脉型和角砾岩型两种，其中石英脉型矿化是区内的主要矿化类型。石英脉型金矿化以石英脉充填高角度断裂为特征，矿脉走向主要为东北向，仅部分矿脉走向为北北西，北和东向。矿集区北部和东部的矿脉走向较为多变，表现为复杂的分支复合、尖灭特征，并在部分地区表现为网脉状矿化。区内矿脉结构十分多样，石英呈块状、条带状（皮壳状和胶状结构）、梳状、环带状、叶片状等结构。主要矿脉延伸300～1300 m，极个别矿脉延伸达4.5 km，但品位较低，矿脉向下延伸品位也逐渐变低。角砾岩型矿化仅在局部发育，角砾多为围岩，被石英和硫化物胶结，矿化主要发育在胶结物中，部分硅化的角砾也发育浸染状矿化（品位为0.4～11.8g/t）（Mortimer and Mauk，2005）。

矿床的矿石矿物以银金矿和自然金为主，在部分金矿中以贱金属硫化物为主（Brathwaite et al.，2001），主要包括黄铁矿、少量闪锌矿、方铅矿和黄铜矿，此外还伴生少量辰砂、碲银矿、硒银矿等。矿床中贱金属硫化矿物如方铅矿、闪锌矿、黄铜矿随着深度增加逐渐变多（如玛萨和卡朗哈格）（Brathwaite，et al.，1989）。区内脉石矿物主要是石英，方解石也较为常见，冰长石、伊利石、菱锰矿、绿泥石、菱铁矿、红硅钙锰石、重晶石、硬石膏、高岭石局部可见（Brathwaite and Faure，2002）。

矿集区北部和西部可见少量斑岩铜矿化，这些矿点与晚中新世岩支、岩株有关，主要为石英闪长岩到花岗闪长岩成分的深成岩体，侵入到马拉伊亚山群杂砂岩和/或晚中新世安山岩和英安岩中（Brathwaite et al.，2001），斑岩铜矿化主要以细脉浸染状黄铜矿—辉钼矿—绢云母—碳酸盐岩产生于英安斑岩岩株和周边的角砾岩中。

区内浅成低温热液型金矿床蚀变带通常平行于矿脉走向分布，展布面积5～50 km^2，与陶波火山带的地热系统范围相似（Simpson and Mauk，2004）。与金矿化有关的蚀变主要为高级泥化和石英-方解石-冰长石-伊利石化，高级泥化以小规模的石英-明矾石-迪开石核心，向外为广泛的叶蜡石-水铝石-迪开石-高岭石带；石英-方解石-冰长石-伊利石化分布更为广泛，为区内主要蚀变类型，区内的安山质和流纹质熔岩被强烈硅化，并被石英（北部金矿区）或石英—冰长石取代（南部和东部金矿区），然而同生角砾岩熔岩流和火成碎屑岩的蚀变以粘土蚀变为主，冰长石较少，部分地区的该类蚀变则以含石英、绿泥石、伊利石和黄铁矿为特征，含或不含冰长石、钠长石和方解石为特征，表现出典型的青磐岩化蚀变特征。

区内蚀变总体上呈现出一定的分带性（图 4-19），距离矿脉较远的围岩呈现弱青磐蚀变，基质和部分辉石和角闪石斑晶蚀变为绿泥石、方解石和黄铁矿，向矿脉蚀变程度逐渐增加，以包含绿泥石的辉石斑晶假晶，以及弱蚀变成混合层伊利石—蒙脱石或伊利石和方解石的斜长石斑晶，以及蚀变为黄铁矿磁铁矿为特征；矿脉周围岩石蚀变强烈，从矿脉延伸几十到几百米，以斜长石完全蚀变为伊利石或冰长石和伊利石，含/不含方解石，形成石英、冰长石、黄铁矿或石英、伊利石和黄铁矿的蚀变为特征（Simpson，et al.，2001）。泥化蚀变（蒙脱石、伊利石-蒙脱石、高岭土、石英和黄铁矿）在浅部特别是在邻近矿脉和破裂处发育，并叠加在青磐岩化蚀变之上（dc Ronde and Blattner，1988）。此外，区内也广泛发育多期蚀变带相互叠加的特点，特别在浅部被高岭土化叠加。

区内在发育斑岩铜矿化的地区发育典型的斑岩型蚀变特征，其核心部位为英安斑岩和侵入岩角砾组成钾质蚀变的（钾长石—锰—黑云母），外围是青磐岩化蚀变带（石英—绿泥石—绿帘石—黄铁矿—方解石），蚀变带被石英—绢云母—黄铁矿带或绿泥石—绢云母蚀变带叠加（Brathwaite，et al.，2001）。

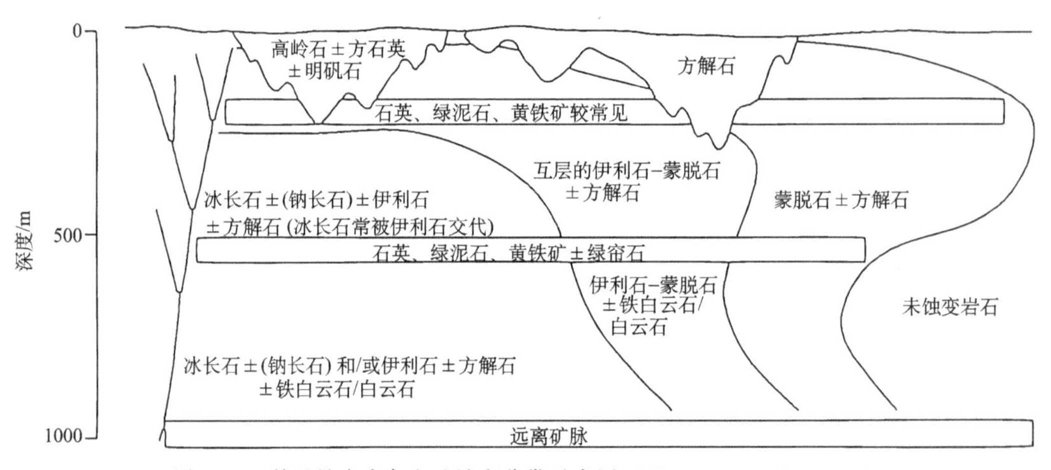

图 4-19　科罗曼多半岛金矿蚀变分带示意图（Christie，et al.，2007）

（2）玛萨希尔金银矿

玛萨希尔金银矿位于新西兰奥克兰东南约 150 km 的科罗曼多半岛南端外侧，豪拉基金矿区的南部。地理坐标 175°50′E，37°23′ S 。玛萨希尔金银矿属于浅成低温热液型。目前露天矿剩余矿石储量为 5.2×10^6t，含金品位 3.1 g/t，银品位 29.0 g/t。

玛萨希尔矿床是豪拉基金矿田的一部分，该金矿田是由宿主岩体在科罗曼多火山带内后中新世到早更新世弧/弧后火成岩中的大约 50 个矿床所组成。这些火成岩被划分为较老的科罗曼多组安山岩（早中新世至早上新世）和较年轻的怀蒂昂格组流纹岩（后中新世至后上新世)。

矿化赋存在科罗曼多组安山岩中，以石英脉+硫化物型矿化为主，矿脉在水平上呈北东向（图 4-20）。

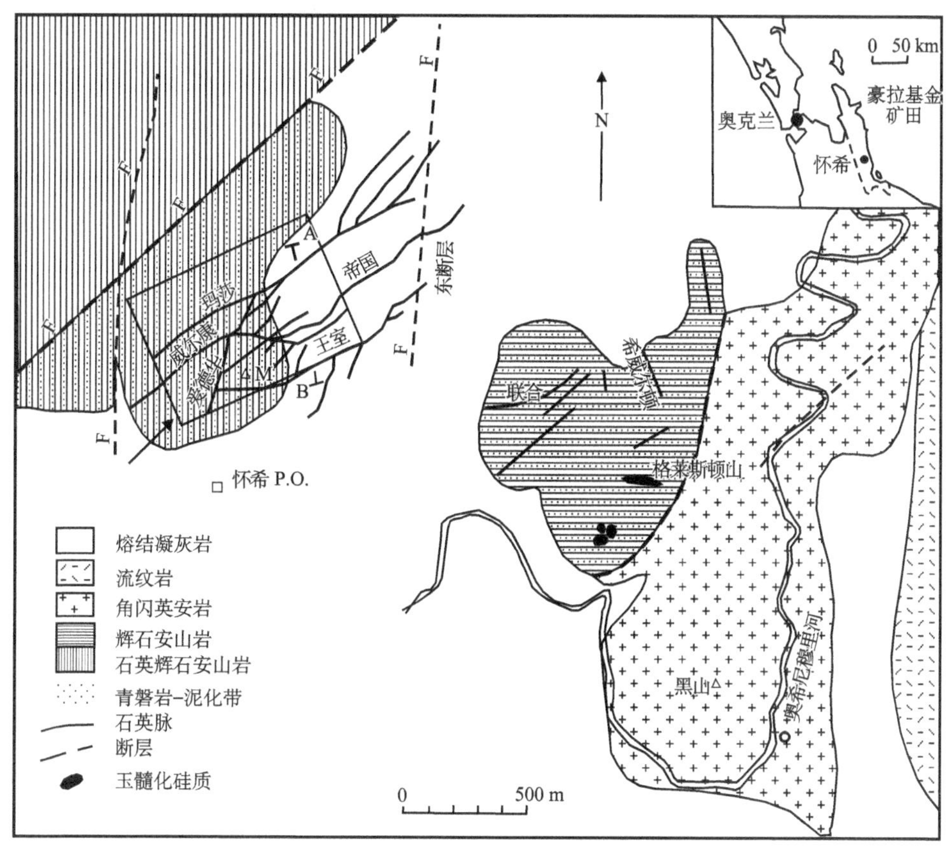

图 4-20 玛萨希尔金银矿地质图（Spörli and Cargill，2011）

三个主要的蚀变类型为：钾化（石英—冰长石—伊利石—黄铁矿—绿泥石—钠长石），青磐岩化（石英—方解石—绿泥石—伊利石—黄铁矿），以及泥质蚀变（伊利石—蒙脱石—绿泥石—黄铁矿）。钾化和青磐岩化蚀变的范围和强度与距离石英岩脉的距离相关。一个带的钾化蚀变限制了石英岩脉且被另一个带的青磐化蚀变包围。泥质蚀变局部叠加其他的蚀变类型且大多被限制在岩脉东部尽头玛萨希尔矿岩脉的上盘部分。棕色氧化的安山岩形成了矿坑的东部和南部墙体，包含了针铁矿、明矾石和高岭土作为氧化/风化的产物。

金、银以银金矿和螺状硫银矿产出。存在少量碱金属硫化矿；由玛萨希尔、威尔康姆、伊姆派尔和罗伊尔矿脉 4 个主要的次平行矿脉组成，另有许多分支矿脉和交错矿脉，所有矿脉均为陡倾斜，是伸长断层和裂隙的充填物。最大矿脉玛萨希尔矿脉倾角 5°，长 1600 m，宽 30 m，南东倾，倾角 70°～80°。几个辅助矿脉从东端玛萨希尔矿脉的下盘分出来，其他主要矿脉向北西急倾斜并在深部与玛萨希尔矿脉会聚。交错矿脉走

向约 55°，倾角近垂直（图 4-21）。

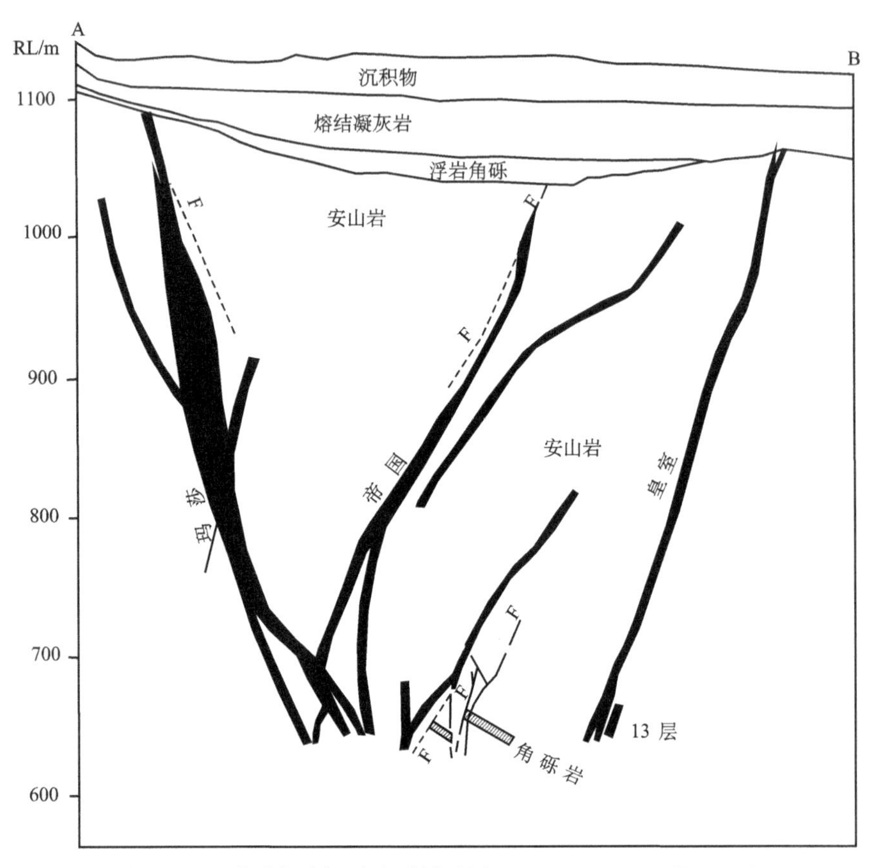

图 4-21　玛萨希尔金银矿地质剖面图（Spörli and Cargill，2011）

（3）成矿控制因素

根据区域成矿特征典型矿床特征，总结其控矿因素如下：区域的诺特兰德火山弧与科尔维火山弧两期弧岩浆活动有关，区域基底性断裂控制。

2. 中温热液型金钨锑矿化

（1）成矿特征

在奥塔哥和马尔堡地区的哈斯特片岩带中，绿片岩相的岩石中发育大范围的中温金—白钨矿—辉锑矿—石英矿脉。探矿作业表明沿着阿尔卑斯南部分布的绿片岩相片岩带中，广泛发育白钨矿—石英岩脉。而惠灵顿周围的托勒斯杂砂岩以及阿尔卑斯南部绿片岩带附近分布的托勒斯杂砂岩中，还发育少量含金的矿脉。虽然奥塔哥、阿尔卑斯南部以及马尔堡地区发育的矿脉产金总量相对较小（奥塔哥总共产金量 10.74t，阿尔卑斯几乎没有，阿尔堡地区产金总量约 0.6t），但是这些矿脉给西部地区和奥塔哥广泛发育的金砂矿提供了主要来源。

中温热液成因的 Au-W-Sb 矿化分布广泛，但在某种程度上主要分为三大区域：瓦吉迪普湖最北边、奥塔哥中部和奥塔哥东部。该地区矿脉沿着奥塔哥片岩带中部地区集中，这些矿脉发育于变质程度较高的片岩中。一般来说，单个矿脉线和数个平行的矿脉线组成一个独立的矿体，呈复杂交叉产状的矿脉并不常见。矿脉一般较细小，宽约 1 m，但有时也有宽达 5 m 的情况，不连续石英脉发育于广泛分布的线性压碎带中，这些石英脉构成了矿脉，即矿脉线。奥塔哥片岩带中发育两个主要的断层组，分别为北西倾向和北东倾向，其中北西倾向的断层组与片岩带中的区域背斜的轴向倾向一致。主要的矿脉线为北西倾向，与其中一断层组平行。另外一些矿脉北东走向，与另一断层组平行。矿脉与岩石片理不平行，常常呈陡倾状产出。区域控制的低角度巨型剪切带控制了大型的岩脉系统。

矿物类型主要为含金的石英，并伴生少量的黄铁矿，以奥塔哥中部最为典型。奥塔哥东部及格林诺奇地区还发育白钨矿-石英矿脉，毒砂是该类型矿床中常见的副矿物，有报道称在数个矿脉中发现有微量铅、锌、铜的硫化物矿物。

（2）麦克雷斯金钨矿

新西兰麦克雷斯金钨矿床位于新西兰的南岛。地理位置位于但尼丁北部约 60 km，地理坐标 45°23′S，170°26′E。

该矿床属于 BHP 公司（Broken Hill Proprietary Company Limited），属于剪切带型金矿床，目前可采矿石量为 5.15×10^{6} t，金品位为 2.25 g/t。

矿床属于产于变质碎屑岩中的脉型金矿。矿区主要地层为奥塔哥片岩，该片岩带复杂的形变是由三个独立的岩体相互碰撞的结果，分别为：西南部为以火山成因的硬砂岩为主的开普勒斯岩体；中间为以泥质片岩为主的海相沉积岩的集合体、变质火山岩、片岩组成的艾斯比尔因岩体，岩体中还夹杂有少量的超铁镁质成分；东北部为托勒斯岩体，以长英质硬砂岩为主，夹有少量的变质火山岩和燧石。在开普勒斯岩体的东北部和托勒斯岩体的西部变质程度和应变强度增加。

新西兰奥塔哥麦克雷斯金钨矿床由赋存于剪切带（图 4-22，图 4-23），并切穿奥塔哥片岩的石英脉组成，石英脉含不规则分布的自然金和白钨矿，组成矿床围岩的奥塔哥片岩是以砂质、泥质片岩为主，含少量变质的基性火山岩，微量燧石和大理石层的复杂变形层序。片岩几乎全部是变质沉积岩，以砂质片岩为主；含绿片岩相组合，具分散状的黑云母和石榴子石。发育两期同变质等斜变形作用，并导致完全重结晶作用和两组近平行的的穿透叶理。叶理被几期代表递进微小塑性应变的变形作用所扭曲。中奥塔哥晚期变质大型推覆体建造导致了紧密平卧褶皱的产生和褶皱翼部高应变带的发育。变形作用后期涉及脆性的弯折作用、裂断作用和剪切作用。矿化发育在从塑性向脆性变形作用转变期间的晚期变质推覆体形成阶段之后，与大型剪切带发育有关。

3. 海滨砂矿铁矿

北岛沿着凯帕拉湾往南至 Whangaehu 河地区超过 480 km 的海岸线，分布有晚第四纪的沙丘矿和海滩砂矿，这些矿中发育具有重要经济价值的黑矿砂和铁矿砂，而再往南到 Otaki 地区，仍然有铁矿砂的分布，但是矿砂的浓度相对较低。近海区域的铁矿砂形成于末次冰期结束之后的海侵运动时期，沉积于大陆架内部，近海铁砂矿与海岸铁砂

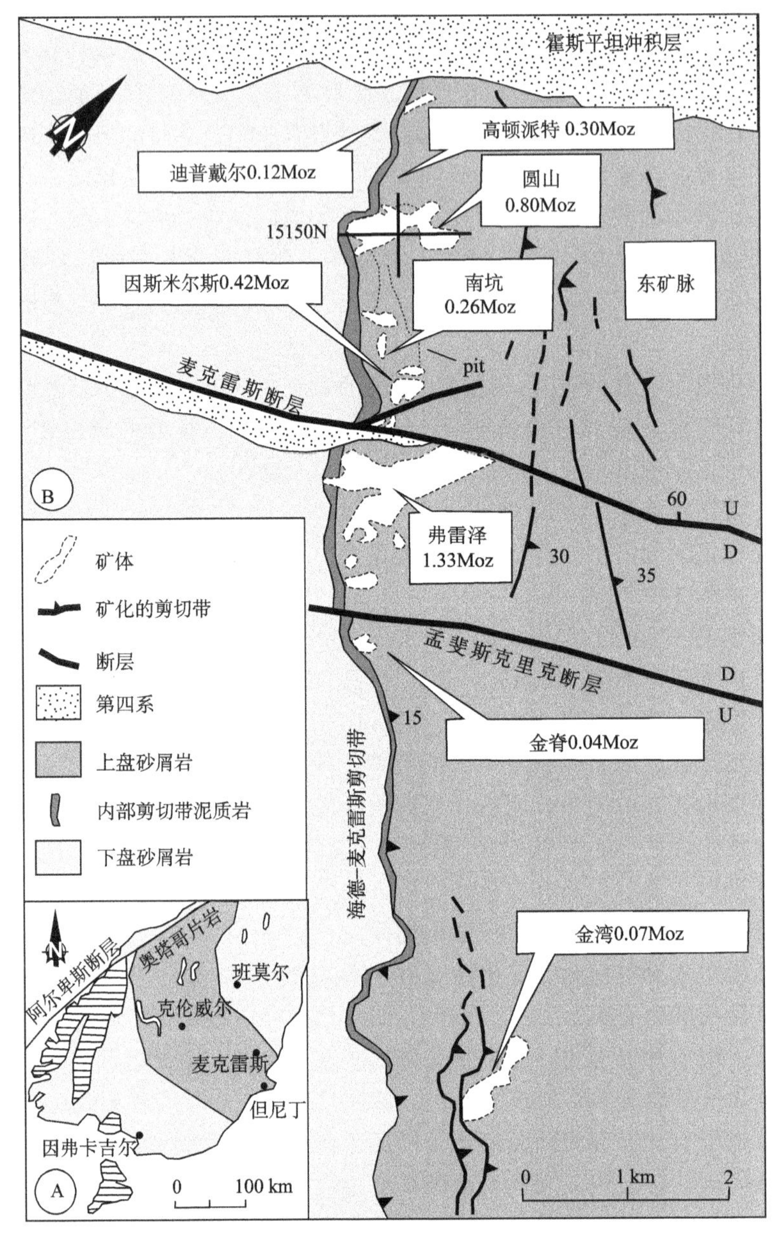

图 4-22 麦克雷斯金-钨矿地质图（Craw，et al.，1999）

矿具有非常相似的分布特征。铁矿砂主要矿物组成为斜长石、辉石、角闪石、钛磁铁矿以及安山岩碎屑，但是，发育于怀卡托河口北部的矿体中还含有显著的石英、紫苏辉石、钾长石和钛铁矿矿物，主要来源于塔拉纳基（Taranaki）和旺格努伊（Wanganui）地区晚第四纪安山质火山岩，由塔拉纳基山以及 Kaitake 和 Pouakai 山的火山活动形成。

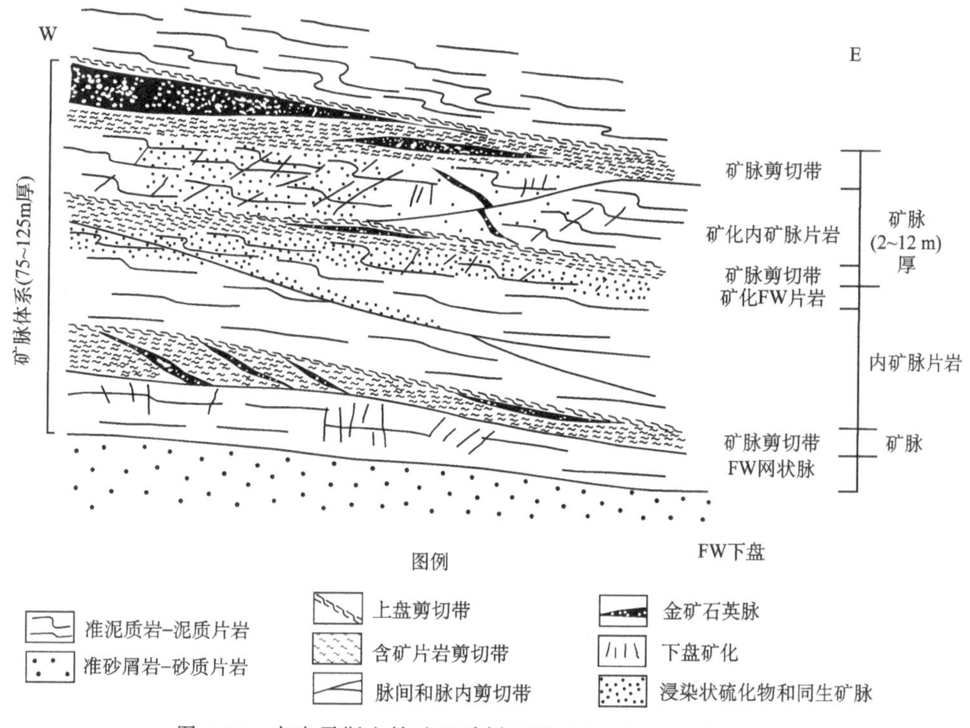

图 4-23　麦克雷斯金钨矿地质剖面图（Teagle，et al.，1990）

第四节　其他岛弧区

这些岛弧区包括新喀里多尼亚、瓦努阿图群岛、斐济群岛、所罗门群岛等，与巴布亚新几内亚表现出相似的地层特征，这些岛弧区大多在新生代形成，因此多发育与新生代岛弧有关的矿化作用，如斑岩-浅成低温热液型铜金矿化等。本节以斐济群岛为例，对该地区的地质矿产特征做一介绍。

一、地层

斐济群岛由两个主要岛屿，即瓦努阿岛和维提岛，以及近 300 个小岛组成(图 4-24)。瓦努阿岛与维提岛的地层有显著的差别。

维提岛出露的最古老的地层是 Yavuna 群，该群地层主要分布在维提岛和部分小岛上，为一套从晚始新世到早渐新世的火山岩以及同时代的沉积物。Yavuna 群的岩石主要为枕状玄武岩夹粗粒火山碎屑岩、少量英安质凝灰岩和角砾岩、灰岩。该群地层发育绿片岩相的变质作用，被 Yavuna 岩基、小型辉长岩株和辉绿岩脉侵入。维提岛南部出露的地层是 Wainimala 群，其为枕状玄武岩夹薄层半深海沉积物、酸性凝灰岩，与 Yavuna 群相似，时代为早渐新世，发育低级绿片岩相变质作用。在维提岛西南和东北部

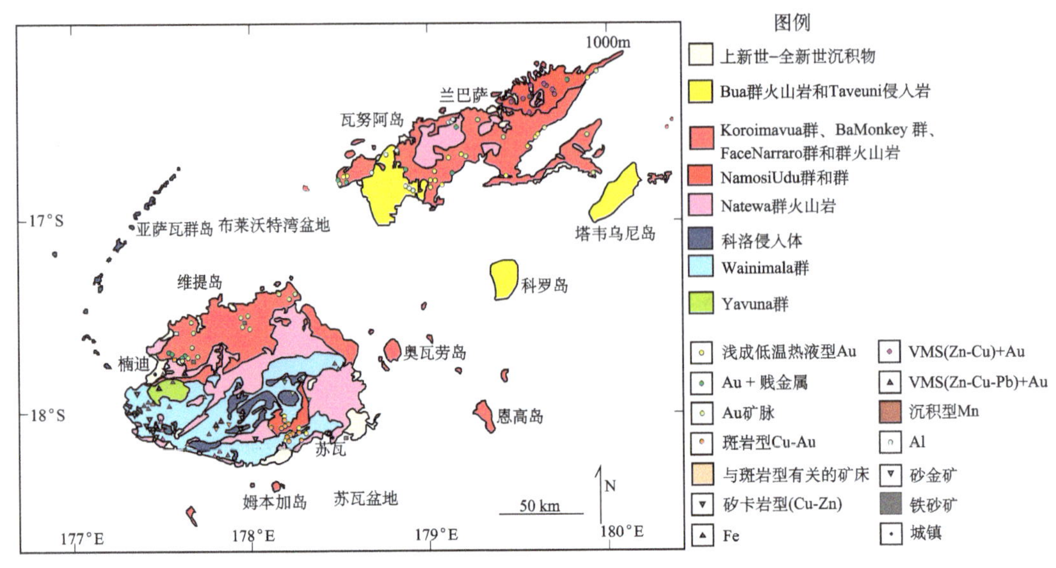

图 4-24　斐济地质矿产图（Colley and Flint，1995）

出露的 Wainimala 群，地层岩性为泥岩、砂岩、珊瑚礁灰岩夹玄武岩和安山岩，地层变质程度相对较低。早中新世时期，在维提岛东南部发育 Savura 群，为一套英安到玄武质火山岩；晚中新世时期，在维提岛东南部发育 Medrausucu 群火山岩，该地层由钙碱性的火山岩、火山碎屑岩组成，地层中可见破火山口。该地层内还分布有下部基底地层受风化剥蚀形成的沉积物，在小型的走滑拉分盆地中沉积，为 Nadi、Tuva、Navosa、Cuvu 和 Ra 群。这些地层均不整合覆盖在 Wainimala 群与 Yavuna 群之上。上新世时期，维提岛北部发育一套橄榄玄粗质到高钾钙碱性的火山岩，并形成了多个喷发中心（如 Tavua、Rakiraki、Vuda），为 Koroimavua 和 Ba 群，岩性为熔岩、火山角砾岩、火山碎屑岩，沉积环境为海相和陆相，火山活动向东逐渐表现出拉斑玄武质或钙碱性特征。

瓦努阿岛地层主要为晚中新世到早上新世的 Macuadrove 超群，包括 Udu 群、Natewa 群、Monkey Face 群和 Nararo 群。Udu 群由熔岩、火山角砾岩和凝灰岩组成，上部多为浮岩，系海底喷发产物，岩性为拉斑质的安山岩到流纹岩；Natewa 群在岛上分布广泛，多为海相的中基性拉斑质的火山岩和火山碎屑岩，夹少量英安岩和流纹岩；在岛中部，可见少量 Nararo 群火山岩发育，岩性为安山岩；Monkey Face 群主要分布在岛的西南侧。区内最年轻的火山岩是瓦努阿岛上的上新世到最新的 Bua 群碱性火山岩，为陆相的碱性橄榄玄粗岩，该时期的火山活动在维提岛、瓦努阿岛以及外围的岛链区也有发育（徐鸣等，2014）。

二、构造

斐济群岛主要发育有三条断裂带，分别为北东向断裂带（Hunter Kandavu 断裂带）、北西向断裂带（维特亚兹和新赫布里底海沟）和东西向断裂带（当特尔卡斯托群岛断裂带）。北东向断裂带主要分布在瓦努阿岛西南部的 Taveuni 岛链上；北西向断裂带位于维提岛与瓦努阿岛之间的 Momaviti 岛链上，一直延伸到瓦努阿岛上，并控制了 Seatura 火山的形态。北东与北西向断裂均控制了区域的火山活动。斐济断裂带位于群岛北部，是斐济的北部边界和太平洋板块的南部边界。

三、岩浆活动

斐济群岛岩浆侵入活动十分强烈，主要岩浆活动可分为两期：中新世时期科洛（Colo）岩体，该岩体侵入到维提岛的基底的 Wainimala 群与 Yavuna 群之中，岩性为石英闪长岩、辉长岩、奥长花岗岩、闪长岩等；上新世时期，在 Bua 群的破火山口内及外围的岛链发育了 Taveuni 侵入岩体。

四、区域成矿特征

区内主要矿床类型为块状硫化物型铜铅锌矿床、斑岩型铜金矿、矽卡岩型铁铜锌矿、浅成低温热液型金矿、沉积型锰矿和残积铝土、残积金矿床、铁砂以及金砂矿床。

1. 块状硫化物型铜铅锌矿床

与火山岩有关块状硫化物型矿化在斐济群岛十分发育，并主要分布在两大岛屿上。其中一个矿床（Nukudamu）正在开采中。

斐济的块状硫化物型矿床多赋存在中新世至上新世的流纹岩、英安岩、安山岩以及玄武岩相应的火山碎屑岩等海相火山岩地层中，主岩为晚中新世至早上新世的 Udu 群，主要成矿时代为早上新世。

矿床主要的硫化物有黄铁矿、黄铜矿、闪锌矿、方铅矿以及少量的硫砷铜矿、砷黝铜矿、斑铜矿和铜蓝，脉石矿物主要为石英、石膏和重晶石。铅锌硫化物集中于顶部，而铜的硫化物则在底部。铜蓝赋存于表生富集的铁帽带上。围岩蚀变主要表现为硅化和泥化（高岭石和蒙脱石）。

2. 浅成低温热液型金矿床

斐济群岛上的浅成低温热液型金矿床十分发育，主要矿床为帝王金矿和 Mount Kasi 金矿，此外还有很多小的矿床和成矿远景区。主要矿化类型包括低硫型和高硫型。

帝王金矿的矿化发育在维提岛北部的 M-Bua 群火山岩内的破火山口中，成矿时代为上新世。矿床的矿石矿物为碲化物、毒砂、黄铁矿、贱金属硫化物和少量自然金，脉石矿物为石英和方解石。矿化形式为石英—方解石脉，在矿脉周围发育青磐岩化蚀变；Mt Kasi 矿床位于维提岛中南部，矿化发生在中新世到上新世的 Natewa 群火山岩中，矿化形式为石英—重晶石脉，矿脉周围发育青磐岩化、硅化和黄铁矿化蚀变。矿石矿物以碲化物、铜铅锌的硫化物和自然金为主。

3. 斑岩型铜金矿床

斐济群岛上的斑岩型矿床与浅成低温热液型矿床有密切的联系，目前可能因为地表剥蚀程度较低导致该类矿床发现较少。在斐济已发现的储量最大的斑岩型矿床是在维提岛东南部纳莫西矿床，但未开采。该类矿床在斐济群岛特别是在维提岛西部的图瓦卢地区具有巨大的潜力。在斐济，斑岩型矿床成矿时代通常小于 6.5 Ma，与西太平洋其他地区的大规模斑岩型铜金矿床的成矿时代相似。

4. 矽卡岩型铁铜锌矿床

因为有大量的侵入体（科洛深成岩组合）和风化的火山中心的存在，所以在斐济群岛有很多矽卡岩型矿床被发现。这些矿床中的大多数具有典型的 Cu-Fe±Zn 矿化。Cu-Fe 矽卡岩矿化一般存在于普通的岛弧环境中，虽然以含铜为主，但是以英云闪长岩为主岩的情况并不多见。

许多块状铁矿在维提岛上被发现，这种铁矿被认为是岩浆热液交代成因，其成矿环境与矽卡岩相关。应该注意的是矿床中，部分是以前被开采过的，由原来的原生矿床变成了现在的砂矿。

5. 沉积型锰矿

斐济最大的锰矿赋存在 Wainimala 组内，主要分布在维提岛的西部。这些矿床主要成矿时期是产生在火山活动末期的浅海型热液活动频繁的时候。一些更年轻的锰矿床赋存在维提岛东部以及瓦努阿岛上的晚中新世至上新世的火山岩中。在斐济的沿海岛屿中，其中在含有劳组岩石的岛屿以及斐济群岛的南部均发现残余的锰矿。

6. 残积铝土、残积金矿床、铁砂以及金砂矿床

在斐济群岛上的大多数铝土矿，一般都是作为三水铝矿结核含在红土型粘土中。在岛上的潮湿地区和干旱地区均发现有铝土矿，但是并没有作为一个主要矿种出现。大多数铝土矿在以玄武岩或者安山岩为基岩的岩石中形成。

在斐济群岛的许多不同地区出现砂矿和残积金矿。由岩屑形成的金矿在塔武阿岛(Nasivi)，巴河和雷瓦河三角洲被发现。少量的研究暗示这些聚集的矿床也许没有开采的经济价值，虽然最近在塔武阿岛的工作会更好地帮助圈定这些资源。Mt Kasi 包含唯一在开采的残积层金矿，预测残积层金大概占整个矿床储量的 30%～60%。

小岛表面的砂矿化作用规模相对较小。时间较短的水系以及陆地上较小的贮存地区，限制了砂矿床的规模。严格的环境监控，确保了对这些脆弱地区的环境保护，铝土矿仍然是低成本金属采矿的潜在资源。

在 Sigatoka 沙丘地区的 Sigatoka 河的入口处发现了最著名的铁砂矿床。对磁性矿物储量的估计显现出低的经济价值，并且在含铁矿物中没有发现重要的金。已经在巴河三角洲地区对铁砂资源进行调查。

第五章　区域成矿系列及其演化规律

矿床成矿系列指在特定的四维时间、空间域中，由特定的地质成矿作用形成有成因联系的矿床组合。特定的时间域是指一定的地质历史发展阶段内，一般是指一个大地构造活动旋回或相对独立的构造活动阶段；特定的空间域是指一定的地质构造单元，是指上述地质构造活动所涉及的地质构造单元，亦就是成矿的地质构造环境，一般相当于形成的三级构造单元，或跨越或包含在老的构造单元内；特定的地质成矿作用是指在此特定的时空域中发生的地质成矿作用，形成有成因联系的矿床组合是指在上述特定的时空域内由特定的地质成矿作用形成的矿床组合，它们之间具有内在的成因联系。这四个因素组成一个矿床成矿系列，构成特定时空域中一个矿床组合自然实体（陈毓川，等，2006；陈毓川，等，2007）。

矿床成矿系列研究主要包括其成矿地质构造环境、成矿作用及其过程和演化、各类矿床的时空结构及分布规律并探索它们之间的成因联系对于成矿规律研究具有极其重要的意义，针对成矿系列的研究可以为指导找矿提供思路。

第一节　区域成矿系列

该研究在总结大洋洲已有资料的基础上，以我国成矿体系理论提供指导，在对大洋洲地区进行了成矿区带划分、地质矿产特征总结和构造演化历史及其对成矿作用的控制的分析的基础上，初步提出了大洋洲地区矿床成矿系列。

大洋洲地区的矿床成矿系列命名原则参考我国标准，使用统一编号，以地质时代代号为基础，在横线之后加阿拉伯数字，在数字右边以上角标数字表示亚系列。例如 Ar-2^1表示前寒武纪第二个系列中的第一个亚系列。对于多期次和多成因的矿床，取其主要的成矿时代和主要成矿作用（表 5-1～表 5-5）。

表 5-1　大洋洲地区太古宙矿床成矿系列的初步厘定

代号	矿床成矿系列（组）	矿床成矿系列或亚系列	相关地质体	代表性矿床
Ar-1	伊尔岗地块古陆核形成阶段有关的 Au、Ni、Fe、Cu、PGE、Pb、Zn 等矿床成矿系列	Ar-1^1 伊尔岗地块绿岩带有关的 Au 矿床成矿亚系列	太古代绿岩带	戈登迈尔金矿
		Ar-1^2 伊尔岗地块与超基性岩有关的 Cu、Ni、PGE 矿床成矿亚系列	太古代科马提岩	芒特基斯镍矿
		Ar-1^3 伊尔岗地块海相火山-沉积作用有关的条带状 Fe 矿床成矿亚系列	太古代绿岩带	雅尔古铁矿
		Ar-1^4 伊尔岗地块双峰式火山作用有关的块状硫化物 Cu、Pb、Zn 矿床成矿亚系列	穆奇森地体火山岩	斯卡德尔斯铜锌矿

续表

代号	矿床成矿系列（组）	矿床成矿系列或亚系列	相关地质体	代表性矿床
Ar-2	皮尔巴拉地块北部古陆核形成阶段有关的Au、Ni、Fe、Cu、PGE、Pb、Zn等矿床成矿系列	Ar-2[1] 皮尔巴拉地块北部与基性超基性岩有关的Ni、Cu、PGE矿床成矿亚系列	皮尔巴拉超群	穆尼穆尼PGE矿床
		Ar-2[2] 皮尔巴拉地块北部绿岩带有关的Au矿床成矿亚系列	瓦拉沃拉群	瓦拉沃拉金矿
		Ar-2[3] 皮尔巴拉地块北部双峰式火山作用有关的块状硫化物Cu、Pb、Zn矿床成矿系列	维姆溪群	维姆溪铜铅锌矿
		Ar-2[4] 皮尔巴拉地块海相火山沉积作用有关的条带状Fe矿床成矿系列	乔治溪群	
Ar-3	高勒地块古陆核形成阶段有关的Au矿床		马尔加辛杂岩体	挑战者金矿

表 5-2　大洋洲地区元古宙矿床成矿系列的初步厘定

代号	矿床成矿系列（组）	矿床成矿系列或亚系列	相关地质体	代表性矿床
Pt-1	西澳克拉通早元古代沉积-变质作用有关的沉积变质型Fe矿床成矿系列		哈默斯利群	芒特维尔贝克铁矿
Pt-2	西澳克拉通元古代构造旋回矿床成矿系列	Pt-2[1]南回归线造山带与碰撞造山过程有关的Au矿床成矿亚系列	威鲁群	
		Pt-2[2]南回归线造山带与海相火山-沉积作用有关的块状硫化物Cu、Pb、Zn矿床成矿亚系列		Prairie Downs矿床
		Pt-2[3]南回归线造山带与碳酸盐岩有关的Pb、Zn矿床成矿亚系列	埃德蒙德群	阿布拉铅铜矿
		Pt-2[4]南回归线造山带与热水沉积作用有关的Pb、Zn矿床成矿亚系列		Latham铅锌银矿
Pt-3	北澳克拉通古元古代与克拉通形成过程有关的Au、U、Cu、REE矿床成矿系列	Pt-3[1]派恩克里克造山带与盆地形成过程有关的不整合面型U矿床成矿亚系列	南阿里盖特群	兰杰铀矿
		Pt-3[2]派恩克里克造山带与碰撞造山过程有关的造山型Au矿床成矿亚系列	Mount Bonnie组	Cosmo Howley矿床
		Pt-3[3]塔纳米造山带与碰撞造山过程有关的造山型Au矿床成矿亚系列	格林姆伟德岩套	凯利金矿
		Pt-3[4]滕南特克里克带与岩浆侵入过程有关的铁氧化物型Cu、Au矿床成矿亚系列	瓦拉孟加组	埃尔多拉多金矿
		Pt-3[5]阿伦塔造山带与碳酸质岩浆侵入有关的REE矿床成矿亚系列	兰德层	诺兰稀土矿

续表

代号	矿床成矿系列（组）	矿床成矿系列或亚系列	相关地质体	代表性矿床
Pt-4	北澳克拉通东部边缘古中元古代与伸展作用有关的Cu、Au、Pb、Zn、U矿床成矿系列	Pt-4[1]芒特艾萨造山带与热水沉积作用有关的Pb、Zn矿床成矿亚系列	芒特艾萨群	芒特艾萨铅锌矿
		Pt-4[2]芒特艾萨造山带与双峰山火山岩有关的U矿床成矿亚系列	科雷拉组	玛丽凯瑟琳铀矿
		Pt-4[3]芒特艾萨造山带与中酸性火山岩-侵入岩有关的Cu、Au、U矿床成矿亚系列	Soliders Cap群	埃洛伊斯铜金矿
		Pt-4[4]麦克阿瑟盆地与热水沉积作用有关的Pb、Zn矿床成矿亚系列	麦克阿瑟群	HYC铅锌矿床
Pt-5	北澳克拉通西部边缘中元古代克拉通边缘与岩浆侵入活动有关的金刚石矿床成矿系列			阿盖尔金刚石矿
Pt-6	南澳克拉通东部边缘古中元古代与伸展作用有关的Cu、Au、Pb、Zn、U矿床成矿系列	Pt-6[1]高勒地块与中酸性火山岩-侵入岩有关的Cu、Au、U矿床成矿亚系列	海尔塔巴花岗岩	奥林匹克坝铜金铀矿
		Pt-6[2]柯纳莫纳地块与热水沉积作用有关的Pb、Zn矿床成矿亚系列	威尔雅玛超群	布罗肯希尔铅锌矿
Pt-7	中部活动带中新元古代伸展作用有关的Cu、Au、Ni、PGE矿床成矿系列	Pt-7[1]派特森造山带与中酸性岩浆活动有关的Cu、Au矿床成矿亚系列	特尔佛段	特尔佛铜金矿
		Pt-7[2]派特森造山带与碳酸盐岩关的Cu、Pb、Zn矿床成矿亚系列	斯托塞尔群	尼夫蒂铜铅锌矿
		Pt-7[3]玛斯格雷夫造山带与正岩浆活动有关的Ni、PGE矿床成矿亚系列	盖尔斯杂岩体	内博巴贝尔镍矿

表 5-3　大洋洲地区古生代矿床成矿系列的初步厘定

代号	矿床成矿系列（组）	矿床成矿系列或亚系列	相关地质体	代表性矿床
Pz-1	东澳造山带德拉梅里亚造山期海相火山作用有关的块状硫化物Cu、Pb、Zn矿床成矿系列		芒特雷德火山岩	奎河铜矿
Pz-2	东澳造山带贝纳布兰期岩浆、沉积和造山过程有关的Cu、Au、Pb、Zn床成矿系列	Pz-2[1]北昆士兰造山带与海相火山作用有关的块状硫化物Cu、Pb、Zn矿床成矿亚系列	Seventy Mile Range群	Thalanga铜铅锌矿
		Pz-2[2]拉克兰造山带与壳幔源中酸性侵入岩有关的Cu、Au矿床成矿亚系列	麦考瑞弧火山岩	卡迪亚铜金矿
		Pz-2[3]拉克兰造山带与碰撞造山过程有关的Au矿床成矿亚系列	Castlemaine群	本迪戈金矿

续表

代号	矿床成矿系列（组）	矿床成矿系列或亚系列	相关地质体	代表性矿床
Pz-3	东澳造山带塔伯贝兰期岩浆、沉积和造山过程有关的Cu、Au、Pb、Zn、W、Sn、Mo矿床成矿系列	Pz-3^{1}拉克兰造山带与壳源花岗岩有关的W、Sn矿床成矿亚系列	Koetong 超岩套	Kikoira钨矿
		Pz-3^{2}拉克兰造山带与壳幔源中酸性侵入岩有关的Cu、Au、Mo矿床成矿亚系列	Mineral Hill火山岩	Mineral Hill金矿
		Pz-3^{3}拉克兰造山带与海相火山作用有关的块状硫化物Cu、Pb、Zn矿床成矿亚系列	Goulburn 火山岩带	伍德郎铜矿
		Pz-3^{4}拉克兰造山带与还原性侵入岩有关的Au矿床成矿亚系列		DarguesReef金矿
		Pz-3^{5}拉克兰造山带与碰撞造山过程有关的Au矿床成矿亚系列		Stawell金矿
		Pz-3^{6}拉克兰造山带与热水沉积型Pb、Zn矿床成矿亚系列	Amphitheatre群	埃卢拉铅锌银矿
Pz-4	东澳造山带坎宁布朗期岩浆、沉积和造山过程有关的Au、W、Sn矿床成矿系列	Pz-4^{1}拉克兰造山带与碰撞造山过程有关的Au矿床成矿亚系列	Woods Point侵入岩体	Woods Point金矿
		Pz-4^{2}拉克兰造山带与还原性侵入岩有关的Au矿床成矿亚系列		Maldon金矿
		Pz-4^{3}拉克兰造山带与壳源花岗岩有关的W、Sn矿床成矿亚系列		Anchor锡矿
		Pz-4^{4}德拉梅里亚造山带与壳源花岗岩有关的W、Sn矿床成矿亚系列		Queen Hill锡矿
Pz-5	东澳造山带亨特-鲍文期岩浆、沉积和造山过程有关的Au、Cu、W、Sn、Mo、Sb、Bi矿床成矿系列	Pz-5^{1}拉克兰造山带中西部与碰撞造山过程有关的Au矿床成矿亚系列		Hill End金矿
		Pz-5^{2}北昆士兰造山带与壳源花岗岩有关的W、Sn矿床成矿亚系列		Cooktown锡矿
		Pz-5^{3}北昆士兰造山带与壳幔源中酸性侵入岩有关的Cu、Au矿床成矿亚系列		基兹顿金矿
		Pz-5^{4}北昆士兰造山带与还原性侵入岩有关的Au矿床成矿亚系列		芒特莱松金矿
		Pz-5^{5}新英格兰造山带与海相火山作用有关的块状硫化物Cu、Pb、Zn矿床成矿亚系列		Mount Chalmers铜矿
		Pz-5^{6}新英格兰造山带还原性侵入岩有关的Au、Sb矿床成矿亚系列		希尔格罗夫金锑矿
		Pz-5^{7}新英格兰造山带与壳幔源中酸性侵入岩有关的Cu、Au、Mo矿床成矿亚系列		Gympie金矿

续表

代号	矿床成矿系列（组）	矿床成矿系列或亚系列	相关地质体	代表性矿床
Pz-6	新西兰图胡亚造山期岩浆、沉积和造山过程有关的 Au、W、Sn、Mo、Cu、Ni、PGE 矿床成矿系列	Pz-6[1]新西兰西部省与碰撞造山过程有关的 Au 矿床成矿亚系列	格陵兰岛群	黑水金矿
		Pz-6[2]新西兰西部省与壳源花岗岩有关的 W、Sn 矿床成矿亚系列	卡拉米亚花岗岩	
		Pz-6[3]新西兰西部省与壳幔源中酸性侵入岩有关的 Mo 矿床成矿亚系列	里瓦卡杂岩体	
		Pz-6[4]新西兰西部省与基性超基性侵入岩有关的 Cu、Ni、PGE 矿床成矿亚系列	Taipo 钼矿	

表 5-4 大洋洲地区中生代矿床成矿系列的初步厘定

代号	矿床成矿系列（组）	矿床成矿系列或亚系列	相关地质体	代表性矿床
Mz-1	新西兰朗依塔塔造山期岩浆、沉积和造山过程有关的 Au、W、Sn、Mo、Cu、Ni、PGE 矿床成矿系列	Mz-1[1]新西兰东部省与碰撞造山过程有关的 Au、W 矿床成矿亚系列	奥塔哥片岩	麦克雷斯金钨矿
		Mz-1[2]新西兰东部省与基性超基性侵入岩有关的 Cu、Ni、PGE 矿床成矿亚系列		Mt Tapuaenuku 铜镍矿
		Mz-1[3]新西兰东部省与海相沉积作用有关的 Mn 矿床成矿亚系列	哈斯特片岩	
		Mz-1[4]新西兰东部省与海相火山沉积作用有关的 Cu 矿床成矿亚系列		Waitahuna 铜矿

表 5-5 大洋洲地区新生代矿床成矿系列的初步厘定

代号	矿床成矿系列（组）	矿床成矿系列或亚系列	相关地质体	代表性矿床
Kz-1	巴布亚新几内亚新生代构造旋回有关的 Au、Cu、Mo、Ni、矿床成矿系列	Kz-1[1]巴布亚新几内亚与壳幔源中酸性侵入岩有关的 Cu、Au、Mo 矿床成矿亚系列		奥克泰迪铜金矿
		Kz-1[2]巴布亚新几内亚与海相火山沉积作用有关的 Cu 矿床成矿亚系列		索尔瓦拉铜矿
Kz-2	新西兰凯库拉造山期有关的 Au、Cu 矿床成矿系列		克罗曼德尔火山岩带	玛萨希尔金矿
Kz-3	斐济群岛新生代构造旋回有关的 Au、Cu、Pb、Zn、Mn 矿床成矿系列	Kz-3[1]斐济群岛与壳幔源中酸性侵入岩有关的 Cu、Au、Pb、Zn 矿床成矿亚系列		帝王金矿
		Kz-3[2]斐济群岛与海相火山沉积作用有关的 Cu 矿床成矿亚系列	Udu 群	Nukudamu 铜矿
		Kz-3[3]巴布亚新几内亚与海相沉积作用有关的 Mn 矿床成矿亚系列	Wainimala 群	

续表

代号	矿床成矿系列（组）	矿床成矿系列或亚系列	相关地质体	代表性矿床
Kz-4	中西澳克拉通与表生风化作用有关的 Fe、U、REE、铝土、Mn 矿床成矿系列	Kz-4[1]哈默斯利盆地与古河道有关的 Fe 矿床成矿亚系列	哈默斯利群	
		Kz-4[2]伊尔岗地块与表生风化作用有关的铝土、REE、U 矿床成矿亚系列	西南片麻岩地体	达令山铝土矿
		Kz-4[3]柯纳莫纳地块与古河道、盆地有关的 U 矿床成矿亚系列		贝弗利铀矿
		Kz-4[4]麦克阿瑟盆地与沉积作用有关的 Mn 矿床成矿亚系列		格鲁特岛锰矿
Kz-5	巴布亚新几内亚与洋壳风化作用有关的 Ni、Co 矿床成矿系列			拉姆镍矿
Kz-6	新西兰与风化作用有关的 Fe 砂矿床成矿系列			塔哈罗亚铁矿

第二节　矿床成矿系列类型

大洋洲地区的基本构造格局是以中西澳前寒武纪克拉通为核心，向东过渡为古生代造山带，向外围扩展为中新生代的造山带，伴随着从太古宙至今多期多阶段的构造演化过程，从前寒武构造旋回过程到古生代开始的现代板块板块构造演化过程，不同的构造背景下形成了对应的独具特色的成矿作用。

根据大洋洲地区成矿作用特征，初步将大洋洲地区矿床成矿系列划分 18 个类型，分别属于 4 个成矿系列组合（表 5-6）。

表 5-6　大洋洲地区矿床成矿系列组合和类型划分简表

1. 与岩浆作用有关的矿床成矿系列组合
①克拉通内部与超基性岩浆活动有关的铜、镍、铂族元素矿床成矿系列类型
②活动大陆边缘与海相火山岩有关的铜、铅、锌、铁、金银矿床成矿系列类型
③大陆裂谷带内与中酸性火山岩侵入岩有关的铜、金、铀、稀土矿床成矿系列类型
④克拉通边缘与金伯利、钾镁煌斑岩岩浆活动有关的金刚石矿床成矿系列类型
⑤活动大陆边缘与中酸性侵入岩及喷出岩有关的铜、金、钼、铅锌矿床成矿系列类型
⑥板块缝合带边部与基性、超基性岩浆活动有关的铜、镍、金硫化物矿床成矿系列类型
⑦造山带与壳源花岗岩有关的钨、锡矿床成矿系列类型
⑧造山带与还原性侵入岩浆活动有关的金、锑矿床成矿系列类型
2. 与沉积作用有关的矿床成矿系列组合
①大陆风化壳与风化淋滤及残积作用有关的铁、镍、锰、铝土、金、稀土、铀矿床成矿系列类型
②大陆风化壳与机械沉积作用有关的金、钛、锆石、铁矿床成矿系列类型
③被动大陆边缘与海相沉积作用有关的锰矿床成矿系列类型
④大陆内与沉积盆地有关的铀矿床成矿系列类型
⑤大陆边缘与热水沉积作用有关的铅、锌矿床成矿系列类型
3. 与变质作用有关的矿床成矿系列组合

续表

①大陆活动带与花岗-绿岩带有关的金、铁矿床成矿系列类型
②造山带内与碰撞造山过程有关的金、钨矿床成矿系列类型
③大陆活动带与沉积变质作用有关的铁矿床成矿系列类型
④克拉通内与古陆核形成过程有关的金矿床成矿系列类型
4. 其他成因的矿床成矿系列组合
①大陆及克拉通内碳酸盐岩容矿的铅、锌矿床成矿系列类型

一、与岩浆作用有关的矿床成矿系列组合

（一）克拉通内部与超基性岩浆活动有关的铜、镍、铂族元素矿床成矿系列类型

该成矿系列主要分布在伊尔岗地块和皮尔巴拉地块的绿岩带内，成矿时代为太古代中晚期，成矿作用与超基性岩有关，矿床大体可分为两类：一类是产在火山橄榄岩中的矿床（以卡姆巴尔达矿床为代表），另一类是产在侵入的纯橄榄岩中的矿床（以芒特基斯矿床为代表）。前者矿化产于橄榄岩—纯橄榄岩岩流里，矿体位于超镁铁质火山建造的底部。后一类矿化产于次整合的纯橄榄—橄榄岩透镜体中，大多数矿体位于中部橄榄岩补堆积岩—中堆积岩岩带里。

（二）活动大陆边缘与海相火山岩有关的铜、铅、锌、铁、金银矿床成矿系列类型

该成矿系列在大洋洲地区广泛发育，范围从中西澳克拉通到太平洋的岛弧区，时代从元古代到现在都有出现，主要分布在大陆边缘地区，与活动大陆边缘的海底火山活动有着密切的时空和成因联系，主要矿床类型包括与双峰式海相火山活动中的中酸性火山岩有关的火山成因块状硫化物矿床和与中基性火山岩有关的铁矿床。该系列矿床在中西澳克拉通的古陆核边缘地区，特别是皮尔巴拉地块、伊尔岗地块的边缘造山带内少量发育该类矿化，其主要分布在澳大利亚东部造山带内，特别是在塔斯马尼亚岛上大量发育该类矿床。在西南太平洋的中新生代岛弧区内，该类矿化也有发育，并以发育现代海底火山块状硫化物矿床为特色。

（三）大陆裂谷带内与中酸性火山岩侵入岩有关的铜、金、铀、稀土矿床成矿系列类型

该成矿系列是大洋洲地区最具特色的成矿系列类型，成矿时代主要集中在中元古代，成矿区域集中在澳大利亚中西澳克拉通的东部边缘。矿床类型以与陆相中酸性岩浆活动有关的铁氧化物型铜、金铀、稀土矿床为主。该类成矿系列被认为形成于弧后伸展环境或者裂谷环境下，矿化以发育大规模的钾化和铁氧化物为特征，在高勒地块、芒特艾萨造山带、柯纳莫纳地块和滕南特克里克造山带内广泛发育。

（四）克拉通边缘与金伯利、钾镁煌斑岩岩浆活动有关的金刚石矿床成矿系列类型

本系列矿床在中西澳克拉通地区大量发育，成矿时代集中在元古代。矿床类型以与金伯利岩有关的金刚石矿床和与钾镁煌斑岩有关的金刚石矿床为主，矿床多分布在克拉通边缘的深断裂带附近，受到深断裂带的控制，矿化则主要分布在金伯利岩和钾镁煌斑岩中，矿化在金伯利地块最为发育。

（五）活动大陆边缘与中酸性侵入岩及喷出岩有关的铜、金、钼、铅锌矿床成矿系列类型

本系列矿床在大洋洲地区广泛发育，成矿时代从元古代到新生代均有，矿床类型包括斑岩型铜金钼矿床、浅成低温热液型金矿、矽卡岩型铜金矿床，矿床主要与活动大陆边缘的岛弧岩浆活动有关。该成矿系列在中西澳克拉通成矿域内主要分布在古陆块的边缘，例如派特森造山带和芒特艾萨造山带内；在东部造山带地区，该成矿系列广泛发育，特别是在拉克兰造山带内最为发育，造山带内的麦考瑞火山岛弧内赋存了大量的该类矿床；在外围的太平洋岛弧区内，该成矿系列更为发育，特别是该成矿系列中的浅成低温热液型金矿床尤其发育，与该地区地层较新，剥蚀相对较浅有关。

（六）板块缝合带边部与基性、超基性岩浆活动有关的铜、镍、金硫化物矿床成矿系列类型

该成矿系列主要分布在陆内裂谷或深断裂带附近，与大陆内的伸展作用有关，在中西澳克拉通地区大规模发育。该成矿系列成矿时代主要在元古代，主要与基性超基性的侵入杂岩体有关，主要分布在中西澳克拉通的中部活动带地区，以玛斯格雷夫造山带最为发育。

（七）造山带与壳源花岗岩有关的钨、锡矿床成矿系列类型

该成矿系列主要分布在澳大利亚东部造山带内，成矿时代主要为古生代，矿床类型主要与花岗岩有关的石英脉型黑钨矿床和矽卡岩型钨矿床。该类矿床大多发育在造山运动的后期，澳大利亚东部造山带经历了多期多阶段的造山活动，也在德拉梅里亚造山带和拉克兰造山带形成了大量的该类矿床。

（八）造山带与还原性侵入岩浆活动有关的金、锑矿床成矿系列类型

该成矿系列是新近被定义的一类矿床，被认为形成于大陆边缘地区的局部伸展环境下，在澳大利亚东部造山带地区广泛发育，矿床主要类型为与侵入岩有关的金、锑矿床，在澳大利亚东部的拉克兰造山带、新英格兰造山带和昆士兰造山带都发育大量该类矿床。

二、与沉积作用有关的矿床成矿系列组合

（一）大陆风化壳与风化淋滤及残积作用有关的铁、镍、锰、铝土、金、稀土、铀矿床成矿系列类型

大洋洲地区古老基底及洋壳残片分布广泛，为新生代时期的风化淋滤形成的表生矿床提供了较好的矿源层。该成矿系列在大洋洲地区广泛分布，成矿时代主要在新生代。主要矿床类型包括钙质结砾岩型铀矿、红土型铝土矿、红土型镍矿等。钙质结砾岩型也产于古近纪和新近纪的古河道，成矿物质来源于新太古代基底地层，典型矿床如伊利列铀矿；红土型铝土矿由富铝的基底地层的风化形成，成矿时代为中新生代，典型矿床如达令山脉的铝土矿；红土型镍矿由洋壳残片经风化形成，多形成于热带亚热带风化作用较强烈的地区，特别是在巴布亚新几内亚，该类矿床十分发育。

（二）大陆风化壳与机械沉积作用有关的金、钛、锆石、铁矿床成矿系列类型

该成矿系列在大洋洲地区广泛发育，以砂矿为主，形成于古河道、古海岸附近，大多形成在中新生代的盆地区。

（三）被动大陆边缘与海相沉积作用有关的锰矿床成矿系列类型

该成矿系列在大洋洲部分地区发育，主要成矿时代为新生代，成矿较为集中的地区在澳大利亚北部海岸，最为重要的是格鲁特岛。

（四）大陆内与沉积盆地有关的铀矿床成矿系列类型

该成矿系列发育在澳大利亚中西澳克拉通内，成矿时代从元古代到中生代，矿床类型包括不整合面型铀矿和砂岩型铀矿。不整合面型铀矿主要赋存在太古代或者古元古代基底地层与盖层之间的不整合面内，成矿时代为古中元古代，典型矿床如兰杰铀矿；砂岩型铀矿主要赋存在古近纪和新近纪的古河道内，成矿物质来源于元古代地层，成矿时代为中生代。

（五）大陆边缘与热水沉积作用有关的铅、锌矿床成矿系列类型

该成矿系列在澳大利亚中西澳克拉通的东部边缘广泛发育，主要成矿时代为元古代，主要矿床类型为碎屑岩容矿的铅锌矿床。该类矿床在中西澳克拉通的东缘的芒特艾萨造山带、麦克阿瑟盆地、柯纳莫纳地块内广泛发育，矿床均赋存在中元古代的海相沉积的碎屑岩地层中，形成过程可能与区域伸展作用有关。

三、与变质作用有关的矿床成矿系列组合

（一）大陆活动带与花岗—绿岩带有关的金、铁矿床成矿系列类型

该成矿系列是大洋洲地区最为重要的金矿成矿系列，在大洋洲地区的中西澳克拉通

内十分发育，成矿时代主要在太古代末期，矿床类型主要为绿岩带型金矿床。该成矿系列在中西澳克拉通的伊尔岗地块、皮尔巴拉地块内均广泛发育，其形成可能受到多种因素的控制，但是目前所有的该类矿床大多产于太古代的绿岩带中，并多被认为与绿片岩相变质作用密切相关。

（二）造山带内与碰撞造山过程有关的金、钨矿床成矿系列类型

该成矿系列在是大洋洲地区次为重要的金矿成矿系列，主要在澳大利亚和新西兰分布，成矿时代从元古代到中生代，矿床类型主要为造山型金矿。该系列在中西澳克拉通主要分布在北澳克拉通和中部活动带内，在东部则主要分布在拉克兰造山带的中西带内，此外在新西兰的南岛该类矿床也大量发育，该系列矿床大多赋存在变质的浊积岩中，并且受到区域性断裂和剪切带的控制。

（三）大陆活动带与沉积变质作用有关的铁矿床成矿系列类型

该成矿系列是大洋洲也是世界上最为重要的富铁矿成矿系列，主要在澳大利亚中西澳克拉通的哈默斯利盆地和高勒地块分布。该类矿床是由在早元古代时期形成的条带状含铁建造为矿源层，在后期的构造运动中逐渐富集形成的铁矿床，在该过程中条带状铁建造中的硅不断被淋滤带走，使得铁不断得到富集，最高品位可达65%。

（四）克拉通内与古陆核形成过程有关的金矿床成矿系列类型

该成矿系列在大洋洲地区仅在中西澳克拉通的高勒地块内有发育，成矿时代为元古代，成矿被认为与麻粒岩相变质作用有关。

四、其他成因的矿床成矿系列组合

（一）大陆及克拉通内碳酸盐岩容矿的铅、锌矿床成矿系列类型

该类矿床目前仅在中西部克拉通的少量盆地内发现，矿床大多赋存在碳酸盐岩中。

第三节 构造演化过程与成矿作用

一、前寒武时期

区内的前寒武构造演化过程即为澳大利亚中西部前寒武纪克拉通的形成过程。该克拉通的形成过程主要分为三个阶段，分别为：3800～2100 Ma、2100～1300 Ma、1300～700 Ma，分别对应陆核生长期以及Nuna、Rodinia两个超级大陆的汇聚和裂解过程（Blewett，2012）。

（一）第一阶段（3800～2200 Ma）陆核生长期

澳大利亚主要的陆核为西澳大利亚的伊尔岗地块和皮尔巴拉地块。该期主要为伊尔

岗地块和皮尔巴拉地块的生长期。伊尔岗地块的纳里地体出露世界上最古老的岩石和已知最古老的锆石（3731 ± 4 Ma 和约 4404 Ma,），锆石的存在说明在地球形成早期已有地壳形成。

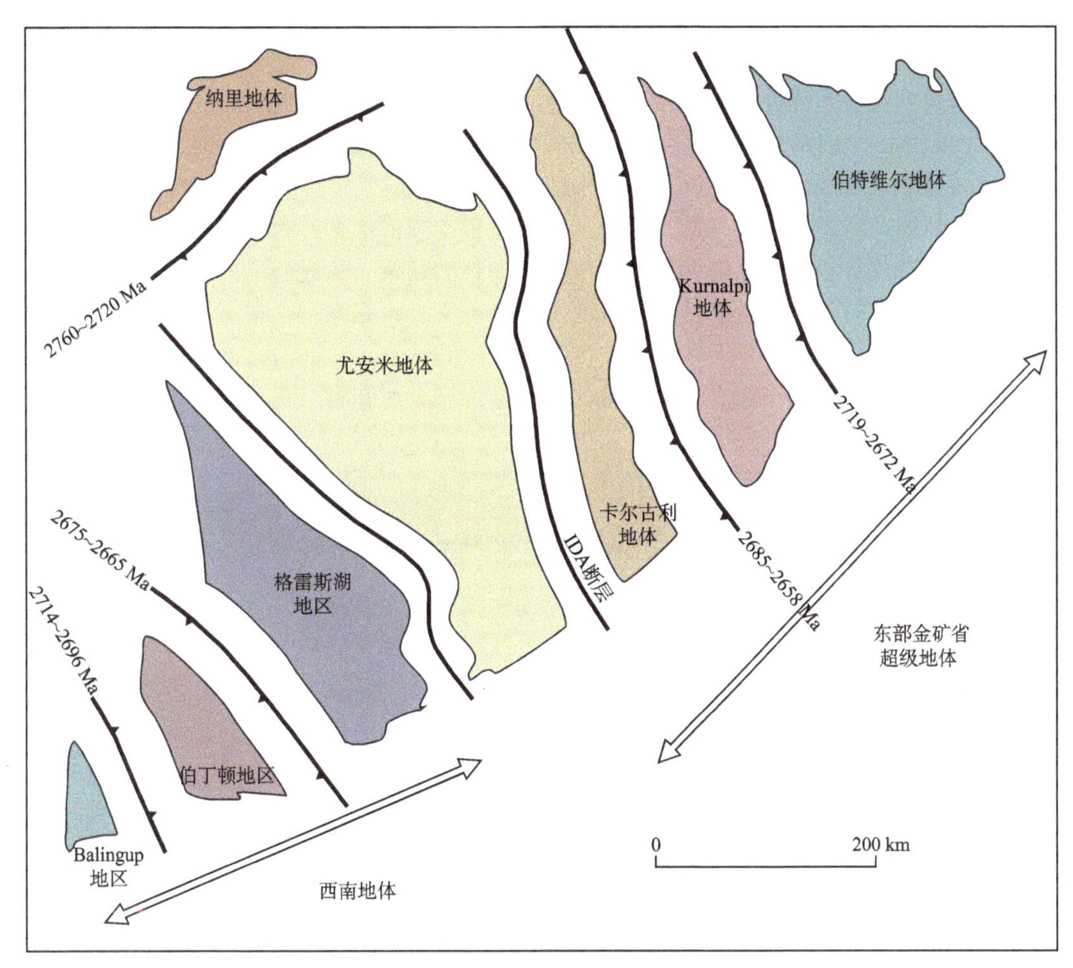

图 5-1　伊尔岗克拉通形成过程（Blewett，2012）

3655～2840 Ma 形成的皮尔巴拉地块是一个典型的花岗岩—绿岩带地体，区内年龄早于 3200 Ma 的岩石形成的构造体制颇受争议，有人认为是在厚的海底高原的基础上，由于地幔柱的活动形成，所以垂向构造过程占主导地位，其形成的岩浆岩与岛弧环境下形成的岩浆岩在地球化学性质上有着较大的区别。

皮尔巴拉地块可能是最古老的超级克拉通 vaalbara 的一部分，由 Kaapvaal 克拉通（位于南非境内）和皮尔巴拉地块组成，在 3600 Ma 形成，在 2800 Ma 裂解，在裂解过程中，福蒂斯丘群和哈默斯利盆地形成，其背景和板块构造运动过程中的被动大陆边缘相似，形成了由厚层的基性和酸性火山岩、沉积岩组成的盆地，从而形成了最为重要的 BIF。2590～2450 Ma，由于海洋中富二价铁离子的底层水氧化并涌入盆地内，沉积了大量的铁，世界上大多数的 BIF 均在 2600～1800 Ma 沉积，因为此时的地球处于还原环境。

伊尔岗克拉通作为澳大利亚陆核的另一个重要部分，形成方式与皮尔巴拉克拉通不同，它主要是由短期的陆壳生长事件形成的，如图 5-1 所示，克拉通内主要的岩浆活动时间与克拉通生长的时间基本对应，时间范围在 2720～2655 Ma，而皮尔巴拉克拉通的时间范围较长（3500～2850 Ma），表明其地壳生长速度较慢。

伊尔岗克拉通西部到东部年龄逐渐变新，西部的 Narryer、Younami 和西南地块在 3730～2900 Ma 之间形成，而东部组成东部金矿省的 Kalgoorlie，Kurnalpi，Burtville 和 Yamarna 地块在 2940～2660 Ma 之间形成，这些地块通过 2780～2655 Ma 时期一系列的东西向的俯冲作用拼贴在一起，其构造演化过程与现代的俯冲过程相似，形成了弧后盆地和造山事件，也在造山带两侧形成了壳幔韧性剪切带，该过程同时引发了地幔物质的上涌，这些剪切带对于金矿的形成具有重要的意义，也是东部金矿省出产众多金矿的主要原因。

该时期是伊尔岗地块和皮尔巴拉地块内绿岩带型金矿和科马提岩有关的镍矿床形成的重要时期。

高勒地块形成时间 3150 Ma。

（二）2200～1300 Ma 哥伦比亚超级大陆的汇聚和裂解

古元古代到中元古代时期，澳大利亚的构造演化存在两种观点，一种认为澳大利亚中西部各主要块体之间相对稳定，另一种观点认为各块体之间相互位移较大。

皮尔巴拉克拉通和伊尔岗克拉通在 2215～1950 Ma 由南回归线造山运动固结在一起，形成了西澳大利亚地区，该陆块是哥伦比亚大陆最早的组成部分，北澳大利亚地区在 1840 Ma 左右由塔纳米—滕南特克里克—芒特艾萨地区与金伯利-派恩克里克地区固结在一起形成。埃勒郎地区在 1840 Ma 从南部增生到北澳大利亚地区之上，而 Numil-Kowanyama-Abingdon 地区在 1850 Ma 以前从东部增生到北澳大利亚地区之上（图 5-2）。

高勒克拉通的北部和东部区域是南澳大利亚地区的主要基底，是由向西的俯冲作用生长形成，俯冲的陆块很可能来自北澳大利亚地区，因为其沉积地层特征与芒特艾萨地区十分相似，而与高勒克拉通的太古代基底有着明显的区别。

在 1840 Ma 左右，澳大利亚西部和北部地区以及南澳大利亚的大部分地区都已经固结在一起，虽然南北澳大利亚地区在 2500 Ma 左右曾短暂固结在一起，1810～1710 Ma，三个地区完全固结在一起形成澳大利亚古陆，该古陆是哥伦比亚超大陆的重要组成部分。

从大约 1810 Ma 开始，沿北澳大利亚地区南部边缘发生的北向至北东向俯冲导致了北澳大利亚、西澳大利亚地区与高勒克拉通核部的汇聚。西澳大利亚地区在 1790 Ma 左右通过亚盘库至南回归线造山运动与北澳大利亚地区拼贴在一起，此次碰撞之后，北向俯冲作用在北澳大利亚的西部地区依然在进行，此时澳大利亚地区东北部处于汇聚大陆边缘环境，这种环境一直到高勒克拉通基底也与北、西澳大利亚地区通过 1740～1710 Ma 的 Kimban-Nimrod-Strangways 造山运动拼贴在一起才结束，此时高勒克拉通

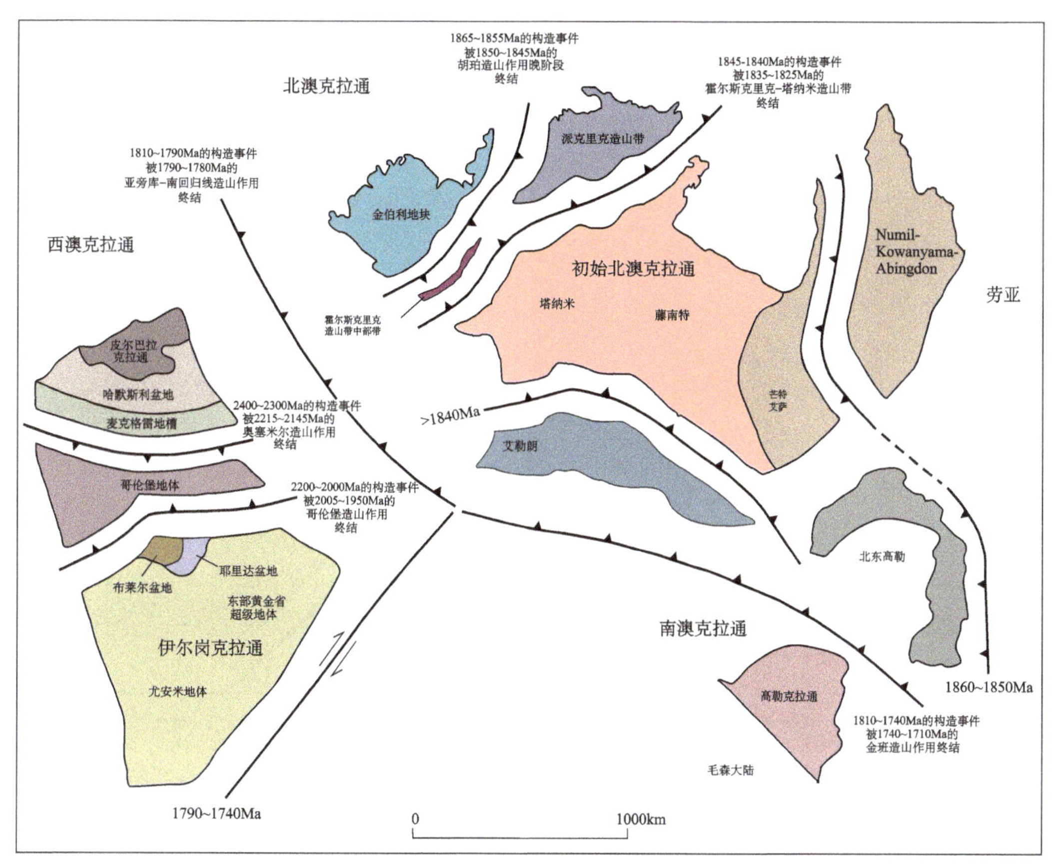

图 5-2　澳大利亚古陆形成过程（Blewett，2012）

说明：澳大利亚古陆由西、北、南澳大利亚地区三部分在中古元古代固结在一起形成。在晚晚元古代（约 1810 Ma），这几个地区开始汇聚，并在 1740 Ma 左右经过 Kimban-Nimrod-Strangways 造山运动最终固结在一起，澳大利亚古陆在东部与劳亚古陆相连，南部高勒克拉通则与南极洲板块的 Terre Adelie 克拉通相连。在 2500 Ma 和 2200 Ma 甚至更早的时候，北澳大利亚和南澳大利亚地区的部分地块已经连接在一起，但是 1810～1760 Ma 年龄的花岗岩在北澳大利亚地区的南缘广泛分布，这些花岗岩多为钙碱性，而南澳大利亚地区的北部缺乏同期的岩浆活动，说明此时两个地区仍然是分离的，但是可能已经处于汇聚板块边缘环境。

核部可能与现在属于南极洲的 Terre Adelie 克拉通相连。

此后，哥伦比亚超级大陆开始裂解，该过程十分复杂，不仅涉及劳伦古陆的裂解，还在澳大利亚古陆的南部形成了弧后盆地系统。该弧后盆地内富含浊积岩和沿南澳大利亚地区东部边缘侵入的基性到拉斑玄武岩（形成了柯那莫纳克拉通），而北澳大利亚地区东部边缘在 1690 Ma 左右开始裂解。此时或稍晚时间，长英质岩浆活动侵入，并形成了 Warumpi 地区最古老的岩石。此外，大约在 1710～1665 Ma 西澳大利亚地区东南部也处于汇聚边缘环境，也发育了弧后盆地。

在 1660 Ma 左右，弧后盆地系统经过一系列的南向和北向俯冲开始再次闭合，并在 1640 Ma 左右通过 Liebig 造山运动开始拼贴到 Warumpi 地区之上，在 1590 Ma、1560 Ma 左右玛斯格雷夫地区和高勒克拉通也拼贴到北澳大利亚地区之上（图 5-3）。芒

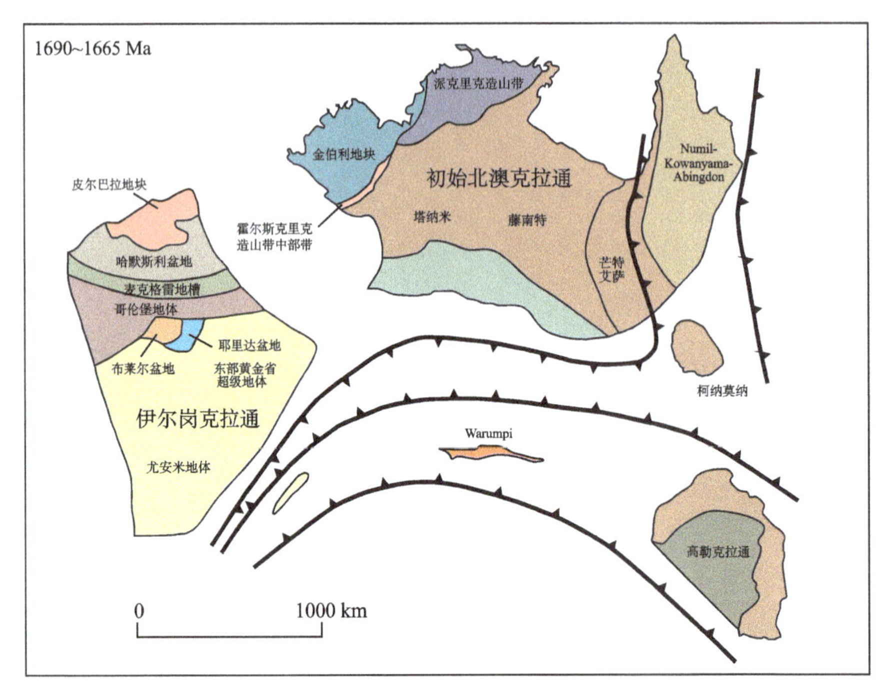

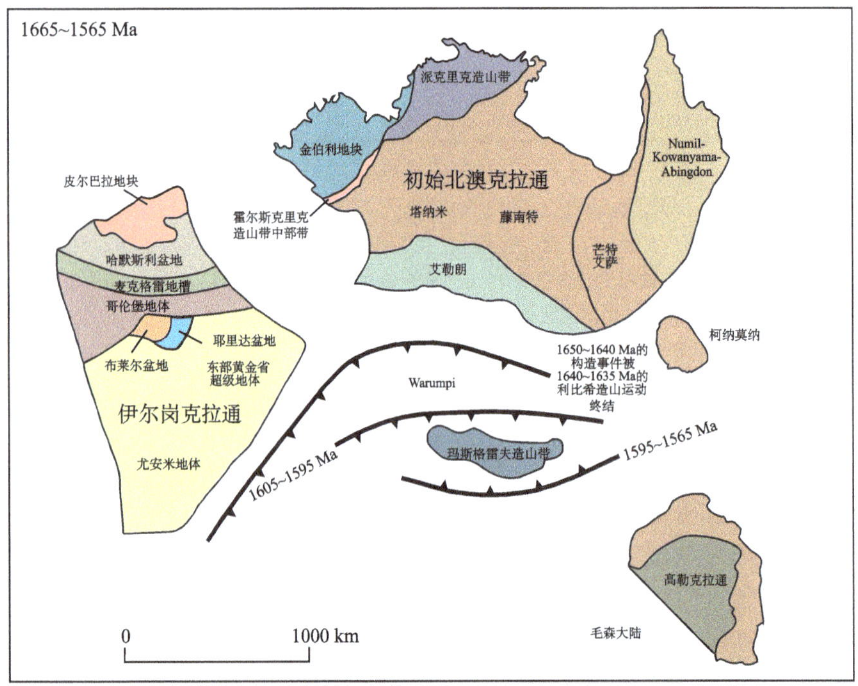

图 5-3　澳大利亚古陆 1690～1565 Ma 的构造演化过程（Blewett，2012）

说明：此时在克拉通东部边缘发生伸展作用，并与劳伦古陆分离（1690～1665 Ma），而南北澳大利亚地区此时开始固结在一起（1665～1565 Ma）

特艾萨地区的伊萨造山运动的早期可能分别与 Warumpi 和玛斯格雷夫地区的拼贴作用有关。在 1560 Ma 的拼贴事件之后，现处于南极洲的 Mawson 大陆和高勒克拉通与西北澳大利亚地区开始分离裂解，而此后在 Rodinia 超大陆汇聚过程中它们又汇聚在一起。此次裂解事件引发了大规模的岩浆活动，形成了高勒克拉通的 1595～1565 Ma 的 Hiltaba 花岗岩体和芒特艾萨地区的 Williams 岩体，这些岩浆活动与存在热点活动有关。

大部分的澳大利亚矿产资源，特别是铁矿和贱金属都在哥伦比亚超大陆的汇聚和裂解过程中形成。在哈默斯利盆地内的铁矿也更加富集，而派恩克里克和塔纳米地区的造山型金矿系统也在超大陆的汇聚过程中形成。相反的是，澳大利亚的铅锌银矿都在超大陆裂解过程中形成，而奥林匹克坝和克朗克里铜金成矿带也均与热点活动有关。中元古代也是高热能的花岗质岩浆和火山活动的重要时期，这些岩石对于形成澳大利亚地热资源、铀、钍等矿产资源有着重要意义。

元古代时期海洋的化学成分也发生了较大的变化，最重要的是大气层从 2460 Ma 左右开始逐渐转化为氧化环境，并在 1900～1800 Ma，海洋也变为氧化环境，这造成了很多后果，首先铁三价离子溶解度较低，这造成在该时期海洋中的铁离子都沉淀出来形成了条带状铁建造，而之后海洋中除新元古代冰期之后基本上再也没有 BIF 形成；其次，海洋中的硫酸盐浓度增加，尤其是海洋上层，因此形成了大量的硫酸盐岩，例如蒸发岩和热水沉积物等。

大气变为氧化环境后对于矿化物质的沉淀有显著的影响，特别是铁矿的沉淀。在哈默斯利盆地，大型铁矿是由两期沉积作用叠加在一起形成的，第一期是在 2590～2450 Ma 全球缺氧事件中沉淀了原始的 BIF，该期 BIF 在 2000 Ma 左右经历由于皮尔巴拉地块和哥伦堡地块的汇聚过程中产生的热液系统改造，这次改造也是哥伦比亚超大陆形成的响应之一。

（三）1300～700 Ma 罗迪尼亚超大陆的形成与裂解

澳大利亚该段时间地质活动相对沉寂，主要原因是该时期澳大利亚此时处于超大陆内部的板内环境，Rodinia 超大陆的形成时间为 1300～900 Ma，其影响地区在澳大利亚的东部和中国华北地区。

在罗迪尼亚超大陆汇聚过程中，西澳大利亚地区沿其东北（派特森造山带）、南部（阿尔巴尼—弗雷泽造山带）和西部（平贾拉造山带）边缘经历了中至新元古代造山活动的再造，其中阿尔巴尼—弗雷泽造山带以及相关的在玛斯格雷夫地区的变形记录了 1345～1140 Ma 西北澳大利亚地区和 Mawson 克拉通之间的碰撞过程，Tropicana 金矿就在该边界上。

该时期的矿产资源类型广泛，包括金刚石、稀土元素、正岩浆活动形成的铜镍铂族元素矿床等。这些矿床都与碱性岩浆作用有关，包括 1240 Ma 的诺兰稀土矿、1180 Ma 与地幔柱活动有关的阿盖尔金刚石矿，而贱金属和金矿化此时都不发育。在澳大利亚西部和中部，Warrakuna 大火成岩省出露面积达 $1.5\times10^6 km^2$，侵入时代为 1075 Ma。盖尔斯杂岩体和相关的铜镍铂族元素矿床如内博-巴贝尔都与基性-超基性岩有关。

罗迪尼亚超大陆的裂解开始于850 Ma，此时澳大利亚与其东部的劳伦古陆开始裂解，裂解的界线就是澳大利亚东部塔斯曼造山带界线。该裂解过程在澳大利亚最早的响应是830 Ma北西向的Gairdner大火成岩省，侵入到北澳大利亚和南澳大利亚以及派特森造山带西北部。罗迪尼亚超大陆的裂解导致了中央超级盆地的形成，该盆地系统于850 Ma左右开始形成并一直持续到泥盆纪，影响了澳大利亚中部的大部分地区，如奥菲瑟、阿马迪厄斯、乔治亚、叶尼娜盆地等。这些盆地中产出最古老的盐矿，盐矿的形成造成海水盐度的降低。在这些盆地的底部是Heavitree石英岩。

新元古代全球冰期导致在澳大利亚中部地区形成了一套沉积物，从西部的金伯利地区到南澳大利亚的弗兰德斯山脉。

叶尼娜盆地和阿德莱德盆地中的铀矿和铜矿在840～790 Ma形成，其形成与盆地的形成或反转有关。修正的AusMex模型认为澳大利亚与Kalahari克拉通相邻，该地区产出赞比亚铜矿带，该带内受到盆地控制，该盆地形成时间与澳大利亚的中部超级盆地一致。

二、古生代时期

澳大利亚东部显生宙造山带在显生宙时期经历了一系列的构造旋回，最终导致造山带增生到古老的澳大利亚前寒武纪基底之上。这个构造过程从罗迪尼亚大陆裂解，一直持续到冈瓦纳大陆的裂解，并伴随着陆块的裂谷化和海盆的打开，经历了复杂的构造演化过程。目前可识别的构造运动可大致分为五期，每期构造旋回持续时间从130～30 Ma不等，从弧后伸展作用形成弧后盆地开始到以挤压变形事件结束，最后大陆碎片和岛弧都拼贴到澳大利亚大陆之上。构造旋回主要有五期：德拉梅里亚期（520～490 Ma）、贝纳布兰期（490～440 Ma）、塔博贝拉期（440～380 Ma）、坎宁布朗期（380～350 Ma）和亨特鲍文期（350～220 Ma），后期的构造运动经常叠加在前期构造运动之上，而且整体上从西到东逐渐变新（图5-4）。

新元古代晚期至寒武纪早期为罗迪尼亚裂解—前德拉梅里亚造山运动，时间为600～520 Ma。该时期澳大利亚克拉通东南部开始裂解，与罗迪尼亚裂解有关的海洋打开相关，并确定被动陆缘的生成和太平洋的诞生。

早寒武世至中寒武世德拉梅里亚造山期（520～490 Ma），澳大利亚克拉通东南部的裂解和伸展作用因德拉梅里亚造山运动而终止。在南澳，西维多利亚和塔斯马尼亚造山运动始于515 Ma，延续至490 Ma，该期运动也影响到Stawell带，变质年龄为500～490 Ma。该期造山运动表现在西维多利亚和西塔斯马尼亚表现为弧陆碰撞，碰撞导致区内玻古安山质地壳的增生和高温低压变质岩的发育，同时伴有同构造的I型和S型花岗岩。两地均经历了碰撞后的伸展或弧后环境，导致钙碱性火山活动，之后经历了再次变形。该期造山也影响到新南威尔士和昆士兰，但延续时间不长，在汤姆森造山带的阿纳基地区形成同造山或后造山钙碱性岩浆活动。

该时期岩石赋存各类矿床组合，包括与辉长岩和超基性侵入体伴生的Ni-Cu矿和PGE矿床，但最重要的是塔斯马尼亚岛的VHMS矿床，且产于西塔斯马尼亚的芒特雷

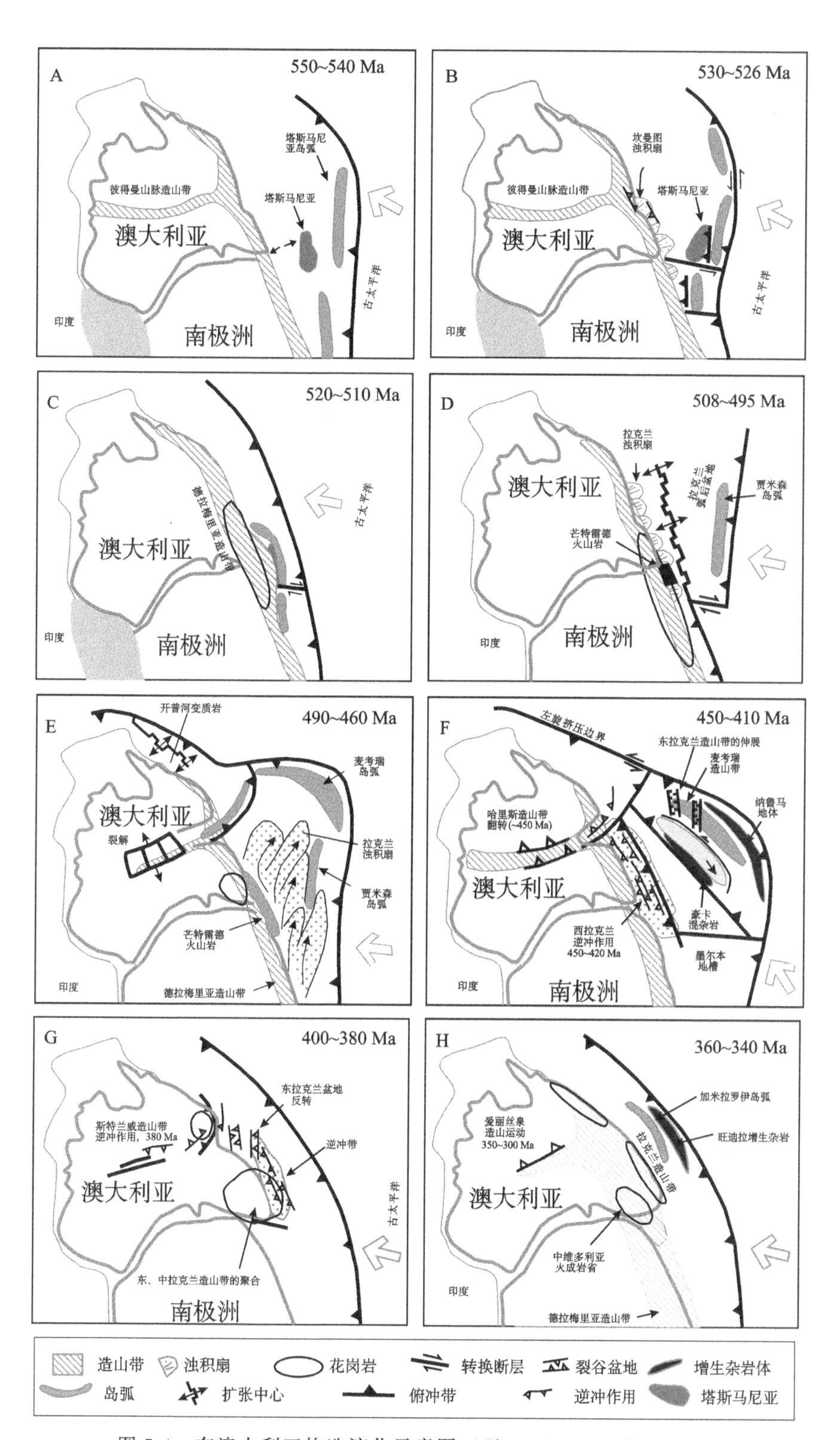

图 5-4　东澳大利亚构造演化示意图（Champion，et al.，2009）

德火山岩中。

晚寒武纪至志留纪初贝纳布兰造山运动（490～440 Ma）时期，晚寒武至早志留世拉克兰造山带大部地区为深海沉积，与此同时早奥陶至早志留世的麦夸利弧开始形成，该弧被认为是大洋板块内属性，但是由于浊积岩中未发现火山物质，因此该岛弧与沉积盆地是分割的。此时北昆士兰地区和拉克兰造山带一样是由富石英沉积岩和钙碱性火山岩组成，可能处于弧后、陆缘弧、岛弧背景、在汤姆森造山带的阿纳基地区，处于相似的背景下。

该时期是澳大利亚东部地质历史上矿化最富的阶段，包括了 455～440 Ma 赋存在拉克兰造山带的浊积岩中的脉状金矿，而中部新南威尔士麦夸利弧则形成了规模可观的斑岩 Cu-Au 矿和有关低温浅成热液金矿床，北昆士兰地区的 Seventy Mile Range 群，Balcooma 变火山岩群和 Eland 变火山岩中的产出中等 VHMS 矿床。此外，塔斯马尼亚小规模喷流沉积型 Zn-Pb 成矿事件发生在 445 Ma。

志留纪至晚泥盆世早期塔博贝拉造山运动（440～380 Ma），该构造旋回以伸展事件，盆地的形成，广泛分布的喷出岩和侵入岩为标志。伸展作用可能与造山运动后的板块后退有关，但是在新英格兰造山带，该旋回以汇聚型大陆边缘为特点，晚志留至中泥盆世的 Gamilaroi-Calliope 岛弧和弧陆碰撞为代表，可能发生岛弧地体增生。该期造山运动最终导致拉克兰造山带的克拉通化，并使各地体和构造带发生拼接。

该阶段可见有多种矿床组合，分别与裂谷作用的盆地和引发盆地侵入作用的压缩变形有关。形成最早的是新南威尔士拉克兰造山带中部的岩浆热液矿床（435～410 Ma），这一年龄段同北昆士兰霍奇森省的 VHMS 型矿床时代相近。此外在北昆士兰也形成了较大规模的造山型金矿化。而且在新英格兰的 Calliope 弧发育相应的 VHMS 型矿化和岩浆型 Cu-Au 矿床。

晚泥盆世至早石炭世坎宁布朗造山运动（380～350 Ma）期间，大部分已克拉通化的拉克兰造山带、德拉梅里亚造山带、汤姆森和新英格兰造山带都经历了伸展、裂谷化和盆地形成，以及喷发和侵入岩浆作用。像以前的造山旋回一样，伸展是因为新英格兰造山带弧后盆地以及俯冲带和岛弧的反滚作用。该期造山运动也是拉克兰造山带最后的构造事件，之后的构造旋回主要影响到东部的新英格兰造山带。

该旋回以 I，S 和 A 型岩浆作用为标志，可能与火山弧及远在东面的俯冲带有关的伸展作用和裂谷作用伴生，该旋回时空上与岩浆作用重合的矿床有维多利亚的造山型金矿和塔斯马尼亚与花岗岩有关的 Sn-W 矿床。

早二叠世晚期至中三叠世亨特鲍文造山运动（350～220 Ma），该期造山运动主要影响新英格兰造山带，此时一条新的澳大利亚古太平洋大陆边缘岩浆弧得以重新确定，而原来的伸展性弧后环境变为挤压性的弧后环境，这导致了岩浆弧以西形成了后退式前陆褶皱逆冲带，同时在鲍文-冈尼达—悉尼盆地体系发育了持续至中三叠世的后退式前陆盆地相。此时的岩浆弧在北昆士兰造山带表现为肯尼迪岩浆岩省的发育，在霍奇森地区东部为 S 型，而在查特斯堡地区为 I 型，一般地被认为具有新英格兰大陆弧的弧后背景。北昆士兰的岩浆作用在二叠纪末结束，无三叠纪岩浆作用。该旋回标志着东澳强烈克拉通化的时期。该旋回之后地动力环境又回复至伸展的可能是弧后的环境，产生 A

型花岗岩，酸性和双峰式火山岩，发育沉积盆地和含煤沉积。弧后压缩约在 230 Ma 转变为弧后伸展。

较之其他旋回，该旋回的成矿作用较弱，但具有多种组合，许多与花岗岩有关。空间上，在一定程度上也在时间上可将矿床分为两组：①昆士兰北部肯尼迪岩浆省与二叠石炭纪岩浆作用（345～260 Ma）有关的，广泛分布但规模较小的矿床；②新英格兰造山带大多数在 290～230 Ma 之间的矿床。新英格兰造山带的矿床可分为两期：290～275 Ma 和 255～230 Ma。第一期包括 290 Ma 的富金浅成热液矿床和 280～275 Ma 的 VHMS 矿床；而第二期有不同的矿床组合，包括 255 Ma 的脉状 Au-Sb 矿和浅成热液银矿床，以及 250～235 Ma 与侵入岩有关的浅成热液矿床。新英格兰造山带以西 500 km 的 Doradilla 矿区与 235～230 Ma 花岗岩伴生的有 Sn-W 矿床和 Avebury 型 Ni 矿床。

三、中新生代时期

该时期的构造演化过程主要在西南太平洋地区，从中生代到新生代，区内经历了复杂的弧陆碰撞、板块俯冲与后退等过程，本章以巴布亚新几内亚、新西兰、斐济群岛为例，分别说明三种不同类型的岛弧的演化过程及其成矿作用。

（一）巴布亚新几内亚陆缘岛弧演化与成矿作用

古生代至中生代，巴布亚新几内亚一直处于活动大陆边缘和岛弧环境。沿大陆边缘发生大洋板块对大陆及岛弧地俯冲和增生。近海因洋内俯冲而产生岛弧，并发生弧陆碰撞，大陆边缘不断发生裂解并导致裂谷化，继而产生新的岛弧。新几内亚造山带的形成主要以洋壳俯冲运动和弧陆碰撞事件为动力（图 5-5）。

古新世时期（66～55 Ma），澳大利亚克拉通北部边缘经历了广泛的裂谷化，伴随着珊瑚海海盆的打开，在珊瑚海北西部形成了多个小型海盆，包括 Uyaknji 洋盆。东巴布亚复合地体由东巴布亚火山弧与欧文斯坦利地体的碰撞而形成。此时一些规模较小的地体开始拼贴到克拉通上。此时巴布亚超基性岩带已经形成，并已经开始接受风化，形成红土型镍矿化。

始新世时期（55～34 Ma），印澳板块向北迅速移动导致珊瑚海停止打开，Uyaknji 小海盆也随之关闭。此时在洋壳内部发育一条北倾的俯冲带，并形成 Sepik 弧，同时一系列规模较小的地体已经完全拼贴到克拉通上。与 Sepik 弧有关的成矿作用在此时开始形成。

渐新世时期（34～23.8 Ma），Sepik 弧在晚始新世至中晚渐新世增生到澳大利亚克拉通之上并与之发生碰撞，碰撞过程贯穿整个渐新世，碰撞导致地层隆升和白垩纪海相沉积岩的变质，并使岛弧火山作用终止，与此同时在东部的巴布亚复合地体已经增生到克拉通上。随着碰撞进行，渐新世末期在克拉通和增生地体的北缘发育一条向南倾的俯冲带，并在巴布亚造山带内形成了 Maramuni 大陆岩浆弧。始新世末期，在澳大利亚克拉通北方较远处西南倾的俯冲带（Kilinailau 海沟）开始活动，新几内亚群岛此时开始形成。此外，渐新世中期还发育 Finisterre 火山弧。该时期与 Maramuni 岩浆弧有关的

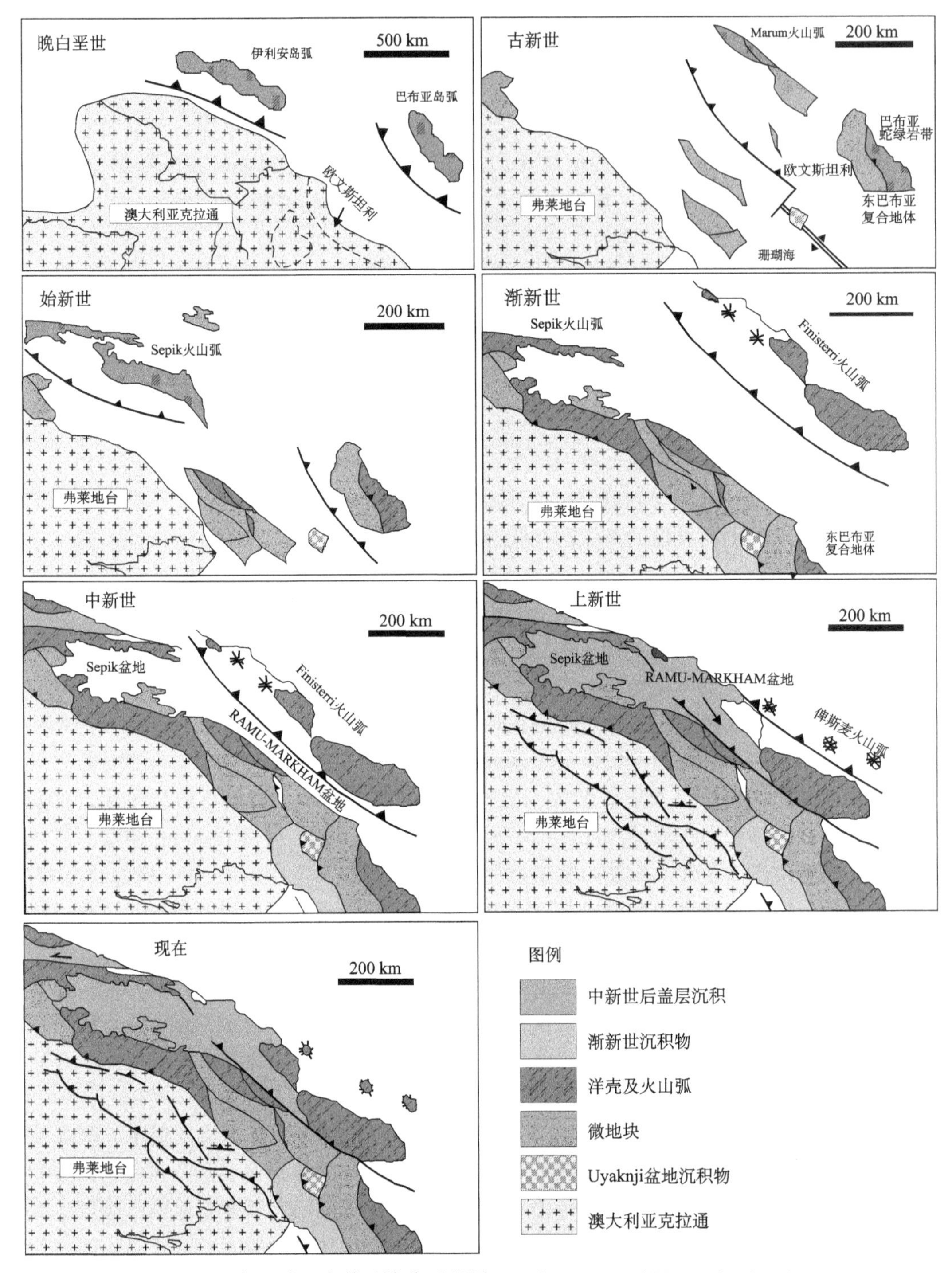

图 5-5　新几内亚岛构造演化过程图（Williamson and Hancock，2005）

斑岩型矿床开始形成。而且拉姆镍矿所在的马鲁姆超基性岩带也拼贴到造山带之上，开始了风化作用的过程。

中新世时期（23.8～5.5 Ma），在几内亚岛上早中新世 Finisterre 弧与克拉通碰撞，在碰撞过程中发育拉姆-马长姆前陆盆地。在渐新世到中中新世，由于翁通-爪哇台地影响，Kilinailau 俯冲带逐步关闭，使得新几内亚群岛的安山质火山作用在晚中新世停止活动。作为对此事件的响应，所罗门海南西的 Trobriand 海沟发展了倾向南东的俯冲带，与 Maramuni 弧以北的海沟走向延伸部位接近，该海沟在中新世中期衰减，而向北的俯冲带沿着新不列颠海沟诞生。此时，向北倾的新不列颠海沟和澳大利亚克拉通边缘的 Trobriand 海沟两者不断消减所罗门海亚板块。该时期是区内最主要的成矿期之一，延德拉铜矿等斑岩型矿床此时形成。

上新世时期，俾斯麦火山弧与克拉通碰撞引发了新几内亚造山带内部大规模的岩浆侵入活动以及逆冲断层在 Finisterre 地体中和澳大利亚克拉通前陆（巴布亚褶皱带）中发育。在新几内亚群岛，沿新不列颠海沟的俯冲仍在继续，并引发了了上新世岩浆作用活动。该时期是最为重要的成矿期，在巴布亚新几内亚造山带内大规模的岩浆侵入活动导致了大规模的斑岩-矽卡岩-浅成低温热液型铜金矿的形成，奥克泰迪铜金矿、波尔盖拉铜金矿均在此时形成。

上新世至今，与俾斯麦火山弧的碰撞继续造成垂直造山带的地壳缩短，产生 Finisterre 山脉、巴布亚褶皱带活动逆断层以及两者间转换挤压断层。沿所罗门群岛之下的北倾新不列颠海沟和相邻的北至东倾圣克里斯托瓦尔海沟俯冲仍在进行，虽然个别火山中心可能在晚中新世就开始活动，主要是俯冲造成上新世大量的岩浆活动。从 3.5 Ma 至今，位于新不列颠以北的马努斯（Manus）盆地受盆地东部的海底扩张作用和发育于相关转换断层上的右行走滑位移影响，盆地东部打开。在美拉尼西亚最外围的利希尔岛链被认为与该俯冲并无直接关系，而是由俯冲的所罗门海亚板块在弧后形成的张性裂隙，岩浆沿着裂隙喷出形成了岛链，虽然 Kilinailau 海沟此时已经停止活动，但是由于其深断裂的性质对于该岛链起到了定位的作用。该时期是新几内亚群岛最重要的成矿期，潘古纳铜矿、利希尔岛金矿、马努斯的索尔瓦拉海底块状硫化物矿床均在此时形成。

（二）新西兰古岛弧演化过程与成矿作用

新西兰第一期大规模的造山运动发生于志留纪和泥盆纪时代，称之为图胡亚造山运动（Tuhua Orogeny）。纳尔逊西北部和峡湾地区较老的岩石在这一造山运动过程中遭受了严重的构造变形，地层发生强烈的褶皱和断层，以至于闭合的沉积环（foldedloop）被搬运出沉积盆地，推至一段较远的距离。火山活动和地壳应力提供了温压条件，纳尔逊西北部绝大部分和峡湾地区大部分的沉积岩均发生轻微变质，峡湾地区部分岩石在此之前已经经历了一定程度的变质作用。该时期主宰了新西兰西部省的主要矿化，特别是该地区的造山型金矿化即在此时形成。

之后发生的主要造山运动为侏罗纪至白垩纪时期的郎伊塔塔造山运动（Rangitata Orogeny），使较老岩石发生进一步的构造变形，新西兰地槽中的岩石和沉积物发生严重扭曲。造山运动的强度各地不一，一般最为严重的构造变形发生在造山运动的中心和新西兰地槽最深部位。在大部分边缘地区，如卡菲亚（kawhia）和南部地区（Southland），沉积岩只发生轻微褶皱，如南部地区（Southland）出露较好的平行背斜和向斜可说明该地区当时的构造强度。晚古生代结束时期到早白垩纪时期，发生朗伊塔塔构造会聚事件，以形成广泛分布的早白垩纪不整合面代表，较软的中到晚白垩纪和新生代岩石不整合覆盖于西部省和东部省坚硬的基底岩石之上。该次构造运动对应东部省的造山型金矿化的矿化时代，该次矿化相比图胡亚造山期的造山型金矿化规模更大。

朗伊塔塔构造事件之后，中白垩纪到早三叠纪时期，新西兰微大陆从澳大利亚东南部和南极洲开始断离，该运动事件波及较广泛的区域。在此构造事件中，形成了变质核心杂岩体、裂谷盆地，板块内部发生火山活动。然后，风化侵蚀将大部分地表侵蚀为一准平面的高度，晚白垩纪到始新世河流砾石—煤线沉积序列覆盖于地表之上。新西兰东部地区的海洋沉积岩组成为含硫化铁矿的硅质泥岩、富蒙脱石的泥岩、燧石、硅质灰岩和海绿石砂岩序列，记录了上述构造事件间歇期间地质特征。

第三次造山运动称之为凯库拉造山运动，发生于中新世一直延续至今。今天新西兰著名的山脉均形成于此次造山运动。较其更老的地层，第三纪岩石经历了较少的构造变形，一般形成平缓的褶皱。北岛东海岸，马尔堡挺的海岸线及南岛西部的地层发生严重褶皱，特别是位于断层附近的岩石。第三纪早期的岩石比晚期的岩石经历了更多的构造变形，第三纪地层和中生代地层一般呈角度不整合接触。

造山运动中形成的薄弱带（如断层带）地层往往会在后期的造山运动中再一次发生构造运动。郎伊塔塔造山运动中形成的主要断层在后期的凯库拉造山运动中再一次活跃，但两次断层运动的方向不同。

该期造山运动过程中伴随着新西兰北岛地区的火山活动，形成了豪拉基金矿田等重要的浅成低温热液型金矿化。

（三）斐济群岛大洋岛弧演化与成矿作用

斐济群岛是太平洋板块与印度澳大利亚板块之间的复杂边界体系的组成部分。斐济群岛的构造演化可分为四个时期（图 5-6）。

晚始新世至早中新世（35～12 Ma）以前，太平洋板块与扩展的外美拉尼西亚岛弧体系的斐济组成部分即维蒂亚兹弧（其曾与所罗门岛、新赫布里底群岛、斐济和汤加岛弧合并过）一起由东向西俯冲，该俯冲带的残余作为维蒂亚兹海沟的一部分保存下来，在始新世至渐新世时期，该古岛弧体系的核心形成汤加、斐济（维提岛）和瓦努阿图的地质基底。这一时期的矿化限于 Wainimala 群火山岩的大部分地区。沉积型锰矿主要赋存在 Wainimala 组地层内，其形成与伴随浅海火山作用的热液活动有关。维提岛西南部的锰矿化赋存于火山岩及伴生的沉积岩中，特别是见于 Sigatoka 和 Nadi 盆地。重要的块状硫化物矿点见于维提岛南部和东南部的 Coloi-Suva、Wainileka 和 Wainivesi 矿区。

晚中新世时期（12～7 Ma），活动的太平洋板块俯冲到印澳板块之下形成了维蒂亚兹海沟，并形成了一系列岛弧火山岩，俯冲过程同时在斐济群岛引发了科洛造山运动，形成了大规模的断裂，并有同期科洛岩体的侵入。该时期许多含贱金属和贵金属的脉系（vein systems）紧邻且很可能与科洛（Colo）深成岩有关，特别是在维提岛西南部的Momi和Kubuna地区。黄铁矿和少量贱金属化广泛分布在Wainimala—科洛火山—深成岩带上。与各类深成岩伴生的规模小但品位高的矽卡岩矿化广布于深成岩带。

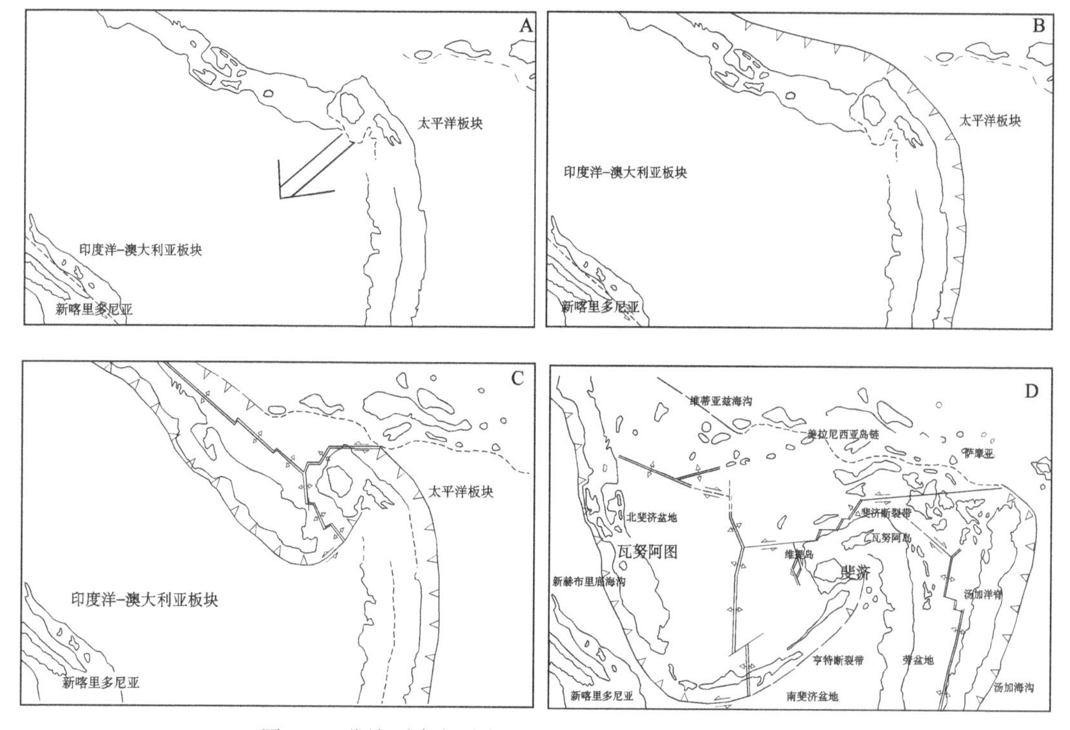

图 5-6　斐济群岛板块构造图（Colley and Flint，1995）

上新世时期（7～3 Ma），由于翁通—爪哇（Ontong Java）海台的存在，使得俯冲在所罗门群岛和美拉尼西亚岛链处停止，随后俯冲方向发生变化，并在瓦努阿图弧的西部形成一条新的海沟（瓦努阿图海沟），这也使得维蒂亚兹海沟成为一个不活跃的残留海沟，该过程使得斐济群岛处于伸展环境下，岩浆活动也由拉斑玄武岩和钙—碱性安山岩向碱性的橄榄玄粗质岩浆过渡，随后不久在斐济西部形成了北斐济盆地，并使得斐济群岛与瓦努阿图岛弧分离；该时期是斐济最重要的成矿期，在维提岛形成了大量的与碱性岩（橄榄玄粗岩）有关的浅成低温热液型金矿，其中包括著名的Vatukoula帝王金矿床，Tuvatu，Rakiraki等矿床，它们构成维提岛北部的“黄金走廊”（“Gold corridor”）；在瓦努阿岛上形成了许多与拉斑玄武岩质火山作用有关的浅成低温热液型金矿，其中包括较著名的Mount Kasi金矿床、Koroinasolo、Waimotu、Dakaniba和Savudrodro。主要的斑岩型矿床与Namosi安山岩伴生，产于Namosi、Waivaka、Waisoi和Wainibama。与斑岩型矿床伴生的还有矽卡岩和外围的浅成低温热液脉系。此外，在瓦努阿岛东南部的Udu火山岩群中还有块状硫化物矿化。

上新世至今（3 Ma 至今），汤加海沟之西发生裂谷化，形成劳盆地，并将汤加洋脊与劳洋脊分开。随着北斐济盆地继续张开，斐济群岛移动到了远离活跃板块边界的地方，导致了岛弧火山活动终止和板块内的碱性火山活动开始。该时期坎达武岛可见与高钾安山岩伴生的浅成低温热液型矿床。该期主要发育了剥蚀面上的地表残余的铝土矿矿床，例如 Drasa（Lautoka）和 Wainunu（Bua）；砂矿型矿床，例如 Waimanu 砂金矿、Sigatoka 沙丘和 Ba 三角洲磁铁矿砂。

第六章　区域矿产资源分布规律

第一节　概　　论

大洋洲地区的矿产资源相当丰富，特别是镍、铝土矿、金、铁、铅锌、铀、铜、稀土和锰等在世界上占有非常重要地位，储量和产量都位居世界前列。

由于区域地质条件的控制和地质调查工作程度的制约，目前大洋洲地区的矿产资源主要分布在澳大利亚、巴布亚新几内亚，其他如新西兰、斐济等国家也各自具有其优势矿产。

第二节　分　　论

一、铁矿

大洋洲地区的铁矿资源主要分布在澳大利亚和新西兰，其他国家零星分布。

根据大洋洲地区现有矿床分布情况，可以看出大洋洲地区的铁矿资源主要分布在以下几个矿集区内：伊尔岗地块北部铁矿矿集区（A）、哈默斯利盆地铁矿矿集区（B）、皮尔巴拉地块北部铁矿矿集区（C）、高勒地块铁矿矿集区（D）、麦克阿瑟盆地—派恩克里克造山带铁矿矿集区（E）、芒特艾萨造山带铁矿矿集区（F）、新西兰西部省北部铁矿矿集区（G）等七个矿集区（图 6-1）。

伊尔岗地块北部铁矿矿集区，该矿集区是澳大利亚近年来新近开发的铁矿生产区，特别是该矿集区内的雅尔古矿区，吸引了大量的中国投资者前来进行铁矿投资。该矿集区的铁矿以沉积变质型铁矿以及未变质的 BIF 型铁矿为主。该矿集区的铁矿主要分布在绿岩带地体内的条带状铁建造内，时代为晚太古至元古代。

哈默斯利盆地铁矿矿集区，该铁矿矿集区是澳大利亚甚至世界上最为重要的铁矿区，澳大利亚 90%的富铁矿资源都集中在该矿集区内。该矿集区的铁矿以沉积变质型铁矿为主。其中沉积变质型富铁矿矿床主要分布在哈默斯利盆地南部的哈默斯利群地层中的马拉曼巴组和布洛克曼组地层中，时代为早元古代，此外在该盆地内的新生代的古河道内。而在盆地北部，由于变质变形作用相对较弱，哈默斯利群的条带状铁建造形成了大量的 BIF 型铁矿床。

皮尔巴拉地块北部铁矿矿集区，该矿集区内铁矿资源也十分丰富，铁矿以复合成因铁矿为主，分布在太古代花岗绿岩带中的绿岩带内，赋矿岩石同样为太古代形成的条带状铁建造，并且该地区的矿床常被认为是阿尔戈马型条带状铁建造铁矿，与哈默斯利盆地内的铁矿有所区别。

高勒地块铁矿矿集区，该地区的铁矿在哈默斯利铁矿矿集区发现之前曾作为澳大利亚重要的铁矿石基地，之后逐渐关停，目前由于世界范围的铁矿热重新开始生产。该地区铁矿的类型较为多样，与条带状铁建造有关的沉积型铁矿床主要在晚太古代至早元古代的基底岩石中，在地块北部的多为条带状铁建造形成的矿床，品位相对较低，地块南部部分条带状铁建造发生富集形成了富铁矿床。此外，在后期的高勒山脉火山岩中，形成了大量岩浆热液有关的氧化物型铁矿床，但是该类矿床的铁含量较低，一般不作为铁矿床开采。

麦克阿瑟盆地—派恩克里克造山带铁矿矿集区，该地区铁矿主要为与条带状铁建造有关的沉积型铁矿，分布在元古代基底内。

芒特艾萨造山带铁矿矿集区，该地区铁矿主要与东部褶皱带的 Kuridala 组、Soldiers Cap 群、Toole Creek 火山岩中的条带状铁建造有关，该造山带自元古代开始经历了多期构造事件，在该过程中铁矿发生富集成矿。

新西兰西部省北部铁矿矿集区，该矿集区是新西兰最为重要的铁矿资源基地。区内铁矿主要为海滨砂矿，铁矿主要是磁铁矿，矿床是火山岩经过海水强烈地侵蚀及海风地搬运并使含铁矿物经过物理和化学分解而形成。

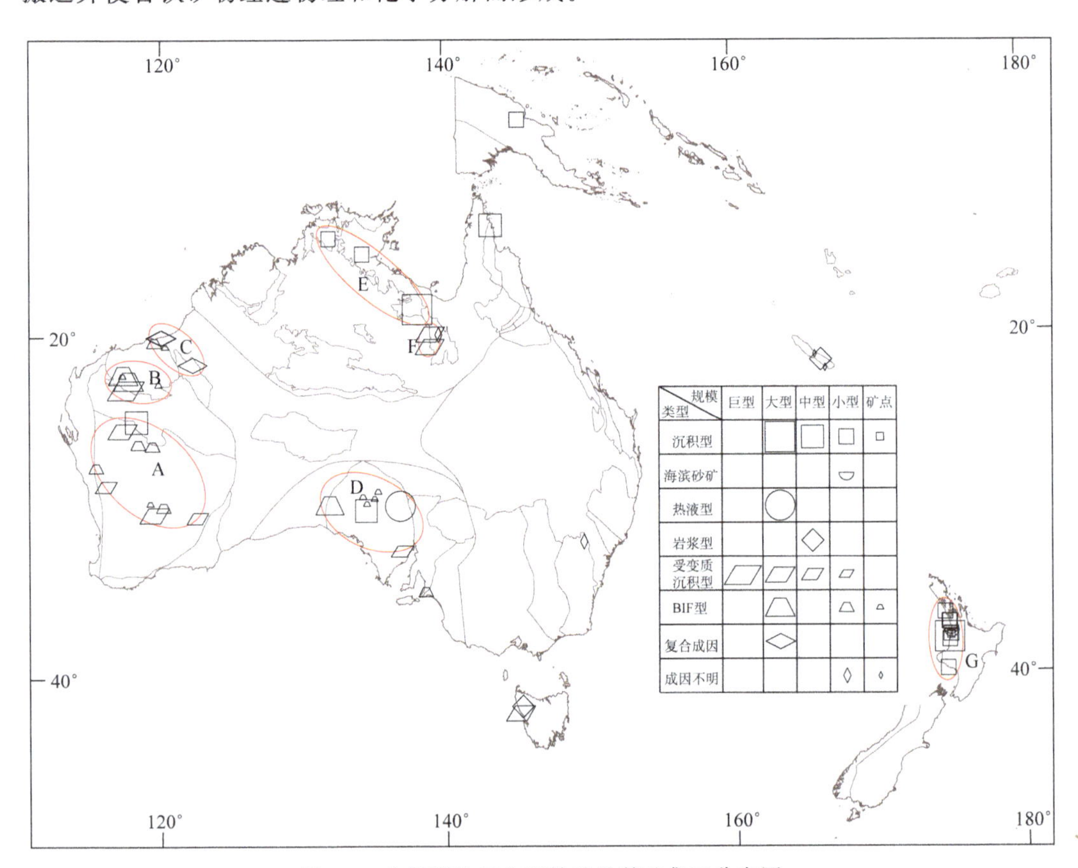

图 6-1　大洋洲地区主要铁矿及其矿集区分布图

二、锰矿

大洋洲地区的锰矿资源主要分布在澳大利亚，目前发现的矿床集中分布在北澳克拉通的麦克阿瑟盆地（A）内，此外在皮尔巴拉地块、伊尔岗地块内也有零星分布（图 6-2）。

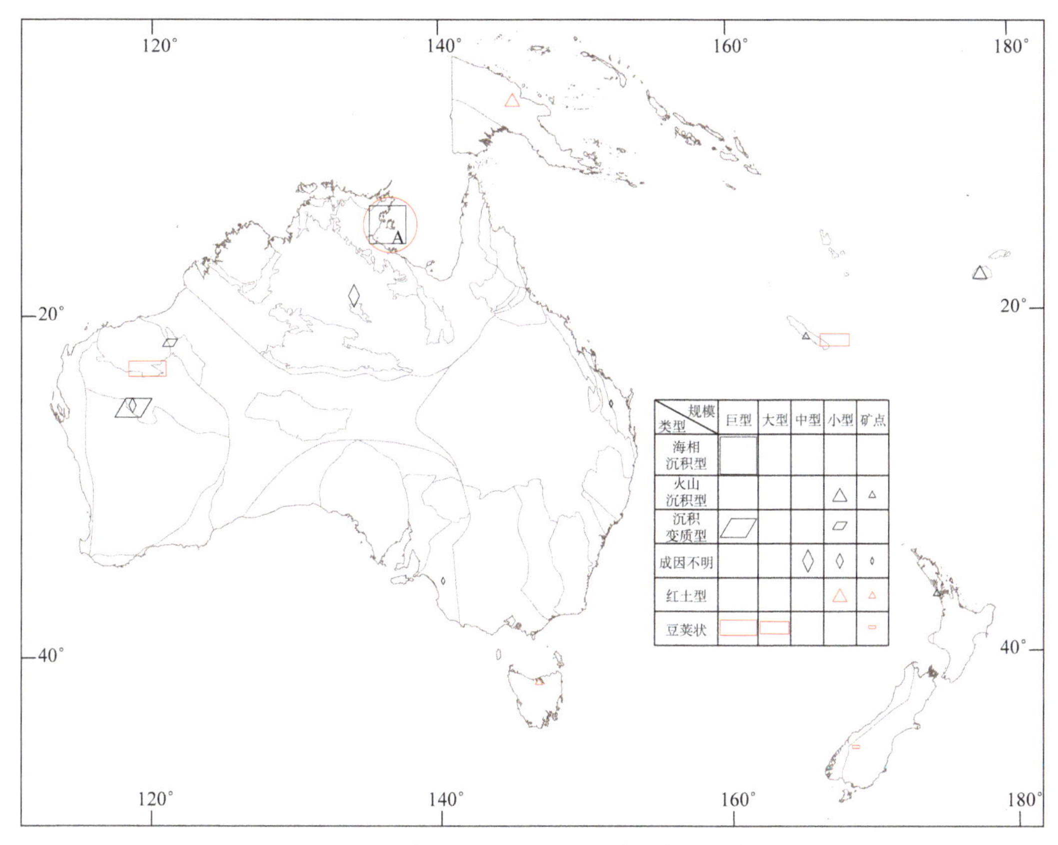

图 6-2　大洋洲地区主要锰矿及其矿集区分布图

麦克阿瑟盆地锰矿矿集区，锰矿类型为海相沉积型锰矿，矿床赋存在白垩系的地层中，为海相同生沉积产物。

皮尔巴拉地块和伊尔岗地块的锰矿多为沉积变质型锰矿，为晚太古代至早元古代时期的富锰的海底喷流沉积物经过第四纪的风化作用之后富集形成的矿床。

三、铜矿

大洋洲地区的铜矿资源丰富，类型众多，分布广泛，集中分布在澳大利亚、巴布亚新几内亚两国。

根据大洋洲地区铜矿床的分布情况可以看出，大洋洲地区的铜矿集中分布在以下矿集区内：伊尔岗地块东部铜矿矿集区（A）、伊尔岗地块中西部铜矿矿集区（B）、南回归线造山带中部铜矿矿集区（C）、皮尔巴拉地块北部铜矿矿集区（D）、高勒地块东部铜矿矿集区（E）、拉克兰造山带中东部铜矿矿集区（F）、芒特艾萨造山带铜矿矿集区（G）、昆士兰造山带—新英格兰造山带铜矿矿集区（H）、新几内亚铜矿矿集区（I）（图6-3）。

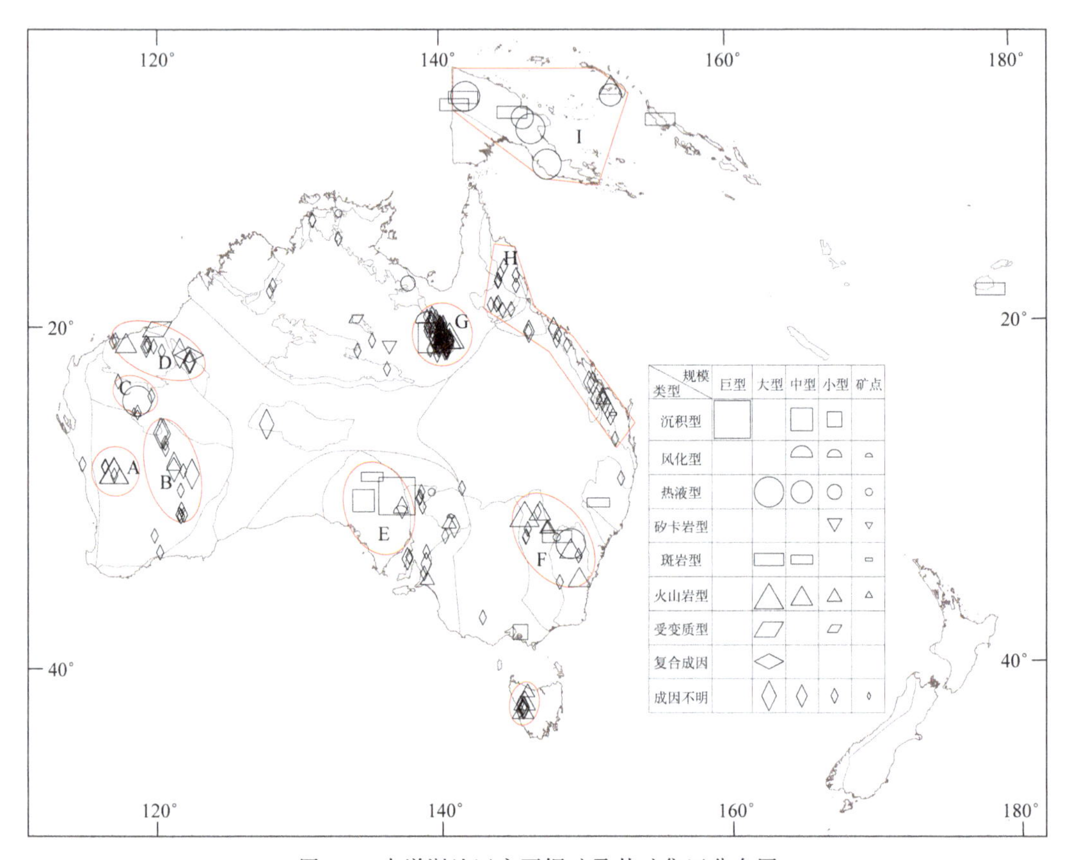

图 6-3　大洋洲地区主要铜矿及其矿集区分布图

伊尔岗地块东部铜矿矿集区，该矿集区的铜矿主要为火山块状硫化物型铜矿，分布在伊尔岗地块西部穆奇森地体的花岗绿岩带内，富矿地层为太古代的火山岩，通常为拉斑玄武岩等。

伊尔岗地块中西部铜矿矿集区，该矿集区的铜矿多为岩浆型铜镍矿，矿床分布在呈北东向的太古代花岗绿岩带内的超基性岩内，赋矿岩石主要为科马提岩，该矿集区主要以生产镍矿为主。

南回归线造山带中部铜矿矿集区，该矿集区的铜矿主要为火山块状硫化物型铜矿，分布在阿什伯顿盆地内，矿床大多赋存在元古代威鲁群中的中酸性火山岩中。

皮尔巴拉地块北部铜矿矿集区，该矿集区内的铜矿主要为火山块状硫化物型铜矿和岩浆型铜镍硫化物矿床。火山块状硫化物型铜矿主要赋存在皮尔巴拉超群的维姆溪群中的长英质火山岩内；岩浆型铜镍硫化物矿床主要赋存在花岗绿岩带内的超基性的科马提岩中。

高勒地块东部铜矿矿集区，该地块的铜矿大多为铁氧化物型铜金矿床，矿床赋存在中元古代的高勒火山岩中，并且与同时代的海尔塔巴花岗岩有关。

拉克兰造山带中东部铜矿矿集区，该地块的铜矿类型主要为火山块状硫化物型铜矿和斑岩型铜矿床。火山块状硫化物矿床主要赋存在区内古生代时期的弧后盆地环境下形成的火山岩中，成矿时代主要为志留纪；斑岩型铜矿床在该矿集区内也十分发育，主要与弧岩浆活动有关，矿床主要赋存在麦考瑞弧中的中至晚奥陶系岩浆岩带内。

芒特艾萨造山带铜矿矿集区，该矿集区的铜矿资源丰富，主要类型为砂页岩型铜矿和铁氧化物型铜矿。砂页岩型铜矿主要分布在矿集区芒特艾萨造山带西部褶皱带的芒特艾萨群内，矿化赋存在该群的乌奎哈片岩中，成矿时代为元古代；铁氧化物型铜矿集中分布在造山带的东部褶皱带内，赋矿围岩为元古代的 Soldiers Cap 群的变质岩，成矿时代为元古代。

昆士兰造山带—新英格兰造山带铜矿矿集区，该地区在古生代时期发育大量弧后盆地，形成了大量的火山块状硫化物型铜矿床。

新几内亚铜矿矿集区，该矿集区的铜矿主要为斑岩-矽卡岩型和火山块状硫化物型矿床。斑岩—矽卡岩型铜矿主要分布在巴布亚新几内亚造山带内，并大多与中新世到更新世的岩浆活动有关；火山块状硫化物型矿床主要为现代海底热液硫化物矿床，在马努斯海内广泛发育。

四、铅锌矿

大洋洲地区的铅锌矿资源集中分布在澳大利亚，并且集中分布在伊尔岗地块东北部铅锌矿矿集区（A）、柯纳莫纳地块铅锌矿矿集区（B）、拉克兰造山带中东部铅锌矿矿集区（C）、北澳克拉通中部铅锌矿矿集区（D）、塔斯马尼亚岛东北部铅锌矿矿集区（E）等五个矿集区内（图 6-4）。

伊尔岗地块东北部铅锌矿矿集区，该地区的矿床主要产出在太古代绿岩带中的火山岩中，为火山块状硫化物矿床，成矿元素以铜为主，同时伴生铅锌。

柯纳莫纳地块铅锌矿矿集区，该矿集区内铅锌矿主要为碎屑岩容矿的铅锌矿，以布罗肯希尔铅锌矿床为代表，矿床赋存在元古代威尔亚玛超群中。

拉克兰造山带中东部铅锌矿矿集区，该矿集区内铅锌矿主要为碎屑岩容矿的铅锌矿，赋存在造山带中东部的志留纪至泥盆纪沉积盆地中，赋矿地层为与火山活动有关的沉积地层。

北澳克拉通中部铅锌矿矿集区，该矿集区发育大量的细碎屑岩容矿铅锌矿床，典型代表为芒特艾萨铅锌矿、HYC 铅锌矿等，这些矿床赋存在中元古代的芒特艾萨造山带的西部褶皱带内的芒特艾萨群和麦克阿瑟盆地内的麦克阿瑟群中。

塔斯马尼亚岛东北部铅锌矿矿集区，该矿集区内的铅锌矿为火山块状硫化物矿床，矿床赋存在古生代的芒特雷德组长英质火山岩中，成矿元素以铜为主，同时伴生铅锌。

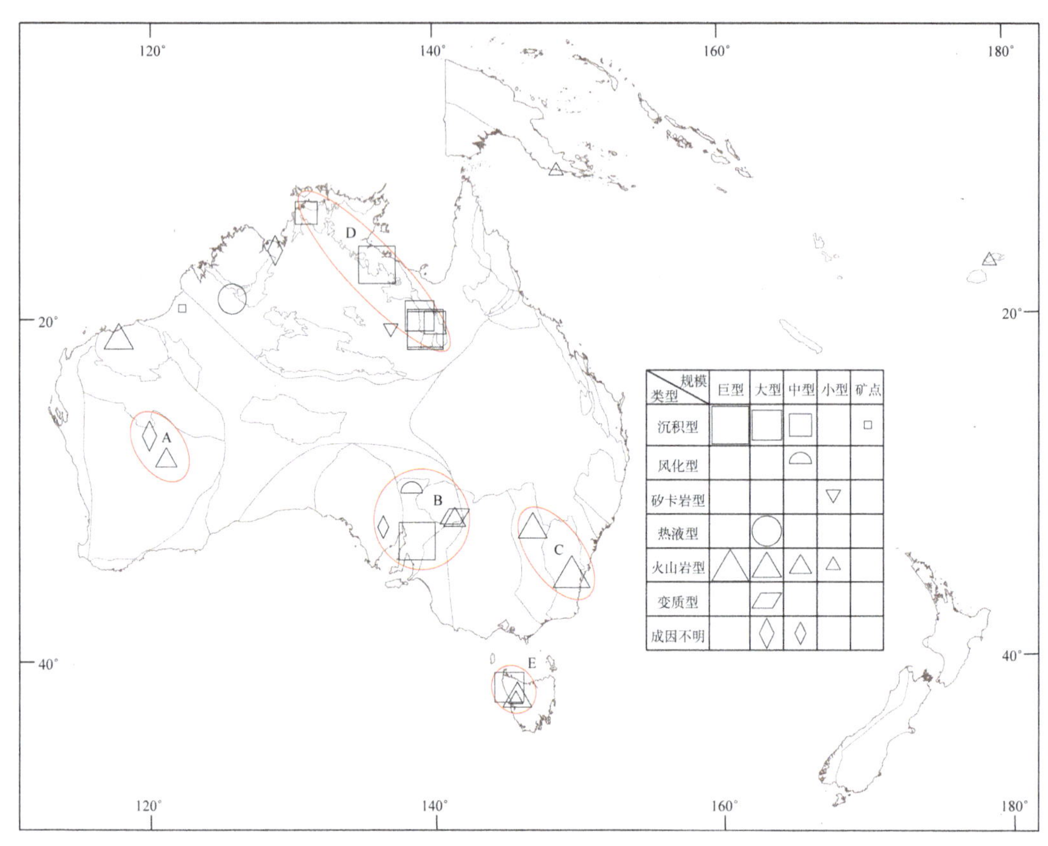

图 6-4　大洋洲地区主要铅锌矿及其矿集区分布图

五、铝土矿

大洋洲地区的铝土矿床分布在澳大利亚、巴布亚新几内亚、新喀里多尼亚、所罗门群岛和斐济等国家，主要的矿集区有达令山铝土矿矿集区（A）、卡奔塔利亚半岛北部铝土矿矿集区（B）、所罗门群岛铝土矿矿集区（C）、新喀里多尼亚铝土矿矿集区（D）等（图 6-5）。

达令山铝土矿矿集区，该矿集区为铝土矿主要为红土型，分布在伊尔岗地块的西南片麻岩地体西南部的达令山脉附近，矿集区的太古代的富铝的花岗片麻岩基底经历新生代的风化淋滤作用，形成红土型铝土矿床。

卡奔塔利亚半岛北部铝土矿矿集区，该矿集区内的铝土矿主要为红土型，矿床赋存在产于古近纪至新近纪的长石砂岩、粘土和粉砂岩之上，为新生代风化作用形成的矿床。

所罗门群岛铝土矿矿集区和新喀里多尼亚铝土矿矿集区，两个矿集区的铝土矿均为红土型矿床，为新生代时期的玄武岩风化形成。

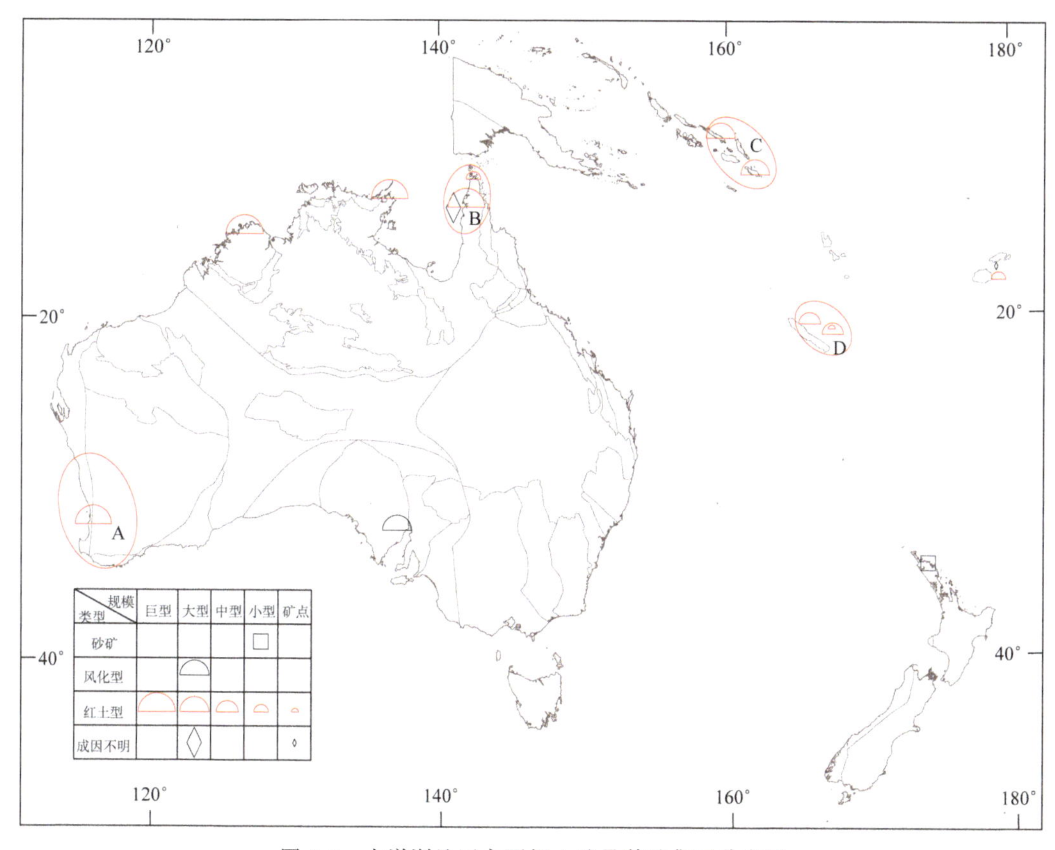

图 6-5　大洋洲地区主要铝土矿及其矿集区分布图

六、镍矿

区内镍矿资源十分丰富，主要分布在澳大利亚、巴布亚新几内亚、新喀里多尼亚，主要的矿集区东部黄金省镍矿矿集区（A）、昆士兰造山带南部镍矿矿集区（B）、巴布亚半岛镍矿矿集区（C）、新喀里多尼亚镍矿矿集区（D）等（图 6-6）。

东部黄金省镍矿矿集区，该矿集区位于伊尔岗克拉通东部黄金省地体内，矿床集中赋存在地体的花岗绿岩带中的超基性科马提岩中，成矿时代为晚太古至元古代。

昆士兰造山带南部镍矿矿集区，该地区的镍矿主要为风化型镍矿，为古生代时期的拼贴增生的洋壳，经过新生代时期的风化淋滤形成的矿床。

新喀里多尼亚镍矿矿集区和巴布亚半岛镍矿矿集区，两个矿集区的镍矿均为风化型镍矿，为新生代的增生洋壳，增生之后经过风化淋滤形成的矿床。

七、金矿

区内金矿资源十分丰富，而且类型众多，分布广泛，是大洋洲地区最具优势的矿产

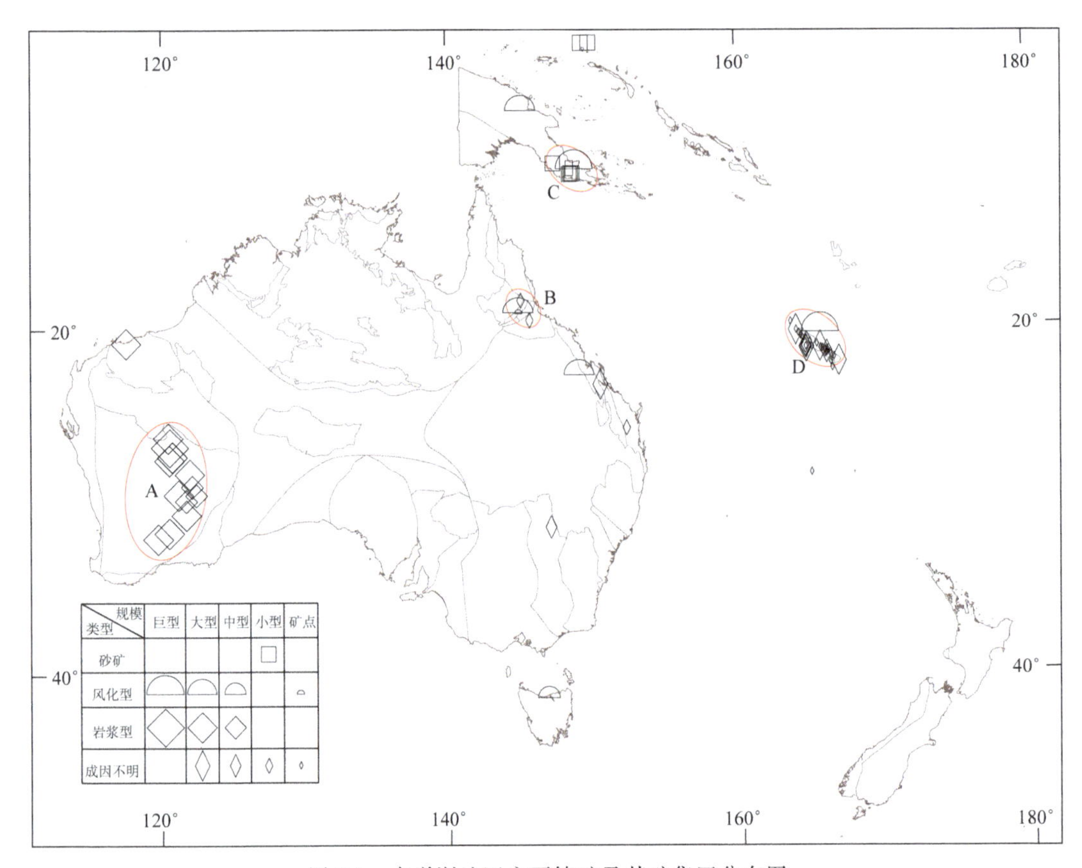

图 6-6　大洋洲地区主要镍矿及其矿集区分布图

资源。大洋洲的主要国家澳大利亚、新西兰、巴布亚新几内亚均有大量金矿分布，主要的矿集区有伊尔岗地块金矿矿集区（A）、皮尔巴拉金矿矿集区（B）、滕南特克里克金矿矿集区（C）、西拉克兰造山带金矿矿集区（D）、东拉克兰造山带金矿矿集区（E）、昆士兰-新英格兰造山带金矿矿集区（F）、塔斯马尼亚西部金矿矿集区（G）、新几内亚金矿矿集区（H）、克罗曼多半岛金矿矿集区（I）、里夫顿金矿矿集区（J）、奥塔哥金矿矿集区等（K）（图 6-7）。

伊尔岗地块金矿矿集区，该矿集区位于西澳克拉通的伊尔岗地块内，矿集区主要包括东部黄金省地体、穆奇森地体等几个花岗绿岩带地体，矿集区内金矿主要为绿岩带型金矿，主要矿床有戈登迈尔金矿等。区内矿床大多赋存在新太古代至早元古代的绿岩带中，并且受到北东向区域性断裂、剪切带、辉绿岩墙等多种因素控制。

皮尔巴拉金矿矿集区，该矿集区位于西澳克拉通的皮尔巴拉地块内，矿集区主要包括皮尔巴拉地块及其附近的派特森造山带，矿集区内金矿主要为绿岩带型金矿和与沉积建造有关的金矿。区内皮尔巴拉地块区内矿床大多赋存在新太古代至早元古代的绿岩带中，并且受到北东向区域性断裂、剪切带、辉绿岩墙等多种因素控制，为绿岩带型金矿；派特森造山带内的金矿赋存在区内元古代基底的变质杂岩中，为与沉积建造有关的

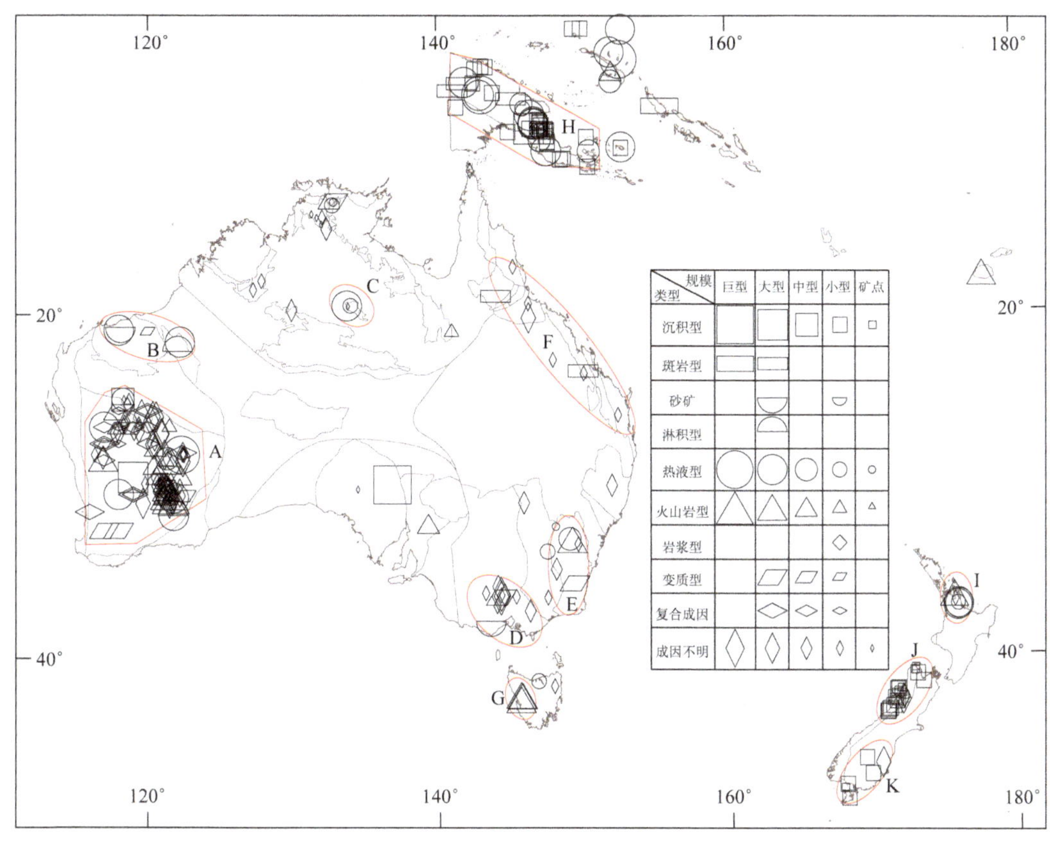

图 6-7　大洋洲地区主要金矿及其矿集区分布图

金矿。

滕南特克里克金矿矿集区，该矿集区范围包括滕南特克里克造山带，金矿类型主要为与沉积建造有关的金矿床，矿床大多赋存在元古代的瓦拉孟加组的变质沉积物内。

西拉克兰造山带金矿矿集区，该矿集区主要位于拉克兰造山带西带的南部，金矿类型为与沉积建造有关的金矿床，成矿作用从奥陶纪一直持续到泥盆纪，矿化主要赋存在古生代的浊积岩内。

东拉克兰造山带金矿矿集区，该矿集区范围集中在拉克兰造山带的东带内，矿床类型为斑岩—浅成低温热液型，成矿作用集中在奥陶至志留纪，矿化赋存在麦考瑞弧岩浆岩内。

昆士兰—新英格兰造山带金矿矿集区，该矿集区包括了昆士兰造山带的南段和新英格兰造山带的北段，矿床类型以斑岩—浅成低温热液型为主。昆士兰造山带南段的金矿以斑岩—浅成低温热液型金矿为主，矿化主要与石炭至二叠纪的肯尼迪省岩浆活动有关；新英格兰造山带北部地区在二叠至三叠纪时期发育大量的斑岩-浅成低温热液型金矿化，该类矿化大部分发生在三叠纪时期的，矿化与发育钾化、绢英化和青磐岩化蚀变的闪长岩、英云闪长岩和花岗闪长岩斑岩有关，这些斑岩型侵入体的侵位受到北至西北亚罗尔的控制，该类矿化多发育在造山带最东部增生楔的吉姆派地块内，重要的有克拉科夫金矿区、科尔斯敦地区等地区。

塔斯马尼亚西部金矿矿集区，该矿集区范围在德拉梅里亚造山带的塔斯马尼亚部分，即塔斯马尼亚西部，矿床类型为海底块状硫化物矿床，矿床主要成矿元素为铜、铅锌、伴生金、银矿床，矿床赋存在奥陶纪的火山岩中。

新几内亚金矿矿集区，该矿集区范围集中在新几内亚地区，即巴布亚新几内亚的造山带地区以及外围的新几内亚群岛地区，产出众多的世界级金矿床如奥克泰迪、利希尔、波尔盖拉等，矿床类型为斑岩-浅成低温热金矿，矿床的矿化与中新世之后的侵入岩有关。

克罗曼罗半岛金矿矿集区，该矿集区位于新西兰东部省的怀帕帕地块内的克罗曼罗半岛，产出包括玛萨希尔等一系列大中型金矿床，区内金矿主要为浅成低温热液型，矿床赋存在中新世的克罗曼罗群火山岩中。

里夫顿金矿矿集区，该矿集区位于新西兰西部省的布勒地块内，产出包括黑水金矿等一批中小型金矿，金矿类型为沉积建造有关的金矿，金矿化赋存在格陵兰岛群的海相沉积地层中，矿化同时受到断裂和剪切带控制。

奥塔哥金矿矿集区，该矿集区位于新西兰东部省的托勒斯地块内，产出包括麦克雷斯金钨矿等，金矿类型为沉积建造中的金矿，金矿赋存在石炭至二叠世的托勒斯片岩中。

此外区内的砂金矿也十分发育，特别是在拉克兰造山带和巴布亚新几内亚造山带内的砂金矿开采规模巨大。

八、稀土矿

大洋洲地区的稀土矿床集中分布在澳大利亚，主要的矿集区有平贾拉造山带稀土矿矿集区（A）、拉沃顿稀土矿矿集区（B）、霍尔斯克里稀土矿矿集区（C）、阿伦塔稀土矿矿集区（D）、芒特艾萨稀土矿矿集区（E）、高勒地块东部稀土矿矿集区（F）、拉克兰造山带西部稀土矿矿集区（G）、拉克兰造山带东部稀土矿矿集区（H）、新英格兰造山带稀土矿矿集区（I）等（图 6-8）。

平贾拉造山带稀土矿矿集区，该矿集区位于平贾拉造山带内，矿床类型为砂矿，主要沿着海岸线分布，主要矿石矿物为独居石等。

拉沃顿稀土矿矿集区，该矿集区位于伊尔岗地块东部黄金省地体的东部内，矿床类型为碳酸盐岩有关的残余红土型矿床，矿床母岩为太古代至元古代的碳酸岩，经过新生代的风化作用富集成矿。

霍尔斯克里稀土矿矿集区，该矿集区位于霍尔斯克里克造山带内，矿床类型多为碱性侵入岩有关的稀土矿床，矿床与元古代时期的碱性侵入岩浆活动有关。

阿伦塔稀土矿矿集区，该矿集区位于北澳克拉通的阿伦塔造山带南带内，主要矿床类型为磷灰石萤石脉矿床，矿床与元古代时期的碳酸岩浆活动有关，矿脉由来源于碱性和/或碳酸盐岩熔体的热液流体形成。

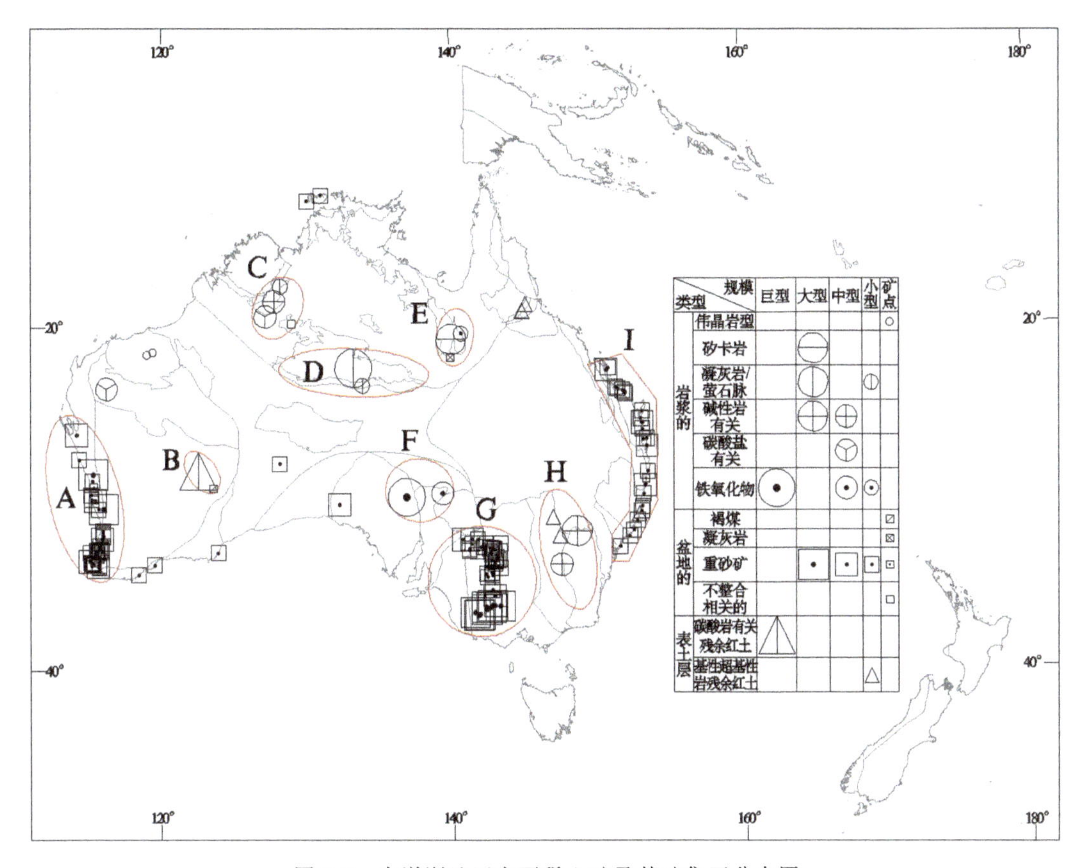

图 6-8　大洋洲地区主要稀土矿及其矿集区分布图

芒特艾萨稀土矿矿集区，该矿集区位于芒特艾萨造山带的东部褶皱带内，主要矿床类型为矽卡岩型稀土矿床，矿床赋存在元古代的玛丽凯瑟琳群的科雷拉组火山岩中。

高勒地块东部稀土矿矿集区，该矿集区位于高勒地块东部，主要矿床类型为铁氧化物型稀土矿床，矿床主要成矿元素为铜、金等，同时伴生铀和稀土元素，典型代表为奥林匹克坝矿床，矿床赋存在中元古代的高勒火山岩中，与同期的岩浆侵入活动有关。

拉克兰造山带西部稀土矿矿集区、拉克兰造山带东部稀土矿矿集区、新英格兰造山带稀土矿矿集区，三个矿集区的分别位于拉克兰造山带和新英格兰造山带内，矿床类型均为重砂矿，重砂一般赋存在古海岸线地区和盆地边缘地区。

九、铀矿

澳大利亚铀矿是世界上铀矿资源量巨大，品位较富，出口数量最多的国家之一。拥有奥林匹克坝、兰杰、贝弗利、伊利列等不同类型的超大型矿床。铀矿集中分布在伊尔岗东部铀矿矿集区（A）、皮尔巴拉北部铀矿矿集区（B）、派恩克里克北部铀矿矿集区（C）、芒特艾萨东部铀矿矿集区（D）、阿伦塔南部铀矿矿集区（E）、高勒东部铀矿矿集区（F）和柯纳莫纳北部铀矿矿集区（G）等矿集区内，此外在昆士兰造山带内也分布少量铀矿（图 6-9）。

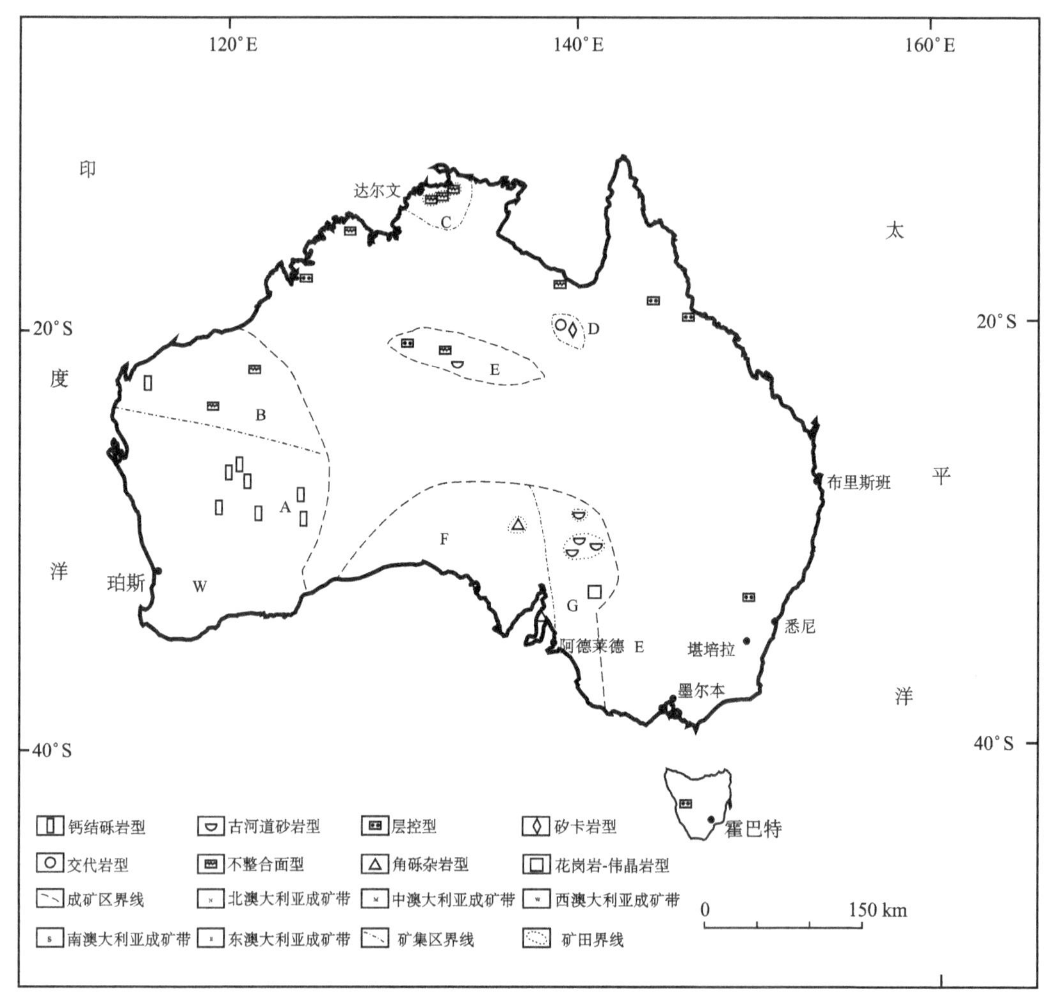

图 6-9　澳大利亚主要铀矿床及矿集区分布图

伊尔岗东部铀矿矿集区，该矿集区位于伊尔岗地块东部，主要铀矿类型为钙结砾岩型铀矿。由于该地区太古代至元古代基底中的铀含量较高，从白垩纪至今，由地下水淋滤基岩并在河谷堆积物沉淀而成，铀矿化呈薄膜状覆盖在钙质结砾岩颗粒间，有时呈土状或薄层状产于其裂隙或断层中。

皮尔巴拉北部铀矿矿集区，该矿集区位于皮尔巴拉地块的北部，主要铀矿类型为不整合面型铀矿，矿化赋存在太古代至早元古代基底与后期盖层之间的不整合面处。

派恩克里克北部铀矿矿集区，该矿集区位于派恩克里克造山带北部，是澳大利亚铀矿资源最丰富，大型—超大型矿床最多，目前地质勘查程度较详细，开采条件优越的矿集区，区内铀矿主要为不整合面型。铀矿化主要发育于太古代变质杂岩构成结晶基底，古元古代变质岩、混合岩和花岗岩构成褶皱基底与中新元古代地层组成下部沉积盖层、中生代和新生代地层组成上部沉积盖层之间的不整合面处。

芒特艾萨东部铀矿矿集区，该矿集区位于芒特艾萨造山带的东部褶皱带内，主要矿床类型为矽卡岩型铀矿床，矿床赋存在元古代的玛丽凯瑟琳群的科雷拉组火山岩中，矿床还同时伴生稀土矿化。

阿伦塔南部铀矿矿集区，该矿集区位于阿伦塔造山带南部，主要矿床类型为古河道型和砂矿型，矿化赋存在 Reynolds Range 群地层中，铀矿化伴生稀土矿化。

高勒东部铀矿矿集区，该矿集区位于高勒地块东部，主要矿床类型为铁氧化物型铀矿，矿床赋存在元古代海尔塔巴花岗岩中，矿化还伴生稀土、铜、金矿化。

柯纳莫纳北部铀矿矿集区，该矿集区位于柯纳莫纳地块中部地区，矿化赋存在中新生代的盖层沉积内，矿化类型为砂岩型铀矿。

十、金刚石

澳大利亚的金矿石矿资源主要在金伯利盆地、金利奥波德造山带和霍尔斯克里克造山带内，矿床类型为钾镁煌斑岩有关的金刚石矿，矿化赋存在元古代的钾镁煌斑岩脉中。

第七章　大洋洲地区优势矿产资源潜力评价和开发前景

本章在总结项目总体成果的基础上，以地质、矿产特征分析为基础对区内的优势矿产资源潜力进行了初步的分析，并在此基础上提出了矿床的找矿远景区，最后，结合已有资料，利用证据权法和地质遥感解译方法对重点远景区进行了成矿预测。

第一节　优势矿产资源潜力分析

一、铁矿

大洋洲地区的铁矿资源主要分布于澳大利亚，主要的成矿类型为前寒武纪含铁建造容矿的沉积变质型铁矿床。西澳拥有全澳已发现铁矿资源的90%，主要集中在皮尔巴拉地块的哈默斯利盆地和伊尔岗地块内。该地区共有13个矿场，其中6个由哈默斯利公司（Hamersley Iron）经营，2个属于罗伯河公司（Robe River），5个由断山公司（BHP Billiton）经营。此外，在西澳的苦力杨哪宾和白鹦鹉岛（Koolyanobbing and Cockatoo Island）也有铁矿场。

二、锰矿

大洋洲地区的锰矿资源主要集中在澳大利亚。澳大利亚占有全球已探明有经济意义的锰矿资源的7%，排名第四，而澳大利亚生产的锰矿占全球总产量的11%，排名第五。据2002年评估，澳大利亚拥有已探明有经济意义的（economic demonstrated resources）锰矿资源1.268×10^8 t。已探明有次经济意义的（subeconomic demonstrated resources）锰矿资源1.901×10^8 t。隐含（inferred resources）锰矿资源1.975×10^8 t。据澳大利亚农业和资源局报告，2002年澳生产出锰矿2.2×10^6 t（锰含量100万t）。其中格鲁特岛（Groot Island）产出1.65×10^7 t，乌第乌第（Woodie Woodie）产出5.4×10^5 t。

三、铜矿

大洋洲地区的铜矿资源主要分布在澳大利亚和巴布亚新几内亚。

澳大利亚铜矿资源丰富，占有全球有经济意义的铜矿资源的10%，位列第三，仅次于智利（45%）和美国（11%）。据2002年评估，澳大利亚拥有铜矿资源6.54×10^5 t，其中已证明有经济意义的铜矿资源3.3×10^5 t，亚经济意义的铜矿资源1.08×10^5 t，隐含铜矿资源为2.18×10^5 t。隐含铜矿资源主要集中在南澳，占50%，其次是昆州，占 26%，新州和西澳各占 9%。澳大利亚是世界上主要的铜生产国之一。在南澳的奥林匹克坝（Olympic Dam）和昆州的芒特艾萨（Mount Isa）拥有世界级的铜矿山和冶炼厂。在新州的北部放置场和卡的亚山（Northparkes and Cadia Hill），在昆州的奥斯本和高登山（Osborne and Mount Gordon），在西澳的黄金丛林和尼夫蒂（Golden Grove and Nifty）也有重要的铜矿山和冶炼厂。2002 年澳大利亚生产出的铜占全球总产量的 10%，排名第四。第一名是智利（51%），第二名是美国（13%），第三名是印度尼西亚（13%）。

巴布亚新几内亚的铜矿资源也十分丰富，其铜矿资源主要来自奥克泰迪铜矿，2004 年巴布亚新几内亚出产铜大约 2×10^5 t。

四、铝土矿

大洋洲地区的铝土矿主要分布在澳大利亚，该国是世界上拥有铝土资源最多的国家(8.8Gt)，其后是几内亚、巴西、牙买加、中国、印度等。澳大利亚也是世界上最大的铝土和氧化铝出口国，2002 年出口的铝土和氧化铝分别占全世界总出口量的 36% 和 30%。

澳大利亚铝业包括 5 个铝土矿山，6 个氧化铝提炼厂，6 个铝冶炼厂，12 个挤压厂和 4 个产品（薄片，金属板和箔）滚压厂。工业主要分布在昆士兰北、猎人谷、维多利亚西南、西澳西南、北领地和塔斯马尼亚北。

五、金矿

大洋洲地区的金矿资源丰富，在澳大利亚、新西兰和巴布亚新几内亚均有十分丰富的金矿资源。

澳大利亚各州都发现了金矿和开采金矿。据 2002 年评估，澳大利亚的全部金矿资源 9507 t。其中，已探明有经济意义的（economic demonstrated resources）金矿资源 5415 t，西澳占 62%，达 3124 t，南澳居第二，新州居第三；已探明有次经济意义的（subeconomic demonstrated resources）金矿资源 1269 t，西澳占 71%，达 821 t，昆州约 105 t，新州约 63 t，北领地约 94 t，隐含（inferred resources）金矿资源 2823 t。据美国地质调查局估计，全球共有黄金矿藏 4.25×10^4 t。南非拥有黄金矿藏量 8000 t，占全球藏量的比率为 18.8%，排名第一；美国占全球藏量的比率为 13.2%，排名第二；澳大利亚占全球藏量的比率为 11.8%，排名第三。全球年产黄金约 2600 t。最大的黄金生产国是南非，年产黄金 400～600t；其次是美国，年产黄金 320～360 t；第三位是澳大利亚，年产黄金 300 t 左右。

新西兰 2001 年的金产量为 9.85 t，价值 2.06 亿新元。主要分布于南岛奥塔哥地区和南部区。新西兰南岛的热液金、钨和锑成矿作用发生在哈斯特片岩的石英脉中，这些石英脉呈组或有 2～50 条独立脉的矿脉区产出。哈斯特片岩主要由中生代变质沉积物组成。石英脉提供了 4%的金产量（10 t）和 100%的白钨矿产量（3018 t）。现代、第三纪和晚白垩世砾石砂矿的开采提供了以哈斯特片岩为基底的地区金总产量的 96%（230 t）。

巴布亚新几内亚是金生产大国，目前在产矿山有 8 个，即波尔盖拉、凯南图（Kainatu）、奥克泰迪、托鲁库马、西尼维特（Sinivit）、利希尔、辛柏里（Simberi）和海登山谷。

六、镍矿

大洋洲镍矿资源十分丰富，其中澳大利亚是世界上最大的镍矿资源国（2220 万 t），占有比率为 36.3%，2002 年，全球约产镍矿 1.35×10^6 t，其中澳大利亚约产 2.11×10^5 t，占有比率 15.6%，位居第二；加拿大约产 1.88×10^5 t，占有比率 14%；位居第三；印度尼西亚约产 1.05×10^5 t，占有比率 8%，位居第四，据 2002 年评估，澳大利亚拥有已探明有经济意义的镍矿资源 2.22×10^5 t。

巴布亚新几内亚的镍矿资源同样丰富，例如新投产的拉姆镍矿。在东部造山带的巴布亚超基性岩带中又发现了新的镍矿远景区。此外，新喀里多尼亚的镍矿资源也十分丰富。

但是各国的镍矿类型不同，澳大利亚主要出产与科马提岩有关的镍矿，并主要分布在伊尔岗地块内，成矿时代为元古代，而巴布亚新几内亚和新喀里多尼亚的镍矿主要分布在风化的超基性岩带内，为红土型镍矿，成矿时代为新生代，主要分布区为巴布亚新几内亚东部造山带的超镁铁质岩带中和新喀里多尼亚岛上。

巴布亚新几内亚造山带内的红土型镍钴矿资源十分丰富，通过野外考察发现，矿床的形成主要受到超基性的橄榄岩的控制，在区域上寻找该类型矿床应以寻找超基性岩为主要目标。

七、铀矿

澳大利亚是世界最主要的铀矿资源国家之一，是继加拿大之后的世界第二产铀大国。20 世纪 90 年代每年平均产铀金属 3909 t。进入 20 世纪，澳大利亚铀矿生产保持了高速发展的势头。2000～2007 年的 8 年中，年平均铀产量 8053.5 t，其中 2007 年的铀产量为 8611 t，占世界铀总产量的 20.9%。据澳大利亚地球科学局资料，截至 2007 年底探明的铀资源量达 98.3×10^4 t，又据世界核协会资料，澳大利亚可回收铀资源量达 114.3×10^4 t，居世界之首。

澳大利亚铀矿类型特别优秀，不整合面型、角砾杂岩型、古河道砂岩型和钙质结砾岩型都是经过近年来全球勘查工作证实的资源量大、品位富、可采、可选的优秀类型。在北澳大利亚成矿带派恩克里克矿集区阿里盖特河矿田和南澳大利亚成矿带弗罗姆湖矿集区贝弗利矿田和哈尼蒙矿田内同时具备这几种类型，可以认为澳大利亚铀矿资源潜力特别巨大。

八、稀土矿

澳大利亚稀土矿资源丰富，已探明稀土矿储量位居世界第四位，截至2010年，其稀金属资源量为1.65×10^4t（以稀土氧化物REO计），占世界资源量的1.45%。其中有资源量达5.3×10^7t的奥林匹克坝—铁氧化物角砾岩型超大型矿床，资源量达1.45×10^6t的韦尔德山碳酸岩有关的风化残余红土型超大型矿床，其规模都在1×10^6t以上大型矿床近10处。1952～1995年期间，澳大利亚共出口2.65×10^5t独居石，出口总价值约为2.8亿美金。

结合澳大利亚稀土矿成因类型及成矿特征的分析，澳大利亚具有良好的稀土矿找矿潜力。

第二节 成矿远景区及成矿预测

本项目通过对成矿地质条件的分析、成矿模式的厘定、找矿模型的应用研究，综合划分了成矿远景区和找矿预测区。

一、成矿远景区划分

（一）划分原则和标准

根据对区域成矿地质特征的总结，本章进行了区域成矿远景区划分工作，其划分原则依据原则如下（朱裕生等，2000）：

① 最小面积最大含率准则。区内圈出的成矿远景区的面积不能太大，也不能太小，需要在综合各类资料中包含的有效成矿信息基础上，才能确定成矿远景区边界的最佳空间位置，求得含矿率和有效找矿面积。

② 优化评价准则。它是对地质和矿产特征中包含有随机性和模糊性成矿信息的限制，对有利成矿信息的强化和浓缩，提高圈定的成矿远景区的可靠性和预测资源量的可信度。

③ 水平对等准则。工作的地区与以往地质工作程度差异较大，使用的比例尺各不相同，而且根据工作区的面积大小也有相应调整。

本书在此原则上对远景区进行了划分，并依据以下标准进行了分级：

A类，成矿地质背景优越，一般可以与已知矿田或矿区类比，矿产资源潜力大或较大，找矿标志明显，可以优先安排预查的远景区；

B类，成矿地质背景较好，预测依据虽然充分，但与已知矿田或矿区类比难度较大，找矿信息叠加程度较差，属将来可以考虑进行预查的远景区。

C类，具有成矿的基本条件，多元地学成矿信息的门类不全，难以与已知矿床矿田类比，只具备地质或物化探单一的找矿标志，推断矿产资源潜力可靠性较差的地区。

（二）远景区划分

根据对区内地质背景、典型矿床特征、矿产分布特征、成矿条件和找矿标志等分析研究，提出了8个矿种的区域成矿规律研究的结果，本次主要通过地质分析方法提出优势矿产资源的找矿战略选区如下（表7-1）：

表7-1 大洋洲地区优势矿产资源远景区一览

矿种	远景区	目标类型
富铁矿	皮尔巴拉地块哈默斯利盆地	沉积变质型
锰矿	麦克阿瑟盆地	沉积型
铜矿	巴布亚新几内亚	斑岩—矽卡岩—浅成低温热液型
	芒特艾萨造山带	砂页岩型
	高勒地块	铁氧化物型
	塔斯马尼亚	块状硫化物型
铝土矿	伊尔岗地块西南片麻岩地体	红土型
金矿	伊尔岗地块	绿岩带型
	拉克兰造山带	造山型
镍矿	伊尔岗地块	与科马提岩有关的镍矿
铀矿	派恩克里克造山带	不整合面型
	柯纳莫纳地块	砂岩型、铁氧化物型
	伊尔岗地块	钙质结砾岩型
稀土矿	阿伦塔造山带	岩浆成因及盆地相关

1. 铁矿

皮尔巴拉地块哈默斯利盆地沉积变质型富铁矿战略选区

地质背景

出露在地块南部的哈默斯利盆地内，主要地层为布鲁斯山超群，由一系列火山岩、条带状铁建造构成，不整合沉积在皮尔巴拉地块古老的花岗绿岩带之上，该超群包括三个群：福蒂斯丘群、哈默斯利群和图里溪群。其中哈默斯利群的马拉曼巴组和布洛克曼组是主要的铁矿赋矿层位。

矿产分布特征

该矿区已发现不同规模的铁矿床100多处，其中有些单个铁矿床规模达到1×10^{9}t以上，如汤姆普莱斯山矿床（Mount Tom Price，9×10^{8}t，铁品位64%）和芒特维尔贝克矿床（Mount Whaleback，1.4×10^{9}t）等。该铁矿区的含铁建造呈层状产于古元古代哈默斯利群布罗克曼（Brockman）组和马拉曼巴（Marra Mamba）组的条带状含铁建造（BIF）中。矿区分布有汤姆普莱斯、芒特维尔贝克、帕拉布杜（Paraburdoo）等超大型的低硫赤铁矿型铁矿床，以及罗布河地区的针铁矿型古河道铁矿等。

成矿条件分析

区内的富铁矿床主要产于古元古代哈默斯利群布罗克曼（Brockman）和马拉曼巴（Marra Mamba）组的条带状含铁建造（BIF）中，这些地层受到了后期构造变质作用和表生富集作用的影响，使得铁矿的品位升高或者在新生代的古河道中形成高品位的富铁矿。

找矿前景分析

该地区目前在产大型超大型铁矿众多，铁矿成矿条件十分有利，成矿地质背景优越，矿产资源潜力大或较大，为A级远景区。

2. 锰矿

麦克阿瑟盆地沉积型锰矿战略选区

地质背景

该区基底为元古代地层，与锰矿成矿作用有关的地层主要为中生代的海相沉积地层。

矿产分布特征

区内的锰矿主要分布在盆地北部的格鲁特岛上，该矿床也是澳大利亚规模最大的锰矿床。

成矿条件分析

该盆地内的锰矿主要是产在古元古代基底之上的白垩纪的海相沉积地层内。

找矿前景分析

该地区目前在产大型超大型锰矿仅有格鲁特岛一处，成矿地质背景较好，矿产资源潜力一般，为B级远景区。

3. 铜矿

（1）巴布亚新几内亚斑岩—矽卡岩—浅成低温热液型铜金矿战略选区

地质背景

区内基底为古生到中新生代大陆边缘沉积物，岩浆活动十分发育，以新生代岛弧岩浆活动为主。

矿产分布特征

区内铜金矿床众多，典型的有奥克泰迪铜金矿、波尔盖拉金矿、弗里达河金矿、延德拉铜矿、利希尔岛金矿等，这些铜金矿床都规模巨大，为世界级矿床。

成矿条件分析

区内矿床受到以下因素控制，岩浆弧、区域性断裂，特别是转换断层；破火山口等构造；地层与侵入岩接触部位，特别是在侵入岩与灰岩、还原性地层的接触带。

找矿前景分析

区内的目前在产铜金矿山多处，成矿条件十分有利，成矿地质背景优越，为A级远景区。

（2）芒特艾萨造山带砂页岩型铜矿战略选区

地质背景

区内地层以元古代为主，特别是元古代的砂页岩地层分布广泛，而且火山岩分布也十分广泛。

矿产分布特征

区内分布有 Mount Isa，Mammoth，Mount Oxide 和 Lady Annie 等铜矿床。

成矿条件分析

区内的砂页岩型铜矿容矿地层广泛出露，而且作为铜矿来源的火山岩也广泛出露，加之构造运动频繁，具有较好的成矿条件。

找矿前景分析

区内已有多处大型超大型铜矿，且成矿地质背景十分优越，成矿条件十分有利，为 A 级远景区。

（3）高勒地块铁氧化物型铜矿战略选区

地质背景

区内地层主要为古元古代和元古代，岩浆活动十分发育，其中元古代的海尔塔巴花岗岩控制了大多数地区的铁氧化物型铜金铀矿化。

矿产分布特征

区内产出大量的大型超大型铜金铀矿床，例如奥林匹克坝、Oak Dam、Prominent Hill 等，而且现在仍不断有大型超大型矿床被陆续发现。

成矿条件分析

区内海尔塔巴花岗岩大规模分布，断裂构造十分发育，而且区内岩浆岩的铀含量很高，也为形成铀矿提供了丰富的物质来源，成矿条件十分有利。

找矿前景分析

区内已有多处大型超大型铜矿，且成矿地质背景十分优越，成矿条件十分有利，为 A 级远景区。

（4）塔斯马尼亚块状硫化物型铜矿战略选区

地质背景

区内地层以古生代的芒特雷德火山岩为主，该火山岩也是块状硫化物矿床的主要赋矿岩石。

矿产分布特征

区内 Zn-Pb 矿床包括赫利尔、奎河、罗斯贝里等，矿石矿物主要为黄铁矿、闪锌矿、方铅矿以及重晶石，矿体呈块状、层状产出；Cu-Au 矿床包括芒特莱尔地区的 Cu-Au 矿床，所有铜铅锌矿床的分布均受火山活动控制。

成矿条件分析

区内芒特雷德火山岩分布广泛，成矿条件十分有利。

找矿前景分析

区内成矿地质背景较好，但是矿床规模相对较小，为 B 级远景区。

4. 铝土矿

伊尔岗地块西南片麻岩地体红土型铝土矿战略选区

地质背景

区内的铝土矿主要分布在伊尔岗地块西南部的西南片麻岩地体内，为太古代基底被风化之后的产物。

矿产分布特征

沿着西南片麻岩地体的达令山脉地区分布着大量的红土型铝土矿床，著名的有贾拉代尔等。

成矿条件分析

区内矿床的矿化主要受到风化的富铝的片麻岩基底的控制，沿达令山脉呈南北向分布，该地区从北向南大面积分布着红土风化壳，均具有形成红土型铝土矿的潜力，成矿条件十分有利。

找矿前景分析

区内红土型铝土矿分布广泛，成矿条件有利，为A级远景区。

5. 金矿

(1) 伊尔岗地块绿岩带型金矿战略选区

地质背景

伊尔岗地块由几个花岗绿岩带地体和花岗片麻岩地体组成，其中绿岩带型金矿主要分布在花岗绿岩带地体内，其赋存岩石为太古代的绿岩带以及条带状铁建造。

矿产分布特征

区内大型超大型矿床众多，是世界上最重要的绿岩带型金矿成矿带之一，矿床均沿着绿岩带和北东向断裂构造分布。

成矿条件分析

区内的矿床主要受到绿岩带、北东向区域性断裂的控制，此外区内的条带状铁建造中金含量教高，为金矿成矿也提供了丰富的物质来源。

找矿前景分析

区内成矿地质背景优越，成矿条件十分有利，为A级远景区。

(2) 拉克兰造山带造山型金矿战略选区

地质背景

区内的造山型金矿床，主要赋存在拉克兰造山带西带的地层内，赋矿围岩包括石炭系硅质碎屑岩、超镁铁质杂岩体、奥陶纪硅质碎屑岩、灰岩及志留系至泥盆系泥岩及粉砂岩。

矿产分布特征

区内大型超大型矿床大规模分布，且大多以矿集区的形式分布，比较重要的有本迪戈矿集区、巴拉拉特矿集区等。

成矿条件分析

区内赋矿围岩地层为浊积岩地层，在西带内广泛发育，而且区内断裂构造十分发育，成矿条件十分有利。

找矿前景分析

区内成矿地质背景优越，成矿条件十分有利，为A级远景区。

6. 镍矿

伊尔岗地块与科马提岩有关的镍矿镍矿战略选区

地质背景

伊尔岗地块由几个花岗绿岩带地体和花岗片麻岩地体组成，其中绿岩带型金矿主要分布在花岗绿岩带地体内，其赋存岩石为太古代的绿岩带的超基性岩。

矿产分布特征

镍矿在绿岩带内沿着超基性的科马提岩呈线性分布，代表性的矿床有卡姆巴尔达、芒特基斯等。

成矿条件分析

区内超基性科马提岩广泛发育，成矿条件十分有利。

找矿前景分析

该远景区成矿地质背景优越，成矿条件有利，为A级远景区。

7. 铀矿

（1）派恩克里克造山带不整合面型铀矿战略选区

地质背景

区内盆地分布广泛，矿床主要赋存在古元古代基底地层与上覆新元古代地层之间的不整合面内。

矿产分布特征

区内矿化作用普遍，已被划分为阿利盖特河，拉姆·章格尔和南阿利盖特等6个矿田。

成矿条件分析

区内沉积间断常见，古元古代与新元古代地层之间的不整合面广泛分布，成矿条件十分有利。

找矿前景分析

区内成矿地质背景优越，成矿条件有利，为A级远景区。

（2）柯纳莫纳地块砂岩型、铁氧化物型铀矿战略选区

地质背景

区内的矿床主要产于后期的盆地内。

矿产分布特征

区内砂岩型铀矿主要分布在盆地区，而铁氧化物型铀矿目前仍未发现。

成矿条件分析

区内的基底地层铀含量较高，为形成铀矿提供了丰富的物质来源，具有较好的形成

砂岩型铀矿的条件；此外，区内的基底地层与高勒地块具有一定的相似性，因此存在着形成铁氧化物型铀矿床的可能性。

找矿前景分析

区域成矿地质背景良好，成矿条件有利，为A级远景区。

(3) 伊尔岗地块钙质结砾岩型铀矿战略选区

地质背景

区内的铀矿主要产在基底之上的钙结砾岩中。

矿产分布特征

目前区内矿床仅发现伊利列铀矿一处。

成矿条件分析

区内钙结砾岩分布广泛，成矿条件有利。

找矿前景分析

区内成矿地质背景良好，成矿条件有利，但是已发现矿床较少，为A级远景区。

8. 稀土矿

阿伦塔造山带岩浆成因及盆地相关稀土矿战略选区

地质背景

区内的稀土矿床主要与元古代时期的碳酸盐岩有关。

矿产分布特征

稀土矿床在区内广泛分布，具有代表性的是诺兰稀土矿，此外区内仍有大量的稀土矿床远景区。

成矿条件分析

区内碳酸岩分布较广，已发现稀土矿点众多，成矿条件有利。

找矿前景分析

区内成矿地质背景良好，成矿条件有利，为A级远景区。

二、成矿预测

在成矿远景区划分的基础上，选取两个地区进行了成矿预测。

（一）伊尔岗地块绿岩带型金矿找矿预测

划分成矿远景区的基础上，选取绿岩带型金矿床十分发育的伊尔岗地块，并通过对区域地质特征和控矿因素的分析和总结，建立了金矿区域找矿模型，提取了有利的控矿因素，结合区域地球物理、地球化学、遥感解译等特征，应用证据权法对该区金矿床进行了预测。

根据该区金矿找矿标志，建立如下区域找矿模型。

容矿岩石要素：研究区内已知矿床赋矿层位为太古代的花岗片麻岩，混合岩和绿岩。

变质相要素：已知金矿主要围岩为中高级绿片岩相，也有的大矿产在中高角闪岩相，乃至麻粒岩相。

构造要素：金矿主要产于地壳规模的剪切带。具体矿床的控矿构造：受二级或三级构造控制，矿体往往产在脆韧性过渡带上或局部扩容性构造中。

化探要素：金元素地球化学异常对寻找金矿是一种最直接的信息，其异常本身的特征可直接反应矿体本身的特征，是成矿预测中的一个重要变量。砷、锑、汞等元素的异常也是重要条件。

物探要素：重磁异常本身与矿的关系不是很明确，但金矿的形成、赋存部位却无不受断裂和岩浆岩的控制，而断裂和低密度的岩体都能引起重磁异常。因此重磁异常也是金矿找矿的一个信息（图 7-1）。

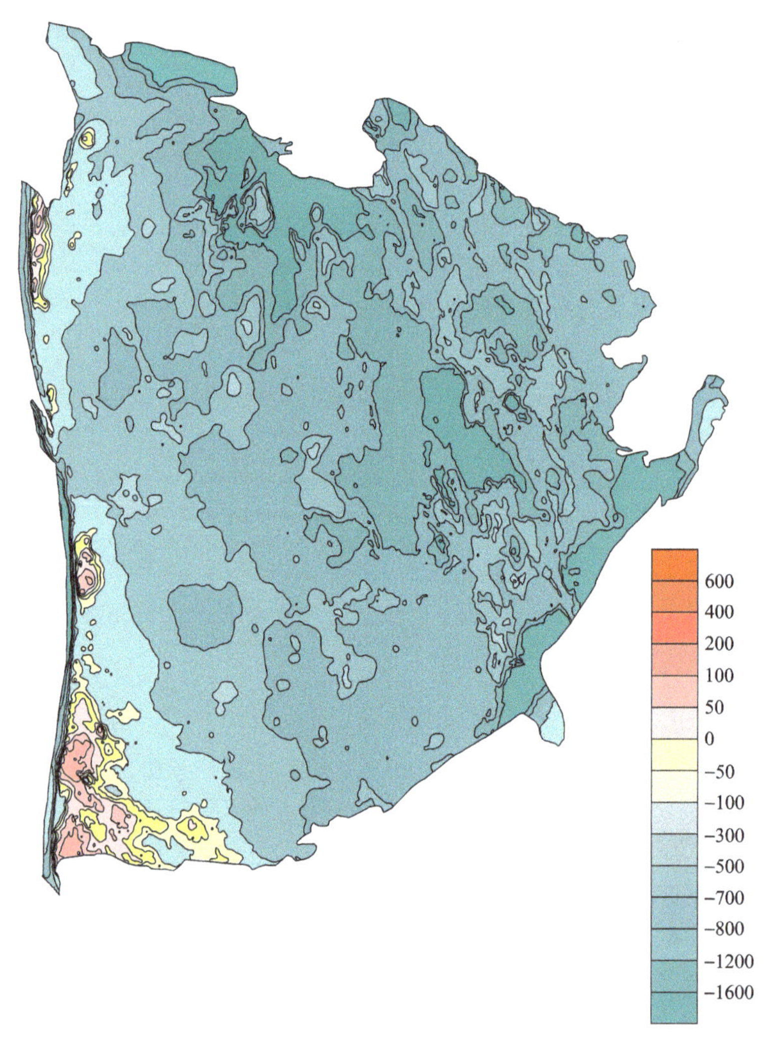

图 7-1　伊尔岗地块重力等值线图（据西澳地调局资料）

遥感信息要素：遥感数据资料来自 Landsat 7 卫星的 ETM+影像，图像波段组合采用 TM742（RGB）进行假彩色合成，在 ERDAS 上，合成预测区 ETM+假彩色合成影像，对影像进行几何校正，数据融合和镶嵌处理。矿床遥感影像模式是矿床的主要控矿因素特征在遥感影像信息方面的综合反映。在遥感影像的地质解译中，对隐伏的线、环构造进行了解译。从遥感影像解译的线、环构造与原有构造合为一个证据层。

之后利用证据加权法，通过直接复合地质信息、地球化学信息以及遥感信息等进行矿产资源预测。预测过程中，首先建立预测区多源信息空间数据库，使对空间数据库内容的提取、分析转化为预测区的证据图层成为可能，为该带基于 GIS 的成矿预测提供了数据基础。它是按照中国地质调查局《全球地质矿产数据库建设指南》建立的。数据库的内容包括基础地理底图数据库、地质图空间数据库、矿产地数据库、遥感影像数据库、化探数据库、重力数据库和航磁数据库等几方面的内容。根据澳大利亚国西澳洲伊尔岗地块及其周边地区的资料条件，做到基本满足。

从建设金矿区域找矿模型的要求出发，由已建立的数据库中提取成矿有利证据层。

容矿岩石证据层，根据已知矿床（点）的统计，它与太古代的中酸性火山岩、基性超基性岩、混合岩化岩浆岩与沉积岩相关。选取这 4 个岩石组合为方便有利证据图层。

构造证据层，区内的构造型式以北北西向褶皱为主，在这些褶皱之上叠加着东西向到北东东向交错褶皱。最后一次形变可能与侵入到背斜脊部的花岗岩基是同时发生的。交错褶皱产生了两个北北西向系列的平行的穹丘和盆地构造，在这些构造的分支或交汇部位，最有利于成矿。

岩浆岩证据层，区内所有地层均被后期的分异的辉绿岩岩床侵入，考虑到侵入岩的热液活动有一定的影响范围，故需对它进行缓冲区分析，缓冲区半径为 6 km，故选缓冲半径 6 km 作为控矿岩浆岩影响区域。

化探异常证据图层，化探异常作为地表元素富集的表象，对成矿远景区的圈定具有直接指示意义。通过空间分析选择金下限值为 0.42 ppm 的异常作为有利证据层。

物探信息提取，金矿的赋存部位受断裂构造和岩浆岩的控制，而这些断裂构造和中低磁性与低密度的地质体都能引起重磁异常，因此重磁异常是金矿找矿的间接信息。区内绿岩带型金矿床大部分落在太古代绿岩带上，通过金矿床数据与物探数据对比分析，采取该金矿在物探对应数据范围内的物探异常范围图层，作为各矿种的物探证据因子（航磁和重力）。

证据权重法预测模型是根据已知矿床（点）与各种控矿成矿条件概率来确定每种条件的权重值，然后对全区进行预测。除了证据图层对证据权重法的直接影响之外，计算单元网格的大小也是影响该方法最终效果的一个重要因素。一般设置单元网格的原则是一个单元含有且只能含有一个矿床（点）。所实现证据权法的软件为 ArcGIS 9.3 下的 SDM，在系统扩展平台的“设置分析参数”选项中，系统自动给出了供参考的单元面积值。通常情况下，单元面积值的设定需要综合考虑预测区内各种控矿因素和地质事实，在不影响模拟精度的前提下自行设定。

根据预测区的勘探程度和实际资料情况，本次研究选用 1 km×1 km 单元网格，可以保证预测区内一个单元格至多只有一个矿床。对前面建立的有利证据层的专题图件，分别计算每个单元格证据层与成矿的相关程度和预测评价证据权值，并一次对研究区内各个单元进行成矿概率计算。

根据表 7-2 的结果进行分析可得出以下认识：太古代辉绿岩、变质岩浆岩与成矿关系密切；化探异常、航磁异常与金矿化的关系比较密切；重力异常与金矿化也有一定的关系。

表 7-2 伊尔岗地区证据图层权重参数

证据图层	W+	W−	C
地层	1.220	−0.044	1.264
构造	1.065	−0.410	1.475
化探	0.974	−0.035	1.009
重力	0.334	−0.084	0.418
航磁	0.992	−0.076	1.068
岩浆岩	0.371	−0.328	0.699

对 6 个证据层必须进行条件独立性检验，因为条件独立性对证据权重法来说至关重要，如果地质找矿标志不满足条件独立性就会引起后验概率估计上的偏差。如果一堆控矿地质因素不是条件独立的，就会过高的估计控矿地质因素的正权而过低的估计负权。在显著水平为 0.05 的情况下，上述证据层基本满足条件独立性。

运用该模型计算得到该区的后验概率等值线图，并通过后验概率值分为 3 级有利预测成矿区：把概率范围（0.53～1.00）的预测单元作为Ⅰ级远景区，概率范围（0.14～0.53）的预测单元作为Ⅱ级远景区，概率范围（0.04～0.14）的预测单元作为Ⅲ级远景区。分析表明：已知矿点基本落在后验概率出现的Ⅰ、Ⅱ级分布范围，说明预测结果对已知条件没有出现漏判；预测成矿远景区分布走向与区域内的控矿构造、岩浆岩分布一致（图 7-2，表 7-3）。

已知金矿床（点）大都落入Ⅰ、Ⅱ级预测远景区，说明该方法对金矿床（点）的预测没有漏判。分析表明，远景区的划分与该区的成矿地质条件所反映出的找矿前景大小基本一致，证实了该方法的合理性和可靠性，对于该区的进一步找矿具有一定的指导意义。

以 GIS 技术为基础的证据权重法成矿远景预测可以有效地对多源、多尺度的不同信息进行快速的优化综合，并以定量方式表示出来，使得预测结果更为直观、可靠。

表 7-3 伊尔岗地块Ⅰ级预测区表

级别	序号	名称	周长/km	面积/km^2	概率范围	简要说明
Ⅰ	$Ⅰ_1$	利奥诺拉预测区	594	17333	0.53～1.00	以北到北北西向大规模较连续的线型绿岩带和花岗岩为特征，下部超镁铁岩极为丰富，发育有多期剪切构造带，物化探异常较明显。
	$Ⅰ_2$	卡尔古利预测区	429	10187		
	$Ⅰ_3$	拉佛顿预测区	275	3604		

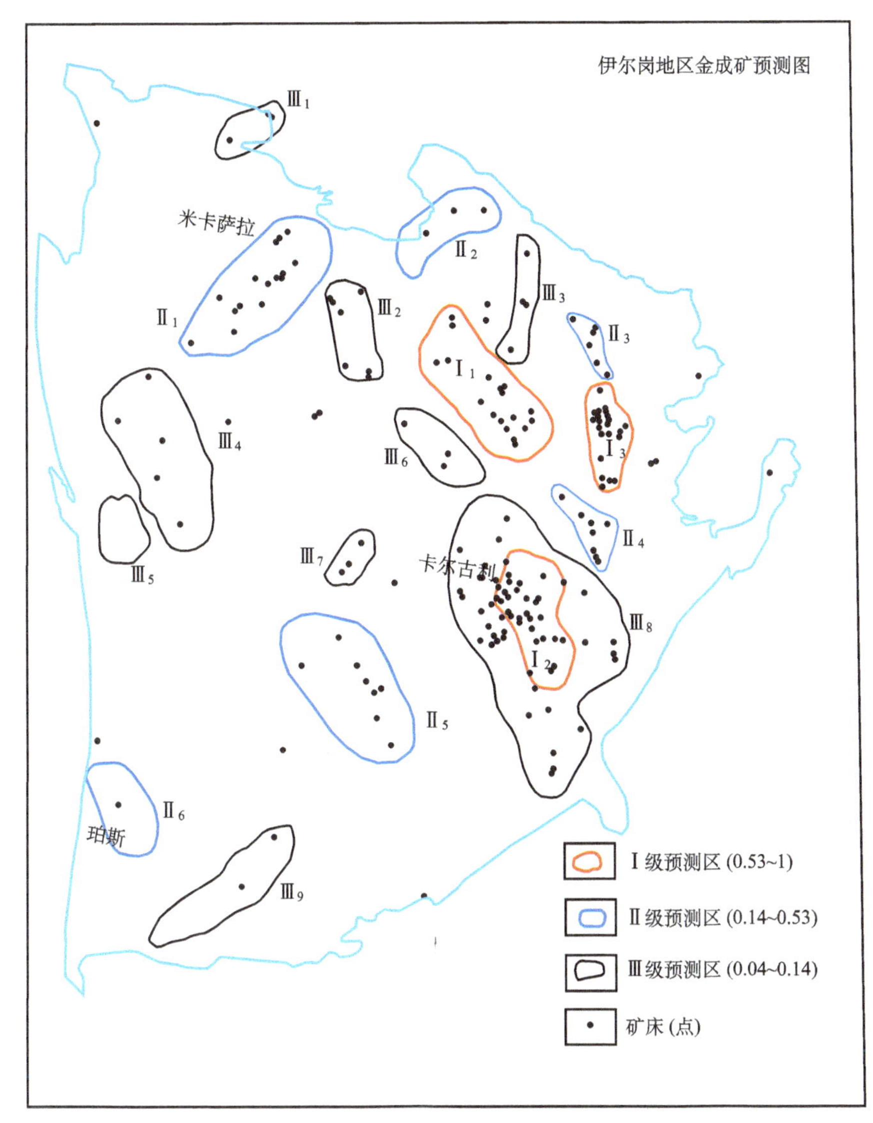

图 7-2　伊尔岗地块金矿成矿预测图

（二）芒特艾萨造山带砂页岩型铜矿找矿预测

对澳大利亚昆士兰州芒特艾萨（Mount Isa）地区的遥感地质特征研究，在解译典型铜多金属矿床各控矿要素遥感影像特征的基础上，初步建立该类型铜多金属矿的遥感地质找矿模型，并依据该模型，圈定一处铜多金属矿远景区，以求能为该区域铜矿的勘查提供技术支撑。

该地块砂页岩型铜多金属矿的主要容矿地层为中元古界黄铁矿页岩、层状白云岩、硅质白云岩、粉砂岩岩层、石英岩等。褶皱和断裂构造是主要的控矿构造。

1. 典型矿床遥感影像特征

(1) 芒特艾萨铜矿

芒特艾萨铜矿是澳大利亚超大型铜矿之一，从遥感解译结果看，该铜多金属矿位于芒特艾萨褶皱群的西部褶皱带中，容矿地层为中元古界芒特艾萨群中的黄铁矿页岩、团块状硫化物矿层，以及白云质粉砂岩、白云质砂岩和页岩层。从 ETM 遥感影像上看（图 7-3），容矿地层主要位于矿体产出部位及矿区北部区域。矿区地层走向近南北向，岩层中褶皱发育，属紧闭褶皱，从影像上可以判断褶皱为向斜，褶皱轴走向南北。矿区发育两条近南北走向区域断裂，同时还发育一些北东和南北走向的小断裂。受此影响，矿区容矿地层较破碎，影像特征上呈现出沿地层走向的断块定向排列特征。地层颜色较杂乱，主要以棕褐色、灰紫色、淡桃红色、暗紫蓝色的条块或团块为主，在沟谷地带夹杂草绿色。其中矿区露采面呈暗紫蓝色，尾矿库呈亮青色。矿区南侧为一宽翼背斜，在背斜东侧边缘有部分容矿地层延伸。在容矿地层的两侧发育有基性火山岩带（变质玄武岩—绿片岩），玄武岩在 ETM 影像上呈团块状棕红色、铁红色。其中矿区西侧火山岩出露面积较大，东侧仅有零星露头。该火山岩普遍被认为是成矿物质的母源岩。受断裂和褶皱的影响，矿区地层岩石中裂隙极为发育，为矿液的渗透和入侵提供了充足的通道。受热液渗透影响，地层中的岩石发生了一些蚀变和交代等反应，对热液中的铜等矿

图 7-3　芒特艾萨铜矿 ETM 遥感地质解译图

Phc 中元古代火山岩 Pis、Piu 中元古代沉积岩●铜矿—地层界线—矿山及矿集区

物质进行了吸附和置换等，形成了硅质白云岩、团块状硫化物、黄铁矿化页岩等含矿和容矿层，并在部分地段富集成矿。

从遥感解译结果上看，铜多金属矿体产于向斜褶皱的中部偏东翼侧，有两条近南北向的区域断裂通过芒特艾萨铜矿区，该断裂不仅控制矿区地层的走向、褶皱的轴向，还控制了矿区地层两侧火山岩的空间分布。在ETM影像图上，矿区露采坑主要位于断裂构造的东侧，构造控矿特征较为明显（图7-3）。

（2）克朗克里铜矿

克朗克里是澳大利亚昆士兰州重要的铜金开采中心，位于芒特艾萨褶皱群的东部褶皱带。从遥感地质矿产解译结果看，该矿体位于克朗克里河北东侧，矿区地形较低矮，地层出露不连续，呈风化剥蚀残留状。在ETM影像上，出露的容矿地层呈铁红色、青绿色、蓝紫色等零散的小圆块状，其中河流区域呈草绿色，矿区露采区域呈蓝紫色和淡青绿色。矿体北西侧边缘为基性火山岩（玄武岩），影像上呈铁红色、红褐色、灰色等圆弧状块体。矿区北东侧为元古界沉积变质岩，以闪岩、绿片岩为主，并有条带状含铁建造和燧石。在影像上色彩较亮丽，以铁红色为主，部分为青绿色，变质岩层中褶皱发育，为向斜，并呈现出多期褶皱叠加挤压现象。

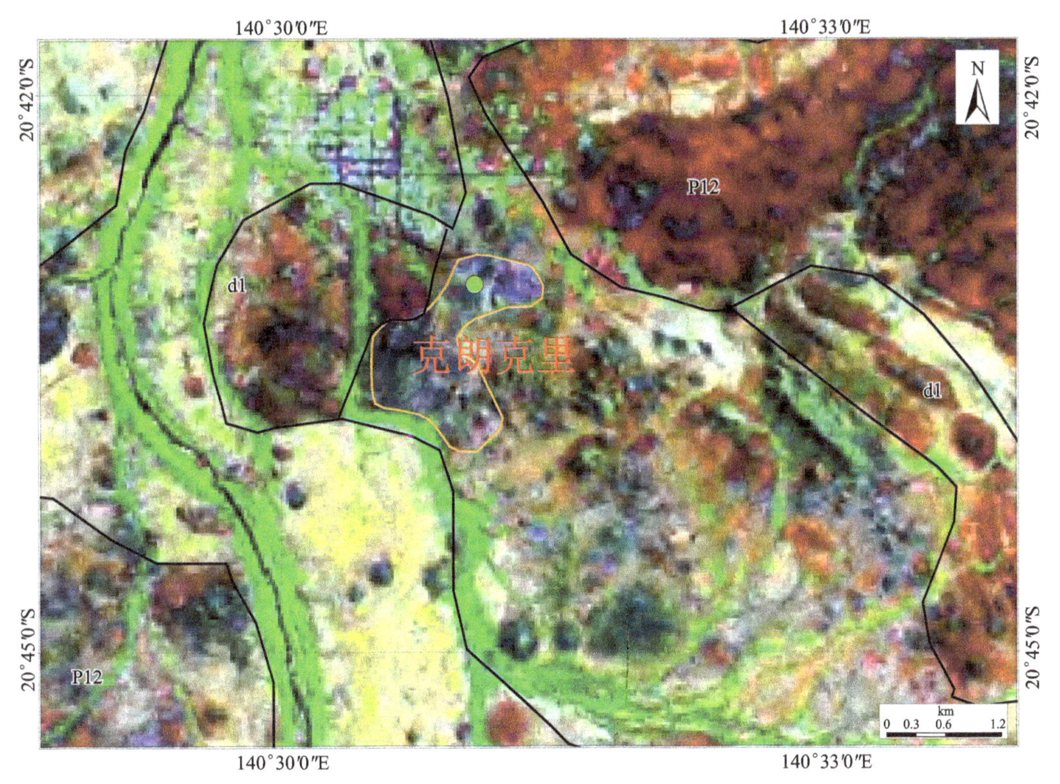

图7-4　克朗克里铜矿ETM遥感地质解译图

dl中元古代火山岩 Plz上元古代沉积变质岩●铜矿—地层界线—矿山及矿集区

由于地层的风化剥蚀较强烈，从ETM影像上看（图7-4），控矿的线型构造总体以褶皱和断裂为主，其中褶皱转折段张性断裂构造发育。受构造切割影响，褶皱要素不完整。矿体产于向斜褶皱的北西翼的延伸段与基性火山岩的交汇处，火山岩与矿体交界处为一条近南北向主干断裂构造，断裂穿插基性火山岩（克里克火山岩），矿区露采坑位于该断裂的东侧，显示构造对矿体的产出部位的控制作用明显。

（3）芒特埃利奥特铜矿

从遥感地质矿产解译结果看，该铜多金属矿位于以克朗克里铜矿为起点，呈近南北走向的一条铜多金属成矿带上，该成矿带中的铜多金属矿体一般位于褶皱带中部区域。容矿地层以中元古界浅变质的长石砂岩、片岩为主，并有少量绿泥石等。在ETM影像上地层呈细长条状，总体较连续，走向近北北东或北北西，地层中褶皱发育，但受断裂和侵入岩的破坏，多数褶皱残缺、不完整。影像上容矿地层呈棕褐色、青色、红褐色、深蓝色等，沟谷地带夹杂草绿色，矿区露天采坑区域以蓝紫色和灰白色为主。在容矿地层的中间还夹杂着小条块状的基性火山岩（玄武岩），ETM影像上呈棕红色。容矿地层两侧出露出露大面积的黑云母花岗岩、黑色云母角闪石花岗岩或花岗斑岩，岩石浅变质，ETM影像上呈团块状青色、青紫色。

从遥感解译结果看，该矿带构造形迹以褶皱构造为主，断裂构造发育总体较稀疏。构造线走向总体与地层走向一致，个别侵入岩、火山岩区域小型断裂构造较发育（图7-5）。

图7-5 芒特埃利奥特铜矿ETM遥感地质解译图

Pgs2 中元古代侵入岩 Pw 上元古代沉积岩●铜矿—地层界线—矿山及矿集区

2. 遥感地质找矿模型建立

从上述三个典型铜多金属矿床遥感地质特征的分析来看，矿体主要赋存于中元古界的白云岩、硅质白云岩、白云质粉砂岩、黄铁矿化页岩、石英岩中，矿体上下盘多出现于基性火山岩层。容矿地层中褶皱和断裂发育，矿体往往产于褶皱中部与岩体接触区域，而褶皱转折段矿床较少。多数矿区东西两侧边缘有侵入岩出露，岩性为花岗岩，岩石多有浅变质现象。其中芒特艾萨褶皱群西部褶皱带中的铜矿体与基性火山岩（克里克火山岩）关系较密切，东部褶皱带中的铜多金属矿与酸性侵入岩关系较为密切。从ETM遥感影像上看，容矿地层中断裂构造较发育，地层中的褶皱构造有多期叠压现象。受断裂和褶皱构造的双重影响，容矿地层在影像上较为破碎，呈现出沿走向的连续断块排列状态。从整个成矿带矿体空间分布上看，矿体出露与容矿地层、火山岩或侵入岩体和构造三者关系均密切，呈现出分带聚集现象，矿带的方向与容矿地层的走向、褶皱轴走向和区域断裂走向基本一致，在与火山岩或岩体接触的褶皱中部区域往往是铜多金属矿的有利产出部位。根据芒特艾萨铜多金属成矿带遥感地质矿产的解译成果，初步建立该区内铜多金属矿的遥感地质找矿模型（表7-4）。

表7-4 芒特艾萨沉积变质型铜多金属矿遥感找矿模型

控矿要素	容矿地层	为中元古界白云岩、硅质白云岩、白云质粉砂岩、黄铁矿化页岩、石英岩等岩层
	控矿构造	主要以褶皱和层控为主，以断裂构造控矿为辅
	岩浆岩	容矿地层两侧出露酸性侵入岩（花岗岩）或基性火山岩（克里克火山岩）层
影像特征	色调	ETM影像上容矿地层呈棕褐色、灰紫色、淡桃红色、暗紫蓝色等，部分地层蚀变呈青绿色、青色。基性火山岩呈铁红色、红褐色，酸性侵入岩呈青色、青紫色
	纹理	容矿地层以北北东、北北西或南北向粗条纹凹凸起伏的条块为主，条块较为粗糙，发育有横切的小冲沟。各条块组成褶皱的翼部，如发育多期褶皱或受断裂挤压破坏，条块中岩石较破碎，呈连续断块的定向排列特征。火山岩或岩体在影像上呈弧形条块或圆弧状块体，纹理以细条纹为主，同一岩体色彩、纹理较单一
	形态	整体呈北北东、北北西或南北向条块组合的褶皱或类似脆性剪切带的影像特征
	线形构造	轴向北北东、北北西或南北向的褶皱构造和同方的顺层或穿插容矿地层、火山岩或侵入岩体的断裂构造
蚀变异常	容矿地层具有较强的硅化、黄铁矿化，局部有浅变质呈片岩现象。基性岩有浅变质成绿片岩现象，侵入岩有浅变质现象	
找矿标志	影像上有北北东、北北西或南北走向，呈棕褐色、灰紫色、淡桃红色、暗紫蓝色、青绿色、青色条块组成的褶皱带，在褶皱带两侧有弧形条带状或圆弧形火山岩或侵入岩体出露，褶皱带中发育有顺层或横切断裂构造。三者均有出露的区域，褶皱中部往往是找矿的有利区域	
典型矿床	芒特艾萨铜矿、克朗克里铜矿、芒特埃利奥特铜矿	

3. 基于遥感影像特征的远景区圈定

根据上述铜多金属矿遥感地质找矿模型，在芒特艾萨东部褶皱带中圈定了一处找矿远景区。该远景区位于芒特艾萨铜矿的北部，现有矿权较少。从遥感地质矿产解译成果看，该区中部出露较大面积的基性火山岩（克里克火山岩），在ETM影像上呈弧形块状体，颜色以铁红色为主，纹理具弧形细条纹特征，火山岩中发育有穿插的区域断裂和主干断裂，断裂方向为北东、北西向。在火山岩东西两侧分布有中元古界的沉积变质岩，地层岩性及走向与芒特艾萨铜矿区容矿地层基本一致，为其北东延伸段，与芒特艾萨矿区地层一同组成该褶皱群西部褶皱带。从ETM影像上看，地层中褶皱较连续，以紧闭的向斜为主，地层走向北北东向。地层中顺层和斜切的区域断裂、主干断裂发育较密集。受此影响，地层在影像上较为破碎，呈现出沿走向连续条块定向排列特征。与火山岩接触处地层多呈青绿色、青色，显示其存在蚀变现象。从矿山和矿集区遥感解译成果看，该远景区位于以芒特艾萨铜矿为代表的多金属铜矿带的中部区域，区内火山岩与地层接触附近已有一处多金属铜矿。遥感地质找矿模型中所列的容矿地层、控矿构造和火山岩三大要素均具备，充分证明该远景区是寻找同类型矿床的有利区域，其中容矿地层与火山岩接触边缘附近、控矿构造发育的容矿岩层段应是找矿的重点区域（图7-6）。

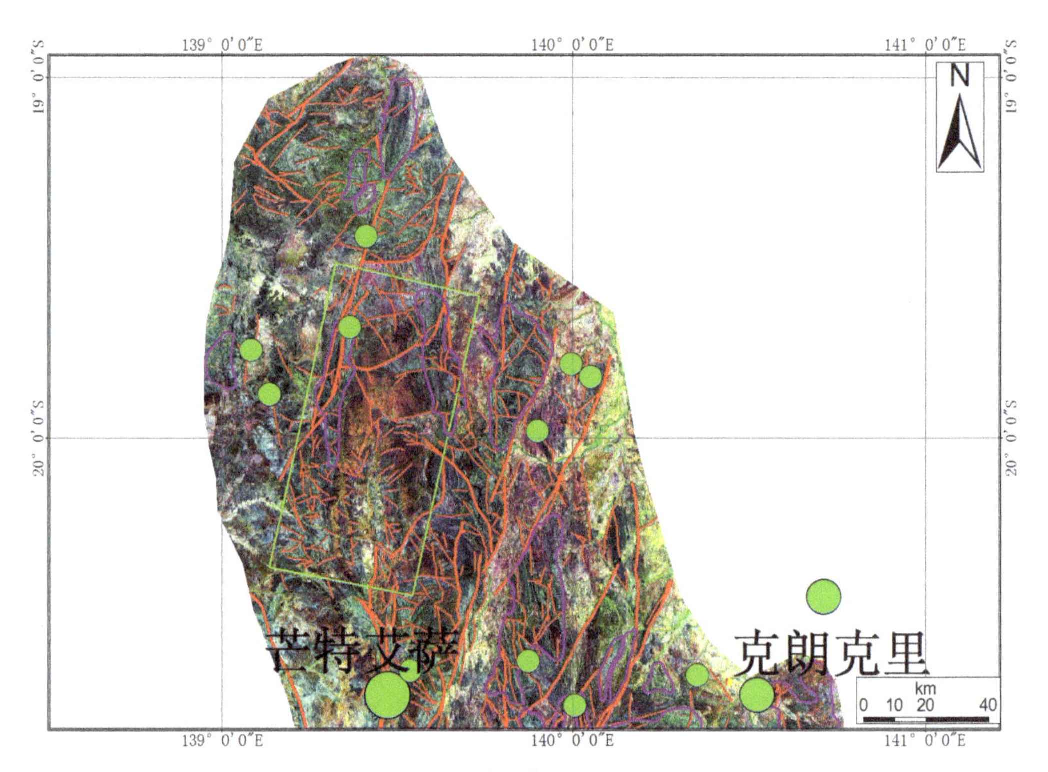

图7-6　基于遥感影像特征的远景区图

● 铜矿—断层　⊂⊃ 褶皱—远景区

结　语

“大洋洲地区重要成矿带成矿规律与优势矿产资源潜力分析”项目在中央财政的大力支持下，在国土资源部中央地质勘查基金管理中心的统一部署下，由中国地质调查局南京地质调查中心精心组织，历时三年多，经50多位研究人员的艰苦努力，取得了阶段性成果。

加强境外地质矿产研究工作十分重要，不仅要收集境外地质矿产资料，开展实地考察，更需要加强综合研究，才能使境外地质矿产编图、成矿区带划分、成矿规律总结等得到深化，并切中要害，才能集成为有影响的大成果，才能为政府和企业决策提供强有力的支撑。《大洋洲地区重要矿产成矿规律研究》专辑的最大特色是从单矿种和典型矿床研究入手，在实地考察和地质矿产系列图件编制的基础上开展综合研究，按照统一技术要求与思路收集、梳理大洋洲地区的资料，对与成矿有关的若干重大地质问题进行重点研究。而《大洋洲地区优势矿产资源潜力评价》专著是为进一步开展境外地质成矿规律综合研究提供了新的有一定借鉴意义的工作思路、方法和实例，同时结合“两种资源、两个市场”的国家资源战略和我国矿业和地勘单位“走出去”的迫切要求，在资源潜力评估方面也进行了大量的有益尝试，取得了较好的成果，并培养了一批具有创新意识和国际化视野的地学人才。

本专著主要取得了如下几个方面成果。

一、首次将大洋洲作为整体研究

本书依托于“大洋洲地区重要成矿带成矿规律与优势矿产资源潜力”项目，以大洋洲地区的澳大利亚、巴布亚新几内亚、新西兰为主要研究区，在收集整理3个国家相关的地质、矿产、物化探和遥感资料的基础上，进行了大洋洲地区的综合编图和矿产地数据库建设，并对编图建库结果进行统计和综合研究，总结了大洋洲地区的构造格架和优势矿种，并进一步对划分的构造单元及其成矿特征进行研究分析，厘定了大洋洲地区的构造单元，其3个构造单元的成矿特征为：澳大利亚中西部前寒武纪克拉通成矿过程与克拉通的生长有关，成矿时代主要为太古代和元古代，优势矿种为金、铜、镍、锰、铁、铀、稀土、铅锌、铝土等；澳大利亚东部古生代造山带成矿多与古太平洋与古冈瓦纳板块的相互作用有关，成矿时代为古生代，优势矿种为铜、金、铅锌、钨锡；西南太平洋中新生代岛弧区成矿作用多与印澳板块、欧亚板块与太平洋板块的相互作用有关，成矿时代多集中在中更新世，优势矿种为铜、金、镍、钴等，并以此为基础对区内优势矿产资源的找矿前景进行了简要分析，以期为中国地勘单位“走出去”在大洋洲地区开展矿产资源开发工作提供基础信息和参考。

二、构造单元的全面划分和整体研究

在板块构造地球动力学理论指导下，以地层特征、侵入岩浆活动为基础，以成矿规律和成矿预测的需求为基点，以不同规模相对稳定的古老陆块区和不同时期的造山系大地构造相分析为主线，以特定区域主构造事件形成的大地构造相的时空结构组成，以及存在状态为构造单元的划分原则，厘定了大洋洲地区的构造单元，即：澳大利亚中西部前寒武纪克拉通、澳大利亚东部古生代造山带、西南太平洋中新生代岛弧区等3个一级构造单元，12个二级构造单元和40个三级构造单元。

① 澳大利亚中西部前寒武纪克拉通。其形成过程与太古代至元古代的超级大陆或超级克拉通的汇聚和裂解过程有关，进一步划分为4个二级构造单元和19个三级构造单元；

② 澳大利亚东部古生代造山带。该地区经历了多期多旋回的构造运动，可能存在部分前寒武纪冈瓦纳超级大陆基底，进一步可分为5个二级构造单元和12个三级构造单元。

③ 西南太平洋中新生代火山岛弧区，主要由古生代到中生代的造山带以及新生代的火山岛弧区组成，进一步划分为3个二级构造单元和9个三级构造单元。

三、成矿单元的全面划分和整体研究

结合区域地质、矿产特征，根据成矿体系理论和我国矿产资源潜力评价相关标准以及世界主要成矿区带划分标准可以将大洋洲分为：

1. 澳大利亚中西部前寒武纪克拉通成矿域，岩石组合以前寒武纪为主，成矿时代主要为太古代和元古代，可分为4个二级成矿省和19个三级成矿区带；

2. 澳大利亚东部古生代造山带成矿域，岩石组合以古生代为主，成矿时代为古生代，可分为5个二级成矿省与12个三级成矿区带；

3. 西南太平洋中新生代成矿域，岩石组合以中新生代为主，成矿时代多集中在中更新世，可分为3个二级成矿省及9个成矿区带。

四、区域构造演化与成矿作用

大洋洲地区从4.4Ga以来经历了包括太古代至古元古代陆核生长期、古中元古代克拉通形成期和中新元古代克拉通演化期、新元古代至古生代澳大利亚东部造山期及中新生代现代板块构造活动期等多期构造演化过程，在此过程中形成了不同类型的矿床。

1. 太古代至古元古代（4.4～2.2Ga）陆核生长与成矿作用的关系

该时期为澳大利亚古陆核包括伊尔岗地块、皮尔巴拉地块和高勒地块的形成时期，该时期的地壳运动以垂向运动为主，水平运动相对较少。形成的成矿作用包括：与绿岩带有关的造山型金矿和岩浆型镍矿、VHMS型铜矿成矿作用、与混合岩有关的金矿（migmatized gold deposit）等。

2. 古元古代至中元古代（2.2～1.3Ga）中西澳克拉通形成与成矿作用

该时期为澳大利亚大陆中西部克拉通形成的主要时期，构造运动主要表现为不同地块之间的拼贴，澳大利亚中西部克拉通的主要组成部分西澳克拉通、北澳克拉通、南澳克拉通在该时期形成。该时期的构造运动逐渐由垂向运动过度为水平运动，少数地区表现出现代板块运动的特征。形成的成矿作用包括：沉积型锰矿化、VHMS型铜矿化和层控的铅锌矿化、造山型金矿化和不整合面型铀矿化、碎屑岩容矿的铅锌矿化、砂页岩型铜矿化、铁氧化物型铜金矿化及少量的矽卡岩型铀矿化、铁氧化物型铜金铀矿化。

3. 中新元古代（1.3～0.6Ga）澳大利亚中西部克拉通演化与成矿作用

该时期中西澳克拉通已经基本形成，主要构造运动为格林维尔造山期造山运动，对中西澳克拉通内部的造山带进行了再造。形成的矿化包括：与超基性岩有关的铜镍硫化物铂族元素和钒钛磁铁矿矿化和与碳酸盐岩有关的稀土、铀矿化、MVT型铅锌矿床和斑岩型铜金矿化。

4. 新元古代至古生代（600～250 Ma）澳大利亚东部造山期与成矿作用

该时期为作为古冈瓦纳大陆一部分的澳大利亚大陆与古太平洋相互作用期，构造运动表现出明显与现代板块构造运动相似的特点。该时期构造运动从主要发生在澳大利亚大陆的东部，表现为塔斯曼造山运动，其他地区构造活动相对较少。发育了具有大陆边缘特色的成矿作用：斑岩型铜金矿化、浅成低温热液型金矿化、VHMS型铜矿化、层控的铅锌矿化与花岗岩有关的钨锡矿化等重要的成矿作用。

5. 中新生代（250 Ma至今）现代板块构造演化与成矿作用

该时期为印澳板块、欧亚板块与太平洋板块相互作用期，具有典型的板块构造运动特征，具体表现为多期的岛弧发育、弧陆碰撞、洋壳拼贴、岛弧反转、弧后盆地发育和碰撞造山等过程，主要发生在西南太平洋的巴布亚新几内亚、新西兰、斐济、所罗门群岛、新喀里多尼亚等地区。形成的矿化包括：浅成低温热液型金矿化和少量斑岩型铜金矿化、VHMS型铜铅锌矿化、红土型镍钴矿化、红土型铝土矿化、沉积型锰矿和砂矿等。

五、区域成矿系列和矿床组合

通过对大洋洲地区构造格架、成矿系列和矿床组合以及构造演化历史对成矿作用的控制多方面的分析，将大洋洲地区分为3个成矿系列：前寒武纪成矿系列、古生代成矿系列、中新生代成矿系列。

1. 前寒武纪克拉通成矿系列

前寒武纪时期是地壳生长的重要时期，也是许多大型和超大型矿产资源的形成期。在大洋洲表现为澳大利亚中西部克拉通的生长、形成与完善，与之相伴形成了一个完整的成矿系列，根据成矿作用分为6个矿床组合：

① 克拉通内部与绿岩带有关的金、铜、镍矿床组合。该矿床组合主要产于西澳克拉通的绿岩带内，矿床类型为绿岩带型金矿和与科马提岩有关的铜镍硫化物矿床。

② 克拉通边缘与海相沉积作用有关的铁、金、锰矿床组合。该矿床组合产于克拉通边缘的盆地内，矿床类型为与硅铁建造有关的铁矿和沉积型锰矿。

③ 造山带中与褶皱造山过程有关的金、铜、铅锌矿床组合。该矿床组合与造山带的褶皱变形过程有关，矿床类型包括造山型金矿、变质型铜矿、MVT型铅锌矿等。

④ 陆内伸展过程中与岩浆、沉积作用有关的铜、金、铀、铅锌矿床组合。该类矿床大多分布在克拉通内部，与裂谷或伸展作用有关的岩浆、沉积作用有关，矿床类型包括铁氧化物型铜金铀矿床和碎屑岩容矿的铅锌矿。

⑤ 陆内深断裂带与基性、超基性、碳酸岩岩浆有关的铜、镍、铂族元素、铀、稀土、钒钛磁铁矿矿床组合。该矿床组合大多分布在陆内的深断裂带附近，多与地幔相关的岩浆活动有关，矿床类型包括岩浆型铜、镍、铂族元素、钒钛磁铁矿矿床和碱性岩、碳酸岩岩浆有关的稀土、铀矿床。

⑥ 以前寒武纪克拉通的地质成矿作用的产物为矿源，经后期和表生风化作用而形成的铀、稀土、铝土矿床组合。该矿床组合以前寒武纪克拉通的地质成矿作用所形成的产物为矿源，经历次表生风化作用而成矿，它们多分布在盆地或克拉通边缘，矿床类型包括不整合面型铀矿、砂岩型铀矿、钙结砾岩型铀矿、稀土砂矿、红土型铝土矿。

2. 古生代洋陆转换成矿系列

古生代时期是澳大利亚大陆与古太平洋相互作用的重要时期，该过程在形成澳大利亚东部造山带的同时也在该地区形成了大量的矿床，根据这些矿床的构造背景、岩石类型及组合、主要成矿元素等划分成4个矿床组合：

① 与岛弧岩浆活动有关的铜、金矿床组合。该类矿床多分布在岛弧岩浆岩中，部分矿床还表现出与碱性岩浆活动有关的特征，矿床类型包括斑岩型铜金矿床和浅成低温热液金矿，成矿时代为古生代。

② 弧后盆地与中酸性火山岩有关的铜、铅锌矿床组合。该类矿床多分布与弧后盆地内，并与中酸性火山岩有关，成矿时代为古生代。

③ 褶皱造山带中与花岗岩有关的钨、锡、锑、金矿床组合。该类矿床多分布在造山带内，多与S型和I型花岗岩有关，矿床类型包括与花岗岩有关的钨锡矿床和与侵入岩有关的金锑矿，成矿时代为古生代。

④ 造山带中与褶皱造山过程有关的金矿床组合。该类矿床成矿时代多为古生代，矿床多赋存在逆冲推履带内。

3. 中新生代洋壳及岛弧成矿系列

在大洋洲表现为西南太平洋地区的地壳的生长以及相关矿床的形成，该过程成矿作用多与洋壳有关，根据矿床的构造背景、岩石类型及组合、主要成矿元素等划分成3个矿床组合：

① 与岛弧岩浆活动有关的铜、金矿床组合。该类矿床分布更为广泛，主要赋存在岛弧岩浆岩带内，矿床类型包括斑岩型铜金矿、矽卡岩型铜金矿、浅成低温热液型金矿和火山喷流沉积铜金矿，成矿时代为中新世到更新世。

② 与洋壳的表生风化作用有关的镍、钴、铬矿床组合。该类矿床主要与拼贴的洋壳被风化有关，成矿时代为新生代，矿床类型红土型镍钴矿和海滨砂矿。

③ 弧后盆地与中酸性火山岩有关的铜、铅锌矿床组合。相比于古生代的该类组合，中新生代时期该类矿化相对发育较差，但较有特色的是在巴布亚新几内亚马努斯盆地的索尔瓦拉以及新西兰北部的汤加岛弧地区，发育现代的海底块状硫化物型矿化。

六、矿产资源潜力评价和下一步工作建议

本书在对大洋洲优势矿产资源的成矿地质背景、成矿区带划分、矿床类型和资源潜力进行初步研究的基础上，对澳大利亚及巴布亚新几内亚等国投资环境、我国地勘矿业“走出去”工作现状等进行综合分析，认为澳大利亚和巴布亚新几内亚两国的铁、锰、铜、铝、镍以及具有战略意义的金、铀、稀土等矿产的资源储量潜力巨大，与我国形成良好的矿产资源互补性。在“走出去”过程中，我国企业和地勘单位在竞争激烈的国际矿业市场面前，各种问题正不断凸显，暴露了他们对国际矿业开发的经验不足。公益性事业单位等服务部门应该紧跟国际形势，为我国企业“走出去”进行服务和指导，使国内企业在其中占据一席之地，这既是前所未有的巨大挑战，也是必须履行的义务。本书通过对区域矿业投资环境、我国企业“走出去”工作现状等进行分析，并结合自身经验提出长期和短期“走出去”的相关建议。

（一）重要成矿带（矿种）投资区潜力分析

1. 根据成矿条件优选矿床类型和找矿靶区

澳大利亚广泛分布的前寒武纪克拉通是该区矿产资源特别丰富的主要根源，例如前寒武纪条带状硅铁建造型（BIF）型富铁矿床、前寒武纪科马提岩型铜镍矿床、前寒武纪绿岩带型金矿床、前寒武纪奥林匹克坝式角砾岩型铜金铀矿床、前寒武纪不整合面型派恩克里克式铀矿床等都是国际著名的超大型矿床，而且具有非常大找矿潜力；新生代和现代裂谷盆地、边缘海盆地和弧间（裂谷）盆地发育大规模的海底块状硫化物铜铅锌矿成矿作用，例如在马努斯海沟、汤加海槽、冲绳海槽附近，均发育该类型矿化作用，特别是马努斯海沟附近的索尔瓦拉矿床，即将成为世界上首个正式开采的海底矿山；由于前寒武纪成矿带和矿源层经中新生代分化作用而形成的红土型金矿、风化型镍钴矿、

钙结砾岩型铀矿和风化淋滤型铀矿等超大型矿床也有巨大的工业前景，可以优选出可供调查和近期开发的找矿靶区；巴布亚新几内亚的矿业投资成本较低，拥有较宽松的外汇政策，特别是铜、金、镍和钴等金属矿产资源开发投资潜力非常大。

通过对大洋洲地区的成矿地质条件分析，加之成矿模式、找矿模型的研究，优选了14个找矿战略选区。

2. 重要矿种的选择

以国内资源短缺的战略矿产和大宗支柱性矿产为重点。一是重点支持国家急需矿种，开展国际合作，支持“走出去”参与全球矿产资源勘查开发。二是对国内优势矿产，实施全球资源战略，鼓励“走出去”企业以独资、参股、控股的方式，参与经营运作，控制该类资源在全球的开发进度，提高我国优势矿种的全球战略资源配置能力，凸显话语权。

3. 引进国外先进技术

积极引进国外先进技术、设备及管理方法，加大对深部找矿、复杂矿床勘查等国外新技术和新方法的引进与合作，加快技术创新和应用推广，大幅度提高对地观测与深部探测能力，推进成矿理论、找矿方法和勘查技术的研究与应用。

（二）根据投资环境做出的相关投资建议

（1）灵活选择投资方式，在项目规模上，做到大、中、小项目并举；

（2）在投资项目时我们要积极、主动地与东道国政府沟通，消除其潜在疑虑。同时，也要通过策略沟通，充分考察目标企业，保证信息对称性，避免盲目投资；

（3）投资需要大量资金，也面临巨大的风险，如果能够找到一家实力雄厚的公司与我方共同收购或合资经营，要在国内筹融资的同时，有步骤、有重点地在资本市场上筹集资金；

（4）合理选择投资对象，在项目运作机制上，坚持以市场为导向、以企业为投资主体，实行多元化发展。

（三）搭建产学研及国际合作平台加快成果转化建议

通过产学研结合及国际合作的方式获取到有关大洋洲地区矿产资源分布特征及规律、勘查技术方法等大量的有用资料，这些资料一方面可以通过大洋洲地区的境外矿产资源勘查开发信息系统发布；另一方面南京地调中心将在通过与地勘单位及企业签署战略合作协议的基础上，为企业地勘单位在“走出去”过程提供全面的技术支撑和信息服务，这不仅加速了公益地质调查成果的转化过程，也为企业地勘单位的矿产资源“走出去”事业降低了风险。

参考文献

陈毓川，裴荣富，王登红. 2006. 三论矿床的成矿系列问题 [J]. 地质学报，80（10）：1501-1508.

陈毓川，王登红，朱裕生，徐志刚，任纪舜，翟裕生，常印佛，汤中立，裴荣富，滕吉文，邓晋福. 2007. 中国成矿体系与区域成矿评价 [M]. 地质出版社.

关志红，项红莉，朱意萍，高卫华，郭维民. 2014. 澳大利亚伊尔岗克拉通科马提岩型镍矿成矿作用及找矿方法 [J]. 地质通报，33（2）：238～246.

李文光，傅朝义，姚仲友，信迪，葛之亮，宋学信，王天刚. 2014. 巴布亚新几内亚铜金矿床大地构造背景，成因类型与成矿特征 [J]. 地质通报，33（2）：270～282.

齐立平，孔红杰，王天刚，姚文文，光顺迎. 2014. 澳大利亚伊尔岗地块诺斯曼—维卢纳绿岩带金矿成矿作用 [J]. 地质通报，33（2）：194～209.

沈承珩，王守伦，陈森煌，张祯堂. 1995. 世界黑色金属矿产资源 [M]. 北京：地质出版社.

施俊法，姚华军，李友枝，吴传璧，唐金荣，金庆花，邹毅平，徐华升. 2005. 信息找矿战略与勘查百例 [M]. 北京：地质出版社.

宋学信，信迪，王天刚，隋鑫，景丽姿，杨艳. 2014. 巴布亚新几内亚铜金矿床成矿时代及成矿控制因素 [J]. 地质通报，33（2）：283～298.

信迪，刘京，李雷，冉丽，宋学信. 2014. 巴布亚新几内亚奥克泰迪铜金矿床成矿特征和控制因素 [J]. 地质通报，33（2）：299～307.

徐鸣，李红军，白珏，赵晓丹，郭维民. 2014. 大洋洲斐济群岛的成矿地质背景，矿床类型及成矿期划分 [J]. 地质通报，33（2）：328～333.

姚春彦，姚仲友，徐鸣，高卫华，李红军. 2014. 澳大利亚西部哈默斯利铁成矿省 BIF 富铁矿的成矿特征与控矿因素 [J]. 地质通报，33（2）：215～227.

姚仲友，王天刚，傅朝义，马春，齐立平，孔红杰，汪传胜，李文光，陈刚. 2014. 大洋洲地区大地构造格架与优势矿产资源 [J]. 地质通报，33（2-3）：143～158.

张定源，姚仲友，王天刚，汪传胜，肖娥. 2014. 澳大利亚拉克兰造山带成矿地质条件与主要矿化类型 [J]. 地质通报，33（2）：255～269.

朱裕生，肖克炎，宋国耀. 2000. 成矿区带的划分和成矿远景区圈定要求的讨论 [J]. 中国地质，16（6）：41～43.

Abers G，McCaffrey R. 1988. Active deformation in the New Guinea fold—and—thrust belt：Seismological evidence for strike-slip faulting and basement-involved thrusting [J]. Journal of Geophysical Research：Solid Earth（1978～2012），93（B11）：13332～13354.

Australia G S o W. 1990. Geology and Mineral Resources of Western Australia [M]. Perth：State Printing Division.

Bach W，Roberts S，Vanko D A，Binns R A，Yeats C J，Craddock P R，Humphris S E. 2003. Controls of fluid chemistry and complexation on rare-earth-element contents of anhydrite from the Pacmanus subseafloor hydrothermal system，Manus Basin，Papua New Guinea [J]. Mineralium Deposita，38（8）：916～935.

Baker T，Perkins C，Blake K，Williams P. 2001. Radiogenic and stable isotope constraints on the genesis of the Eloise Cu-Au deposit，Cloncurry district，northwest Queensland [J]. Economic Geology，96

(4): 723～742.

Barley M, Pickard A, Sylvester P. 1997. Emplacement of a large igneous province as a possible cause of banded iron formation 2.45 billion years ago [J]. Nature, 385 (6611): 55～58.

Barquero-Molina M. 2009. Kinematics of bidirectional extension and coeval NW-directed contraction in orthogneisses of the biranup complex, Albany Fraser Orogen, Southwestern Australia [M]. Perth: Geological Survey of Western Australia.

Bierlein F P, Gray D R, Foster D A. 2002. Metallogenic relationships to tectonic evolution-the Lachlan Orogen, Australia [J]. Earth and Planetary Science Letters, 202 (1): 1～13.

Blake T S. 1984. The lower Fortescue Group of the northern Pilbara Craton: stratigraphy and palaeogeography [A]. In: Muhling J R, Groves D I and Blake T S. Archaean and Proterozoic Basins of the Pilbara, Western Australia: Evolution and Mineralization Potential [C]. 123～143.

Blewett R. 2012. Shaping a nation: A geology of Australia [M]. Canberra: Geoscience Australia and ANU.

Brathwaite R, Christie A, Skinner D. 1989. The Hauraki Goldfield-regional setting, mineralisation and recent exploration [A]. In: Mineral deposits of New Zealand [C]. Aus-tralasian Institute of Mining and Metallurgy. 45～55.

Brathwaite R L, Faure K. 2002. The Waihi epithermal gold-silver-base metal sulfide-quartz vein system, New Zealand: Temperature and salinity controls on electrum and sulfide deposition [J]. Economic Geology, 97 (2): 269～290.

Brathwaite R L, Pirajno F. 1993. Metallogenic map of New Zealand [M]. Institute of Geological & Nuclear Sciences Ltd.

Brathwaite R, Simpson M, Faure K, Skinner D. 2001. Telescoped porphyry Cu-Mo-Au mineralisation, advanced argillic alteration and quartz-sulphide-gold-anhydrite veins in the Thames District, New Zealand [J]. Mineralium deposita, 36 (7): 623～640.

Briggs R M, Krippner S J P. 2006. The control by caldera structures on epithermal Au-Ag mineralization and hydrothermal alteration at Kapowai, central Coromandel volcanic zone [A]. In: Australasian Institute of Mining and Metallurgy Monograph [C]. 101～107.

Burtt A. Kanmantoo Trough [A]. 2002. In: Heithersay P. South Australian mineral explorers guide [C]. Adelaide: Tech. Rep. PIRSA.

Cameron E. 1990. Yeelirrie uranium deposit [A]. In: Hughes F E. Geology of the mineral deposits of Australia and Papua New Guinea [C]. Melbourne: The Australasian Institute of Mining and Metallurgy. 1625～1629.

Cawood P A, Tyler I M. 2004. Assembling and reactivating the Proterozoic Capricorn Orogen: lithotectonic elements, orogenies, and significance [J]. Precambrian Research, 128 (3): 201～218.

Champion D C, Kositcin. N., Huston D L, Mathews E, Brown C. 2009. Geodynamic synthesis of the Phanerozoic of Eastern Australia and implications for metallogeny [M]. Canberra: Geoscience Australia.

Chapman L H. 2004. Geology and mineralization styles of the George Fisher Zn-Pb-Ag deposit, Mount Isa, Australia [J]. Economic Geology, 99 (2): 233～255.

Christie A B, Simpson M P, Brathwaite R L, Mauk J L, Simmons S F. 2007. Epithermal Au-Ag and related deposits of the Hauraki goldfield, Coromandel volcanic zone, New Zealand [J]. Economic Geology, 102 (5): 785～816.

Clout J. 2003. Upgrading processes in BIF-derived iron ore deposits: implications for ore genesis and downstream mineral processing [J]. Applied Earth Science, 112 (1): 89~95.

Colley H, Flint D. 1995. Metallic mineral deposits of Fiji [M]. Government of Fiji, Ministry of Lands, Mineral Resources, Energy, Local Government & Environment.

Compston D. 1995. Time constraints on the evolution of the Tennant Creek Block, northern Australia [J]. Precambrian Research, 71 (1): 107~129.

Corbett G J, Leach T. 1998. Southwest pacific rim gold-copper systems: structure, alteration, and mineralization [M]. Society of Economic Geologists. 238

Craw D, Windle S, Angus P. 1999. Gold mineralization without quartz veins in a ductile-brittle shear zone, Macraes Mine, Otago Schist, New Zealand [J]. Mineralium Deposita, 34 (4): 382~394.

Crispe A, Vandenberg L, Scrimgeour I. 2007. Geological framework of the Archean and Paleoproterozoic Tanami Region, Northern Territory [J]. Mineralium Deposita, 42 (1-2): 3~26.

Dalstra H, Guedes S. 2004. Giant hydrothermal hematite deposits with Mg-Fe metasomatism: a comparison of the Carajás, Hamersley, and other iron ores [J]. Economic Geology, 99 (8): 1793~1800.

Dammer D, Chivas A, McDougall I. 1996. Isotopic dating of supergene manganese oxides from the Groote Eylandt Deposit, Northern Territory, Australia [J]. Economic Geology, 91 (2): 386~401.

de Ronde C E, Blattner P. 1988. Hydrothermal alteration, stable isotopes, and fluid inclusions of the Golden Cross epithermal gold-silver deposit, Waihi, New Zealand [J]. Economic geology, 83 (5): 895~917.

Donnellan N, Hussey K, Morrison R. 1995. Flynn and Tennant Creek, Northern Territory. 1 : 100 000 geological map series explanatory notes, 5759 and 5758 [M]. Darwin and Alice Springs: Northern Territory Geological Survey.

Ferenczi P. 2001. Iron ore, manganese and bauxite deposits of the Northern Territory [M]. Darwin: Northern Territory Geological Survey.

Ferguson K M, Bagas L, Ruddock I. 2001. Mineral occurrences and exploration potential of the Paterson area [M]. Perth: Geological Survey of Western Australia.

Fleming A, Handley G, Williams K, Hills A, Corbett G. 1986. The Porgera gold deposit, Papua New Guinea [J]. Economic Geology, 81 (3): 660~680.

Foster D A, Gray D R. 2000. Evolution and structure of the Lachlan Fold Belt (Orogen) of eastern Australia [J]. Annual Review of Earth and Planetary Sciences, 28 (1): 47~80.

Fricke C. 2008. Definitions of Mesoproterozoic igneous rocks of the Curnamona Province: The Ninnerie Supersuite [M]. South Australia: Department of Primary Industries and Resources.

Gadsby M, Spörli K, Clarke D. 1990. Structural elements in epithermal gold deposits of the Coromandel peninsula [A]. In: Aus-tralasian Institute of Mining and Metallurgy Annual Conference [C]. Rotorua:

Gemmell J B, Fulton R. 2001. Geology, genesis, and exploration implications of the footwall andhanging-wall alteration associated with the Hellyer volcanic-hosted massive sulfide deposit, Tasmania, Australia [J]. Economic Geology, 96 (5): 1003~1035.

Glen R. 1995. Thrusts and thrust-associated mineralization in the Lachlan Orogen [J]. Economic Geology, 90 (6): 1402.

Hand M, Reid A, Jagodzinski L. 2007. Tectonic framework and evolution of the Gawler craton, southern Australia [J]. Economic Geology, 102 (8): 1377~1395.

Harmsworth R, Kneeshaw M, Morris R, Robinson C, Shrivastava P. 1990. BIF-derived iron ores of the Hamersley Province [A]. In: Hughes F E. Geology of the mineral deposits of Australia and Papua New Guinea [C]. Parkville: The Australian Institute of Mining and Metallurgy. 617～642.

Harrison T M, McDougall I. 1980. Investigations of an intrusive contact, northwest Nelson, New Zealand—I. Thermal, chronological and isotopic constraints [J]. Geochimica et Cosmochimica Acta, 44 (12): 1985～2003.

Hein K. 2002. Geology of the Ranger Uranium Mine, Northern Territory, Australia: structural constraints on the timing of uranium emplacement [J]. Ore Geology Reviews, 20 (3): 83～108.

Hickman A. 1981. Crustal evolution of the Pilbara block, Western Australia [J]. Spec. Publ. Geol. Soc. Aust, (7) 57～69.

Hickman A H, Bagas L. 1999. Geological Evolution of the Palaeoproterozoic Talbot Terrane, and Adjacent Meso-and Neoproterozoic Successions, Paterson Orogen, Western Australia. Perth, Geological Survey of Western Australia. 71.

Hill K, Hall R. 2003. Mesozoic-Cenozoic evolution of Australia's New Guinea margin in a west Pacific context [J]. SPECIAL PAPERS-GEOLOGICAL SOCIETY OF AMERICA, 265～290.

Hoatson D M, Jaireth S, Jaques A L. 2006. Nickel sulfide deposits in Australia: Characteristics, resources, and potential [J]. Ore Geology Reviews, 29 (3-4): 177～241.

Hoatson D M, Jaireth S, Miezitis Y, Australia G. 2011. The major rare-earth-element deposits of Australia: geological setting, exploration, and resources [M]. Geoscience Australia.

Holcombe R, Pearson P, Oliver N. 1992. Structure of the Mary Kathleen fold belt [J]. Detailed Studies of the Mount Isa Inlier (editors Stewart AJ & Blake DH). Australian Geological Survey Organisation, Bulletin, (243) 257～287.

Holliday J, Wilson A, Blevin P, Tedder I, Dunham P, Pfitzner M. 2002. Porphyry gold-copper mineralisation in the Cadia district, eastern Lachlan Fold Belt, New South Wales, and its relationship to shoshonitic magmatism [J]. Mineralium Deposita, 37 (1): 100～116.

Hollis J A, Wygralak A S. 2012. A review of the geology and uranium, gold and iron ore deposits of the Pine Creek Orogen [J]. Episodes-Newsmagazine of the InternationalUnion of Geological Sciences, 35 (1): 264.

Howard H. 2011. Explanatory notes for the west Musgrave Province [M]. Perth: Geological Survey of Western Australia.

Hughes F E. 1990. Geology of the mineral deposits of Australia and Papua New Guinea [M]. Melbourne: The Australasian Institute of Mining and Metallurgy.

Hunter H. 1977. Geology of the Cobb Intrusives, Takaka Valley, North-west Nelson, New Zealand [J]. New Zealand journal of geology and geophysics, 20 (3): 469～501.

Huston D L, Vandenberg L, Wygralak A S, Mernagh T P, Bagas L, Crispe A, Lambeck A, Cross A, Fraser G, Williams N. 2007. Lode-gold mineralization in the Tanami region, northern Australia [J]. Mineralium Deposita, 42 (1-2): 175～204.

Jia Y, Li X, Kerrich R. 2000. A Fluid Inclusion Study of Au-Bearing Quartz Vein Systems in the Central andNorth Deborah Deposits of the Bendigo Gold Field, Central Victoria, Australia [J]. Economic Geology, 95 (3): 467～494.

Kew G, Gilkes R, Mathison C. 2008. Nature and origins of granitic regolith in bauxite mine floors in the Darling Range, Western Australia [J]. Australian Journal of Earth Sciences, 55 (4): 473-492.

Kositcin N, Australia G. 2010. Geodynamic Synthesis of the Gawler Craton and Curnamona Province [M]. Geoscience Australia.

Kositcin N, Huston D L, Champion D C, Australia G. 2009. Geodynamic synthesis of the north Queensland region and implications for metallogeny [M]. Geoscience Australia.

Malengreau B, Skinner D, Bromley C, Black P. 2000. Geophysical characterisation of large silicic volcanic structures in the Coromandel Peninsula, New Zealand [J]. New Zealand Journal of Geology and Geophysics, 43 (2): 171～186.

Mortimer J, Mauk J. 2005. Fissure vein structures and brecciation in the upper levels of the Broken Hills epithermal Au/Ag deposit, Hauraki Goldfield, New Zealand [A]. In: Proceedings 2005 New Zealand Minerals Conference [C]. 380～389.

Mortimer N. 2004. New Zealand's geological foundations [J]. Gondwana Research, 7 (1): 261～272.

Myers J S. 1993. Precambrian Tectonic History of the West Australian Craton and Adjacent Orogens [J]. Annual review of earth and planetary sciences, 21: 453～485.

Needham R, Stuart-Smith P, Page R. 1988. Tectonic evolution of the pine creek inlier, northern territory [J]. Precambrian Research, 40: 543～564.

Occhipinti S, Sheppard S, Passchier C, Tyler I, Nelson D. 2004. Palaeoproterozoic crustal accretion and collision in the southern Capricorn Orogen: the Glenburgh Orogeny [J]. Precambrian Research, 128 (3): 237～255.

Oliver N H, Cleverley J S, Mark G, Pollard P J, Fu B, Marshall L J, Rubenach M J, Williams P J, Baker T. 2004. Modeling the role of sodic alteration in the genesis of iron oxide-copper-gold deposits, Eastern Mount Isa block, Australia [J]. Economic Geology, 99 (6): 1145～1176.

Orr T, Orr L. 2004. Mt Leyshon Gold Deposit, Charters Towers, Queensland, CRC LEME.

Oversby B, Palfreyman W, Black L, Cooper J, Bain J. 1975. Georgetown, Yambo and Coen Inliers—regional geology [J]. Economic Geology of Australia and Papua New Guinea, 1: 511～516.

Pirajno F, Jones J, Hocking R, Halilovic J. 2004. Geology and tectonic evolution of Palaeoproterozoic basins of the eastern Capricorn Orogen, Western Australia [J]. Precambrian Research, 128 (3): 315～342.

Preiss W, Robertson R. 2002. Adelaide Geosyncline and Stuart Shelf [A]. In: Heithersay P. South Australian mineral explorers guide [C]. Adelaide: Tech. Rep. PIRSA.

Rattenbury M, Partington G. 2003. Prospectivity models and GIS data for the exploration of epithermal gold mineralisation in New Zealand [J]. Epithermal Gold in New Zealand GIS Data Package and Prospectivity Modelling, 68.

Richards J P, Kerrich R. 1993. The Porgera gold mine, Papua New Guinea; magmatic hydrothermal to epithermal evolution of an alkalic-type precious metal deposit [J]. Economic Geology, 88 (5): 1017～1052.

Rosengren N, Cas R, Beresford S, Palich B. 2008. Reconstruction of an extensive Archaean dacitic submarine volcanic complex associated with the komatiite-hosted Mt Keith nickel deposit, Agnew-Wiluna greenstone belt, Yilgarn Craton, Western Australia [J]. Precambrian Research, 161 (1): 34～52.

Schwarz M, Morris B, Sheard M, Ferris G, Daly S, Davies M. 2002. Chapter 4 Gawler Craton [A]. In: Preiss W. South Australian Mineral Explorers Guide CD [C]. Adelaide: Department of Primary Industry and Resources, South Australia.

Sheppard S, Occhipinti S, Tyler I. 2004. A 2005～1970Ma Andean-type batholith in the southern Gascoyne Complex, Western Australia [J]. Precambrian Research, 128 (3): 257～277.

Shigley J E, Chapman J, Ellison R K. 2001. Discovery and mining of the Argyle diamond deposit, Australia [J]. Gems & Gemology, 37 (1): 26～41.

Simpson M, Mauk J. 2004. Epithermal deposits and analogous geothermal systems: A physical size comparison and implications for exploration: Proceedings Australasian Institute of Mining and Metallurgy New Zealand Branch [A]. In: 37 th Annual Conference [C]. 229～240.

Simpson M P, Mauk J L, Simmons S F. 2001. Hydrothermal alteration and hydrologic evolution of the Golden Cross epithermal Au-Ag deposit, New Zealand [J]. Economic Geology, 96 (4): 773-796.

Skinner D. 1986. Neogene volcanism of the Hauraki volcanic region [J]. Royal Society of New Zealand Bulletin, (23): 21～47.

Skinner D N. 1995. Geology of the Mercury Bay area, sheet T11BD and part U11 [M]. Institute of Geological & Nuclear Sciences.

Skirrow R G, Walshe J L. 2002. Reduced and oxidized Au-Cu-Bi iron oxide deposits of the Tennant Creek Inlier, Australia: An integrated geologic and chemical model [J]. Economic Geology, 97 (6): 1167～1202.

Smith N, Cassidy J, Locke C, Mauk J, Christie A. 2006. The role of regional-scale faults in controlling a trapdoor caldera, Coromandel Peninsula, New Zealand [J]. Journal of volcanology and geothermal research, 149 (3): 312～328.

Spörli K B, Cargill H. 2011. Structural evolution of a world-class epithermal orebody: The Martha Hill deposit, Waihi, New Zealand [J]. Economic Geology, 106 (6): 975～998.

Taylor D, Dalstra H, Harding A, Broadbent G, Barley M. 2001. Genesis of high-grade hematite orebodies of the Hamersley Province, Western Australia [J]. Economic Geology, 96 (4): 837～873.

Teagle D A, Norris R J, Craw D. 1990. Structural controls on gold-bearing quartz mineralization in a duplex thrust system, Hyde-Macraes Shear Zone, Otago Schist, New Zealand [J]. Economic Geology, 85 (8): 1711～1719.

Thorne W S, Hagemann S G, Barley M. 2004. Petrographic and geochemical evidence for hydrothermal evolution of the North Deposit, Mt Tom Price, Western Australia [J]. Mineralium Deposita, 39 (7): 766-783.

Trendall A F. 1983. The Hamersley Basin [A]. In: Trendall A F and Morris R C. Developments in Precambrian Geology [C]. Amsterdam: Elservier. 69～129.

Tyler I, Thorne A. 1990. The northern margin of the Capricorn Orogen, Western Australia—an example of an Early Proterozoic collision zone [J]. Journal of structural geology, 12 (5): 685-701.

Van Dongen M, Weinberg R, Tomkins A, Armstrong R, Woodhead J. 2010. Recycling of Proterozoic crust in Pleistocene juvenile magma and rapid formation of the Ok Tedi porphyry Cu-Au deposit, Papua New Guinea [J]. Lithos, 114 (3): 282～292.

Vielreicher N M, Groves D I, Snee L W, Fletcher I R, McNaughton N J. 2005. Broad Synchroneity of Three Gold Mineralization Styles in the Kalgoorlie Gold Field: SHRIMP, U-Pb, and 40Ar/39Ar Geochronological Evidence [J]. Economic Geology, 105 (1): 187～227.

White D A. 1965. The geology of the Georgetown/Clarke River area, Queensland [M]. Bureau of Mineral Resources, Geology and Geophysics.

Williams G E. 2005. Subglacial meltwater channels and glaciofluvial deposits in the Kimberley Basin,

Western Australia: 1. 8 Ga low-latitude glaciation coeval with continental assembly [J]. Journal of the Geological Society, 162 (1): 111～124.

Williamson A, Hancock G. 2005. The geology and mineral potential of Papua New Guinea [M]. Port Moresby: Papua New Guinea Department of Mining.

Zhao J, McCulloch M T. 1995. Geochemical and Nd isotopic systematics of granites from the Arunta Inlier, central Australia: implications for Proterozoic crustal evolution [J]. Precambrian Research, 71 (1): 265～299.